华东师范大学精品教材建设专项基金资助项目

西方心理学史：脉络与趋势

马伟军 著

History of Western Psychology

Context and Trends

图书在版编目(CIP)数据

西方心理学史:脉络与趋势/马伟军著.—北京:北京大学出版社,2023.12
ISBN 978-7-301-34711-9

Ⅰ.①西…　Ⅱ.①马…　Ⅲ.①心理学史—西方国家　Ⅳ.①B84-095

中国国家版本馆 CIP 数据核字(2023)第 237377 号

书　　名	西方心理学史：脉络与趋势 XIFANG XINLI XUESHI：MAILUO YU QUSHI
著作责任者	马伟军　著
责任编辑	魏冬峰
标准书号	ISBN 978-7-301-34711-9
出版发行	北京大学出版社
地　　址	北京市海淀区成府路 205 号　100871
网　　址	http://www.pup.cn　新浪微博:@北京大学出版社
电子邮箱	zpup@pup.cn
电　　话	邮购部 010-62752015　发行部 010-62750672　编辑部 010-62750673
印 刷 者	北京市科星印刷有限责任公司
经 销 者	新华书店
	787 毫米×980 毫米　16 开本　26 印张　462 千字
	2023 年 12 月第 1 版　2023 年 12 月第 1 次印刷
定　　价	98.00 元

序　言

人的本质不是单个人所固有的抽象物，在其现实性上，它是一切社会关系的总和。就这个意义上说，每个人都是心理学家，每一个人都发展出一套对人的看法，一套预测人的发展的策略。由马伟军博士所著的高等教育本科心理学专业教材《西方心理学史：脉络与趋势》，旨在扩大读者的学术视野，使其掌握完整而系统的心理学核心概念，理解人类行为的原因以及发展脉络与未来研究趋势。

由于西方心理学在心理学科发展中仍占据着重要地位，因此读者一般会以西方心理学史作为主要教材，尽管所出版的同类教材对西方心理学史的相关知识做了梳理与阐述，已经为西方心理学史的教学与研究奠定了比较扎实的基础。但是，作为大学本科心理学专业重要的核心教材，还需要解决以下三个方面的问题：

首先，心理学发展现状呈现出理论与应用并重的显著特点，迫切要求跨学科深入探索和实际应用，共同推进中国心理科学的繁荣与发展，亟需在西方心理学史等基础教材中得到充分反映。

其次，随着社会经济的迅速发展，特别是神经科学与人工智能的突飞猛进和日新月异，它们极大地推进着心理科学发展。但这些变化在西方心理学史等教材中的反映偏少。为此，教材需要对当今心理学科发展现状与趋势有更多涉猎与阐述。

再次，心理学史的内容繁多，读者往往难以概览全貌，为此亟需对西方心理学史的理论体系进行梳理，并以直观形式呈现，满足读者准确而全面掌握西方心理学史的知识框架及其重要理论流派的观点等。

马伟军博士数十年耕耘在心理学史的教学第一线，具有丰富的西方心理学史教学经验。他撰写的《西方心理学史：脉络与趋势》语言简练、思路清晰，简明扼要又系统全面地阐明了心理学作为现代科学知识体系的酝酿、产生和发展脉络，同时给予读者了解西方心理学发展趋势的引擎，特别是在心理学史内容繁多又不易理解的背景下。为此，本教材对西方心理学史的理论体系、发展脉络以图表形式直观呈现，体现了以学习者为本的撰写宗旨。全书结构完整，内容全面，资料丰富，是一本适合大学本科教育的心理学专业教材。

《西方心理学史：脉络与趋势》内容涵盖从古希腊时代的早期哲学心理学到当代科学的认知心理学，突出心理学史发展过程中的主要理论与流派，对学习和掌握心理学理论与应用及发展脉络、现状与发展趋势，培养心理学理论思维与实践应用能力颇为助益。为此，读者可以从本书中了解和获得的主要内容有心理学的学科性质、古希腊时期和近代西方的哲学心理学、科学心理学诞生前的自然科学背景、内容心理学、意动心理学、构造主义心理学、机能主义心理学、行为主义、精神分析、格式塔心理学、人本主义心理学和信息加工认知心理学以及西方心理学的发展脉络和现状与趋势。

《西方心理学史：脉络与趋势》内容完整，体系严密，凸显了三个特点。第一，紧密反映当今西方心理学发展理论与应用相互结合、相得益彰的鲜明特点。第二，以心理学史的教学与科研为心理学发展服务的"厚今说"立场，突出心理学的现状与前沿发展趋势。第三，本教材突出了心理学体系及发展脉络，通过图形表格、关键事件等方式呈现心理学史的完整体系与发展脉络，使读者对西方心理学的发展有更清晰的认知。

总而言之，《西方心理学史：脉络与趋势》在阐述心理学史的重要事件与体系流派的基础上，根据心理学理论观点与应用发展线索，对西方心理学史的主要流派进行了以简驭繁的梳理，突出了心理学现状及其前沿发展趋势。本教材的出版，对心理学史的教学与科研具有很高参考价值，其必然成为大学本科心理学史教学和其他读者自学的重要专业教材。

梁宁建
华东师范大学心理与认知科学学院教授
2023年11月10日

作者序

历史会重演。

——修昔底德

心理学史是心理学专业的核心基础课程之一，本书作者从2010年起担任华东师范大学心理与认知科学学院本科课程心理学史的主讲教师，历经十数载。由于西方心理学在心理学科发展中的领先地位，目前国内的心理学史教材主要以西方心理学史为主，包括广州大学叶浩生教授、南京师范大学郭本禹教授所编的教材。作者从这些教材中深受启发，获益良多，对心理学史的博大精深有了更深刻的认识。这种认识也催生了作者进一步梳理心理学史的愿望，以更好地理解和传达这一学科的发展历程。

本书以作者的课堂讲授内容为本，从2017年开始，历经6年的撰写和反复修改。在书籍撰写过程中，作者所在的课题组成立了由十余人组成的心理学史撰写团队，协助进行书稿的检查、校对等各项工作，使本书最终得以在2023年底出版。本书涵盖西方心理学史从古希腊早期哲学心理学发展至当代科学认知心理学的全貌，突出呈现西方心理学史的主要理论与应用流派，旨在帮助心理学专业本科生掌握西方心理学理论与应用的主要发展脉络、现状与趋势，培养其心理学学科的理论思维能力与应用视角。本书可作为国内心理学专业本科心理学史课程的参考教材。

与国内同教材相比，本教材在忠实叙述西方心理学史的重要事件与体系流派的基础上，结合心理学史编撰学的“厚今说”与“时代精神说”视角，首次从心理学的理论与应用的发展线索对西方心理学史进行梳理，并且特别关注现状以及未来发展趋势。该教材的出版对当今我国心理学史与理论心理学教学有一定参考价值，也希望借此对我国的心理学史与理论心理学界的教学与科研提供助益。具体而言，本书有三个特点。首先，自科学心理学诞生以来，心理学具有理论与应用兼顾的特点，这一性质亟需在西方心理学史教材中突出呈现，以更好地契合当今西方心理学的发展现状，为全国高校的心理学史教学提供符合心理学当今时代特点的教材。其次，在神经科学、人工智能发展迅猛的全球大背景下，最近20年间西方心理学蓬勃发展、日新月异，我们需要了解当今西方心理学的发展现状与趋势，读史可以明鉴、知古可以鉴今，这对指引当前的心理学研究与应用一定有所帮助。最后，本书力求以清晰直观的方式阐述与呈现西方心理学史的理论体系，以满足全国广大心理学专业学生迅速而全面地学习和掌握西方心理学史的主要框架结构、理论特点的需求。

在书稿完成的过程中，由衷感谢华东师范大学心理与认知科学学院梁宁建教授对本书的支持与认可，他为本书撰写了序言。同时，感谢华东师范大学心理与认知科学学院周晓林教授、吴庆麟教授、沈烈敏副教授、刘俊升教授在书稿完稿阶段所给予的莫大的帮助与支持。此外，李其维教授对本书提出了非常宝贵的意见，北京大学侯玉波副教授也对本书进行了重要的审阅。在此向所有这些学者致以最诚挚的感谢！

感谢作者的心理学史撰写团队在各章的完稿过程中的大力协助与支持。具体各章参与协助的同学为：第一章，张雅婷、孙奕昀、黄嘉琪、何潇雯、李婉竹；第二章，涂明芳、裴姣姣、刘妍希、王睿璇、田紫晴；第三章，刘芳源、杜芊芊、杜羽音、晁玉萍、方兰兰、秦家琪、陈嘉奇；第四章，李瑞芳、王晓彤、欧燕飞、田雨、李婉竹、田紫晴、王睿璇；第五章，李梦雅、惠晓薇、屠重阳、缪珏、田紫晴、虎悦、陶悦怡、肖若兰；第六章，王若男、王璐怡、王志武、田雨、李琳弘、李婉竹、张佳仪、陈嘉奇、方兰兰；第七章，姚诗语、岳凡、曹启昕、何潇雯、雷琨；第八章，胡蝶、岳凡、何晓琳、许愿、李婉竹；第九章，山下京子、杜佳璐、胡温娴、田紫晴、任安、何潇雯。全书由山下京子、杜佳璐、胡温娴、李婉竹负责总括。撰写心理学史涉及的人物事件、研究资料十分繁多，工作量巨大，没有该团队作为坚实后盾，本书绝无可能完成。最后，感谢北京大学出版社魏冬峰编辑，在成书的过程中进行了周到详尽、细致严谨的校对与修改。他们的辛勤付出对于本书也有不可估量的贡献！

本教材的出版获得2023年度华东师范大学精品教材建设专项基金一般项目与2021年度华东师范大学心理与认知科学学院教学成果培育项目的资助，在此表示衷心的感谢！

由于本人学识浅薄，加之能力与准备不足，多有疏漏，在所难免，还请广大读者多多包涵指正。

马伟军
2023年11月12日

目录 Contents

第一章
绪 论

【本章导言】

学习西方心理学史，不仅是要学习心理学诞生与发展过程中的重要事件，更要了解背后的发展脉络与理论视角。本章主要介绍了心理学的学科性质、西方心理学史的对象与体系、西方心理学史的编纂原则和学习西方心理学史的意义，通过这些“视角”的学习，有助于我们从总体上把握西方心理学史。

【学习目标】

1. 掌握心理学的学科性质，了解科学的基本特征和传统科学观的变革。
2. 理解波普尔的“可证伪性原则”和库恩的“范式”观。
3. 掌握西方心理学史的研究对象和体系。
4. 了解西方心理学史的编纂原则和学习西方心理学史的意义。

【关键术语】

相关定律　因果定律　范式　应用心理学　厚今说　内在说　外在说

康德(I. Kant)认为，心理学无法成为一门科学，因为它所重视的是人的主观经验，而缺乏其理性对应物。而在今天看来，心理学毫无疑问归属科学。赫尔曼·艾宾浩斯(H. Ebbinghaus)以过去漫长、历史短暂对心理学历史做出了总结。历史上的第一个科学心理学研究室，是由冯特(Wilhelm Maximilian Wundt，1832—1920)于1879年在德国莱比锡建立，科学心理学的发展历史也由此区分为两个时代：“漫长的过去”——前科学心理学时期、“短暂的历史”——科学心理学时期。1879年至今，作为科学心理学，其拥有的历史确实短暂；但“漫长的过去”却可以回溯到古埃及、古希腊及古罗马时期。

作为一门学科，心理学有其独特的内在发展规律。从本质属性来看，心理学的父体是哲学;母体是自然科学,特别是生理学。两者结合的产物即心理学。然而,哲学和自然科学(生理学)的性质差异是非常大的。哲学属于世界观范畴,它可以使人们足不出户,仅凭思维的驰骋翱翔便可知晓世间万物的运行规律,强调伦理、人文,并不追求实证。而生理学属于自然科学范畴,自然科学强调证据,但科学活动并不是为了纯粹的探究而探究,科学探究背后的动机是改变世界。因此科学探究的动机带有功利的一面,人们希望科学探究的成果能够发挥实际作用,能够改变我们的生活、造福于人类。所以,从性质上来讲,心理学同时具备了哲学和生理学的性质,伦理、人文和证据、效果并重。

西方心理学在科学心理学诞生后遵循着两条不同的发展线索。一条是作为自然科学取向心理学的发展线索,强调心理学的自然科学属性,认为心理学应该像自然科学一样、采用自然科学的研究手法来进行客观的和可实证的实验研究。另一条则是作为人文科学取向心理学的发展线索,聚焦心理学的人文科学属性,主要采用现象学与质性研究的方法,注重个体内在的主观性与经验。而在 2023 年的现在,心理学的发展现状则主要呈现出理论与应用的特点,对心理学进行自然科学与人文科学的划分则变得较少采用。

作为西方心理学史,理论与应用这一视角也是非常重要的。不管是自然科学取向还是人文科学取向的心理学,作为其成果的结晶都是某种理论体系的形成。但现代的心理学非常注重效果、解决现实生活中的实际问题,强调研究对于改变人类生活的有用性。被实验验证的东西却不一定在解决问题中有实际效用,实验仅能证明那些确定的,并能反复被验证内容的东西。但是对于有效果的方法而言,并不一定是全部经过科学实证检验的。比如心理咨询与治疗更为强调效果,而不是疗法的实验证据。心理学史上以冯特、铁钦纳(E. B. Titchener)、华生(J. B. Watson)等为代表的自然科学取向主流派都非常强调心理学的科学性,将科学性、可重复性、严谨性作为衡量心理学的最重要标准。而另外一些流派和分支如精神分析、人本主义就比较强调效果,认为无论是否经过了实验的验证,有用是检验理论正确性的主要标准。

本书的第一章绪论,主要介绍心理学的学科性质与永恒问题、心理学史的主要研究对象和到目前为止主要存在的心理学理论体系;心理学史的编撰原则;学习心理学史的意义等。后面的章节会详细介绍西方心理学发展的各个时期的历史,其中包括古希腊、古罗马时期的哲学心理学思想,近代西方心理学的哲学与科学起源等。

第一节　西方心理学的学科性质

冯特 1879 年在德国莱比锡大学创建了世界上第一个心理学实验室，是西方心理学史的分水岭，标志着科学心理学成立。首先，心理学的学科性质是一门科学，冯特包括其后来的继承者都比较强调心理学的自然科学取向；同时，心理学也有另外一个侧面，即人文科学。因此，只有当自然科学和人文科学交融结合，心理学的全貌才算是初露端倪，而当今心理学的发展越来越细化，不少学者都只研究心理学的某一个分支，而较少顾及其他方面。

回顾近两个世纪以来心理学的发展历程，对于其学科性质的定义似乎是“波浪式前进”的，往往随着心理学家们关注焦点的改变而发生变化。20 世纪以来，心理学研究出现三大势力，第一势力是行为主义（behaviorism），第二势力是精神分析（psychoanalysis），第三势力是人本主义（humanistic psychology）。其中行为主义倾向于将心理学标榜为自然科学，而人本主义又倾向于将其性质定义为人文科学。到了 21 世纪，神经科学（neuroscience）、脑科学、大数据（big data）及人工智能（artificial intelligence）等新兴概念开始出现在科学界与心理学界，并逐步占据科学领域的主流，这使得关于西方心理学的发展重心又回归到了自然科学。

一、“科学”的定义和基本特征

（一）科学的定义

人类看待世界的眼光在不断地更新和发展，对于“科学”的看法亦是如此，很多哲学家和科学家都曾试图给科学提供一个定义。科学和哲学的先哲们指出科学的探求包含两个内涵：第一，探求事实的真相。所谓事实的真相既包含了客观事物，也囊括了历史事件。第二，追求和探索真理。后者是对于前者的延伸拓展，属于更“深层次”的东西。

霍尔对于科学的观点是：“现代科学有两个基本要素：经验事实成分以及理论成分，前者源于观察，后者系统地解释这些事实的构成。”此外，斯蒂文森认为：“科学就是要使语言等正式符号系统与经验观察相符合，以期产生可证实的命题……”达尔文界定了自然科学本质，并指出自然科学实际上是对事实的梳理，经过整理可以找到其规律性，最后得出结论。该定义说明了自然科学的实质、事实和规律性：自然科学本质并非脱离了现实的单纯思维的空想，而是能找到人未曾接触的事情，并以此为基础；规律性，则是指出了客观事物与内在本质之间的必然联系。科学规律是以经验为根基而产生的规律，是一个认识系统，揭示出客观世界中事物的本性规律和运动法则，而这个体系又经受了严格的科学检验和严密的逻辑推论。近代科学的目的在于证明真理——以理性、客观为前提，将实证主义和实验方法当作基石，发现世界的规律。

现代科学大体上由三个分支组成：(1) 自然科学（如生物学、化学和物理学），以观测和实验的经验证据为基础，描述、理解和预测自然现象；(2) 人文社会科学（如经济学、心理学和社会学），根据各种学说对个人和社区开展的科学研究；(3) 形式科学（如逻辑、数学、计算机科学），依靠人们对知识范畴客观严密和系统的探究。在这里，自然科学和人文社会科学都属于经验科学，由于对它们的所有认识都通过经验观察，并且都能够在相同条件下检验其有效性。

(二) 科学的基本特征

科学是一个追寻因果规律和真理的过程，隐含着疑问和批判的思想，这让人类得以了解事物发展的规律。认真、严谨、实事求是一直以来都是科学的标签。同时，科学是需要创新性的。伴随人类社会的不断发展与科学水平的提高，科学的核心特征随着时期的不同，观点也大相径庭。总体而言，可以总结得出科学的三个特征。第一，科学同时结合了理性主义和经验主义。科学理论有以下功能：(1) 对经验观察加以组织；(2) 对未来观察进行指导（产生“可证实的命题”）。第二，科学尝试发现规律。“科学规律”本质上是两类或更多类的经验事件之间的关系，这类能够被持续观察到。如：当 X 发生时，Y 往往也会发生。一般情况下，科学规律分为两类：(1) 相关定律(law of relativity)：描述几类事件如何以某种系统的方式一起变化，具有预测作用；(2) 因果定律(law of cause and effect)：不仅有预测作用，而且有控制作用，它比相关定律更有力。第三，科学根据因果定律理解事物、作出预测，并通过后期的实验与观察对预测进行验证。

以上对于科学的定义与特征的描述构成了传统科学观的基本观点，主要包括两个方面的内容：第一，科学必须产生理论；第二，理论能解释一定的事实。因此，科学的基本性质是理性与经验相结合，并试图发现规律。另外，根据因果定律来理解规律，科学观其实也是在不断变化的。例如，对于怎么看待自然科学，科学是否应该包括人文科学等问题的看法都是在不断变化的。然而，传统的科学观在 20 世纪后半叶又被现代科学哲学家们提出的观点所挑战。

从传统的科学定义与特征来判断科学是一个相对比较宽松的标准。不管是自然科学还是人文科学取向的心理学主要流派，都来自对心理现象及其后面规律的深入探究，均符合科学的定义与特征。

二、传统科学观的变革

（一）波普尔的“可证伪性原则”

卡尔·波普尔

随着科学的发展，特别是作为严谨的实验科学的自然科学的发展，传统的科学观受到了不小的挑战。作为传统科学观的发展与变革，著名科学哲学家卡尔·波普尔（Karl Popper，1902—1994）在《猜想与反驳》（1963）中提出了可证伪性原则。可证伪性原则指出一个学说成为科学理论的标准是能举出反例来证明其错误，即具备可证伪性。例如，对于“凡男生都是短发”这一命题，只要找出一个长头发的男生，便可以证实这一命题是错误的，那么可以说它具备可证伪性。相对地，有些命题是无法被验证的。例如，“如果我从小便练习踢足球，现在一定能够成为一名足球运动员”这一命题则不具备可证伪性，因为此时此刻“我”的人生无法从头来过，无法重新经历，自然也就无法验证其真伪。历史中发生的事件往往也不能通过实验反复证明，比如一个20岁的成年人并不能通过做一个实验去证明童年时期的俄狄浦斯情结（Oedipus Complex）；同样，我们自身的出生与死亡也不能通过实验验证，等等。按照波普尔的可证伪性原则，一个理论需要经过反复检验，并且都未被证伪，才能称之为真理，才符合科学的标准。科学理论的最高境界是未被证伪。心理学亦需接受可证伪性原则的检验。例如，巴甫洛夫(I. P. Pavlov)的经典条件反射实验中“狗听到铃声就会流口水”这一类结论都可以通过实验反复验证。另外，科学需要冒险，所谓的事后断言，即解释在现象产生后的都不能称之为“科学”。在波普尔的可证伪性原则基础上衡量心理学的理论体系后发现，行为主义、认知神经科学均具备可证伪性，而精神分析、人本主义则不具备可证伪性。波普尔认为证伪性原则能够作为划分科学和非科学的标准。一切不可被证伪的命题，皆是没有解释能力的非科学命题；反之一个命题如果能够被证伪，方为科学命题。

而在今天看来，可证伪性原则存在一定局限。波普尔强调观察陈述的可错性和对理论的依赖性，但相应的问题就出现了。假设观察和试验给出的证据与某一定律或理论的预想龃龉时，到底何者发生了错误其实有待商榷。纵观过去，通过肉眼对金星和火星大小的观察被抛弃，取而代之的是哥白尼理论，这就很好地证明了上述观点。由此可见，对于波普尔的证伪主义来说，在观察与实验产生矛盾时，定律和观察到底谁该被摈弃其实还未可知。理论和观察都有可能错误，因此，观察对理论证伪也可能存在错误，是不可能得到定论性的结论的。可证伪性原则还存在其他问题。如果一个理论想要通过实验的检验，要涉及诸多描述，这些描述比理论本身涉及的叙述更多，偶尔还需添加一定的假设和条件。因此，除了理论本身可能出错，在实验的过程中涉及的假设和条件也可能出问题。除此以外，假设参照波普尔的可证伪性标准，那么某些科学理论的发展从根本上就会被遏制，因为许多经典科学理论在提出时都能找到在那时广为人知的、与该理论不符的、植根于观察的断言。而它们未被抛弃实在是科学之幸，它们的发展建立在对那些表面的证伪不予理睬的情况下。事实上，如今证伪主义早已被抛诸脑后，科学哲学界也不再努力寻找统一的科学分界标准。现在已普遍认为，不存在一个单一的、受到众多认可、既充分又必要的科学分界标准。

另外，对于心理学来说实用原则是非常重要的，“证伪”并不能作为判断理论“有用”和“无用”的分水岭。虽不具备可证伪性，心理学的一些理论却仍有其效用。对于个体而言，在解决自身的问题时通常更强调有用性。虽然科学强调实证，但科学最终也是为了解决人类的问题。从实用主义角度来看，效果才是最终目的，实证亦是为效果服务的。当代的神经科学的研究既偏向实证，但它同时也追求效果。当然，科学所发现的普遍性规律一旦运用于改变人类，其效果可能更为惊人。

（二）库恩的“范式”观

托马斯·塞缪尔·库恩

“常规科学”指科学家们在探索范式的内涵时所做出的研究，这种研究以一种或多种过去科学成就为基石。按照科学哲学家托马斯·塞缪尔·库恩（T. S. Kuhn，1922—1996）的范式论，范式（paradigm）指一种观点的共享，它规定了问题的组成部分和解决途径。范式能够提供有成功可能性的预期，因此能指导研究者活动；而常规科学则是采用各种手段来实现预期，例如延展事实、澄清范式，使范式与事实相吻合等活动。

库恩在《必要的张力：科学研究的传统和变革》一文中首次引进“范式”这个概念，认为范式是指科学家团体共同接受的一组假说、理论、准则和方法的总和。任何一门学科都有一个共通的基盘，比如欧几里得几何学所包含的三个基本的公理：两个点之间一条直线；两条直线之间一个交叉点；平行线永远不能相交。在这些基础上可以构筑出更多的几何学公理，整个数学领域都围绕着欧几里得的几何理论，因此它构成了古典几何学共通的、公认的范式，并构成了牛顿的古典物理学时空观的基础：宇宙是一个无限的三维度大箱子，时间是穿过大箱子的一条轴。但是近代德国数学家黎曼提出了在球面空间中适用的不同公理体系：两个点之间不止一条直线；两条直线之间不止一个交叉点；平行线可以相交。黎曼提出的几何公理在球面几何中适用，也被爱因斯坦用来构筑广义相对论的时空观的基础：宇宙空间是一个球体，有界无边，是从一点出发经过大爆炸而来的。而牛顿的古典时空观可以作为球面宇宙观的一个特例。这样经过欧几里得公理体系向黎曼几何公理体系的转变，完成了范式的变革，科学进步了。因此科学的进步伴随着范式的革新。从范式观来看，逻辑实证主义指出自然科学范式获得真理有两条路径：第一条路是合乎逻辑的推理，第二条路是做实验去证明推理的内容。

科学并非一成不变，而是有其发展的阶段。据此库恩提出了科学技术发展的历史动态模型，即经历前科学技术阶段—正常科学技术阶段—反常和危机—科学技术革命—新的常规科学技术阶段的发展。一个科学技术发展成熟的标准便是范式的建立。如果一个领域要成为科学的领域，是否形成稳定广泛的范式至关重要。依照这一科学革命规律，科学的发展通常包括三个阶段，首先是前范式阶段，即敌对阵营或学派竞争该领域的统治地位；然后是范式阶段，产生常规科学的解谜活动；最后是革命阶段，现存的范式被另一新范式所取代。

从范式的角度来看，自然科学取向的心理学经历了一定的范式转变过程。在冯特创立实验心理学的最初，心理学存在心理主义范式。心理主义范式主要见于心理学创建期的意识心理学，如铁钦纳的构造心理学方法论是其典型代表。伴随着科学发展模式，自然科学取向的心理学经历了心理、行为、认知主义三个阶段，并有两次危机和革命穿插其中：第一次是20世纪初的心理主义范式危机，随之产生的是1913年的行为革命；第二次是五六十年代的行为主义范式危机，对应了1956—1965年的认知革命。

关于心理学，主要有三个类似范式的观点：第一，由于没有一个被广泛接纳的范式，心理学被归于前范式的学科；第二，心理学具有甚至会永远具有几个并存的范式；第三，心理学永远不需要范式革命，即新范式取代旧范式的过程。今天看来，由于心理学兼有哲学和自然科学（生理学）的特点，哲学强调思辨，生理学强调证据，因此最接近心理学实态的必然是第二种观点。也就是说心理学不止有一个范式，精神分析、行为主义、人本主义都有各自独特的范式。

三、心理学的定义

人类不仅追求认识自然规律，而且也在探索着自我，探索着人性，心理学就属于后者。由于心理学学科性质兼具自然科学与人文科学两面，因此，随着心理学家关注焦点的改变，心理学的定义也因此而发生变化。心理学关于人性的假设、研究的主题与方法等方面都呈现出多样性。行为主义、神经科学、精神分析等心理学的分支在这些问题上都有着各自不同的解释。

比如，关于“人性的假设”这个问题，行为主义提出“机械人”假设，它将人看作动物，斯金纳(B. F. Skinner)甚至把人比喻成比小老鼠大一点的东西。其核心观点在于:(1) 行为主义从客观的角度来看待人的存在和属性,认为行为就是其表现形式,因而心理学应当研究人的行为;(2) 刺激与行为存在着联系,外在刺激引发人的行为。对刺激与行为的研究,能够发现人的行为模式和心理属性。信息加工认知心理学(information-processing cognitive psychology)把人比喻成计算机,认知结构对它进行模块化以后就形成了计算机的各种软件。认知心理学认为人性只存在于人的认知结构里,好坏善恶关键依赖于个人对事情的看法,其中存在着认知行为,因此即使面对一件坏事,也有可能看到其好的一面。精神分析提出了"病人"的假设,其持有消极的人性观,认为每个人都是病人,即每个人都有病。其基本含义是:(1) 人的行为受本能(instinct)驱动,而本能总是原始的、无序的、无道德性的,还包括攻击等冲动;(2) 机体总会寻求本能的释放,一旦本能被压抑而无法合理满足或表达,各种心理问题就应运而生了;(3) 本我(id)与超我(superego)、现实世界之间肯定有冲突,自我(ego)就是这些冲突的战场。因此,每个人都有心理问题与困扰,人们通过精神分析所能做的也仅仅是一种"善后"的工作。人本主义提出了"自我实现人"假设,它认为人既不是小老鼠,也不是电脑,更不是病人,人就是人。人有其独特特点,这就是自我向上、自我完善。应该以人为本。其核心内涵是:(1) 人是独特的、具有潜能的人,且生来如此;(2) 人能够追求自我实现(self-actualization),即发挥自己的潜能,实现理想和价值;(3) 人类社会负责创设条件和情境,推动人的自我实现,凸显人的价值和尊严。

四、心理学中的八大永恒问题

从科学心理学诞生至今,心理学领域一直存在一些共同的问题,被称为心理学中的永恒问题。这是由心理学的性质决定的——心理学的父体是哲学,母体是自然科学(主要是生理学),因此它所处理的本身是一些自然科学所探讨范围之外的问题,而它又试图用自然科学的方法去解决这些问题,这正是心理学目前所面临的处境。不管是心理学中的什么流派,都或多或少、有所侧重地回答了下面的心理学的永恒问题。

(一) 人性的本质

心理学的不同理论流派首先对"人性"本质做出回答:人性是善还是恶的?关于人性善恶的问题在人类历史上本来是哲学、伦理学、宗教与世界观所探讨的问题,但现在心理学希望通过实证或经验的方法来给出某种回答。

我国古代的哲学家、思想家也回答了这个问题。儒家就主张人性分先天与后天习得,并提出"人之初,性本善"。而宋明理学提出人性二元论,主张分气质之性与天命之性。

换个角度从宗教来看人性问题,人兼备神性(理性)和兽性(本能和情感)。更为现实地观察人的行为可以发现,每个人都如同硬币一般具有善恶两面。如果一个观点仅强调人性本善或本恶,那它必然不客观且与事实不符。到后来,辩证唯物主义的观点则认为,人性的形成关键在于社会实践活动,同时人也受遗传和环境的影响,在二者的交互中有了最终的人。

在西方现代心理学界,精神分析学派从本能的角度主张"性恶"论。与之相对,行为主义主张所谓人性是习得的,在人性善恶问题的回答上主张环境决定论(environmental determinism),认知心理学强调每个人都具有一定的认知结构,善恶判断依存于人头脑中固有的认知结构与观点,人本主义心理学持"性善"论,主张人类本性固存的善良、自我实现等积极方面,强调人的成长性。

(二)心身关系问题

解释心(意识)身(物质)关系问题的学说大致可以分为两大类:一元论和二元论。一元论认为心与身之间存在因果关系,二元论则认为两者间并无因果关系。

1. 一元论

心身关系的问题:先有身体(物质)后有心理(意识),还是相反的?前者是唯物主义,后者是唯心主义。朴素唯物论认为先有身体,后有心理。意识、心理是在身体的物质基础上产生的。人类的生存依赖于物质条件,缺乏一定的物质条件与基础人便不能存活,因而也没有意识的存在。而其对立面唯心主义认为先有心理、意识,然后才有物质。唯心主义比较注重、强调人的主观性、主观能动性。其极端的思想是"唯我论",即世界只有我存在,只有我的意识存在;我不存在,世界就不存在了。

而当代心理学流派中,行为主义、精神分析与神经科学对心身关系问题的回答比较接近于唯物主义的立场,存在人本主义心理学比较注重个人的主观感受、主观能动性,比较接近于唯心主义的立场。

2. 二元论

关于心身关系的问题,除了唯物论与唯心论的一元论外,还存在二元论的回答。先有身体,后有心理,还是先有心理后有身体?二元论认为两者是同时存在的,即生理和心理是并存的，不能把其中任何一个看成是原因或结果。

二元论有很多的变式：(1) 相互作用论，认为身体与心理相互影响；(2) 突现论，认为心理过程是大脑过程的产物；(3) 副现象论，认为心理事件是脑活动的产物，无关随后的行为，只是附带现象；(4) 心身平行论(psychophysical parallelism)，认为身体活动和心理二者同时发生，但彼此完全独立；(5) 两面论，认为身体与心理活动不能彼此独立，二者是同一经验的两面，不可分离，但无交互作用；(6) 前定和谐论，认为身体与心理活动独立存在，但二者又互相关联，他们依照造物主旨意，以同一进程运动，各自独立，但受外因协调；(7) 偶因论，认为造物主是心身关系的主宰者。

在心理学的历史上，一些代表性的心理学者，如科学心理学之父冯特和他的弟子铁钦纳、机能主义哥伦比亚学派代表人物伍德沃斯等则主张二元论中的心身平行论。

(三) 先天与后天关系问题

何者决定人的属性？先天的遗传抑或后天的经验？先天论认为人类重要的特质都是由与生俱来的认知结构或遗传物质决定的。先天论在哲学中的代表人物及观点可追溯到古希腊柏拉图的理念论与洞穴隐喻、近代笛卡尔的天赋观念论、莱布尼茨的“有纹路的大理石”的隐喻、康德的先验论。经验论认为所有知识的基础都来自经验，哲学上的代表人物及观点如洛克的“白板说”(theory of tabula rasa)。

现代的心理学也从不同角度给予这个问题一定的答案。如行为主义主张后天的经验论。华生作为行为主义的开创者，是比较极端的经验论者，完全否认心灵的存在，主张环境决定论。格式塔心理学则与先天论一脉相传，在心理学中继承了它们的观点，其代表为格式塔心理学中的“同型论”(isomorphism)观点。格式塔心理学的核心是完形(gestalt)，指不均衡导致紧张，而人类天然地趋向于和谐、对称与完整。完形的心理机能是先天具有的，具体如何完形则依赖于后天的教育。

(四) 机械论与生机论

机械论的观点是，人类等有机体的行为都能够用机械定律来解释；在研究清楚构成元素和支配各元素的规律后，就能依靠一堆机器组合拼凑出意识。行为主义假设人是机器、人是动物，是典型的机械论的立场。

而生机论主张生命无法用无生命过程来解释，生命存在必然伴随着独特的“生命活力”的存在。因此人类天然怀着活力，必然不可简单还原为物质部分单元和，机器组合永远不能拼凑出意识，人的意识是造物主赋予的。

（五）理性与非理性问题

理性论解释人类行为时强调逻辑、规则等思维过程，强调人类具有理性的能力，可以用理性的方式解释人类的一切行为，不需要用非理性的情感来解释人类的行为，人类的行为不包含非理性的成分。心理学中的行为主义认为人的行为可以预测、理性控制，格式塔与认知心理学强调格式塔、完形等的理性的心理机能是先天具备的，比较接近于理性论的立场。

非理性论认为行为的决定因素不受理性支配，情绪或无意识机制的作用尤其被重视，认为人类的无意识、情感比人类理智更为重要，对人的行为具有决定作用。非理性论在心理学中的代表流派是强调无意识的精神分析、强调潜能的人本主义。

（六）人与动物的关系

心理学关注的核心是人的心理活动。那么，人与其他动物有着本质上的区别，还是量上的差异？前者主要受到人本主义、存在主义与现象学的影响，强调人有独特的属性，认为人与动物之间有本质区别。后者则主要受到进化论的影响，认为两者无本质的区别，仅仅是量的差异而已。

人本主义和存在主义心理学的观点倾向于认为人与动物有本质的区别。行为主义的观点倾向于认为仅有量的区别，量的区别的观点可追溯到达尔文的进化论的观点。

（七）知识的起源问题

关于知识的起源问题属于哲学上的认识论范畴，哲学上的认识论探讨知识是怎样产生的，代表性的观点有“被动心灵”与“主动心灵”之说。

经验论者提出知识来源于经验，主张“被动心灵”，巴甫洛夫学说、行为主义即属于此。他们认为，对于外部的事物，个体只是在被动地反映出相应的经验。后天论者认为人出生的时候大脑是“白板”，上面什么都没有，给它刻上什么就是什么。

先天论与理性论认为许多观念都是人类生而有之的，比如格式塔提出包括完形在内的一切都是人类生而有之的一种认知能力，人的心灵通过自己生而有之的方式主动去改变或组织来自经验的信息，主张“主动心灵”。主动心灵论则认为，心灵通过自己的整合方式转换、解释、理解或评价来自客观世界的经验，唯理论哲学心理学思想、格式塔学派、认知心理学就持有这种观点。

（八）关于自我的问题

自我是什么？怎么解释自我经验的一致性、连续性？我们会不会某天早上起床就不认识自己了？关于自我的问题是心理学、哲学的核心问题。美国心理学之父威廉·詹姆斯提出意识是流动的、变化的、连续的、个人的，并且具有主体性，提出了“意识流学说”，同时，他提出的“自我理论”将自我区分为纯粹自我、经验自我。弗洛伊德则受到柏拉图哲学的灵魂三部曲——理性、意气、情欲的启发，提出了本我、自我、超我的人格三部曲。

以上的八个问题之所以被称为“永恒问题”，是由于这些问题同时涉及哲学与自然科学，无法完全通过自然科学的实证或经验进行解决，在心理学界一直未能得到最终解答，因而被称为“永恒问题”。

第二节　西方心理学史的对象与体系

一、西方心理学史的研究范围

本书所涉及的西方心理学历史与体系，主要包括西方心理学、德国心理学、美国心理学三个部分。心理学是在西方的文化土壤里发展出来的，科学心理学诞生之初，德国身处心理学发展的中心，而随着一战、二战的发生使不少心理学家从德国转移到美国，美国取代德国站在了世界心理学中央。具体而言，有如下三点。

第一，西方心理学中的“西方”主要是西欧国家、美国和加拿大。顾名思义，西方心理学史（the history of western psychology）自然是指这些国家主流心理学的发展历史。科学心理学发源于西方文化，而别的儒家、伊斯兰、印度教等非西方文化圈没有能够诞生出科学的心理学。因此，心理学史的研究不可避免地围绕着西方心理学的发展，从中挖掘心理学诞生与发展的规律。

第二，德国是科学心理学的摇篮，在心理学历史上至关重要的心理学派大都产自德国，或其渊源可追溯到德国。作为科学心理学诞生之后的第一次学派之争，即内容与意动心理学之争，也发生在德国。因此，需重点介绍作为世界心理学中心的德国存在的不同心理学流派及其背景。

第三，西方心理学史的论著中美国占比较大。自20世纪初开始，美国心理学渐渐赶超他国，处于领先。由于法西斯主义，犹太血统的心理学家被迫移居美国，德国心理学损失了中坚力量，相较而言，美国心理学因其环境的和平得以推进发展，取代德国，逐渐成为全球心理学的中心，于是内容与意动心理学之争、构造与机能心理学之争都相继在美国发生。行为主义、新行为主义(neo-behaviorism)、精神分析的自我心理学(ego psychology)、人本主义心理学以及现代认知心理学等知名心理学流派均把美国作为发源地和传播媒介。至今，美国心理学在西方心理学中的主导地位仍不可撼动。

二、应用心理学的诞生与发展

西方心理学史除了研究科学心理学与理论心理学产生的历史外，还研究应用心理学产生的历史。雨果·闵斯特伯格(H. Münsterberg，1863—1916)开创了应用心理学(applied psychology)，有"应用心理学之父"之称。他师从冯特，受聘于哈佛大学，创建心理学实验室，为工业心理学诞生奠定了基石。在他之后心理学对应用的重视日益增长，在20世纪下半叶特别是到了21世纪后应用心理学在学科内的地位越来越高。

心理学可一分为二，即理论心理学和应用心理学。前者既可来自实验，也可来自经验；后者将心理学的理论与方法应用于现实生活，囊括了心理学诸多分支。应用心理学早期还出现过一些较为"神奇"的发明，如布雷德的催眠术和麦斯麦的"麦斯麦术"，即磁石按摩身体加速催眠。科学心理学时期，魏特默首当其冲将心理学应用于现实生活，于1896年创立首个心理诊所。此外，高尔顿开拓了另一个领域——测量，将心理学理论运用其中，首创心理测量学。

第三节　西方心理学史的编纂学原则

历史编纂学针对史学著作的编写方法和原则进行研究。概而言之，心理学的独立给了它拥有专属历史的资格。西方心理学史的撰写并非事无巨细地记录和介绍整个心理学的历史过程，而是既包括对历史事实的选取和处理，也包括对历史人物的剖析和评价。研究历史事实怎样选取，分析历史发展的线索该如何展开，材料如何组织，处理各种看似毫无关系的档案和资料等诸如此类的问题，即属于历史编纂学的范畴。因此，理解心理学史的编撰学原则是读懂一本心理学史书的桥梁。

一、伟人说和时代精神说

伟人说强调在科学的进步和变化中"伟人"所起的决定性作用。按照伟人说的观点，牛顿是发现万有引力的关键，如果没有牛顿，就没有万有引力。人们推崇的“伟人”通常能整合现存但模糊的观念，使之明晰而具说服力。他们或推动了某种观念，或是与某种观念紧密相联。历史就像是铭刻伟人的思想、行为的日记，伟人的意志、智慧、人格是它的书写者。心理学发展离不开伟人，伟人的功绩固然不可忽视，但“伟人决定论”走向了一个极端，它既全盘否定了客观社会历史条件的作用，又从根本上抹杀了科学共同体的作用。

时代精神说则指出，一个时代特有的精神特点，才是一个学科发展的关键。就心理学来说，其时代精神不仅包含了心理学本身，还包括了其他非心理学因素，受社会条件的影响。由于社会实践发展的内在需要和社会经济关系运动二者间存在必然性，这就决定了历史演变的趋势和社会现代发展的潮流，而这些趋向与潮流又体现在人类头脑之中，形成了时代精神。时代精神渗透在社会上影响广泛的社会心理、思潮和意识形态中，涉及社会物质和精神文化的各个领域。时代精神说是一个被普遍接受的观点，它认为时代的思想文化和意识形态氛围决定了某一观念被接受与否，决定了它收到的反馈是赞扬抑或奚落。新观念唯有生存在与之适配的背景下才能被采用，且必然会受到评价。较之“伟人说”，“时代精神说”有所前进，它认为心理学的发展应归功于客观时代精神和必然规律的运作，个人主观力量只是一小部分因素，并非真正原因。但这同时也把视野仅仅局限在了社会意识方面，夸大社会意识的绝对性、独立性，缺少物质实践的考量。

是时代造就了伟人还是伟人引导了时代？事实上，两者并非对立关系，心理学史上的人物和事件也许是伟人的天才贡献和时代需要共同孕育的产物。只看重时代精神，那么对心理学史的研究便没有了意义，而一味强调伟人，就忽视了社会大众对心理学发展的推动作用。因此，编撰心理学历史时应倡导考量人物贡献和时代精神所起的作用。比如，精神分析学派主要介绍弗洛伊德个人的历史，同时一定要和其所处的时代背景结合起来，他之所以能够在所处的时代成名，主要是因为他对那个时代的贡献很大，顺应了时代的发展。

二、厚古说与厚今说

厚古说（historicism）主张理解过去本身就是研究历史的目的，重过去而排斥现在。因此，厚古说认为，学史就是单纯地为了学习已经过去的事情，比如研究论证冯特心理学著作数量、冯特著作中最常用哪些心理学术语，等等。这可能会导致一种极端的情况：心理学中永远没有完全崭新的内容。

厚今说(presentism)主张学史应该着眼于心理学的现在，为今天的心理学研究与应用服务。比如学习冯特老师的赫尔姆霍兹(Helmholtz，1821—1894)的三色说(trichromatic theory)与共鸣说(resonance theory)，对理解现在的色觉与听觉学说有帮助；学习精神分析的发展历史与脉络，对理解今天的心理治疗有所帮助。一门学科早期发生的事件导致了它如今的状态，其状态意味着学科发展的巅峰。因此，当下的心理学对心理学史的照明灯作用不可忽视。

厚今说强调以今类古，突出历史事件的现实意义和当下价值。心理学史的编纂更应该主要以厚今说为主，强调历史继承性和进步性及其对心理学现状的影响。心理学现在所面临的是千年不遇的局面：神经科学、大数据与人工智能都是当前这个时代科学发展的潮流，这些新技术必然会对心理学的发展产生相当大的冲击，心理学体系中的很多东西都可能会被重新验证、解释或改写。举大数据的例子来说，过去的心理学研究大多采取小样本的形式，而如今则广泛运用网络问卷、爬虫软件等获取大样本，极大提高了效率；同时由于网络的匿名性特征，在一定程度上提高了数据的真实性。

三、内在说与外在说

内在说(intrinsic theory)注重科学思维和方法的内在逻辑；进步是科学的推动者，当心理学自身的理论和技术得以提高时，心理学也能因此发展。心理学的发展历史一直贯穿于其独立前后，从其内在发展的脉络中，可以提炼出心理学的发展逻辑。早期大家主张内在史观，聚焦科学内部理论观点和方法技术的演变，波林所著《实验心理学史》正是运用了内在说的理论观点。

外在说(extrinsic theory)强调科学发展的社会、文化、经济和政治等外在因素；认为心理学相关学科的发展和社会历史的进步推动了心理学的发展。加之心理学本身是社会结构的一部分，而外在说的观点与心理学这一特性更为契合，因此，当今心理学史家大多持外在史观的立场。

很多人认为心理学受自身内部动力推动，建议排除社会因素；但纵观当今心理学，情境条件对心理的作用早已被大众认可且有着举足轻重的地位。极端内在史观往往面临着把心理学置于社会真空中的危险，而极端外在史观则会忽视和抹杀心理学的内部动力、心理学家的发展贡献等。所以，唯有做到内外兼顾，方可撰写出正确的史书。

四、量的研究和质的研究

对历史的研究是侧重于量还是质的分析？这是当今心理学研究中的一个重要问题，因为现代心理学非常关注数量的变化，并把一切结果建立在数量的基础上。量的研究强调用数字描述过去的历史。比如说冯特写了多少页的书，你要多长时间才能读完，这是量的方面。

质的研究强调概括直接经验分析和人格类型。从定性的角度来看，冯特提出的内容心理学更加强调意识的分解、历史的组合、意识元素的组合、靠统觉创造性综合等，这是质的方面。

心理学史的研究中，量与质的研究必然是相互包含和补充的。

五、连续性研究和非连续性研究

连续说主要受库恩提出的范式理论影响，认为科学革命实质是除旧迎新，也就是范式的转换——新范式取代旧范式。早期心理学史家们一致认为这种转换是周期性、连续性的。

但到了20世纪六七十年代后争议的声音出现，心理学史的连续性受后现代主义历史观冲击。如勒瑞(D. E. Leary)在《福柯：一位人文科学史家》一文中提到的：福柯的谱系学景观是一幅没有系统性、因果性、必然性的历史碎片图景。

心理学有其内在的发展脉络，但有些时候在不同流派之间，完全是不同质的东西。比如精神分析的研究对象和内容本来就与冯特的科学心理学不同，所以二者的研究目的也不同：精神分析的目的是治病救人；而冯特的思路是研究人的头脑里所看到的东西，以及神经机制。因此，心理学史是一种板块式的向前运动，连续性研究和非连续性研究应相互结合。

六、理论和应用

詹姆斯曾说过，美国人需要一个教他们如何去做的心理学。于是美国心理学家开始向科学研究的应用转换，但难免残留了些许学院派和科学家的传统本色。随后在1899年，杜威(J. Dewey)敦促心理学家们将其研究成果应用到社会实践中。在这一提议下，心理学家科学研究的结果被职业教育家们应用到了课堂上，理论与应用的结合产生了。

雨果·闵斯特伯格则是对应用心理学领域进行了明确的拓展，他倡导将心理学与实践相联系。在闵斯特伯格的著作《心理学与工业效率》中，他对应用心理学及其在未来日常生活中的角色给出了更广泛的定位，正确地定义了现代生活对心理学服务的需要，即“是实践生活中日益增加的需求……系统测查我们现代生活的其他需求能被实验心理学的新方法推进到多远.这也是心理学实践者的职责所在”。同时他预言实验研究可能会被用于“吃、喝与性生活”。

如今无论哪一个心理学派都如闵斯特伯格预言那般，应用于生活的方方面面，对心理学史的编纂自然绕不开应用这一方面，以此为依据，我们需要将理论与应用相结合并作为其中一条重要原则来编纂心理学史。

第四节　学习西方心理学史的意义

一、吸收精华："洋为中用"

我国著名心理学家潘菽先生曾指出，发展中国心理学的关键词是自力更生，依靠自身力量开展研究工作。但同时，也需学习外国以参考补充。国外心理学发展水平较高，走在世界心理学的前列，因此我们要了解和借鉴国外已有和将有的成果。总体态度应是取其精华，去其糟粕，有取有弃，并且融会于中华文化，走出“中国特色心理学道路”。

因此，学习西方心理学的历史，洋为中用，可以把对于西方心理学的研究成果当作发展我国心理学的基石。当今心理学水平领先的地方还是在西方，通过学习西方心理学的历史、理论体系，能够帮助我们吸收心理学的更多精髓。

二、了解现状：掌握西方心理学发展的历史规律

若想触及西方心理学的内核，则须回顾西方心理学的历史，这取决于心理学的学科特点，因为心理学的研究对象是人的意识和心理现象，两者都极为复杂，那些早期就被提出的疑问至今也仍未得到解答，但也因此，这些持久存在的问题也是连接心理学过去

和现在的纽带。

心理学史家舒尔茨(Schultz)曾说过,在许久以前提到的许多关于人类本性的问题,现在仍在改头换面地出现。因而,心理学这般问题的连续性是独一无二的。也因此,现代心理学才具有了与过去更直接明确的纽带……当现代心理学架起通往过去的桥梁,一切才有意义。

根据历史唯物主义观点,研究现实问题必须结合历史背景,把握其前因后果。在发展变化的历史中,把握心理学的发展规律。

三、提高理论素养:提高分析、鉴别和批判能力

理论素养包含两方面:运用马克思主义观点分析问题、解决问题以及理论思维能力。西方心理学发展史上向来百家争鸣,在众多观念中,对心理本质的理解各不相同,有正确的也有歪曲、片面的;有唯物主义思想,也有唯心主义的荒谬观点;有辩证分析观点,也兼具形而上学的机械论。所以针对这类盘根错节的历史研究,要做到客观、超然难之又难,取而代之的是要以马克思主义观点为引领,具体理论具体分析,正确区分各种学说。

除此以外,培养理论与应用的视角同样至关重要。詹姆斯曾提出,相比于洞察灵魂本质,人们会更青睐能够治愈忧郁症或驱逐慢性精神错乱的心理学,这让心理学理论与应用的对立初露端倪。事实上,纵观整个心理学的发展脉络,理论与应用始终是对立的。这种不合时宜的分离阻隔了理论与应用间天然的连接,冲击了心理学的发展。这使得众多心理学家将焦点放在了阻止心理学理论与应用的分裂,努力使二者得到统一、协调发展。因此,拥有理论 vs 应用的视角至关重要,我们既要学习心理学的基础理论知识,提高理论素养,同时也要重视应用,理论指导实践且付诸实践。

四、培养历史思维

历史思维指从历史角度综合剖析历史事实的思维方式。历史思维具有以下四大特征:第一,历史思维不是历史中事件的堆砌和记录。除了要了解历史事实本身,还要看到事件背后的各种线索,洞察历史事件的因素和关联。第二,对于历史事件要进行因果分析,要有辩证发展的眼光。在此过程中,要多方面辩证地看待历史的因果与发展,而不是从单一的角度去理解一件事的发生。即使是一件事发生的原因,也是多层次的,有

直接间接之分，近因远因之分。第三，解释历史事实时，历史思维要求我们形成假设，并提供证据。第四，要以历史的眼光看待史实。也就是说，要从发展的角度去看心理学史，去研究各个人物、理论或流派，看到它们之间的关联。即使是有缺陷的学说，都有其可取之处，而被广泛接受的流派也有其历史局限性。

五、结语

心理学史学者黎黑(T. H. Leahey)认为，心理学史的研究目的是探究何为心理学以及它曾是什么，当下与过往密不可分。心理学史的研究为心理学的发展梳理出了一个全盘的脉络，这是其他任何一个心理学的分支都不能提供的。对于心理学有了一个完形、整体的框架之后，我们会发现心理学有不同的选择和不同的方向，从而能更加明白自己的方向是什么，这个答案可能偏重于自己的个人色彩，包括个人主观的喜好，同时也能够看到这个方向的优势和局限性。

西方心理学发展的脉络是有规律可循的，心理学既有自然科学的性质，又有人文社会科学的性质。现在心理学是认知神经科学盛行的时代，但从心理学的发展历史来看，也可能被别的流派所取代。俗话说，学史使人明智，按照厚今说，学习历史能更好地指引我们着眼于当下，从而对心理学的现状与发展趋势有更为通透的理解。今天心理学的研究与应用是在神经科学、人工智能的大科学背景、社会背景下进行的，神经科学是生物学的地盘，人工智能是计算机的地盘，它们对心理学的深刻影响可以理解为一种跨界的影响。当今心理学研究中占据世界领先地位的美国也非常重视心理学史，每一个大学的心理学系无论本科或是研究生都开设心理学史这门课程。所以，要对心理学有认同感，离不开历史意识、心理学认同感的培养。

由此可见，学习西方心理学史对我们来说是非常有意义的，首先，它能够帮助我们了解心理学的全貌；第二，了解心理学史可以理解心理学不同的方向；第三，有助于培养我们的理论思维；第四，使我们对心理学的不同方向有一个全局观。

第二章
西方心理学的起源和建立

【本章导言】

心理学是一门既古老又年轻的科学，它起源于哲学，有着古老而系统的世界观基础，哲学家们不断对人类本性、经验和感知觉进行探索，为后续心理学各流派的发展奠定了重要的理论基础；而生理学的快速发展为心理学提供了实证的方法，神经特殊能说、听觉共鸣学说、心理物理学等生理学、物理学的发展成果对心理学的诞生产生了重要影响，使如人性、经验论等的哲学观念可以在实证科学中寻找证据，加快了心理学成为独立学科的脚步。

【学习目标】

1. 了解西方心理学的起源及诞生历史，理解影响西方心理学产生与发展的重要哲学思想，包括主要流派及其观点。

2. 了解近代生理学、自然科学的发展如何为科学心理学的诞生打下重要基础。

【关键术语】

古希腊罗马哲学　哲学心理学　自然科学　生理学　实验心理学

【主要理论】

联想主义哲学心理学　感觉主义哲学心理学　经验主义哲学心理学　理性主义哲学心理学　脑机能学说　实验心理学

西方心理学是哲学与自然科学（特别是生理学）相结合而产生的交叉学科。哲学与自然科学（生理学）分别被称作心理学的父体、母体。哲学的部分可溯源到古希腊罗马时期，当时的哲学家们已经对心理学研究对象进行了细致而深入的思考，但此时的西方心理学尚处于哲学的襁褓之中。19 世纪，随着生理学、自然科学的快速发展，生理学家们将生理学、自然科学类的观察法、实验法等也运用到对意识、心理的哲学思考的实证检验中,心理学从中诞生,并开始独立发展。本章首先讲述西方心理学的哲学起源、自然科学起源,然后讲述实验心理学如何在其哲学起源、自然科学起源的基础上建立与产生。

第一节　西方心理学的哲学起源

西方心理学的哲学渊源可以追溯到两千多年前的古希腊时期甚至更早以前。期间,关于心理学的思想与认识主要包含于哲学家的思想中,因而被称为哲学心理学思想。心理学的英文psychology来自希腊语,是指关于灵魂(psyche)的科学。古希腊哲学家柏拉图、亚里士多德等都对灵魂这一议题做出了很多论述,涉及灵魂的性质、等级、功能及其与物体的关系等诸多方面。其中,特别是柏拉图与亚里士多德的哲学心理学思想主要强调认识与动求等灵魂的官能,也被称作官能哲学心理学思想。进入中世纪后,宗教对人们思想的控制日益严厉。随着文艺复兴和启蒙时代的到来,哲学进入了英国和法国的经验主义哲学心理学与德国的理性主义哲学心理学时期。其中,英法的经验主义哲学心理学包括了以洛克等为代表的英国联想主义哲学心理学思想、以拉美特利等为代表的法国感觉主义哲学心理学思想,而德国理性主义哲学心理学思想以莱布尼茨和康德等哲学家的哲学心理学思想为代表。

一、古希腊哲学中的西方哲学心理学思想

(一) 苏格拉底

苏格拉底(Socrates,公元前469—前399),古希腊思想家、哲学家、教育家。他的思想反映了古希腊时代的城邦现状,那是古希腊从全盛向衰落的过渡时期。他强调道德是城邦政治的基础,而知识与教育则是城邦政治的根本。他将教育、政治、道德与知识结合,创造出"精神助产术",认为教育的首要目标是培养治国理政的政治人才,教育应该发挥和引导出人类的自然禀赋,应该培养美德,促进知识探索,增进健康。他在教学过程中,会营造一个平等的空间,让学生问答、交流、争辩,以这样的方式去启发对方独立思考,而不是直接把问题的答案给出去。

苏格拉底对心理学突出的贡献是他所创造的"精神助产术",这种提问和对话的方

法后期被广泛应用在心理治疗过程中，用以揭示来访者认识上的矛盾，探求内心的真理，被称为“苏格拉底诘问”。苏格拉底一生都勇敢地坚持追求真理，绝不屈服，这种精神同样鼓励了后来的人们对真理忠贞不渝的追求。

苏格拉底

（二）柏拉图

柏拉图（Plato，公元前427—前347），古希腊哲学家，客观唯心主义哲学的创建者，理念论的最早提出者。柏拉图出生于古希腊雅典贵族家庭，青年时热衷文学、诗歌和戏剧，也学习政治。柏拉图在20岁左右开始与苏格拉底接触交流，并成为苏格拉底的学生，此后便痴迷于哲学。苏格拉底去世后，他离开雅典到各地游历。公元前387年重回雅典并建立了自己的“学园”。从此，除了两次远赴叙拉古以期实现自己的政治抱负外，柏拉图一直在他的“学园”中讲课、研究和写作，直至逝世。被后人认为是西方最伟大的哲学家和思想家之一。

柏拉图一生涉猎广泛，著作众多，但很多并未流传下来。经后世学者的系列考证，当前确定为柏拉图的作品主要有：《申辩》（*Apology*）、《斐多》（*Phaedo*）、《斐德罗》（*Phaedrus*）、《巴门尼德》（*Parmenides*）、《政治家》（*Statesman*）等篇，大部分作品的主角都是苏格拉底，且都是对话式的。在对话式讨论中，揭示出双方论点的矛盾，最后得出结论。柏拉图的思想作为西方唯理论的引领，对后世影响极其深远。理念论的提出，使柏拉图成为“理念论”和理性主义思想的始祖，成为对西方心理学思想在未来两千多年影响最大的人物。

柏拉图

1．理念论

柏拉图关于灵魂的看法认为灵魂是不朽的，并以理念论解释灵魂的本质。他认为存在一个客观可靠的“理念世界”，它由形式和观念构成。理念世界包括两类。一类是通过实际事物而达到的普通理念。另一类是最高理念，是不需灵魂借助实际事物、单凭理念本身就可以达到万物本原的认识。他认为唯有理念才是真实的、可靠的、永恒不变的。纷繁复杂、时刻处于变化之中的事物不过是理念的影子，事物的影子或实际事物都不是真实的。只有从理念中才能获得真正的认识。

柏拉图用隐喻的方法说明他的理念论。最众所周知的是洞穴隐喻，描述的是一群囚犯的手和脚全都被绳子束缚着，他们身处一个洞穴中，完全不能转身、背对洞口，身后有一团炬火在熊熊燃烧着。在他们的面前只能看到一堵白墙，在他们的世界里只有影子，因此他们以为影子就是真实的。终于，有一个人从洞里钻了出去并到了外面的世界，回到洞穴后兴奋地试图向其他被束缚着的人解释外面的世界，告诉他们墙上的影子是虚幻的。但是在其他囚犯眼里，那个人无比愚蠢。

2．灵魂和回忆说

柏拉图指出，灵魂的本质出自理念世界。灵魂附着到了躯体上的话，会受到污染，于是便会忘记一切。若是想回忆起曾经的知识，必须得到训练，受到感官经验的诱导。由此，所有知识都是与生俱来的，回忆的过程便是学习的过程。

回忆说的前提是灵魂的不朽，柏拉图认为，只有灵魂不朽，灵魂才会拥有记忆，而灵魂有记忆也可以反过来去证明灵魂的不朽。

3. 灵魂与物体的关系

柏拉图指出："按照自然的规定，灵魂先于物体。"灵魂和物体这两者彼此相互作用。灵魂会支配也会统治物体，物体则对抗着、反作用于灵魂。

4. 灵魂的等级

柏拉图将人的灵魂划分成三个部分，分别是理性、激情和欲望。理性居于头而统领全身，激情位于胸而受于理，欲望则处于腹而受到理性和激情的制约。当理性占了整体的主导地位时，灵魂会主导身体；当欲望占了主导地位时，身体反过来摧毁灵魂。柏拉图的另一个观点认为人的灵魂有不同的等级，一等灵魂属于统治者和哲学家国王，智慧是他们推崇的美德；二等灵魂属于武士，勇敢是他们追求的美德；三等灵魂属于平民，充满非理性欲望，自制是他们所追求的美德。

柏拉图的灵魂等级思想对近代精神分析创始人弗洛伊德的人格结构理论影响很大。弗洛伊德人格结构理论中的本我、自我和超我三个部分，可以分别对应于柏拉图灵魂等级中的欲望、激情和理性。

（三）亚里士多德

亚里士多德（Aristotle，公元前 384—前 322），古希腊哲学家。青年时期，亚里士多德就到柏拉图学院研究学习，柏拉图逝世后，他游历一段时期后再次回到马其顿皇宫，给亚历山大王子传授知识。公元前 335 年，重新回到雅典，做一些教学和科研活动，创办吕克昂学院。公元前 323 年，亚历山大大帝病逝，亚里士多德从雅典逃出到了优卑亚岛，次年病逝。他被称为古希腊思想的百科全书，一生创作了大量作品，如欧洲心理学史上第一本心理学著作《论灵魂》，这部著作被称为西方心理学的开山之作。

1. 四因说

亚里士多德总结了此前关于世界生成和存在的原因的思想，提出了"四因说"，认为存在四种原因，即质料因、形式因、动力因与目的因。四种原因足以解释万物的产生和存在。

亚里士多德

质料代表的是事物产生和变化的基础，如制雕像的青铜、制酒杯的白银等。形式既指事物的内在本质，也指事物的外在形态。动力是使事物运动起来和发生改变的动力。普遍说来，万物的存在或生成总有一定的目的，绝非无缘无故。

2. 灵魂论

亚里士多德的批判继承了先前关于灵魂的思想，抛弃了传统的万物有灵的观念，认为有灵魂的东西才是有生命的，而无灵魂的东西并无生命。其次，在灵魂与躯体的关系问题上，亚里士多德反对柏拉图将灵魂视为独立的永恒之物，认为躯体和灵魂两者不能分离，躯体为质料，灵魂为形式，两者结合起来，灵魂才能充分发挥作用。

他把灵魂划分为植物灵魂、动物灵魂、人类灵魂三个不同等级。植物灵魂等级最低，仅具备滋养能力。其次是动物灵魂，至少拥有一种感觉。人类灵魂等级最高，除了拥有另外两种灵魂的能力外，还具备推理和思维这两种人类灵魂独有的能力。

他还进一步分析了灵魂的官能（或功能），认为灵魂的官能分为认识与动求两类。认识的官能包括灵魂具有的感觉、记忆、想象等功能，动求的官能包括灵魂的欲望、动作、意志、情感等功能。亚里士多德是官能主义哲学心理学的先驱之一，对后来德国的沃尔夫等欧洲近代官能主义哲学心理学思想、布伦塔诺的意动心理学、美国的机能主义心理学均有深远的影响。

3. 对感觉的分类

亚里士多德非常重视感觉的意义和作用，他将感觉划分为视觉、听觉、嗅觉、味觉和触觉五种。其中，亚里士多德特别强调视觉和听觉的作用。他认为，视觉能够提供生存的基本需要，在所有感觉中视觉最能认知事物、辨识事物间差别的功能。而听觉之所以重要，是因为它对理性的贡献最大。值得注意的是，亚里士多德没有忽视其他感觉，比如，他指出触觉是感觉的基础，是所有动物都具有的最基本的感觉。

4. 联想律

亚里士多德提出相似律、对比律和接近律这三条联想律，分别认为相似的、对比的、接近的事件间容易产生联想。他的联想律对近代英国联想主义哲学心理学、行为主义、格式塔心理学均有较大的影响。英国联想主义哲学心理学认为联想是简单观念形成复杂观念的主要因素，行为主义将刺激与反应的联结归于神经中枢中不同神经的联系，格式塔心理学则认为三条联想率是揭示知觉组织格式塔的关键因素。

(四) 德谟克利特

德谟克利特(Democritus，约公元前 460—前 370)，古希腊哲学家，留基伯(Leucippus，约公元前 500—前 440)的弟子，继承发展了留基伯的原子论，他的原子唯物思想是古希腊唯物主义发展的最重要成果。

德谟克利特

留基伯认为，原子的积累构成了宇宙中的万物，原子是一种粒子，它是最小的、丝毫不可再进行分割的，继而留基伯提出，“原子”和“虚空”就是世界的本原。虚空就是指原子所在的运动场所，原子也被视作一种存在状态，而虚空是非存在状态。德谟克利特继续发展该理论，提出宇宙空间中只有两样东西，便是原子和虚空。物质本身会永远运动，这种运动全是机械的作用，包括心理活动。无数的原子，无数的组合混合在这无限的空间里，他们会朝着所有一切可能存在的方向随机运动，因数量、大小不同形成不同的物体，但原子本身不变，原子运动的规律有迹可循，所以万物可以被还原成原子来解释。

德谟克利特是古希腊早期最后一位持有宇宙发生论观点的人。古希腊早期哲学主张以自然取代超自然的解释，此时希腊人从注意自然问题转换到关心人的问题上，特别是人类行为原则、认识和道德问题。德谟克利特的思想也在反映这种转变，在原子论基础上，德谟克利特提出的幸福理论，指出快乐是幸福的本质，且是灵魂和精神上的快乐。活跃的原子构成灵魂，极端地流动，活跃地遍布了全身，原子之间来往撞击，产生生命。人的认识是由于原子从物体表面流溢，通过感官系统的孔道进入机体，与灵魂中的原子冲撞，产生感觉，传递至大脑，形成“影像”，作用于感官、心灵，由此产生了感性与理性。感性认识是认识的初级阶段，但感性认识还须与理性认识结合。

从公元前6世纪的古希腊时期，到近代的文艺复兴以后的数百年间，西方的哲学心理学思想发生了质的变化。古希腊哲学本体论色彩浓厚，注重对自然界及本性的探讨，因此灵魂的本质及其活动与作用乃是当时哲学心理学的核心议题，并从这些讨论中，发展出了朴素的心身关系、心理过程问题的观点。其中，柏拉图的理念论与亚里士多德的四因论、联想律等的官能哲学心理学思想都主要强调了灵魂的官能与作用。而到了近代，随着社会环境的剧烈变化，西方哲学研究的重点逐渐由本体论转向了认识论。人类精神的发展从一开始追问“世界是什么”转变为“我们如何认识世界”。相应的，近代心理学的核心议题也从灵魂的本体论转向了认识论的研究。无论是经验主义哲学心理学还是理性主义哲学心理学，都同样关注知识的来源及其确定性问题。

二、近代西方的哲学心理学思想

文艺复兴为现代哲学和科学奠定了基础。英国资产阶级革命爆发后，欧洲从封建制度进入资本主义制度，对应着思想上西方近代哲学思想的变迁，关心的问题从世界的本原为何物等本体论问题，转变为如何去深入认识世界上的一切知识和经验、如何去认识我们所生活的世界、如何理解人类的行为等认识论相关的问题。但是因为在近代，欧洲各国的政治、经济和文化由于通过革命或改革完成社会变化的前后不同，发展极为不均衡，所以不同的思想在不同的地域、不同的时间，发展也有很大的不同。英国和法国是最早完成资产阶级革命的国家,最先产生经验主义思想,认为经验观察到的东西经过联想等的加工产生了知识。德国作为资本主义的后起之秀诞生了理性主义心理学思想,主张人类生而具有认识世界、理解世界的统觉。在此,将先介绍这两种哲学心理学思想的启蒙鼻祖培根和笛卡尔,他们的思想充满了对宗教信条和其他传统权威的质疑,先前教条中的错误促进了他们的研究。后将再对经验主义和理性主义各自的经典理论和人物进行叙述。

(一)启蒙思想家

1. 培根

弗朗西斯·培根(Francis Bacon,1561—1626),英国哲学家,经验主义哲学心理学的鼻祖。首次提出经验论基本原则,主张由经验发展出知识,一切知识都起源于经验。他主张用归纳法来研究自然科学和哲学。他意识到感觉带有主观性、存在错觉等局限性,由此得出知识不能达到事物的本质的结论。他主张通过理性和经验的联姻来获得科学的认识,并且认为“知识就是力量”。这些都极大地影响了自然科学和经验主义哲学心理学的进步与发展。

弗朗西斯·培根

2. 笛卡尔

勒内·笛卡尔(René Descartes,1596—1650),法国哲学家。笛卡尔出生于法国的一个贵族家庭,在耶稣会学校学习,后在普瓦捷大学学习法律,获得学士学位。毕业后,在荷兰军队接受训练。退伍后,游历欧洲,在荷兰居住了20多年,后来受到瑞典女王的邀请，于是又到斯德哥尔摩为女王讲学。不幸的是，笛卡尔在这里染上了肺炎，并因此离世。

勒内·笛卡尔

（1）我思故我在

数学对笛卡尔的影响非常大，笛卡尔的目的是要发现确实而自明的真理，像数学公理一样，再以此为基点，推向同样确实自明的未知的新真理。在方法上，使用极为彻底的怀疑法，只要稍有疑惑的意见，都被他全部清除，只有经过这种彻底怀疑检验的真理才能作为哲学的基础。

首先，笛卡尔否定了由感觉而来的感性知识的真实性，因为感官有时是会骗人的。笛卡尔进一步认为作为认识主体的人也是值得怀疑的，例如如何确定此时的我究竟是否处于梦境之中。笛卡尔的怀疑是非常彻底的，在他看来，除了我在怀疑或思维这件事情是确凿无疑、确确实实存在的事实以外，没有任何一种事物或观念是确实的。我怀疑、思维到最后的底线是我不能怀疑、只能承认"我在怀疑"这件事实的存在。就此，笛卡尔推论，怀疑的存在就意味着必然存在一个在怀疑的人，即承认怀疑或思维的存在本身就意味着"我"这个精神实体的存在。他的名言"我思故我在"便诞生了。

（2）天赋观念

笛卡尔的目的在于把握清楚明白、无可置疑的知识，而知识原理绝不可能来源于单纯的感觉经验。笛卡尔举了一个例子，从蜂房里取出蜡的瞬间，它的所有属性都是非常明显可见的。但把它放在火旁，它以前的颜色、形状和大小的属性就都发生了变化。明明是同一块蜡，可是感觉却前后不一致。笛卡尔由此表示，由于感觉是一直都在变动的，经此而来的知识也无法作为科学知识的地基，而只有通过理性把握到的天赋观念才是清楚明白的。

笛卡尔依据产生方式的不同，对观念进行了区分。外来观念需要感觉，虚构需要想象。而天赋观念则来源于纯粹理智，它与感官和想象无关、只存在于理智中，它是清楚的、无可置疑的、普遍有效的，是对事物本质的认识。

据此笛卡尔提出"天赋观念"说。他认为天赋观念包括几何学"公理"、基本逻辑思维规律以及"上帝"等这些生而有之的观念，并且天赋观念是人类理性知识的基础。为了使天赋观念说更完整，笛卡尔还进一步总结了天赋能力潜存说和天赋观念潜在发现说。

(3) 心身交感论

"我思故我在"用怀疑的方式将思想的形式（主体）与内容（客体）区分，却也使得心灵与身体互相独立。笛卡尔认为大脑中一种名为松果腺的腺体是心灵与身体结合的地方，由此提出了他的心身交感论。认为血液中可感觉的对象引起运动，这种运动传到松果腺产生了感觉。心灵也可以由不同方式引起松果腺的运动，这种运动在血液的引导下通过神经传至肌肉，最终引起身体变化。

(4) 反射说

笛卡尔从机械唯物主义的观点出发，根据生理实验提出了"动物是机器"的论断。笛卡尔推测动物以及人的神经和肌肉的反应是对外界刺激的必然反应，都是由于对感觉器官的刺激而引起并通过神经系统实现，这种反应就叫反射。笛卡尔因此被称为反射活动理论的创始者，同时，反射概念的提出为之后巴甫洛夫的条件反射学说、以刺激—反应为理论基础的现代行为主义心理学奠定了基础，对后来科学心理学的发展产生了重要影响，并使人们逐渐形成行为是可预测的这一共识。

(二) 经验主义哲学心理学思想

文艺复兴和启蒙时代以来，在探究认识的来源以及认识以何为基础、认识是怎样来的等一系列问题中，近代西方哲学逐渐形成了经验主义（经验论）和理性主义（唯理论）的对立派别。经验主义观点认为认识的来源是感觉经验，有了感觉经验之后才能产生知识。理性主义观点认为，认识的来源是天赋观念，有了天赋的认识形式后，才能结合感觉经验建立知识。这种对立也同样表现在当时的启蒙思想家的哲学心理学思想上。培根的经验主义哲学心理学思想虽非常重视感官，却忽视理性思维和主动性。而笛卡尔的理性主义哲学相反，重视人具有的与生俱来的天赋观念在知识经验形成中的影响，感觉经验只具有媒介的作用。

经验主义和理性主义的哲学心理学的分歧主要集中于认识的来源与方式上。两种哲学心理学观都各自含有部分真理，在争论中相互渗透、相互影响，共同推动西方科学心理学的发展。而科学心理学建立后，心理学的诸学派也是继承了其中的一些核心观点。如冯特的内容心理学与铁钦纳的构造心理学继承了联想主义哲学心理学的思想，而格式塔心理学则主要继承了理性主义哲学心理学的思想。

1. 联想主义哲学心理学

(1) 洛克

约翰·洛克(John Locke，1632—1704)，英国唯物主义哲学家，是经验论中的联想主义哲学心理学思想的创立者，在英格兰南部出生。1652 年，洛克进入牛津大学学习，毕业后留校从事研究教学。1667 年，洛克受聘于辉格党的主要领导人之一阿什利勋爵，担任其家庭医生、教师兼秘书。从此，开始跟随辉格党涉足政治活动，同时作为辉格党的重要理论家，参与了 1688 年英国的“光荣革命”，成为新政府的大臣。著作有《人类理智论》和《政府论》等。

约翰·洛克

1) 经验论

洛克不同意笛卡尔在此前提出的“天赋观念说”中知识来源于天赋的论点，认为全人类与生俱来的知识是根本不存在的，如儿童并不知道逻辑中的“同一律”“矛盾律”和“排中律”，不同的时代、民族和地区之间道德规范和宗教信条差异很大，因此不赞成天赋观念需要潜在发现的说法。心灵具有某些观念，就是说它们为心灵所理解，这与“潜在发现说”本身自相矛盾。并且认为即使信仰上帝的人的上帝观念也并非普遍一致，所以上帝观念并非天赋，以此驳斥笛卡尔的“天赋观念说”。

洛克认为人们只凭借自然的认识能力就能获得知识，并不需借助天赋的理性能力。由此，根据其经验主义原则，洛克提出了“白板说”，认为人的心灵本来就是一块白板，本来没有标记与观念。这块白板受到经验的装饰，有什么经验作为基础，就出现什么样的知识。

2）观念论

观念论认为经验是产生观念的基础，经验在内部体现为反省的心理活动，在外部体现为对外部事物的感觉。观念是经过这两种活动之后在白板上存在的痕迹。换句话说，洛克所谓的观念指人类思维、知觉或理智的直接对象。

洛克认为观念有简单的也有复杂的。简单观念具有被动性与单纯性。产生简单观念的两种方式分别是对外部的感觉与对内部的反省。对外部的感觉指通过某一感官或一个以上的感官传入心灵；对内部反省的感觉包含知觉和欲望等。也有同时源于感觉和反省的观念，如存在、相继或持续等。

在简单观念的基础上，心灵能建构出复杂的新观念。心灵可以通过组合、比较、抽象三种途径构成复杂观念。组合指许多简单观念结合形成复合观念，比较指把两个观念联系在一起同时观察，可获得关于两者关系的观念，抽象指从众多简单观念中抽象出伴随它们共同存在的抽象观念。他将复杂观念分为样式、实体和关系三类。

洛克后来把物体的性质划分成了两种，性质被解释为一种能力，正是由于事物具备了这种能力才使人们能够对其产生某些观念。他进一步区分了“第一性的性质”“第二性的性质”。前者是物体本身固有的一些性质，同物体完全不能分开，如坚硬、广延、形状、动和静等；后者则是人们的感官借由物体第一性的性质附随产生的各种感觉，比如视觉上的颜色、听觉上的声音、味觉的滋味等。

3）联想论

洛克提出的“联想”为后来联想主义哲学心理学的发展奠定了基础。他将联想分为两种。第一种是“自然的联合”，是事物（或观念）之间原生自然的联系。第二种是“习惯的联合”，指从简单到复杂经验转变的过程中，需要借助于后天的重复或养成某种习惯。洛克将此理论用于解释情绪的形成，解释如何教育儿童。因此，洛克扩大、发展了联想概念，他称得上是联想主义哲学心理学的创立者。

(2) 贝克莱

乔治·贝克莱(George Berkeley,1685—1753),英国哲学家、近代经验主义的重要代表之一,主观唯心主义的开创者。

乔治·贝克莱

贝克莱认为人类能感受到直接的存在状态就是自身在认识"观念","观念"与心灵密不可分、不能脱离心灵而存在,事物的存在是由于其被感知、事物存在于被感知的观念里,由此贝克莱提出"存在就是被感知"。贝克莱反对洛克提出的知识源于感觉,认为对物理对象的认识是因为通过经验得到的各种感觉的积累,及通过习惯的力量使它们在心中联合而来。

贝克莱认为通过联想能将简单观念结合,由此可以得到对现实世界事物的认识。此外,贝克莱还深入研究了感知觉的诸多现象,同样运用联想的方式去解释深度知觉,认为深度知觉是经验的结果,把印象与各种感觉联合。综上,经过学习、联合的过程,才能构成深度知觉。由此,贝克莱继续解释心理过程,发展了联想主义哲学心理学。

(3) 休谟

大卫·休谟(David Hume,1711—1776),英国哲学家和不可知论的代表。著有《人性论》和《论灵魂不死》等。

大卫·休谟

休谟对认识的来源保持怀疑的态度，他认为如果超出经验我们就没有经验，就不能再产生知识。因此，他从经验论立场出发，主张我们只知道存在的感觉，感觉之外有无外界客观事物存在是不知道的，这就是休谟的不可知论。

休谟将“观念”称为“知觉”，将“知觉”分为“印象”和“观念”。这两类观念的主要不同之处在于两者进入思想和意志的时刻、两者强烈和生动程度。印象是其中最强烈的知觉，包括第一次就浮现出来的所有感觉和情绪。在这些方面较微弱的是观念。因此，量的不同区别了印象和观念。

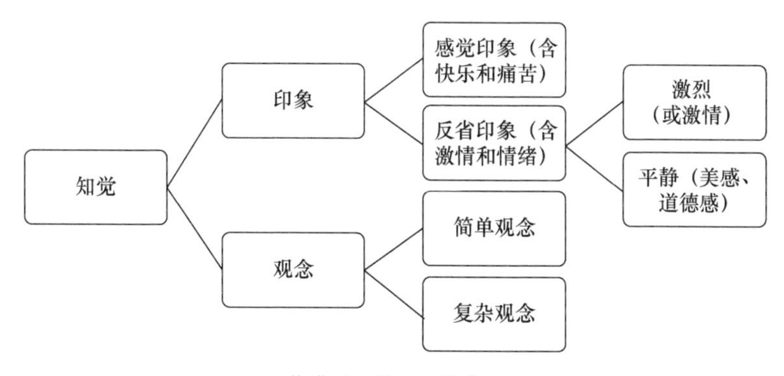

休谟对人的心灵的分类

知觉的区别还包括了简单和复合。简单是直接对简单印象进行摹写，复合是对简单观念进行一定的联想。两个观念越相似和越接近，它们越容易形成联想。他认为，简单观念结合成复杂观念时需遵循相似、时间或空间上的接近、因果关系三条联想定律或原则。在复杂观念形成的法则中可以看到亚里士多德的联想律的影子。

1. 法国的感觉主义哲学心理学

(1) 拉美特利

朱利安·奥夫鲁瓦·德·拉美特利(Julien Offroy De La Mettrie,1709—1751),法国启蒙思想家、哲学家。拉美特利赞同笛卡尔关于机械唯物主义的观点,他受到笛卡尔"动物是机器"观点的启发,提出了"人是机器"的观点。拉美特利和笛卡尔都持有人体具有机械性的思想,但拉美特利对于心理实体的独立存在否定得更彻底,他认为心灵是物质性的。他把心理看成是大脑运动的一种属性,是更为彻底的机械唯物主义者。

朱利安·奥夫鲁瓦·德·拉美特利

同时,拉美特利也是一个坚定的感觉主义者,他认为感觉是认识的唯一源泉,他说:"真正说来,感觉是从来不欺骗我们的,除非是我们对各种关系下的判断太仓促。"感觉是完全可靠的。

(2) 狄德罗

德尼·狄德罗(Denis Diderot,1713 —1784),18 世纪法国启蒙思想者,著名的唯物主义哲学家。他的著作有《对自然的解释》(1754)和《生理学基础》(1774—1780)等。

他发展了洛克的经验论,反对感觉的唯心主义,认为观念的来源是感官,是唯物论的。他认为认识不可能主观地产生,只能反映客观世界。钢琴只有人弹的时候才会响。他认为:"我们就是赋有感受性和记忆的乐器。我们的感官就是键盘,我们周围的自然弹它,它自己也常常弹自己。”

德尼·狄德罗

(3) 霍尔巴赫

保尔·昂利·霍尔巴赫(Paul Heinrich Dietrich Holbach,1723—1789),18世纪法国启蒙思想家,主张唯物论的感觉主义。著有《自然的体系》(1770)和《健全的思想》(1772)等。

保尔·昂利·霍尔巴赫

霍尔巴赫提出,“对象的映象”是观念,没有感觉器官,就不可能形成观念。以唯物主义反映论为参考,外界事物对感官起作用,从感官进来,在脑中不断发生振动,产生感觉,继续传递到各个神经通路,器官接收到信号后,各司其职。

霍尔巴赫认为心理的器官主要是大脑,而脑的机能就是心理。心理活动与器官必须相互适应,这样一切心理活动才能在感觉基础上产生和发展。

（三）理性主义哲学心理学思想

1. 斯宾诺莎

巴鲁赫·德·斯宾诺莎(Baruch de Spinoza，1632—1677)，荷兰哲学家，唯理论与泛神论的倡导者。著有《笛卡尔哲学原理》(1663)、《论知性改进论》(1677)和《伦理学》(1667)等。

巴鲁赫·德·斯宾诺莎

斯宾诺莎的思想也被认为具有“泛神论”性质，他认为“神”是这个世界上存在的唯一实体、是绝对无限的存在、是具有无限多属性的实体。他认为大自然就是神本身，他的泛神论本质上是自然神论，认为世界上所有的东西都在神之内存在。

斯宾诺莎反对笛卡尔所述思想和广延两重的实体，他说：“心灵和身体乃是同一的东西，不过有时借思想的、有时借广延的属性去理解罢了。”身体和心灵其实是同一个实体的两个不同方面，是心身一元论的观点。

在认识论上，他认为自然界是可以认识的。知识有意见或想象、理性知识、直观知识三种，并认为只有意见是产生错误的原因，理性知识与直观知识才是真知。

2. 莱布尼茨

戈特弗里德·威廉·莱布尼茨(Gottfried Wilhelm Leibniz，1646—1716)，德国哲学家、数学家、物理学家，著有《单子论》(1714)和《人类理智新论》(1704)等。

莱布尼茨是客观唯心主义者。其思想以“单子论”为核心。按照莱布尼茨的观点，“单子”是能动的、不能分割的精神实体，是构成事物的基础和最后单位。他认为“单子”可以构成包括人的灵魂和肉体等世界万物。单子具有“知觉”和“表象”两种能力。如果

戈特弗里德·威廉·莱布尼茨

将其划分成不同等级,“知觉”的清晰程度也会呈现出不同的状态。“微觉”是最不清晰的、最无意识性的知觉状态;而最清晰的、最有意识性的是人的意识状态,莱布尼茨称之为“统觉”,即自我意识。

不同等级的单子按照连续性的原则从最低级到最高级形成一个逐渐前进的系列,无限多的单子组成的连续性的整体就组成了宇宙。但是,宇宙中每个单子的发展和变化都可能会使宇宙整体的连续性受到影响。因此,莱布尼茨认为宇宙万物有“预定的和谐”,也就是说,上帝造出单子时,就已经知道了之后的每一个单子会如何变化,并且上帝会使自己造出的单子遵循着互相之间的规律进行发展,如果一直这样,就能使宇宙始终保持着整体的连续性。

关于心身关系问题,莱布尼茨的“前定和谐说”认为,心身之间存在“预定和谐”的状态,即灵魂与肉体遵守其各自应该遵守的规律,但它们相互之间像预先设置好一样、会和谐一致。另外,莱布尼茨还进一步修正了笛卡尔的“天赋观念说”。在莱布尼茨看来,心灵的初始状态既不能用洛克的“白板说”来解读,也并非如笛卡尔所言,从一开始就存在着某些清楚而明晰的观念和原则,而是像已经铺满了纹路的大理石,他认为我们那些“现实的”知识虽然不是天赋的,但有一些“潜在的”知识是天赋的,正如大理石上的纹理所形成的各种图像,在人通过劳动找到他们之前,就已经存在于大理石上了。

3. 康德

伊曼努尔·康德(Immanuel Kant,1724—1804),德国哲学家,德国古典哲学的开创者。著有《纯粹理性批判》(1781)、《实践理性批判》(1788)和《判断力批判》(1790)等。

伊曼努尔·康德

在认识论上康德将经验论与唯理论结合起来。承认知识可以来源于经验，但知识先天具有普遍必然性，这是一个充满矛盾的两难困境。那么如何能先天地经验对象？康德对这个难题的解决方法堪称是"哥白尼式的革命"，他让对象去符合知识，让对象去符合主体固有的被认识的形式。外部对象为认识提供了材料，认识活动的主体提供了认识的形式，使其对这些材料进行加工整理。这些认识形式是"先验"的，在经验之先就存在，是先天就有的，是作为经验的条件，所以经认识后的知识具有先天性。但知识的内容是"经验"的、由经验而来。由此来证明知识的普遍性和自然性。

但是，康德的"哥白尼式的革命"也带来了不可知论的消极后果。若按照康德所述的，对象与主体的认识形式相一致，事物自然而然会被划分为可知的和不可知的两个部分：一是事物的显现，也就是经主体的认识形式所认识的事物；二是未经认识形式所认识，处在认识之外的"物自体"。简单来说，康德承认有客观独立的外在现实，但认为人类没法认识它；认识只限于现象的范围以内。康德把这样的外在现实称为"物自体"，它与现象两者之间有一条人类认识完全无法逾越的鸿沟。对于康德而言，"物自体"这种外在现实和现象就如同"此岸"与"彼岸"，人类所能把握的只是形形色色的现象；而对于远在彼岸的“物自体”，人类的理性只能是可望而不可即。

康德对于现代的重要贡献还在于，他提出了心理结构的知、情、意三个成分，为冯特的科学心理学中知情意三分法奠定了基础。他认为“所有的心灵能力或机能可以归结为认识能力、愉快和不愉快的情感和欲求能力”，这三种可以跟知性、判断力和理性对应起来，并用《纯粹理性批判》《判断力批判》《实践理性批判》这“三大批判”对这三种机能做了进一步的分析。

4. 赫尔巴特

约翰·弗里德里希·赫尔巴特(Johann Friedrich Herbart，1776—1841)，德国哲学家、心理学家，科学教育学的代表。著有《心理学教科书》(1816)和《作为科学的心理学》(1824—1825)等。

约翰·弗里德里希·赫尔巴特

赫尔巴特是第一个提出心理学是一门独立科学的人，认为在经验的基础上才能产生科学，因此西方科学的心理学也是要在经验的基础上发展。其次，他认为心理学这门科学也具有哲学性质，是唯理的心理学。最后，他认为数量计算也是科学中必不可少的要素，心理学是科学的，也要用数学进行计算。简而言之，赫尔巴特的心理学依赖经验、形而上学和数学。

赫尔巴特对心理学的贡献还在于他提出了“意识阈”和“统觉团”，启发了现代心理物理学、冯特心理学、弗洛伊德的精神分析学中诸如阈限、意识、无意识等重要术语。赫尔巴特认为，人的一切心理活动本质上都是人的观念的活动。心是以观念为基本单位构成的，观念之间来回交互作用便形成了意识。个体在知觉的状态里产生意识，意识里的观念都有一些关联，是心里存在的内容。观念进入意识中，从意识中进入观念组合体，成为统觉团。赫尔巴特认为，意识阈是分界线，“一个观念若要由一个完全被抑制的状态，进入一个现实观念的状态，便须跨过一道界线，这条界线便是意识阈”。对新观念的理解是统觉，统觉团就是由众多已经被理解的观念组合而成的意识，是综合性的，即个人当时的经验与知识。

总之，现代西方心理学的发展之所以有坚实的基础是由于受到了理性主义哲学心理学的深远影响，理性主义哲学心理学思想主张感觉经验并不可靠，重视统觉与理性思维的作用。理性思维可以体现出主体的积极性、能动性。在理性主义哲学心理学思想中，荷兰的斯宾诺莎认为宇宙间只有神是实体，大自然就是神本身，一切通过神来协调，只有他是唯物主义唯理论者。德国的莱布尼茨、康德和赫尔巴特都是唯心主义唯理论者，莱布尼茨认为心灵天生具有产生观念的潜能，康德指出所有结论都是由主观经验在先验的认识形式的基础上得来的，赫尔巴特强调观念本身具有意识性。

第二节　西方心理学的科学起源

西方哲学心理学的发展经历了从古希腊重视灵魂的官能到近代重视认识活动中的经验与实证的过程，这为科学心理学的产生奠定了重要的基础。古希腊时期，古代医学家和自然哲学家已经在临床经验中总结出了涉及人类心理活动的初步知识。19 世纪后，自然科学的伟大成就开始推动着西方心理学发展，为西方心理学的独立创造了条件，也提供了新的研究方法，如观察法和实验法。同时，古代医学中的心理学思想，自然科学的发展特别是生理学研究中的部分成果也为心理学成为一门独立学科产生了重要的作用。

一、古代医学中的心理学思想

(一) 希波克拉底的“体液说”

希波克拉底(Hippocrates，公元前 460—前 370)，古希腊医生。他将人体的体液分为四类，分别产生于人体的不同部位。粘液是在头脑中的，水根，属冷；黄胆汁在肝中，气根，属热；黑胆汁在胃里，土根，属温；血液在心脏，火根，属燥。这四种体液在每个个体身上存在的比例不同，导致每个个体有不同的性格。

(二) 盖伦的气质学说

古罗马名医克劳迪亚斯·盖伦(Claudius Galenus，129—199)延续了体液说，划分了四种独立的气质。多血质的人血液较多，多具有热心的特点；粘液质的人痰液较多，多具有冷静、善思考等特点；神经质的人黑胆汁较多，具有有毅力但较悲观的特点；胆汁质的人黄胆汁较多，具有容易生气、动作表现比较激烈的特点。尽管盖伦的气质学说不能被科学证明，缺乏科学依据，但这个理论较为准确地划分了人的气质类型，直到今天也依然在人格理论与气质学说中占有一席之地。

二、天文学与西方心理学

1796 年，格林威治皇家天文台的马斯基林在天文观测时，发现了一个奇怪的现象，即自己的助手所观测到的星体通过子午线的时间总是与自己记录下的时间不一致，并且助手记录的数据总是比自己落后 0.8 秒。他认为原因是助手太粗心了，于是将助手辞退。但德国天文学家贝塞尔注意到了这件事情，他将自己记录的时间与其他天文学家的记录结果进行比较，发现也存在类似的差异，而这种误差是来源于个体之间的差异，后来贝塞尔用"人差方程式"来描述个体之间的差异造成的观察天体的差异。后来科学家们对反应时间展开了大量的研究，创造了直接的研究课题，例如早期的复合实验以及后来的反应实验等，这些课题也成为对后期心理学发展产生重要影响的早期实验心理学的研究范式。

（一）复合实验

1816 年，赫尔巴特第一次使用"复合"这个词，复合指两种以上感觉种类的混合。比如天文学家使用的眼耳法：用眼睛观察钟表上的指针，看指针指过了多少秒，同时，听着时钟摆动的声音，根据摆动的声音计算一下秒数。眼耳法需要视觉和听觉一起参与，包含复杂的过程，如注意分配和心理判断。

1861 年，冯特设计出一款钟摆，这种简单的钟摆只要摇到某一刻度，就会自动发出"咔嗒"的声音，而观察者一旦听到钟声响起之后，就立马去看指针指向了哪里。最早的复合实验就是从中诞生的，这个钟摆被命名为"冯特复合钟"。

（二）反应实验

天文学中对人差方程式的测量实际上就是对反应时间的观察，荷兰生理学家唐德斯（Franciscus Cornelis Donders，1818—1889）从天文学家对反应时的研究中得到启发，迁移到西方心理学，创造了分离反应时实验。从被试受到刺激到做出反应，刺激到反应之间的这段时间间隔被称为反应时。以一个反应对应一个刺激，被试预先知道刺激是什么，应该做出怎样的反应，被称为简单反应。以简单反应为基础，在面对不同刺激时，分辨不同刺激并做出相应的反应，把一个完整的选择反应过程划分为辨别、选择两个环节并分别进行测量。这就是后来西方心理学最常用的三种关于反应时的实验，即简单反应时、选择反应时以及辨别反应时实验。同时，在反应时的计算上，唐德斯进一步发展出了“减数法”，通过辨别反应时减去简单反应时来计算反应中的辨别时间，通过选择反应时减去简单反应时来计算选择时间。

三、生理学与西方心理学

19 世纪后，西方生理学快速发展，生理学家开始深入探究心理过程中的生理机制，这些研究及相关成果的问世为实验心理学的诞生做了铺垫。

（一）脑机能研究

1. 加尔的颅相学

德国解剖学家弗朗兹·约瑟夫·加尔（Franz Joseph Gall，1758—1828）提出颅相学说，认为根据对头颅形状的观察，可以推断出一个人的心理品质和道德面貌。加尔在他的著作《神经系统的解剖学和生理学》中，提出了颅相学的基本原理，如大脑是心理所在的唯一器官；心理官能在大脑中占有不同的部位等，并将大脑划分成 37 个区域，分别对应 37 种不同的官能。颅相学一经提出便获得了很多普通人的支持，但缺乏充足的科学实验的依据，被生理学家们反对。但是，颅相学中提到的大脑机能分区的描述，直接影响了后面人们对脑功能定位的研究。

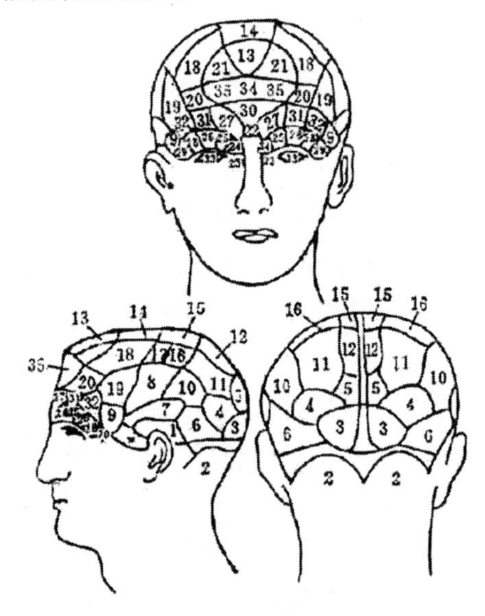

颅相学概述图

2. 弗卢龙的大脑统一机能说

法国的生理学家皮埃尔・弗卢龙(Pierre Jean Marie Flourens,1794—1867)认为,神经系统里有几个不同的部分,这些部分各自可以做出特殊的动作,与此同时它们还具有统一性。所以各部分即使有所损失,也不会影响其机能发挥作用。就算有损失,也有修复功能,可以重新获得功能。弗卢龙总结了当时脑的各种机能研究的成果后认为:(1) 脑叶产生感觉、知觉和意志;(2) 感觉、知觉和意志主要是一种官能,且在器官中占有一样的位置;(3) 部分脑叶、小脑、四叠体的损失并不会导致相应机能的丧失;(4) 脊髓和延髓有直接效果,四叠体、各脑叶和小脑的效果需要交叉起作用。虽然机能可能存在区别,但是神经系统是统一的,这在整体中起到了支配作用。大脑机能统一说对脑生理学的研究产生了重大影响,其中使用的切除法开创了后续动物实验心理学的先河。

3. 布洛卡言语运动中枢的发现

法国外科医生皮埃尔・保尔・布洛卡(Pierre Paul Broca,1824—1880)在 1861 年遇到了一个病人,这位病人不会说话,但医生经过各项检查之后发现他的发音器官并没有异常。后来布洛卡对他又进行了五天的检查,但这时病人却突然死去了。布洛卡在病人死后对他进行了尸体检验,发现这位病人的左脑半球额下回后部受伤,因此,这个部位后期被称作言语运动中枢,并将该部位以布洛卡医生的名字进行命名,称作"布洛卡区"。由于言语运动中枢的发现,弗卢龙的大脑机能统一说受到挑战,大家开始思考脑机能定位。在出现了脑机能分区的标识后,人们认识到可以以脑回为界限进行分区,而且大脑中的神经系统内的机能分别有其特殊的定位和作用。

4. 运动和感觉中枢的发现

1870 年法国医生古希塔维・弗里奇(Gustav Fritsch,1838—1927)为受伤的士兵包扎头部的一个创伤时偶然发现,如果在包扎时触碰到人裸露在外的大脑皮层,会相应地引起一些对侧肢体的运动。在同一个时期,艾德尔德・希齐格(Eduard Hitzig,1838—1907)发现,用电流直接刺激大脑皮层表面的某些部位会引起眼动。后来这两人使用电刺激法做了大量实验,最后发现了位于脑中央前回的运动中枢。随着运动中枢被人们发现,人们开始去寻找其他的中枢,如感觉中枢等。1870 年,约翰内斯・缪勒(Johanes Müller,1801—1858)指出,大脑存在五个中枢,之后,其他人又接连发现了视觉以及听觉中枢。

（二）神经生理学的研究

1. 贝尔—马戎第定律的发现

英国生理学家贝尔（C. Bell，1774—1842）在1807年发现了人体脊神经的后根与前根的机能差异。即后根只能传输感觉刺激，而前根只能传输运动冲动。由此提出了感觉神经和运动神经差异律。1859年，法国生理学家马戎第（Magendia，1783—1855）也发现了类似的差异定律。后来该定律以这两个人的名字命名，称作贝尔—马戎第定律。该定律打破了人们认为神经可以混合地传导感觉和运动的看法。使人们认识到神经传导一般只循一个方向，即神经单向传导，又称为前向传导律。以上的发现，为反射弧、反射动作等概念的出现打下了坚实的基础，对后期实验心理学的产生和发展产生了重要影响。

2. 反射动作的研究

1746年，阿斯特律克（J. Astruc，1684—1766）首次提出“反射”一词。他把反射区分为负责传入信号的感觉神经、中枢神经低级部位和负责传出信号的运动神经，提出随意动作与反射动作存在区别。19世纪上半叶，马沙尔·荷尔（Marshall Hall，1790—1857）的实验指出，感觉刺激产生反射运动，反射单纯依靠脊髓，而且是无意识进行的。缪勒则进一步补充，认为部分反射可以通过脑。有关反射动作的这一系列研究为后续探索心理活动的生理机制打下了基础。

3. 神经冲动的电性质和传导速度

1780年，鲁伊基·伽伐尼（Luigi Galvani，1737—1798）在蛙腿肌肉内外部将不同的金属连接起来，接通电流后，发现电流的作用可以引发全身肌肉的抽搐且反复持续，这证明了神经冲动其实也包含了电学的性质。1831年，迈克尔·法拉第（Michael Faraday，1791—1867）发现了电磁反应，推论出刺激神经可以被感应到电流刺激，并发明了一种专门用来刺激神经通路感应的电流计。用这种方法杜布瓦—莱蒙继续在动物身上完成了对动物组织电流极化概念的研究。神经冲动电性质的发现具有极其重要的意义，当时的研究结果至今仍用于解释神经纤维的生物电传导，比如正、负电荷、极化等这些相应的概念。

4. 神经冲动传导速率测定

在此之前，人们都认为神经冲动传导速度很神速，以至完全无法测量，甚至觉得神经冲动传导速度跟光速差不多。但在1850年，德国生理学家赫尔姆霍兹（Hermann von Helmholtz，1821—1894）实现了对神经冲动速度的测量。他使用自己发明的筋肉测量计，去测量青蛙的肌肉从开始受到刺激的那一刻到肌肉开始收缩时耗费的时间，并且还对不同部位的肌肉都一一进行了测量，根据所测得的时间不同，推测出了神经传导速度的快慢。结果表明青蛙的神经传导速度不到每秒钟 50 米，比音速慢了接近八分之一。

后来，他将同样的测量方法应用于人体，发现人体的传导速度为 50—100 米每秒。这种方法被广泛用于测量心理活动及其反应时间。由此，心理过程也是可以进行实验测量的了。那些过去看不见、摸不到的“灵魂”突然可以被测量，使人们认识到心理活动是可以量化的，打破了心理活动不能被测量的观点，进一步增强了西方心理学中存在的唯物主义倾向。

5. 神经特殊能说

德国生理学家约翰内斯·缪勒于 1826 年提出了“神经特殊能说”，系统地阐述了神经与感觉之间的关系。缪勒认为，每一种感觉神经都不相同，且有其各自的、特殊的能量，因此，每一种感觉神经都只能产生与其自身特殊性质相对应的感觉，没办法产生其他感觉。且每一种感觉神经不仅有不同的能量，性质其实也不相同，所以互相之间也不能有所代替，但同一种感觉可以被不同性质的刺激引起，即一个感觉器官感受到不同性质的刺激，例如引起光的感觉，可以是光线来刺激视网膜，也可以是电流的作用通过眼球而刺激视网膜。至于感觉神经具有哪些具体的特殊规律，缪勒则专门为此归纳出五条法则。第一，一些感觉神经的性质被感觉中枢得到，从而形成了感觉；不同感觉有不同表现，每种神经都有其特殊性质；第二，每种感觉神经仅能产生一种感觉，无法产生其他感觉；第三，同一个刺激在不同的感官之间会引起不同的感觉，即每一感官所特有的感觉；第四，同一外因在每一感官之内，由于每种神经的性质不同，由此会带来不同的感觉；第五，不同的刺激如果作用于同一感觉神经，可能会引起同样的感觉。缪勒的神经特殊能说，极大促进了感觉研究，为后来的实验心理学奠定了深厚的基础。缪勒从青年时期就受到躁郁症的折磨，后来躁郁症反复发作，在他 57 岁时该病症第四次袭来并以他的自杀告终。

但是，神经特殊能说在认识论上存在错误的部分，因为感觉是对客观世界的认识，但是神经特殊能说否认了人的感觉是来源于，并且依赖于外物的性质，进化史告诉我们，感觉神经的分化是机体适应外界环境的结果。尽管如此，神经特殊能说仍然对 19

世纪以来的感官生理学和心理学的发展进程产生了重要的推动作用，尤其是对各种感觉器官的结构和功能的分析与探索，在很大程度上促进了后来的颜色理论以及听觉理论的发展。

（三）关于感觉生理学的研究

1. 关于视觉的“三色说”与“四色说”

早在1807年，英国生理学家托马斯·杨（Thomas Young，1773—1829）认为，人的视网膜上存在分别对光谱的不同成分敏感的三种不同感受器。当不同波长的光对视网膜上的感受器进行刺激时，相应的感受器对应的波长发生作用，就产生了不同的颜色经验。赫尔姆霍兹在1856年扩充发展了色觉学说，提出视觉“三色说”。指出不管光刺激的波长如何，每种感受器都会作出反应，只是反应程度有差异。具体来说红色、绿色、蓝色感受器分别对长波、中波、短波敏感。所以不同的光波刺激眼睛时三种感受器都产生兴奋，但是兴奋程度不同，最后引起人不同的颜色经验。

到了1874年，德国生理学家埃瓦尔德·海林（Ewald Hering，1834—1918）提出了关于黑、白、红、绿、黄、蓝的“四色说”。即视网膜上有三对视素：黑—白，红—绿，黄—蓝。在光的刺激下，这三对视素会产生合成或分解的对抗过程。由红—绿视素的合成、分解分别形成绿色、红色视觉；黄—蓝视素的合成、分解产生蓝色、黄色视觉；由白—黑视素的分解与合成产生不同明度的非彩色感觉。四色说可以解释三色说所不能解释的后像、对比等视觉现象。三色说和四色说在当时都促进了视知觉研究。

2. 关于听觉的“共鸣说”

1863年，赫尔姆霍兹提出了听觉的“共鸣说”。认为听觉是由声音与耳蜗内基底膜上相应的纤维产生的同频率共振所形成的。基底膜上大约存在两万根的辐射纤维，由基底膜底部至顶部纤维逐渐增长，不同长度的振动频率不同，所以能与不同频率的声音产生共鸣。较短、较长的纤维对应高、低频率的声音。

但后来发现人耳能接受20 Hz～20000 Hz范围内的声音，最高与最低频率之比可以达到1000∶1，但基底膜上的横向纤维的长度之比只有10∶1，可见横纤维的长短与频率的高低之间没有完全对应。因此，人们认为共鸣说并不能完全解释听觉的产生，但赫尔姆霍兹的“共鸣说”为后来各种更为先进的听觉学说奠定了基础。

四、物理学与心理学——心理物理学

(一) 韦伯定律

德国生理学家恩内斯特·海因里奇·韦伯(Ernst Heinrich Weber,1795—1878)研究了触觉的差别阈限,由此提出了韦伯定律。他发现被试对刺激物的差别感受阈限,取决于这个新刺激物比原刺激物的增加量与原刺激量之间的比值。例如,如果一个刺激物原重100克,增加2克时,被试就能感觉到这两个重要的差别(即100克与102克);如果刺激物原重200克,那必须增加4克。刺激增量与原刺激量间存在一定关系,即刺激增量(△I)和原来刺激值(I)的比是一个常数(K),即K=△I/I,常数K叫韦伯常数,这个定律只适合当刺激是中等强度时。如果刺激过强或过弱,比值就很容易发生较大的变化。

恩内斯特·海因里奇·韦伯

(二) 费希纳的心理物理学

古斯塔夫·西奥多·费希纳(Gustav Theodor Fechner,1801—1887),德国物理学家、心理学家,心理物理学奠基人。费希纳认为心理物理学专门研究物理刺激及其所引发的感觉间的关系,即刺激量与感觉量之间的依存关系。通过将这种关系进行量化,可以测量绝对感觉阈限、差别感觉阈限、阈上感觉等。

费希纳

费希纳在心理物理关系上做了很多研究，例如，在韦伯研究的基础上，费希纳提出了最小可觉差，这个假设认为每个最小可觉差的主观量是相等的，且是能够引起感觉的一个最小变化。根据这个假定，费希纳进而推导出了以下对数定律公式：S＝KlgR。也被称为韦伯费希纳定律。其中 S、R 分别是感觉强度、刺激强度，K 是一个常数。韦伯费希纳定律说明，刺激弱度以几何级数增加时，感觉的强度则以算术级数增加。除了对数定律外，费希纳借用物理学的方法，创立了三种心理物理法来测量感觉阈限，即最小可觉差法、正误法和均差法，心理物理学中这些将物理学融合进心理学的实验方法，是实验心理学的重要研究手段。

人们对于心灵的认识从古希腊的官能主义哲学心理学思想开始，发展到近代的经验主义与理性主义的哲学心理学思想，之后 19 世纪实证主义哲学思潮又对西方心理学产生了重要的推动作用，西方心理学的独立离不开哲学的巨大影响，哲学奠定了西方心理学研究的思辨方法，确定了西方心理学研究的范围和观点，因此哲学被称为心理学的父亲。19 世纪以来生理学、物理学飞速发展，自然科学在各个领域的成就为实验心理学打下了坚实的基础。此外，对认识的生理机制的探讨进一步促进了心理学基本理论的诞生，因此自然科学被称为心理学的母亲。正因为哲学、自然科学（生理学、生物学等）的结合，冯特才能找到更深入地研究心理现象本身的方法——实验内省法，诞生了实验心理学这门独立的学科。

第三节 实验心理学的建立

德国著名心理学家赫尔曼·艾宾浩斯(Hermann Ebbinghaus,1850—1909)用“心理学有一个漫长的过去,但只有短暂的历史”来形容西方心理学的历史。19世纪中叶以后,自然科学特别是神经生理学的飞速发展,促进了西方心理学的诞生与独立。在近代的哲学思想中有丰富的心理学元素,但心理学还是哲学的一个分支,未能独立出来。而1874年冯特的《生理心理学原理》的出版,标志着西方心理学正式从哲学中分化出来,迈向独立。

一、实验心理学诞生的社会历史背景

欧洲哲学的发展是西方心理学诞生的土壤。近代欧洲的文艺复兴出现在14—17世纪,在16世纪达到顶峰。随后,欧洲开始了自上而下的宗教改革运动,在17世纪开展了启蒙运动。文艺复兴、宗教改革、启蒙运动一起被称作西欧近代三大思想解放运动。在这三大思想解放运动中,宗教愚昧和特权主义被大力削弱,越来越多的人远离了宗教愚昧,封建特权也受到了前所未有的挑战。平民、市民阶层逐渐兴起,逐渐代替了封建特权阶层。自由民主的思想越来越深入人心,成为西方社会思想的主流。在此影响下,自然科学与人文科学各个学科知识领域得到了空前发展。

随着思想革命的爆发,欧洲开始越来越重视关注教育、学术与精神健康,学说的创新层出不穷。思想运动和社会需求为西方心理学的诞生提供了土壤,进化论和自然科学实验则是必不可少的养分和水。达尔文生物进化论的观点为人类心理和行为的诠释提供了新的视角,催生了后来的比较心理学,研究动物和人的心理和行为。而另一方面,同时期德国生理学的发展使得自然科学实验的方法进入研究的视野中,使这个国家成为西方心理学诞生的摇篮。德国生理学的发展也加速促进了西方心理学的诞生。感觉不仅是现代心理学的研究范畴,也是生理学的重要课题。德国科学家是最早一批用实验的方法研究感觉的,例如韦伯发现了最小可觉差,费希纳提出了感觉阈限等。

同时,在医学上出现了精神病特别是神经症这一类精神疾病的诊断与治疗。精神病学家、临床精神科医生希望了解心理失常背后的原因并开发出有效的精神疾病治疗方法。

在自然科学实验研究的浪潮下，冯特致力于在心理学里面置入科学的内核，只有这样，心理才能被更好地研究。终于他在1879年开创性地在德国莱比锡大学建立了世界上第一个心理学实验室，通过实验内省法开始研究意识、意识的组成等。自此，西方心理学走上了独立发展的道路。

二、实验心理学诞生的哲学与科学背景

19世纪下半叶的德国科学心理学思想是从冯特开始的，一方面直接继承了传统哲学心理学思想，另一方面也是当时德国哲学状况的积极反映。19世纪中叶，是西方哲学从近代过渡到现代的时期，由于这样的过渡，西方哲学理论上处在极度贫乏和混乱的阶段。德国哲学中这种状况更为严重。因为黑格尔哲学体系被认为达到了哲学发展的顶峰，黑格尔哲学之后则暗示着传统哲学的“终结”。哲学的发展需要突破传统的哲学思维，这成为德国哲学家们当时的首要任务，迫使他们在不同的实证科学道路上去探索哲学的出路。实验心理学在某种意义上亦属于此种探索的范围。

另一方面，18世纪以来的自然科学飞速发展，物理学领域的能量守恒与转化定律、生物学领域的细胞学说、达尔文的进化论的相继提出，以及牛顿经典物理学体系的确立，使得自然科学的声望达到了顶点，对传统哲学观产生了巨大冲击。首先，传统哲学的重要地位逐渐被自然科学所动摇；其次，自然科学观念上升为一种具有普遍适用性的理念，自然科学开始受到人们的普遍青睐，传统思辨的形而上哲学体系却受到更多的质疑。

在这样的历史条件下，许多学者，包括哲学家，都开始采用自然科学的研究方法，相信实证态度，试图以此来寻找哲学新的出路。此时，刚刚崭露头角的实验，尤其是科学实验心理学思潮就应运而生。

三、冯特与西方心理学的建立

德国生理学家、心理学家、哲学家威廉·马克西米利安·冯特（Wilhelm Maximilian Wundt，1832—1920）主张在自然科学的研究方法上对心理学进行更深的探索，以此摆脱传统哲学对心理学的束缚。他先后确立了两种研究心理学的方法，即实验内省法和民族心理学方法。通过把实验法正式引入西方心理学研究，冯特对人类心理进行精细和系统的分析，增强了心理学研究的科学性和可靠性。1879年，世界上第一个心理

威廉·冯特

学实验室由冯特创立，冯特有目的地创建了心理学这门学科，并为此引入了实验内省法，这样才让西方心理学走上了独立的道路，所以冯特也因此被称为实验心理学之父。此外，他还编辑出版了世界上第一个专业的心理学杂志，吸收并培养了一大批西方心理学人才。冯特所做的一切都为西方心理学这门新学科的发展做出了不可磨灭的贡献。

西方心理学编年史图(西方心理学的哲学起源)

时期	代表人物及生卒年	人物介绍与主要思想
古希腊哲学	苏格拉底 (前469—前399)	古希腊哲学创始人之一，主张真理主观，引发雅典青年怀疑一切事物，强调生命的目的是获得知识，知识引导的行为是道德的。
	柏拉图 (前427—前347)	苏格拉底的学生，延续了苏格拉底的理论，提出理念论与“洞穴隐喻”、灵魂的等级学说，著有《对话录》《理想国》等。
	德谟克利特 (前460—前370)	古希腊唯物主义哲学家，用原子解释一切，为现代原子科学的发展奠定了基础，著有《小宇宙秩序》。
	亚里士多德 (前384—前322)	古希腊哲学家、科学家、教育家，柏拉图学生，四因说、灵魂论、感觉分类、联想律提出者，著作《论灵魂》是欧洲心理学史上第一本心理学专著。
启蒙思想	弗朗西斯·培根 (1561—1626)	英国唯物论哲学家和科学家，经验主义思想鼻祖，主张科学研究使用归纳法，通过理性和经验获得科学认识，提出“知识就是力量”，著有《新工具》等。
	勒内·笛卡尔 (1596—1650)	法国哲学家、数学家，理性主义思想鼻祖，提出心身交互论、天赋观念学说、反射学说，著有《谈谈方法》等。

（续表）

时期	代表人物及生卒年	人物介绍与主要思想
联想主义哲学心理学	约翰·洛克 (1632—1704)	英国哲学家，联想主义创立者，反对笛卡尔的天赋观念说，坚持心灵的“白板说”，提出第一性的质与第二性的质，主张联想主义哲学心理学，著有《人类理智论》。
	乔治·贝克莱 (1685—1753)	英国唯心主义经验论代表，近代主观唯心主义鼻祖，主张观念的存在在于被感知，深度知觉是经验的结果，著有《视觉新论》等。
	大卫·休谟 (1711—1776)	近代不可知论代表，认为超出经验之外，不能产生知识，知觉存在印象、观念和简单复合的区别，著有《人性论》《人类理智研究》等。
感觉主义哲学心理学	朱利安·奥夫鲁瓦·德·拉美特利 (1709—1751)	法国启蒙思想家，继承笛卡尔的机械唯物主义，提出人是钢琴，感觉绝对可靠等思想，著有《心灵的自然史》等。
	德尼·狄德罗 (1713—1784)	法国唯物主义哲学家，唯物主义杰出代表，发展了洛克的经验论，认识只能是对客观世界的反映，并非主观自生，著有《对自然的解释》等。
	保尔·昂利·霍尔巴赫 (1723—1789)	法国启蒙思想家，感觉主义哲学，重视感觉在心理活动中的作用，著有《自然的体系》等。
理性主义哲学心理学	巴鲁赫·德·斯宾诺莎 (1632—1677)	荷兰哲学家，唯理论代表，反对笛卡尔的二元论，认为世界上只有“神”这一个实体、大自然就是神等，著有《笛卡尔哲学原理》等。
	戈特弗里德·威廉·莱布尼茨 (1646—1716)	德国哲学家、数学家、物理学家，客观唯心主义者，提出单子说、“有纹路的大理石”、前定和谐说、微觉与统觉学说。
	伊曼努尔·康德 (1724—1804)	德国古典哲学开创者，区分了先验的认识形式与经验的认识材料，提出了心理结构的知、情、意三分法，著有《纯粹理性批判》《实践理性批判》《判断力批判》等。
	约翰·弗里德里希·赫尔巴特 (1776—1841)	德国哲学家、心理学家，科学教育学奠基人，主张心理学依赖经验、唯理的形而上学，以及“意识阈”和“统觉团”的概念，著有《心理学教科书》等。

西方心理学编年史图(西方心理学的科学起源)

时期	时间	主要思想
古医	公元前四世纪	希波克拉底，古希腊著名医生，提出体液说。
	2世纪	盖伦，古希腊著名医生，提出气质学说。

（续表）

时期	时间	主要思想
天文学	1861	威廉·冯特，德国生理学家、心理学家、哲学家，根据天文学中的“眼耳法”，设计了钟摆复合实验，是最早的复合实验。
	1868	唐德斯，荷兰生理学家，分离反应时实验，提出“减数法”。
脑机能学说	1810	弗朗兹·约瑟夫·加尔，法国解剖学家，提出颅相学。
	1824	皮埃尔·弗卢龙，法国生理学家，提出大脑统一机能说。
	1861	皮埃尔·保尔·布洛卡，法国医生，在大脑左侧额叶发现负责言语生成的重要区域（现称为布洛卡区）。
	1870	古希塔维·弗里奇、艾德尔德·希齐格，使用电刺激法发现运动中枢。
神经生理学的研究	1746	阿斯特律克，提出“反射”一词，指出随意动作和反射动作的区别。
	1780	鲁伊基·伽伐尼，医生、动物学家，发现蛙腿肌肉在一定情况下会产生抽搐。
	1826	约翰内斯·缪勒，生理学家，提出“神经特殊能说”。
	1831	迈克尔·法拉第，物理学家、化学家，用感应电流来刺激神经。
	1850	赫尔姆霍兹，德国生理学家，完成神经冲动速度的测量。
	1859	马戎第，法国生理学家，指出神经单向传导原理，为反射动作和反射弧概念奠定了科学基础。
感觉	1807	托马斯·杨，英国科学家，提出视觉三色说。
	1863	赫尔姆霍兹，德国生理学家，提出了听觉“共鸣说”。
	1874	黑林，德国生理学家，提出视觉四色说。
物理学	1795	恩内斯特·海因里奇·韦伯，德国生理学家，提出韦伯定律，探究刺激差别量的关系。
	1860	古斯塔夫·西奥多·费希纳，德国物理学家、心理学家，提出费希纳定律，说明心理量是刺激量的对数函数。
实验心理学	1885	赫尔曼·艾宾浩斯，德国西方心理学家，出版《论记忆》一书，该书总结了他对学习和记忆所做的大量研究，其中包括“遗忘曲线”。
	1879	威廉·冯特，德国生理学家、心理学家、哲学家，1879 年在德国莱比锡大学建立第一个心理学实验室，标志实验心理学的成立。

第三章

内容心理学与意动心理学

【本章导言】

冯特在哲学与生理学发展的基础上创立了实验心理学，被称为“实验心理学之父”。他的心理学体系也被称为“内容心理学”，主张研究意识的内容。而布伦塔诺的观点则与冯特对立，主张心理学应该研究意识的活动与过程，被称为“意动心理学”。内容与意动之争构成了科学心理学诞生后的第一次学派之争。

【学习目标】

1. 主要掌握内容心理学与意动心理学的代表人物、主要事件与主要观点。
2. 了解对内容心理学与意动心理学的评价。

【关键术语】

内容心理学　韦伯定律　费希纳定律　情感三维说　统觉　艾宾浩斯遗忘曲线　意动心理学　形质　二重心理学　内容　机能

冯特于 1879 年在德国莱比锡大学建立了世界上第一个心理学实验室，是科学心理学成立的标志性事件。他所建立的心理学理论体系也被称为内容心理学，是西方心理学史上第一个流派。冯特作为该流派的代表人物，主张研究人的直接经验，即心理过程中可以直接感受、体验到的内容，如感觉、知觉、情感等，并主张用实验内省法对直接经验进行分析。因其以意识内容为主要研究对象，故将其称为内容心理学。

19 世纪 70 年代，布伦塔诺开创了意动心理学。与冯特的观点不同，他主张心理学应该研究人的意识活动而不是意识内容，强调对意识的活动、指向的研究。他认为我们所看到的事物与所产生的想法都是意识的内容，这些并不是意动心理学的研究对象，也不应该是心理学研究的主要对象，看和思等意识的动作、活动才应该是心理学研究的对象。二者的主要区别就在于一个强调意识的内容，一个强调意识的活动，即内容产生的意识活动与过程。

19世纪末，布伦塔诺的弟子厄棱费尔和麦农在意动心理学的基础上创立了形质学派，后由威塔塞克发扬光大。该学派主要研究形质的产生。他们认为形质是事物整体感觉和表象复合后的一种新属性，它的产生取决于意动。

19世纪末的德国同时还诞生了另一个心理学派——二重心理学，代表人物是麦塞尔和屈尔佩。该学派将内容和意动相结合作为心理学的研究对象，以求消解内容与意动的学派对立。

第一节　内容心理学

在心理学从哲学中分离出来成为一门独立学科之前，英国的联想主义心理学和法国的感觉主义心理学都已发展得较为成熟，然而用实验方法研究心理学却最先出现在德国而不是英国和法国，这并不是一种偶然，而是由德国当时的时代特征所决定的。

第一，社会条件。当时德国是一个分散的反封建联邦，其资本主义的发展时间和速度明显落后于英法等大国，经济上的滞后和不均衡，也使得德国意识到要和英法等强国竞争，迫切需要发展本国的资本主义工商业。时代也对哲学和科学提出了新的挑战和机遇，而当时流行的内省思辨和观察法已经无法满足对意识活动探索的需求。

第二，对科学的理解不同。英法等国将科学限定在可以用定量的方法予以测量的基础之上，例如物理、化学等即符合科学的要求。而生物、历史、语言等则被拒之门外。但是德国海纳百川，从一个更广泛的范围进行研究。当英法在怀疑是否可以用一种客观的方法来研究人的主观意识活动时，德国已经突破原有的思想限制，通过实验方法对人的心理进行测量研究。冯特处在这个时代背景下，把握住当时德国的时代精神与发展机遇，成为实验心理学第一人，开创了心理学这一新学科。

一、内容心理学产生的哲学与科学背景

（一）哲学背景

1. 莱布尼茨与赫尔巴特的统觉说

莱布尼茨最早提出"统觉"(apperception)的概念。他认为，统觉是人的较高程度的知觉，而知觉是人表象外部事物的能力。当知觉有统觉相伴时，知觉就更清楚，否则就

是模糊的。无机物的知觉能力最低，最高的是上帝，而统觉是一种较高程度的知觉，是对人的意识或心灵状态的认识和反思活动。当知觉有统觉相伴时，清晰程度会更高，是人类一种更高级的思维活动。康德虽然同意莱布尼茨所说的统觉是一种理智的思维活动，但是他认为感觉和理智的认识是不同的，统觉就是一种单纯的理智的认识形式，对象的客观性是建立在这个基础之上的。

赫尔巴特认为，当新的刺激作用于人的感官产生表象进入人的意识领域形成统觉，是多种知觉或者观念的组合。赫尔巴特将统觉的概念应用到教育领域，认为统觉是一种动态的观念组合过程，这些观念并不是独立的而是组合在一起形成一个观念团，然后新的观念会不断与旧有观念结合，像滚雪球一样越来越大，统觉观念的数量也就越来越多。同时赫尔巴特还强调了兴趣对于统觉的重要作用，认为兴趣会激发统觉活动，使人的观念处于一种积极的活动状态。当统觉处于一种主动的状态时，更容易接收新的观念和激活原有的观念，两者相互融合，能更好地巩固统觉的地位。

莱布尼茨与赫尔巴特的统觉说对冯特的内容心理学有至关重要的影响，成为冯特统合认知与情感元素，形成高级意识活动的主要心理过程。

2. 德谟克利特的原子说

原子说最早不是德谟克利特提出的，而是他的老师留基伯提出的。留基伯认为宇宙是无限大的，由虚空和充满这两种元素组成，它们共同构成了原子，原子是永远都在运动的。德谟克利特认为原子是最小的、不可再分的物质粒子，只有充满是原子，虚空并不是原子，它只是原子的运动场所，而且他认为原子在性质上都是一样的，只是在形状、大小、数量、组合方式上不同。虽然德谟克利特认为，原子永远都是在运动的，但是一种机械的运动，人的心理活动也是一种机械的运动。比如人对客观事物的认识就是人体内组成灵魂的原子与来自外界的组成刺激物的原子相碰撞而产生的。而人之所以会产生不同的感觉是因为进入人的感官通道的原子在大小、形状以及表面光滑程度上的不同造成的。

德谟克利特的原子说对冯特心理学学说中的元素主义、还原论有重要影响。

3. 康德的心理知情意三分法

最早提出三分法的是德国哲学家提顿斯，康德将其发扬光大，他认为人的心理由认识、感情和欲望三种最基本且相互独立的心理官能组成。人的认知能力有感情、悟性和理性三种形式，其中理性在人的认知中起着更关键的作用。理性又包括：纯粹理性、实践理性和判断力理性，分别对应心理中的认知、意志和情感。他的这种观点因其三本著作得以推广和流行。《纯粹理性批判》主要讲人的认识形式和范畴，对应三分法中的认知；《判断力批判》是一部关于美学的著作，主要讲述审美，与感情相对应；《实践理性批判》讨论了人的意志与道德。对认知、意志和情感的评判，是康德的批判哲学体系和心理学体系的核心。

4. 英国的联想主义哲学心理学

英国的联想主义哲学心理学继承并发扬了亚里士多德思想中的联想律，强调了联想在高级心理活动形成中的作用，其主要代表人物包括霍布斯、洛克、贝克莱、休谟、哈特莱、培因等。

霍布斯(T. Hobbes，1588—1679)是英国经验论和联想主义的创始人。早期的联想其实是后期心理学家们所说的接近联想。霍布斯认为联想是在感觉的基础上产生的，外界物体的刺激使人产生感觉经验，通过神经传导，引起脑内物质的细微运动。这是一种机械唯物主义的观点，认为一切知识来源于感觉，人的心理活动就是感觉和联想两种。

洛克(J. Locke，1632—1704)继承了霍布斯关于联想的观点，他也认为一切观念都源自感觉经验，因此提出了“白板说”，认为人在出生时心理就像是一块白板，而成长的过程就是在白板上不断地累积经验，建立联结，形成观念的过程。发展的过程也是联想的过程，是将各种观念联合在一起的过程，洛克还将联想分为“自然的联合”和“习惯的联合”两种，进一步发展了联想理论，为后来的心理学家提供了理论基础，他也是提出“联想”(association)概念的第一人。

贝克莱(G. Berkeley，1685—1753)是英国近代唯心主义学派的创始人，“存在即被感知”这一著名唯心主义命题就是他提出的，他认为我们所有的感觉加在一起就构成了我们的现实世界。人们对于现实世界事物的认识实际上是心理元素的复合，是人通过联想把它们联合到一起的。他也是第一个用感觉的联合去解释纯粹的心理过程的人，如用联想的概念来解释深度知觉。当我走向客体或伸手抓取客体时，我的连续感觉与眼肌感觉形成联想，在此基础上产生深度知觉。

休谟(D. Hume，1711—1776)一方面赞同贝克莱的观点，认为我们唯一能直接经验到的是我们自己的主观经验，但是另一方面，休谟是怀疑主义者，不可知论的哲学代表，他认为我们的知觉并不一定能够准确反映外在的客观世界。我们无法知道物质世界的任何东西,我们所经验到的一切都是人们的一种心理习惯,是虚妄和抽象的。而人的心理活动是一系列知觉或者是心理状态的连续,是一些观念的联合,在观念联合的过程中联想发挥了重要作用。休谟提出了三条联想规律:时空接近律、相似律和因果律,这是其联想主义哲学心理学的基础。在时间与空间上相近的事物、看起来相似的事物和在逻辑上有因果关系的事物都容易使人产生联想。

哈特莱(D. Hartley,1705—1757)是首个运用唯物主义观点建立联想论哲学心理学思想体系的哲学家。同时他也是一名医生,他试图用生理学概念把经验论和联想论结合起来。哈特莱用神经的振动解释了感觉产生的过程,神经是一种像头发丝一样的很细微的结构,它能连接人的大脑、脊髓和其他的神经,而神经内部的这种细微结构能够传导振动。意象和观念的神经振动又被称为微振,联想就是通过这种微振来实现的,一处神经的振动可以引发其他相关的神经的振动,这样反复多次后就会在大脑中形成联结,于是人们就形成了有关另一个事物的观念。哈特莱打破了将联想仅局限于概念这一狭窄范围,而将其扩大到其他的心理现象,如感知觉、记忆、思维、想象等。同时他还对联想过程进行了细分,认为联想包括同时联想和继时联想。

培因(A. Bain,1818—1903)是19世纪后期英国著名的联想主义心理学家,将联想主义心理学推向顶峰。培因是心身平行理论的主要代表人物,利用能量守恒定律来解释身体与心理的关系。他认为人的身体是一个自我封闭的因果系统,遵循能量守恒的原则各自运动;心理是另外一个因果系统,与身体系统彼此平行却不互为因果。培因也提出了相似律、复合联想和构造联想的概念。复合联想是由几条不能引起旧经验、单独的线索联合起来,引出某个经验。线索越多,联想越容易发生;构造联想是利用以往的旧经验通过重新组合创造出与旧经验完全不同的新观念,人的想象、发明和创造正是借助这种联想实现的,也称为创造性的联想。

由于英国联想主义哲学心理学的影响,联想成为冯特心理学中心理复合的重要决定因素。

5. 德国的理性主义哲学心理学

德国是近代理性主义哲学的大本营,在心理学上就体现为唯理论心理学思想。它在赞同感觉和知识的重要性的同时,还提出主动心灵的概念,它不但能转换感觉提供的信息,还能发现并理解感觉知识所没有的原理和概念。

其代表人物莱布尼茨的“有纹路的大理石”、康德的认识的形式强调在先天的理性能力下进行综合的心理活动，为冯特创造性综合的概念的形成与提出准备了丰富的土壤。

6. 德意志精神中对意志的强调

康德首先提出了意志自律的概念，也是一种自由意志的思想，他认为意志是实践理性的基础，其本质就是自己决定自己。费希特继承了康德的自由意志的思想，同时他也认为理性活动就是一种自由意志的实践活动。到了谢林，他又进一步指出意志活动是理智本身包含的绝对的东西，人可以自己决定自己。德国古典理性主义哲学思想在黑格尔时发展到顶峰，更突出了意志的理性化特点。黑格尔批判地继承了康德、费希特和谢林的哲学思想，提出“意志只有作为能思维的理智才是真实的自由的意志”。理论活动和实践活动是不可分割的，都是为了实现善良意志。而善的意志是宇宙万物的本质和核心，它可以通过认识活动达到自我认识，通过实践活动达到自我实现。康德、费希特、谢林和黑格尔都是德国古典哲学意志观里持有理性的意志的一派，但是随着资本主义的发展，社会矛盾日益突出，国际冲突加剧，环境日益恶化，人们丧失了对理性的信心，于是出现了非理性主义思想。叔本华和尼采是其杰出代表。

叔本华推崇康德把人看成是认识的主体、实践的主体，意志自由是人的本质，但是对于意志受理性的支配这一观点表示不满。他否认意志是理性的，而将其看作盲目的欲望和冲动，而人可以通过理性实现自己的意志和欲望。因此他认为人本质上就是一种非理性的生存意志。人们因为生存而产生欲望，需要无法满足就会痛苦，因而生存的意志就会越强烈。因为人的无止境的欲望，痛苦变成一种永恒的存在，因此意志是痛苦之源。只有破坏意志，毁灭意志，回避现实，实行彻底的禁欲主义才能使人摆脱痛苦。

尼采继承了叔本华意志是世界的本质的思想，只是将生存意志改成了权利意志，创造和给予是权利意志的本质。但是他反对叔本华否定意志的悲观态度。他把痛苦看作生命存在的方式，生命是痛苦的，但正因其痛苦才赋予了生命以动力，这是痛苦的意义。

德意志精神中对意志的强调影响了冯特，体现在冯特强调意志对统觉与创造性综合的影响，其心理学也被称为“意志主义”。

（二）科学背景

1. 赫尔姆霍茨的视觉三色说

英国的生理学家托马斯·杨最早提出了三色学说。他假设人的视网膜上有红、绿、蓝三种不同的感受器，可见光谱中某一特定频率的光波刺激到眼睛时，只会引起一种感受器发生反应。如果不同频率的光波同时投射到视网膜上，三种感受器同时分别对不同频率的光波产生反应，此时产生的知觉就是混合的颜色。

1860年赫尔姆霍茨在托马斯·杨的基础上进一步指出，三种感受器对可见光谱中所有频率的光波都会发生反应，但是三种感受器对不同频率光波的反应程度不同。他的理论是假设视网膜内有三种基本的颜色感受纤维或锥体细胞会吸收不同颜色的光。一种锥体细胞对光谱中的红光反应最强烈，对蓝光的反应比较微弱，所以这个感受器就能识别出红光；同样的，其他两种锥体细胞只对绿光和蓝光反应最强烈，而对其他颜色的光不敏感，人的眼睛就是这样识别出不同颜色的。

2. 赫尔姆霍茨的听觉共鸣说

共鸣说由赫尔姆霍茨于1857年提出。他认为人之所以能够分辨不同频率的声音是因为耳蜗基底膜上横纤维的振动引起的。长短不同的横纤维会对不同频率的声音发生反应。短纤维位于耳蜗底部，高频率的声音会使其振动，产生共鸣，长纤维位于耳蜗的顶部，低频的声音引起振动，振动会引起对应的神经纤维的兴奋，兴奋被传递到大脑，从而使人能够识别不同频率的声音。最新的研究发现听觉共鸣理论不足以解释全部频率的声音，如人耳能够辨别的声音频率可以低至20 Hz，最高可以达到20000 Hz，最高和最低频率之比约为1000∶1，而耳蜗基底膜上横纤维的长短之比约为10∶1，因此如果每一种横纤维都只对每种频率的声音发生反应的话，无法解释为什么人耳会产生这么宽的听觉频率范围。

3. 神经传导速度的测量

赫尔姆霍茨于1849—1850年首次测量了神经冲动的传导速度，发现其传导速度远没有人想象的那么快。他的实验采用的是普雷特的方法。设备将2个电路连接在一起：一个是电池R，通过感受器 I_1，I_2 可以短暂地刺激神经肌肉准备N/M；其他的电路连接电流计T和另一块电池Z。开关S/P允许2个电路在同一时间内闭合。金属框架内的设备A保证青蛙肌肉收缩后时间测量的电路可以立即被中断。通过将电极放到神经的不同位置（n_1，n_2），赫尔姆霍茨可以推断神经在接受刺激后传导的时间。

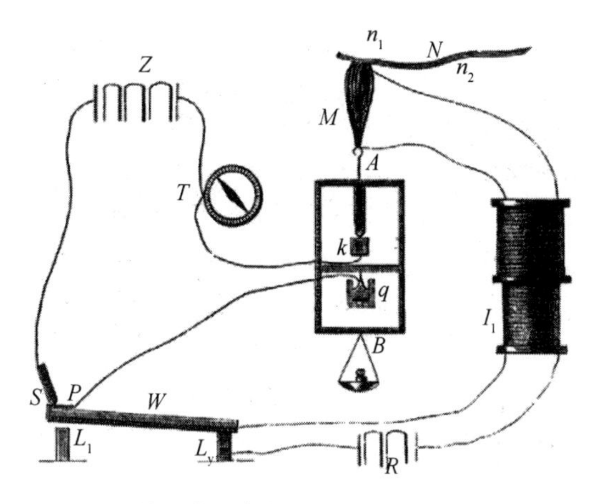

神经传导速度的测量设备示意图

最初赫尔姆霍茨采用此方法先对青蛙的神经传导速度进行了测量，范围约为 25～40 m/s；之后才测量了人的感觉神经传导速度。具体方法为：在人的皮肤上进行轻微的电击，之后要求人们用手或者牙齿做一个动作。最后赫尔姆霍茨发现在其他参数保持稳定的情况下，人类感觉神经传导的速度也相当稳定，大约是青蛙的 2 倍，即 60 m/s，而且大脑加工反应的时间约为 0.1s 。

4. 神经特殊能说

19 世纪中叶，德国生理学家缪勒认为每种感觉神经都拥有一种特殊的能量，彼此不同，而且这种能量只能产生一种感觉，如视神经产生视觉，听神经产生听觉，舌咽神经产生味觉等。这种学说被称为神经特殊能说，他认为人之所以会产生不同的感觉并不是由外界物体决定的，而是由不同的感觉神经释放的特殊能量决定的。例如吃辣椒会产生痛觉，手指被割破也会产生痛觉，所以人之所以会产生不同的感觉，是由感觉神经的特殊能量决定的。这一学说否认了人的感觉是对客观世界的反映。

5. 韦伯与费希纳的心理物理学

韦伯是德国莱比锡大学的生理学教授，他最早在对肌肉进行研究的时候发现，人们能够辨别出的不同重量物体的最小差异，并不是两个物体的重量差异的绝对值，而且差异的绝对值与原重量的比值是一个固定的比率。之后，他又对人的其他感觉通道进行实验，得出了一个相似的结果，因此提出了韦伯定律，用公式表示就是 $K=\triangle I/I$，$\triangle I$ 是能辨别出的最小感觉的刺激量变化的绝对值，I 为标准刺激量，也就是原来的刺激量，K 为常数，K 值越小，表明辨别力越好，不过韦伯定律只适用于中等强度的刺激。

韦伯的实验启发了许多生理学家，他们认识到在实验室里对某些纯心理学的问题进行研究是可行的。费希纳作为莱比锡大学的一名物理学家，受到韦伯定律的启发，第一个把物理学的测量方法引用到心理学研究中，最后发现心理量与刺激量之间是对数函数的关系。刺激强度的增加要快于感觉强度的增加，二者并不同步，前者是以几何级数增加，后者是以算术级数增加。用公式表示就是 $S=K\lg R$，S 代表感觉强度，R 是刺激强度，K 是常数。

二、冯特

(一) 冯特的生平

被称为“实验心理学之父”“科学心理学之父”的冯特，于 1879 年在德国莱比锡大学建立了世界上第一个心理学实验室，使心理学成为一门自然科学，开启了科学心理学的历史。

威廉·马克西米利安·冯特，德国生理学家、心理学家、哲学家，被公认为“实验心理学之父”，也被称为“科学心理学之父”。出生于德国巴登曼海姆地区的一个小村庄。他的家族成员中有不少知识分子、科学家、医生和政府官员，但这样杰出的家庭背景并没有给冯特一个快乐的童年，而且童年的冯特非常缺少同龄玩伴，小时候一直跟着外祖父游历。直到 8 岁时，冯特才从自己父亲的一个助手那里接受了正规教育，也是从此人身上感受到当时父母无法给予的爱。1851 年，冯特从海德堡的一所高中毕业，出于生计的考量，他选择了医学专业，并以优异的成绩获得医学博士学位。1856 年，冯特跟随约翰内斯·缪勒学习生理学。1858 年，成为著名生理学家赫尔姆霍茨的助手，参与了一系列实验。1862 年，冯特在其新开设的一门课程——“自然科学的心理学”中，第一次提出了“实验心理学”的概念，将自然科学的实验方法与神经生理学的研究成果结合起来。1879 年，冯特在莱比锡大学建立了世界上第一个心理学实验室，这标志着心理学开始摆脱哲学的思辨，成为一门独立的自然科学。自此之后，世界各国许多青年学生慕名到莱比锡学习，包括我们后来所熟知的卡特尔、克雷佩林、闵斯特伯格、铁钦纳等。1920 年冯特去世，享年 88 岁。

威廉·马克西米利安·冯特

冯特是一位跨学科的高产学者，其著作涵盖心理学、生理学、物理学、伦理学、语言学、哲学、文化人类学等诸多领域。主要著作有：《对感官知觉理论的贡献》(1858—1862)、《关于人类灵魂和动物灵魂的讲演录》(1863)、《生理心理学原理》(1873—1874)，讲述了对人的感觉、情感、意志、知觉和思维等心理活动的实验研究，并将实验的结果整理成一个系统；在《心理学大纲》(1896)一书中，冯特提出了"感情三度说"理论，后来的心理学家在此基础上进行了大量的实验研究；《民族心理学》(1900—1920)共十卷，研究了人类高级心理过程，涉及语言、艺术、神话、宗教、风俗、法律、道德等广泛内容。

（二）冯特的心理学体系

冯特的心理学体系主要包括两部分：个体心理学和民族心理学。个体心理学采用实验内省的方法来研究人的意识过程；民族心理学主要研究人类的高级心理过程。

1. 学科性质

在冯特之前，西方的心理学归属于哲学这一体系下，因而是思辨且形而上学的。虽然冯特也认为哲学是心理学的基础，心理学的许多实验课题都受到哲学的启发，但他让心理学摆脱了哲学的思辨，成为一门独立的实验科学。

同时，冯特在生理学领域内的研究也为他后来心理学领域内的研究提供了很多启发。在身心关系问题上，冯特主张身心平行论，心理过程是独立于生理过程的系统，有自己的运行规律，不受生理过程的支配，二者是平行协调的，但并不具备因果依存关系。这种将生理过程排除在外的观点，其实是将生理和心理割裂开来，本质上是一种唯心主义的二元论。

2. 研究对象

冯特认为，心理学的研究对象应该是人的直接经验，自然科学研究的是人的间接经验，如通过温度计测量温度；直接走到室外感受当下的温度就是直接的意识经验。

3. 研究方法

心理学是研究人的直接经验的一门科学，人的心理过程本身就是不稳定的，单纯的内省法具有主观性，冯特主张将实验法和内省法结合，创造了实验内省法。这样可以对人的心理现象进行更加准确和客观的分析。

4. 心理学的任务与内容

冯特认为心理学是研究把人的直接经验分成不可再分的心理元素，并分析这些元素之间的复合规律。他提出了心理学研究的三个基本问题：第一，把意识过程分解为基本要素；第二，探索这些要素是如何联系的；第三，确定这些联系的基本规律。

（1）经验的分析

冯特认为人的心理可以被分析到最终的、不可再分解的部分，叫心理元素，包括感觉和情感。感觉是由某种刺激引起，由人的感觉器官接收，每种感觉都有其独特性，感受到的刺激的强度也不同。根据感觉的强度和性质，感觉可以细分为视觉、听觉、嗅觉、触觉等。感觉的产生是由外界刺激所引起的，具有客观性，情感是在感觉产生后的一种主观感受，具有主观性，情感也有强度和性质的差别。

冯特根据情感的两种特性和自己的内省经验提出了“情感三维说”。构成情感的三对成分，彼此处在一个维度的两个极端：愉快—不愉快，兴奋—沉静，紧张—松弛。冯特使用不同节奏的滴答声作为实验材料，发现有些节奏组合成的滴答声听起来比其他的滴答声更悦耳，这种听觉的经验就体现出愉快和不愉快的主观情感。从愉快到不愉快是一个连续谱，不同的节点代表当前不同的情感状态。使用同样的方法，冯特又提出了兴奋—沉静、紧张—松弛这两个维度，每个维度都存在两个极端，三个维度相交于零点。通过这三个维度可以找到不同情感的具体位置。

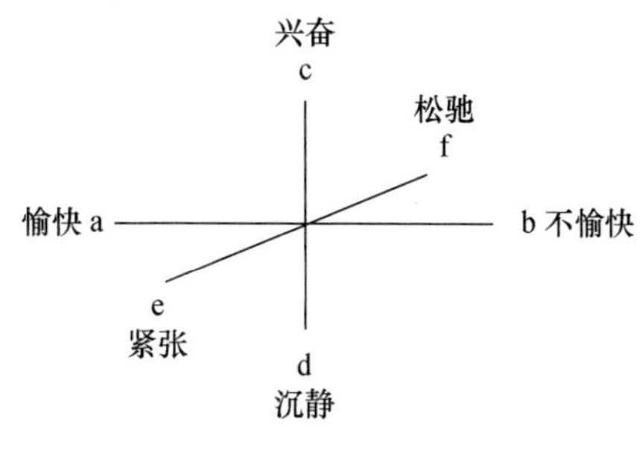

情感三维说示意图

此外，冯特还指出意志与情感关系密切，情感是意志的基础和发端，它激起了意志并发展意志。如果某些情感强度不足，可能无法激起意志，但是缺少情感绝对不可能产生意志。不过，冯特认为，意志的成分中也有感觉，包括了人的认识成分。意志中既包括感觉又包括情感，几乎囊括了一切心理的过程，在心理学中有着特殊地位。由此，冯特也把自己的心理学观点称为意志主义。

（2）经验的结合

冯特除了把人的直接经验进行细分之外，他认为人的意识也可以把心理元素组合起来形成不同的心理复合体。在这个复合过程中，联想和统觉起着重要的作用且遵循一定的规律。联想的形式有融合、同化、合并和相继联想四种。融合顾名思义是将不同的心理元素组合成一个新的独立的复合体；而同化是将个体已有经验中与新事物相似的心理元素组合在一起；合并与融合相似但又不同，它只是简单地把不同的感觉组合起来；相继联想是新异刺激激起个体已有经验中的感觉，包括再认和回忆。

统觉：相较于统觉，联想的过程比较被动和消极，因而被冯特认为是一种水平较低的心理组合方式。比如通过联想过程，我们能够记住诗词歌赋和一些枯燥的知识，但是我们并不一定能够理解我们所背诵内容的含义，而统觉则是积极主动的心理过程。统觉相当于普通心理学中的“选择性注意”，即人不可能同时注意所有的刺激，总是有选择地注意某一刺激而忽略其他刺激，即“注意的焦点”，而冯特认为统觉就是把特定心理内容由意识到变成注意焦点的过程。通过统觉，人们能够注意到进入意识领域的内容，理解其内容和意义。

心理复合的规律：

创造性综合原则：联想和统觉的过程，并不是将原有的心理元素简单相加，而是创造性地组合成一个全新的心理复合体，统觉在这个过程中发挥着更重要的作用。

心理关系原则：某一心理元素通过与其他心理元素发生关系而获得的自身的意义。

心理对比原则：有点类似一张一弛，意识状态因为彼此的对立关系在一定条件下得到加强。这个在情绪方面表现得较为明显，如面试前特别紧张，面试后会变得特别放松。

5. 民族心理学

冯特将民族心理学定义为："研究以人的群体一般的发展和有普遍价值的、共通的精神产物发生为基础的心理过程的科学。"人类心理发展的历史就是从低级到高级的发展过程，应该受到重视，因此在其学术生涯的后期，开始研究民族心理学，着重研究三个方面：社会习俗、神话故事、文化语言。具体内容包括民族的语言、艺术、宗教，乃至婚姻和家庭、图腾制度、鬼神的信仰、道德和法律、劳动和生产、战争和武器等各种人类文化的基本要素，这些要素本质上都体现了人类的心理活动。民族心理学的研究弥补了实验心理学在高级心理过程研究方面的不足。

冯特的民族心理学主要对以下六个问题进行了讨论，他认为对这六个问题的全面研究，就是对"民族精神"的全面研究。

(1) 关于人类集体生活的特征问题

冯特认为，无论是低等生物还是高等生物都倾向于选择群居的生活。动物学家给像蚂蚁和蜜蜂这类生物的集体生活命名为"动物国家"。认为它们虽然可以交换心理活动，但仅仅是为了获取物质，缺少意识性。而人类却大不相同，个人和团体之间的关系非常紧密。除了获取物质，个人和团体之间还会通过心理上的相互作用而不断变化和进步。

(2) 关于集体意识的问题

冯特指出，集体意识并非单独存在于个人的意识之外。每个人的意识并不是独立的，当人们集合在一个群体中生活时，他们就建立了一种统一的、结合的关系。个人的意识融合为一个整体，并统一指向特定的目的，由此形成集体意识。

冯特认为当人们凝聚为一个精神群体时，这个群体就是有心理价值的。通过集体生活，种种心理的产物得以产生，尤其重要的是语言、神话和风俗这三种，从中我们可以看到民族精神的特征。

(3) 关于言语的问题

冯特指出，人类语言最初仅在个别人身上表现出来，后逐渐发展成民族共用，因为共同的语言，本民族得以进一步的发展壮大。冯特在《民族心理学》第一卷中，阐述了人类言语发展的两种主要表现形式：一是手势语言；二是发音动作。其中手势语言又可以细分为“指示手势”和“叙述手势”，与言语具有同等的价值。人类出生之后，不仅要表达自己的感情、情绪，还想将自己的想法传达给别人，在语言出现之前，人类使用的就是“手势”这种表现手段。它可以不借助语言就能传达自己的意志。例如，聋哑人就可能通过手语来表达自己的思想，跟他人沟通。

其次是发音动作。冯特认为，人们利用发音器官，发出声音向他人表达自己的意志，这就叫作发音动作。它与身体动作是同时进行的，如幼儿在开始学习说话时总是语言和动作绑在一起，但是跟身体动作相比，发音动作更为方便，变化也更多，能更清楚地向他人表达自己的意志。冯特推断言语的发展是身体动作和发音动作“分化”的结果。

(4) 关于神话的心理起源问题

在《民族心理学》的第四卷中，冯特讲述了神话的心理起源。他指出，在远古时期，人们受意识的限制，认为天地万物都是有灵性的，把他们看作和自己一样是有意识的生命，冯特将其称为“拟人的统觉”，它是原始人所特有的。外界和自己有一样的感觉、情绪，且行为也跟人类一样都是有目的性的。例如，在美术作品中，像树木和花朵这些看似没有生命的物体也在释放它们的感觉和感情；云和宇宙中星球的运行，是由某种生命所推动的，冯特认为这些都可以通过统觉实现，也是其所主张的联想中的“同化”过程，把外界的物体看成是与我们相类似的元素。而原始的人类通过联想会把云彩的某一种形状想象成真实的怪物的形状。神话的表象最初就是在个人的意识中这样产生，因为有了民族共同使用的语言，得以在本民族中广泛传播，然后形成了神话和传说，流传至后代子孙。

(5) 关于宗教的起源问题

冯特在《民族心理学》的第五卷和第六卷论阐述了宗教的起源问题。他认为，原始人类相信大自然拥有远超于人类的强大力量，而人类是被神灵所拥有的强大力量支配的。为了获得神灵的守护，人们发展出“礼拜”的方式，来表现他们对神灵的热烈崇拜。同语言的发展一样，这种形式最初也只是在个体中出现，后来传播到整个民族，人们就发展出一套正式的形式来祈求这种伟大的力量保护自己的生命，获得幸福，于是形成了宗教。

(6) 关于风俗习惯的起源问题

在《民族心理学》的第七卷和第八卷中，冯特论述了社会中风俗习惯的起源问题。如果说神话反映的是整个民族共有的表象和感情的话，“风俗”便是整个民族共同的“意志规范”，是一种约定俗成的共同行为。这种规范可分为“个人的”和“社会的”两类，前者是个人在跟其他个体相处的过程中产生的，后者是个人如果想在整个民族或者群体中更好地生活而必须遵守的规范。

冯特还认为，风俗习惯的个人规范最初可能与宗教形成过程中礼拜的形式有关，但是现在的风俗习惯已完全与过去的意义不同。过去，人们彼此见面时，都要“祈祷”，现在祈祷的意义已经失去了。

他还认为，风俗习惯的社会规范是人类为了更好地保存自己而产生的。由于原始时期个人很难在险恶的环境中独自存活，所以会选择多数人聚集在一起形成大的“部落”，彼此可以互相帮助。但部落还是一个比较松散的群体，为了能更好地、永久地生活在一起，便诞生了更紧密的群体“家族”。男性和女性是构成一个家族的基本要素。有了家族这个稳固的群体，在此基础上建立的民族便能更好地保护个体，也能去侵略其他民族以满足自己的需要。这样的结合逐渐巩固，形成了今天的“政治团体”。社会的风俗习惯的规范是包含了法律、道德的内容的。

(三) 对冯特的评价

1. 贡献

美国心理学史家墨菲曾评价说：“在冯特推出他的生理心理学和建立他的实验室之前，心理学就像个流浪儿，一会儿敲敲生理学的门，一会儿敲敲伦理学的门，一会敲敲认识论的门。1879 年，它才被确立为一门实验科学，有了一个栖息地和一个名称。”因此，冯特对心理学有着里程碑似的贡献。

他作为科学心理学之父，对心理学的诞生做出了开创性的贡献，具体而言有三点。首先，他将研究自然科学的方法引入心理学，使心理学摆脱了哲学的思辨，成为一门独立的学科。他在莱比锡大学建立了第一个心理学实验室，进行了大量有关心理学的实验研究，开创了实验心理学的课程，确定了实验心理学的内容、设计和过程等基本原则；他还将实验法和内省法结合，创立了实验内省法，因而冯特也被称为“科学心理学”“实验心理学”之父。在实验心理学的基础之上，冯特创建了第一个心理学派——内容心理学，后由其学生铁钦纳进一步发扬光大，成为构造主义心理学。

其次，在晚年时，冯特专注于民族心理学，从语言、文化、艺术、宗教等方面对人类的高级心理过程进行研究，强调人类文化对寻找人类心理发展规律具有重要的作用，奠定了人文主义心理学的基础。著有《民族心理学》《民族心理学诸问题》《民族心理学纲要》等作品，探索了宗教的起源、发展和本质。通过前期的个体心理学和晚期的民族心理学，冯特构建了完整的心理学体系。由于民族心理学是研究人类的群体心理，强调社会文化在形成人类高级心理过程中的作用，因而一定程度上促进了社会心理学的兴起。

最后，冯特在莱比锡大学担任教授和校长期间培养了大批优秀的人才，如后来我们所熟知的美国的霍尔、卡特尔、闵斯特伯格、铁钦纳、斯皮尔曼等，壮大了国际心理学专业队伍。受其影响，心理学实验室也在世界各地发展壮大，为实验心理学在国际范围内的传播和发展发挥了举足轻重的作用。

2. 局限

冯特的内容心理学体系也有一定的局限性。首先，冯特的研究方法没有彻底摆脱传统的内省法。他依然坚持内省法是研究心理学的主要方法，而实验法只是一个辅助的工具，尤其到后来，他在无法摆脱实验和内省的矛盾时只保留了内省法，并将内省法置于更重要的地位。其次，由于受早年宗教和德国理性主义哲学心理学的影响，再加上吸收了19世纪下半叶的神经生理学、心理物理学等的影响，冯特的心理学体系显得庞杂而混乱。这一定程度削弱了其心理学体系的科学性和合理性，阻碍了他对心理规律的深入研究，未能发挥更大的作用。

三、艾宾浩斯

（一）艾宾浩斯的生平

> 心理学有一个长期的过去，但仅有一个短期的历史。
>
> ——《心理学纲要》（艾宾浩斯，1910：9）

艾宾浩斯是心理学领域的一位革新者和先驱，他对记忆进行的开创性研究极大地影响了后世心理学领域的研究和发展，具有深刻的历史意义。

赫尔曼·艾宾浩斯，德国实验心理学家。大学时学习历史学和语言学，先后就读于波恩大学、柏林大学和哈雷大学。21岁时，加入普鲁士军队服役，于23岁获得哲学博士学位。此后，他开始游历英法两国，在法国巴黎的一家旧书店里偶然读到了费希纳的

《心理物理学纲要》，从此深受费希纳的影响，坚信可以用客观的心理物理学方法研究较高级的心理过程，并开始着手记忆的研究工作。1880—1905年间艾宾浩斯先后在柏林大学、布雷斯劳大学和哈雷大学担任教师职位，任教期间创建和发展了学校的心理学实验室。1909年，艾宾浩斯在参加美国克拉克大学建校20周年校庆时，突发肺炎去世，享年59岁。

赫尔曼·艾宾浩斯

艾宾浩斯对心理学的影响来源于对记忆的研究和他的著作。他于1885年在莱比锡出版《论记忆》来描述他的研究结果，从此声名大噪。1985年，罗迪格在一篇纪念《论记忆》问世一百周年的回顾性评论中，认为该书记录了"心理学史上最卓越的研究成果之一"。他曾经出版的著作有《记忆》(1885)、《心理学大纲》(1902)和《心理学纲要》(1908)。

(二) 艾宾浩斯与记忆研究

1. 研究手段

艾宾浩斯对记忆的研究是具有高度开创性的。虽然在此之前有一些人从事过关于记忆的推测和探讨，但是艾宾浩斯是第一个比较系统地对记忆开展了实验研究的心理学家，具有划时代的意义。

(1) 无意义音节

艾宾浩斯创造了无意义音节的研究方法。他很早就认识到语言的熟悉性对学习和记忆的影响，而他本人除了精通德、英、法三种语言，还学习了拉丁语和希腊语，对艾宾浩斯来讲，许多音节已经具有意义。为了排除意义音节对实验结果的干扰作用，艾宾浩斯以无意义音节为实验材料，有效地提高了实验的客观性。在实验中，艾宾浩斯采用了

19 个辅音、11 个元音和 11 个辅音，按照辅音—元音—辅音的顺序变化组合实验用的音节，最终形成了两千多个不同的音节。这些音节没有实际的含义，只能依靠重复背诵来记忆，这就使得记忆效果便于比较和分析，同时保证了记忆实验的客观性。

（2）节省法

为了研究时间间隔长度对记忆的影响，艾宾浩斯创造了节省法。节省法就是先记录第一次完整记忆所有音节需要重复的时间和次数，间隔一段时间后，再次记录完整记忆这些音节需要重复的时间和次数，比较前后两次的次数和时间。由此他还提出了“省时分”的计算公式，即达到完全记忆并背诵的最初重复次数减去再学习的重复次数除以最初重复的次数再乘以 100。再学习的重复次数越少，则“省时分”就越高。艾宾浩斯为记忆创造了一个量化的统计标准。

$$\text{省时分}=\frac{\text{最初学习重复的次数}-\text{再学习的重复次数}}{\text{最初学习重复的次数}}\times 100$$

2. 研究结论

（1）记忆保持与遗忘的规律

在对记忆进行实验的过程中，艾宾浩斯发现，遗忘在学习之后立即开始，而且遗忘的规律是“先快后慢”，随着时间的增加，人们遗忘的内容越来越多，遗忘速度逐渐减缓直至稳定。据此他提出了记忆保持过程中存在一条规律性的曲线，即“艾宾浩斯曲线”。它表明，遗忘是时间的函数。这个规律影响了后续许多关于记忆的研究，也有助于人们了解记忆和遗忘的规律，采取相应的措施保持记忆。

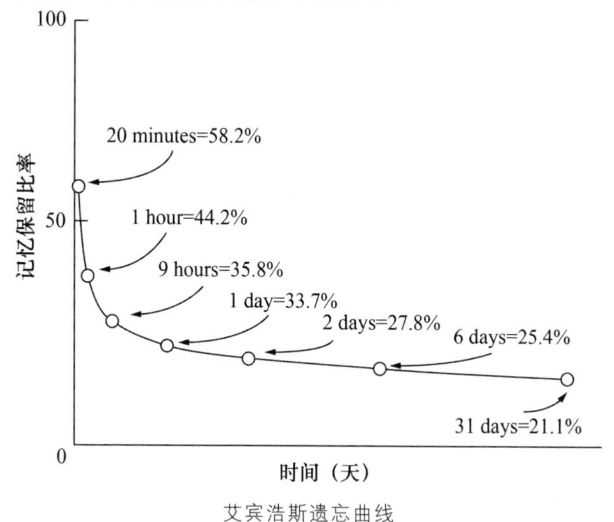

艾宾浩斯遗忘曲线

(2) 记忆保持与背诵次数的关系

艾宾浩斯在记忆研究中发现,重复背诵的次数越多,时间越长,则记忆保持得就越久。当然,过度记忆也是没有必要的。

(3) 重复学习和分散学习的规律

艾宾浩斯发现,分散学习的效果要比重复学习好。如果每天重复学习,完全记忆所需的次数是按几何级数增长的,如果同样的材料分散到几天之内学习,效果要比集中在一天内好。

(4) 音节组内各项的顺序与记忆保持

艾宾浩斯认为,音节组内各个音节彼此相邻的记忆保持效果要优于那些远隔和反向的音节。在记忆保持效果上直接联想好于间接联想,顺序联想好于反向联想。

此外,在记忆实验中,艾宾浩斯还发现,主动学习有意义的材料比被动学习无意义的材料的记忆保持效果好。有意义材料识记与无意义材料识记的效果比是 10∶1。同时,他还提出,睡眠可以减缓遗忘和保持记忆。这一发现已经被后世证实。

(三) 对艾宾浩斯的评价

艾宾浩斯是心理学史上第一个用实验法研究人类的高级心理过程,即记忆的心理学家。艾宾浩斯打破了冯特认为心理学无法研究高级心理过程而只能研究比较低级的心理过程这一看法,为心理学发展做出了重要贡献。他创造了“无意义音节”的实验方法,对记忆条件加以控制,发现了人类的遗忘规律,提出了“艾宾浩斯曲线”,确定了一种记忆研究的实验范式,这种范式统治心理学长达 90 年。

艾宾浩斯的研究也存在缺陷:他对记忆过程只做了数量测量,没有定性分析;实验过程中的记忆材料都是自己编写的无意义音节,且以自己为被试,故主观性较大,其实验结果是否具有普遍性也有待验证;他把记忆视为机械重复的结果,忽视了记忆是一个非常复杂的主动过程;最后,他没有建立一个系统的心理学理论体系。

四、格奥尔格·缪勒

(一) 缪勒生平

格奥尔格·埃利亚斯·缪勒(Georg Elias Muller, 1850—1934),德国心理学家。出生于德国萨克森地区的格里马。18 岁时缪勒在莱比锡大学学习哲学和历史,因受到费希纳的影响,转向实验心理学的学习和研究。1873 年,发表论文《感觉的注意学说》,

最早采用实验法研究注意。1881 年缪勒在哥廷根大学任教，期间创建了自己的心理学实验室，规模与冯特在莱比锡大学的实验室相当。缪勒毕生专注于视觉和听觉的心理物理学的研究，在记忆研究方面做出了多方面的成绩，培养了许多优异的学生。他还创建了德国实验心理学会，并担任主席。由于他在生理学及哲学方面都受过良好的教育，便"以哲学的才智，精密的逻辑，深刻的批判，进行实验的研究"。波林在叙述缪勒对心理学的贡献时强调说："在 19 世纪 60 年代，我们有大量的心理学实验，多成于生理学家之手。但是心理学则为哲学家所有；他们相信哲学及心理学应有赖于科学的方法，但是他们虽持有这个信仰，他们可没有把自己培养为实验者……因此，由科学到实验心理学需取经于经验心理学。"

格奥尔格·埃利亚斯·缪勒

（二）主要贡献

1. 缪勒在心理物理学方面的贡献

主要是修正和补充了费希纳心理物理学理论，具体体现在以下三个方面：首先，费希纳把刺激进入心理时的损失叫作"通行税"的心物二元论。他认为，人们在将感觉到的兴奋性从生理传递到心灵的过程中，感觉的传入要损失一些，且损失量与所增加的刺激量比例数是相同的。缪勒认为，神经系统上的原质消耗是造成这种损失的原因。那个先前引起感觉的神经兴奋已经产生了氧化作用，要再产生同等强度的差别感觉，就需要增加一定强度的刺激。而且，这种损失只能用生理心理学来解释而无法用心理物理学解释。缪勒坚持确立心理物理学的生理基础，反对费希纳的心物平行论观点。其次，提出了心理过程如何与生理过程相当的心理物理学定理，为格式塔心理学的发生奠定了基础。最后，他改进了费希纳的心理物理学实验技术。

2. 颜色视觉的研究

缪勒修改和补充了海林的色觉说。海林假定新陈代谢的同化作用和异化作用都会引起感觉，而缪勒只假定有两种相反的、可互相逆转的化学作用，不指明是同化还是异化作用，能更好解释同化作用一般不引起感觉的难题。

依据海林的色觉相对历程理论，当黑—白、蓝—黄、红—绿三组相对立的两种色光接受相同的刺激强度时，此时不会产生颜色的感觉。但是缪勒认为，这种情况下产生的感觉应该是灰色，而不是无色的感觉，这是大脑皮质的灰质发生作用所引起的。

3. 记忆的实验研究

为了使记忆实验的效果更加客观和精确，缪勒和舒曼一起发明了记忆鼓，圆形的鼓体上有一个小孔可以看到后面呈现的音节，每对音节以一定速度出现，被试熟悉一段时间后，记忆鼓将呈现出第一个音节，被试需要说出第二个音节，记录下被试回答所需要的时间，然后统计正确回答的百分率。

再者，艾宾浩斯采用无意义音节主要是为了消除旧经验对记忆效果的影响，但是在实验中，被试会想尽办法对无意义音节进行组织以帮助自己记忆。艾宾浩斯采用机械的、重复学习的方式来识记，似乎记忆是一种机械被动的发生联想的过程。当缪勒要求被试报告在记忆时其心理活动的历程时，发现人的记忆过程其实是有目的的、主动的。记忆的目的和定势都会对记忆的效果产生很大影响。

后来，缪勒和舒曼进行重复辨别的实验时也发现了心理定势现象。这启发了屈尔佩的无意象思维实验。缪勒对心理学研究方法的一个重要贡献就是把内省法与客观法结合起来。同时，缪勒还发现整体学习的效果要优于分段学习。因为整体学习能帮助学习者形成完整的特征，组织和巩固记忆。可以说缪勒在格式塔心理学家之前就发现了完形特征和格式塔性质。

（三）评价

缪勒对心理学的贡献主要有四点。首先，缪勒的实验室工作要早于冯特创立的莱比锡实验室，为冯特发展出实验心理学奠定了基础，可以说是最早进行实验心理学研究的人。其次，缪勒对待科学事业的态度也值得赞赏，他恪守科学的哲学，专心致志地从事实验研究，把科学研究融入了自己的生活，在研究领域不断创新发展，特别强调实验、量化和逻辑上的严谨。再次，缪勒不拘泥于冯特的内容心理学，强调打破传统，寻求创新,支持学生采用现象学的整体描述,从不同的视角对心理学进行论述,为心理学的发展提供了新的思路。最后,缪勒的思想影响了很多学生,他支持学生的创新,为世界输送了一大批优秀的人才,推动了心理学的发展,对心理学做出了杰出的贡献。

但是缪勒的实验工作也有不足,其心理学理论体系缺乏完整性,太过零散,一定程度上限制了其影响力,这也是缪勒的影响力不如冯特的原因之一。

内容心理学总结

代表人物	主要事件	主要观点
冯特	在莱比锡大学建立第一个心理学实验室;出版《对感官知觉理论的贡献》《心理物理学纲要》《关于人类灵魂和动物灵魂的讲演录》《生理心理学原理》《心理学大纲》《民族心理学》等著作。	将心理元素分为感觉和情感;心理元素可以按照一定的规律结合起来成为心理复合体;情感三维说;心理学要重视人类心理发展历史的研究,提出民族心理的三要素:社会习俗、神话、文化语言。
艾宾浩斯	发现艾宾浩斯遗忘曲线;出版《论记忆》;创办《心理学和感觉生理杂志》;出版《心理学大纲》和《心理学纲要》。	记忆的遗忘是先快后慢的。
格奥尔格·缪勒	建立设备完善的心理学实验室;专注于视觉和听觉的心理物理学的研究,并涉及记忆问题;创立德国实验心理学会,并担任主席。	反对费希纳在物理学上的心物平行论观点,强调要确立其生理基础;人的记忆是有目的、主动的过程;提出心理物理学的定理。

第二节　意动心理学

在内容心理学蓬勃发展的同时,也出现了一种新的主张,认为应该研究心理过程,也就是后来的意动心理学。该学派的诞生也有其独特的时代背景。内容心理学的发展对意动心理学的产生有着巨大的推动作用。内容心理学在德国产生和发展,在那个理论快速蓬勃发展的时代,引起了德国心理学家们的反思:我们是应该研究心理内容还是心理过程?基于这种时代背景和思想背景,布伦塔诺顺应时代的发展,创立了意动心理学。广义的意动心理学还包括机能心理学(functional psychology)、形质学派(the form-quality school)、符茨堡学派(Wurzburg school)等。

一、意动心理学产生的背景

意动心理学诞生于19世纪末的奥地利南部,有奥国学派之称。19世纪的德国多种思想并存,冯特用实验的方法研究人的直接经验,使心理学走向了自然科学的道路;

而布伦塔诺用经验的方法研究心理现象，采用的是一种人文科学的模式。意动心理学的产生有其特有的哲学背景。

首先，19 世纪的德国思想界流行着浪漫主义，强调情感因素的作用，反对把人的心理看作机械的可量化的知识。布伦塔诺的叔叔克莱门茨·布伦塔诺是德国浪漫主义运动的重要成员，可能受其家庭影响，布伦塔诺的研究走向了人文科学的方向。

其次，当时德国科学研究普遍存在现象学倾向，他们反对自然科学的预先解释，转而采用归纳法，搜集事实，总结经验，对材料进行分类。布伦塔诺的实验方法就受到这种现象学倾向的影响。

再次，德国的理性主义哲学与唯心主义哲学强调心理的主动性与意志在心理形成中的作用。受其影响，布伦塔诺选择将人的心理活动作为研究对象。

最后，亚里士多德的思想为意动心理学提供了思想来源。如内部知觉观点、存在观点、意向性概念等。布伦塔诺的意动心理学吸收了这些观点，变成意动心理学的重要组成部分。

总之，浪漫主义、现象学倾向、理性主义、内部知觉等哲学观念为意动心理学的形成准备了丰富的土壤。1874 年布伦塔诺出版《从经验的观点看心理学》，宣告意动心理学的诞生。其与冯特的内容心理学强调心理学的自然科学取向相对立，具有鲜明的人文科学取向。

二、布伦塔诺

（一）布伦塔诺的生平

弗兰茨·布伦塔诺（Franz Brentano，1838—1917），德国哲学家、心理学家，意动心理学的创始人，功能主义和格式塔心理学派的先驱，也是欧洲最早反对构造主义的心理学家。

布伦塔诺出生于德国马林堡的一个书香世家，从小母亲就希望他成为天主教的牧师。16 岁的时候，布伦塔诺进入柏林大学哲学系学习。1856 年就读于慕尼黑大学。1864 年获得哲学博士学位，如愿成为格拉茨的地方牧师。1866 年，布伦塔诺放弃这一职位，去符茨堡大学做了一名讲师，讲授关于亚里士多德的哲学。斯顿夫在此时跟随他学习哲学。在担任讲师的这段时间，天主教教会内部对“教皇无过说”展开了争论。布伦塔诺于 1869 年发表了一篇学术评论反对“教皇永无谬误”的观点。他因此成为教会

弗兰茨·布伦塔诺

内自由党的学术领袖。1872年，布伦塔诺升任哲学系副教授，他人生的第一次危机也到来了。此时的教会接受了“教皇无过说”的观点，自由党失败，布伦塔诺陷于进退两难的境地。无奈之下于1873年辞去符茨堡大学的教职。1874年，布伦塔诺出版了著作《基于经验立场的心理学》(第一卷)后，维也纳大学邀请其担任哲学教授，他在此职位工作了21年。1882年与一女性天主教徒的相恋，使他的人生又一次陷入危机。由于其曾经担任神职，根据奥匈帝国的法律规定是不能结婚的，于是他只能暂时放弃奥地利国籍和维也纳大学的讲席，并在萨克松尼结婚。而他完婚后维也纳大学已不再承认其讲席教授的资格，他只能做一名编外讲师。1894年，布伦塔诺辞去教职，到意大利和瑞士专心著书直至1917年去世，享年79岁。

相较于冯特的多产，布伦塔诺心理学领域的著作较少，仅有8部，最著名的是《从经验的观点看心理学》(1874)。此外，还有《感觉心理学》(1907)、《论心理现象的分类》(1911)等。

(二) 布伦塔诺的心理学思想

1. 研究对象

意动心理学的研究对象是心理的活动这一动态过程，布伦塔诺将其称为意动。例如，看到一朵红花时，产生红色感觉的内容不同于体验或感觉红色的过程。研究对象应该是体验红色时的意动，因为红色感觉这一内容并不单独存在，而是附着于意动。心理活动总是对一定的客体进行加工，只是这个客体来自个体的内部而非外部世界，布伦塔诺称之为“内在的对象性”。

布伦塔诺将意动分为三种：表象、判断和爱与憎。表象的意动倾向于感官知觉，如我听、我见、我想象等感觉；判断的意动是较高级一些的心理活动，涉及认识、回忆，如我承认、我知觉、我回忆等活动；爱与憎的意动类似心理学中的意志，如我决定、我意欲、我请求等决心、意志、欲望活动。其中，表象的意动是其他两种心理意动的基础。

2. 研究方法

布伦塔诺同冯特一样也主张用内省的方法研究心理学，冯特侧重于实验的内省，布伦塔诺更侧重用观察的方法研究经验的经验。布伦塔诺提出了两种研究方法：一是内部知觉或反省；二是观察别人的言语、动作等。

内部知觉或反省指的是对刚刚发生的、记忆中仍然鲜活的心理活动及其变化的观察。他与冯特的内省有着本质的区别。他认为我们在处于高度紧张的情绪例如愤怒或惊恐时，我们无法内省地观察这些情感，一旦开始觉察自己内部的心理活动时，这种情感就不存在了。但是内部知觉是完全存在的，也是心理学知识的主要来源。还有一种方法是观察别人的言语、动作等，这类似于现在的客观观察法和自然观察法。

3. 心理分类

根据意动的内容，布伦塔诺把心理现象也分为三种：表象、判断和情绪现象或爱憎现象。表象最根本，判断和情绪现象则是在表象的基础上形成的。表象是人们意识到的客体存在，同时在表象的基础上形成一个新的概念。判断不仅是意识到表象，还要对客体有一种理智的态度，如肯定或否定。当我们说某一客体存在时，就是在单纯的表象上附加了我们的态度，我们接受它、承认它；当我们说灵魂不存在时，就是在灵魂这个表象上增加了我们的态度，还否认它、拒绝它。所以，判断是肯定或否定、真或假的倾向关系的对立。

（三）对布伦塔诺的评价

1. 贡献

首先，布伦塔诺主张研究人的意识活动，即心理过程。布伦塔诺所倡导的意动心理学开创了心理学领域一个新的取向，他侧重于经验的描绘，偏向非实验、整体性、人文科学化，推动了现代人文心理学思想的产生。由于胡塞尔和弗洛伊德都师从布伦塔诺，而且意识的活动和心理过程都属于“机能”方面，所以布伦塔诺的意动心理学为欧洲机能主义心理学、现象学和精神分析的发展奠定了基础，克服了心理学中的元素主义，促进了心理学的健康发展。

其次，布伦塔诺扩展了心理学的研究方法，冯特的实验内省法是在严格控制的实验条件下对人的意识经验进行内部观察，而布伦塔诺所主张的内省法是一种内部知觉，是我们心理活动的内部体验。因为人的心理活动是转瞬即逝、千变万化的，我们无法对其本身进行内部观察，我们只能回忆刚刚发生的、已经成为过去的心理现象及其变化，我们报告的是一种感觉的记忆而不是感觉本身。布伦塔诺所主张的这种研究方法对当代心理学产生了持久的影响，后续的行为主义口头报告法、精神分析自由联想法等都受其影响。

再次，布伦塔诺对心理学的研究秉持灵活、开放的态度，强调理论与实践的结合，虽然反对冯特的实验内省法，但是并不反对采用实验分析对人的心理现象进行研究，而且强调心理学的实际应用，将心理学的研究对象扩展到新生儿、先天障碍人群、动物等，促进了应用心理学的发展。

最后，布伦塔诺对心理学的贡献主要在于其研究态度与倾向上。心理学成为一门独立科学之初，采用自然科学的实验研究方法来研究人的心理现象成为潮流，他们将人的心理看成是静止的，而布伦塔诺将人的心理现象看成是一种自然流动的心理现象，奠定了人文主义的心理学基础，丰富了心理学的发展。

2. 局限

布伦塔诺所主张的意动心理学也有其局限性。首先，他并没有像冯特那样建立一套完整的心理学体系，只是确立了心理学研究的一些基本观点，没有对具体问题做深入研究。其次，他强调研究心理活动的过程即意向性是可取的，但是他反对研究意识的内容和结构，他欠缺的正是冯特心理学所擅长的。最后，布伦塔诺对意动心理学的研究处于较肤浅的阶段，虽然提出了意动内容可以分为表象、判断和情绪现象，但是它们之间的关系以及各自的规律并没有得到深入的解析。

（四）内容与意动之争的评价

内容心理学与意动心理学之间的争论，是心理学自诞生以来第一次重大的冲突，也为后来延续的构造主义心理学与机能主义心理学的对立打下了基调。作为内容心理学的创立者冯特，他认为心理学应该主要研究人的直接经验，而意动心理学的创立者布伦塔诺则认为心理学应该主要研究人的直接经验产生的过程，他们最主要的差别体现在以下三方面：

1. 研究对象。内容心理学的研究对象是感觉、情感等心理或意识活动的内容；意动心理学认为心理学的研究对象不应该是感觉、情感的对象等，而应该是伴随感觉、感情产生的心理活动与过程。

2. 研究方法。冯特将自然科学的实验法和传统的内省法结合，提出心理学的研究方法是实验内省法，并以此对人的心理内容进行研究，力图以自然科学的模式塑造心理学。布伦塔诺认为，主要通过内部知觉或反省来对人的心理意动进行研究，把经验回忆起来加以归纳。

3. 内容分类。内容心理学将人的心理分成二类，一是感觉，是外部刺激作用于我们的感觉器官而产生的客观元素；二是情感，是伴随着感觉而产生的直接经验的主观方面。意动心理学将人的心理分成三类：一是表象，二是判断，三是爱憎。表象包括感觉和想象等，判断包括知觉和回忆等，爱憎包括情感、意志、欲望等，其中表象是基础。

内容心理学与意动心理学差异比较

	研究对象	研究方法	内容分类
内容心理学	感觉、情感等心理或意识经验的内容	实验内省法	感觉、情感两类元素
意动心理学	感觉、情感等心理或意识经验的活动	内部知觉或反省和观察法	表象、判断、爱憎三类意动

在内容心理学和意动心理学的论战中，意动心理学为反对冯特的内容心理学提供了推动力。冯特的内容心理学，是西方心理学中自然科学取向心理学的发展基础，后来成为 20 世纪心理学诸多自然科学取向心理学流派继承、改良、反对或叛逆的目标。铁钦纳的构造主义心理学继承了它。格式塔心理学反对也改良了它，20 世纪的实验心理学与认知心理学同时吸收了构造主义与格式塔心理学的观点，指出人类的认知同时具有分解还原与统合完形的功能。行为主义心理学从客观性与方法论角度完全否定了它。

布伦塔诺的意动心理学强调心理活动与过程的观点后来也主要被人文科学取向心理学的不同流派所吸收与发展，成为诸多人文科学取向心理学流派发展的基础。

形质学派主张形质的形成有赖于意动，二重心理学认为心理学应该同时研究内容与意动，机能心理学强调了意动作为心理活动的适应性作用，意向性在精神分析学派中被克莱因的客体心理学所发展，存在—人本心理学强调人的心理活动的主观性与能动性。

三、斯顿夫

(一) 斯顿夫的生平

卡尔·斯顿夫(Carl Stumpf，1848—1936)是德国心理学家、哲学家和音乐理论家。他出生于德国巴伐利亚的一个显赫家庭，祖父是史学家，父亲是宫廷医生，两位叔叔是科学家，外祖父是法医。在这样的家庭中，他自小就开始接触科学。正如他后来在《自传》中写道："在我的血液中可能流淌着对医学和自然科学之爱。"此外，父母也熏陶了斯顿夫对音乐的爱好，他自幼学习提琴，10 岁便能作词谱曲，后又学会了其他 5 种乐器，这为他日后研究音乐心理学打下了良好的基础。

卡尔·斯顿夫

1865 年斯顿夫进入符茨堡大学先后学习了美学和法律，1866 年开始跟从布伦塔诺学习哲学。1967 年，斯顿夫经由布伦塔诺举荐，在哥廷根大学完成了博士论文。博士毕业后，他回到符茨堡大学继续师从布伦塔诺学习了"形而上学"和"演绎和归纳逻辑学”课程。1870 年，斯顿夫回到哥廷根大学任讲师，在那里，他认识了韦伯和费希纳，并完成了他的第一部著作《关于空间观念起源的心理学》。1873 年，年仅 25 岁的斯顿夫回到符茨堡任全职教授，受布伦塔诺《从经验的观点看心理学》的影响，他开始了《音乐心理学》的研究和写作，于 1883 年和 1890 年分别出版了第 1 卷和第 2 卷。

1879 年后，斯顿夫先后于布拉格大学（1879—1884）、哈雷大学（1884—1889）、慕尼黑大学（1889—1894）任哲学教授。1894—1921 年，斯顿夫担任柏林大学的哲学教授，任期长达 27 年。在大学任教期间，斯顿夫将艾宾浩斯创立的心理学实验室扩大为心理学研究所，在里面印刻了布伦塔诺的思想，因此他也被认为是冯特主要的、直接的反对者。27 年间，斯顿夫取得了丰硕的成绩，积极参加各种活动：1896 年他和里普斯共同担任在慕尼黑召开的第三届国际心理学会主席；1900 年他与人合作创建了柏林儿童心理学协会；同一年，他还创建了记录声乐、乐曲、原始方言等的唱片档案馆；1907—1908 年，斯顿夫升任柏林大学的校长，培养出一批优秀的心理学家，如舒曼、吕普、惠特海默、苛勒、考夫卡和勒温等。

（二）斯顿夫的心理学体系

斯顿夫的心理学观点受布伦塔诺的影响巨大，他的机能心理学从本质上与布伦塔诺在《从经验的观点看心理学》（1874）中提出的意动心理学大体相同。

从心理学的性质上，斯顿夫认为：一切事物不是现象的就是机能的，所以科学可以划分为物理学和心理学两大门类。物理学与心理学的联系在于这两门科学都研究事物的一般限定（determination）或规律，例如，元素组成复合物，在物理世界和心理世界中都存在；区别在于物理学研究外部经验，心理学研究内部经验。在物理学和心理学之上是形而上学，它探究物理世界和心理世界的最一般规律，或者探究外部经验和内部经验的最一般限定。因而，斯顿夫指出：“完全有理由将形而上学（metaphysics）称之为形而心学（metaphysics）。”

斯顿夫在《论科学的分类》一文中，进一步阐述了心理学相较于现象学、关系学和结构学等的独到之处，即心理学是主要研究人类心理机能的学说，而其他学科是心理学研究的前提，例如：现象学用实验工具研究现象及其关系。进一步对心理机能分类，心理学研究初级机能，其他社会科学研究的是复杂机能。因此，心理学是一门低级的、基础的社会科学。除此之外，斯顿夫还用心理学阐释哲学或社会科学，强调二者是密切相关的，从这个意义上说，斯顿夫的心理学是一种人文取向的心理学。

从心理学的研究对象上，斯顿夫主张心理学是一门经验的科学，他将经验分为现象与机能两种。第一种经验是现象，也是经验的对象，如声音与颜色等感觉表象、记忆的内容等。第二种经验是机能，指活动、体验或状态，如知觉活动、观念活动、认知活动、欲望活动、意志活动等。在《现象与心理机能》一文中，斯顿夫进一步对心理机能的概念作出了明确的界定，即"所谓心理机能是指包括着作用、状态、体验的一种名称"。简而言之，斯顿夫的心理机能就是指心理的作用、状态和体验，也就是布伦塔诺所说的心理的意动、活动或过程，从这个角度上，他也是一位意动心理学家。

在心理学的研究方法上，斯顿夫和布伦塔诺相似，认为直接的内在感觉是心理经验的主要源泉。但是仅有感觉缺乏观察是心理学研究的最大弊端，所以，他强烈主张使用观察法来弥补个人的直接内在感觉。此外，还需要借助对他人的心理活动的间接认识来补充。因此斯顿夫指出，实验、测量等客观的研究方法只是心理学研究的辅助方法，它们是要以主观方法（即内部知觉）为前提的。

（三）对斯顿夫的评价

首先，斯顿夫同布伦塔诺一样都主张心理学的研究对象是心理机能，推动了意动心理学的深入发展，在西方人文心理学的思想发展中具有承上启下的作用。

其次，在心理学的许多具体观念和研究方法方面，斯顿夫提出了自己独特的观点。第一，他明确地提出了心理学的整体观问题。他把心理事件作为有意义的整体单位来研究，就像它们发生在个人身上一样，而不进行进一步的分析，这是直接反对冯特对心理元素进行分析的做法。第二，虽然他把感觉印象、意象等现象（即布伦塔诺所指心理内容）归入现象学而不是心理学，但他所做的又恰恰相反，他把现象学引进了心理学。从这个意义上说，他是把现象和机能并列作为心理学的研究对象，这其实是力图调和内容与意动之争的冲突，成为后来屈尔佩等人所倡导的内容与机能并重的二重心理学的先驱。第三，他把心理状态的分类做得更加详细，还提出了无意识的心理状态。第四，尽管斯顿夫本人并不热衷做具体的实验，他的实验都是交由他的助手和学生去做，但他却比布伦塔诺更支持心理学的实验方法，为心理学的发展培养了人才。

然而，斯顿夫并没有像冯特一样建立一套自己完整的心理学体系，也未形成自己的学派，更像是对意动心理学的一种发展和补充，因而他的机能心理学并没有在心理学历史上产生更大的历史影响。同布伦塔诺一样，斯顿夫也只是确立了机能心理学一些基本观点，并未对具体问题进行深入的研究和分析。

四、形质学派

意动心理学与内容心理学的冲突主要体现在形质问题上。于是19世纪末，布伦塔诺的弟子厄棱费尔和麦农创立了形质学派，后经威塔塞克发扬光大。他们将布伦塔诺的意动心理学思想运用到对形质问题的研究，主张形质是由能够相互分离的要素而形成的表象的复合，其形成有赖于意动。形质学派的思想直接影响了格式塔心理学，连接了元素主义和格式塔心理学。

（一）厄棱费尔

克里斯蒂安·冯·厄棱费尔(Christian Freiherr von Ehrenfels，1859—1932)，奥地利维也纳人，奥地利哲学家和心理学家。博士毕业后，先后在维也纳大学和布拉格大学任教。1890年厄棱费尔发表《论形质》一文，系统阐述了有关形质问题的理论观点，由此开创了形质学派。同时，厄棱费尔还在《论形质》中提出了格式塔一词，因此也被称为格式塔运动的先驱。

克里斯蒂安·冯·厄棱费尔

1. 基素与基体

厄棱费尔指出，对事物整体的知觉不附属在事物既有的元素中，而是作为一个新的元素出现，厄棱费尔将其称为形质。空间和时间的形式是一种新的特质。例如我们看到一个三角形，三条直线是我们的基本感觉，可以称为“基素”，当三条直线组合形成一个三角形后，就构成了一个“基体”。但这个三角形是独立的新元素，并不附属于三条直线之内，而是只有当元素组成基体后，三角形才会出现，所以应被视为一个新元素，也就是一个形质。厄棱费尔认为，形质形成的关键是心理的意动。形质和意动是相互联系的，如果人们在心理上把三条直线组成一个三角形，通过经验的集合，就能够认识到意动的实在性。

2. 两种形质

厄棱费尔把形质分为时间的和非时间的两种，时间的形质包括音调、颜色的变化及其感觉的变化，例如变红、变凉；非时间的形质包括空间、声音的混合、香味和运动知觉。

（二）麦农

亚历克修斯·麦农（Alexius Meinong，1853—1920），奥地利哲学家和心理学家。曾担任维亚纳大学讲师和格拉茨大学教授，在格拉茨大学任教期间建立了奥地利第一个心理学实验室。

亚历克修斯·麦农

麦农在其著作《复形和关系的心理学》和《论较高级对象与其对于内部知觉的关系》中，系统阐述了有关形质理论的思想。麦农与厄棱费尔在有关形质的描述上稍有不同，麦农认为基素属于下级，形质属于上级，形质是被创造出来的内容。

麦农认为，创造的和被创造的内容可以形成一个复形。他将复形分为两类，实在的复形和思想的复形。实在的复形等同于知觉，它的形成依赖于物体所固有的关系；思想的复形等同于概念，它的形成依赖于创造的意动。

（三）威塔塞克

史蒂芬·威塔塞克（Stephan Witasek，1870—1915），奥地利心理学家和美学家，担任格拉茨大学的讲师、教授。著有《复形心理学》（1897）、《心理学大纲》（1908）和《视觉的空间知觉心理学》（1910）。

史蒂芬·威塔塞克

威塔塞克认为，复形的产生取决于心理的创造性意动。复形可以是简单的，也可以是复杂的，它取决于刺激物的客观因素及主观的创造性意动。

威塔塞克的主要贡献是使形质学说在遭到批判而处于低谷时仍能流传于世，并进一步拓展深化了形质学派的心理学思想，推动了布伦塔诺学派意动心理学的发展。但是威塔塞克的很多实验缺乏精确性，因此受到其他心理学家的质疑。

（四）对形质学派的评价

形质学派的贡献主要是继承和发展了马赫（E. Mach，1838—1916）的感觉学说，它是心理学由元素主义向格式塔心理学过渡的桥梁，为后来格式塔学派的出现提供了一套完整的形质概念和理论基础。但是形质学派的缺陷也是突出的，元素主义和格式塔心理学家认为形质学派的学术思想缺乏体系化和具体化。

意动心理学总结

代表人物	主要事件	主要观点
布伦塔诺	1869 年因发表反对“教皇永无谬误”而成为教会内自由党的学术领袖； 1872 年任哲学副教授； 1874 年出版《从经验的观点看心理学》，担任维也纳大学教授； 1907 年出版《感觉心理学》； 1911 年出版《心理现象的分类》。	心理学的研究对象应该是意动，即心理活动或动作；提出三种基本心理意动：表象、判断、爱与憎；并把心理现象分为表象、判断和情绪现象；主张采用两种研究方法：内部知觉或反省和观察法。
斯顿夫	1870 年任哥廷根大学讲师，出版《关于空间观念起源的心理学》； 1883 和 1890 年分别出版了《音乐心理》第 1 卷和第 2 卷； 1896 年任第 3 届国际心理学会主席； 1900 年与他人一起创立了柏林儿童心理学协会； 1907—1908 年任柏林大学校长。	将科学划分为物理学和心理学两大类，主张心理学研究内部经验，将经验分为现象与机能两种； 研究方法同布伦塔诺。
厄棱费尔	1888 年任维也纳大学讲师； 1896 年任布拉格大学哲学副教授； 1890 年出版《论形质》一文，开创了形质学派。	对事物整体的知觉不附属于事物已有的元素中，而是一个新的元素即形质；形质分为两类：时间的和非时间的，而形质形成的关键是心理的意动。
麦农	在格拉茨大学建立了奥地利第一个心理学实验室； 1891 年发表论文《复形和关系的心理学》； 1899 年发表论文《论较高级对象与其对于内部知觉的关系》。	基本理论同厄棱费尔，但将基素称为创造的内容，形质称为被创造的内容，二者有等级之分，被创造的内容是上级。二者可以形成一个复形，复形又可以分为思想的复形和实在的复形。
威塔塞克	任格拉茨大学讲师、教授； 1897 年出版《复形心理学》； 1908 年出版《心理学大纲》； 1910 年出版《视觉的空间知觉心理学》。	复形的形成依赖于心理的创造性意动。

第三节　二重心理学

以冯特、艾宾浩斯为代表的内容心理学派与以布伦塔诺、厄棱费尔等为代表的意动心理学展开了激烈的论战，双方各执己见最终变成了一种僵局。为了缓解这种僵局，有心理学家提出将意动和内容都作为心理学的研究对象，屈尔佩及其率领的符茨堡学派提出了二重心理学的观点，意在调和了两个学派的矛盾。

一、符茨堡学派代表人物

1. 屈尔佩

奥斯·瓦尔德·屈尔佩(Oswald Külpe，1862—1915)，德国心理学家、哲学家，符兹堡学派的创始人，格式塔心理学思想的先驱。他出生于拉脱维亚的一个德国家庭。1881年，屈尔佩进入莱比锡大学主修历史，在冯特的影响和推荐下，1883年屈尔佩转至哥廷根大学跟随格奥尔格·埃利亚斯·缪勒学习心理学。三年后屈尔佩重新回到莱比锡大学跟随冯特学习。次年凭论文《情感学说》获得哲学博士学位。毕业后屈尔佩留在学校教授心理学，于1893年出版《心理学大纲》，之后去到符茨堡大学任教，并建立了自己的心理学实验室。在此屈尔佩和他的学生及心理学同仁开始了自己的心理学研究，并逐渐背离冯特的心理学思想，开创了符茨堡学派，成为符茨堡学派的领袖，并被认为是完形心理学思想的先驱。

奥斯·瓦尔德·屈尔佩

屈尔佩在学术生涯之初一直跟随冯特学习，但后来逐渐开始背离冯特的心理学思想。由于受到艾宾浩斯和布伦塔诺的意动心理学的影响，屈尔佩也开始采用实验的方法对人的思维过程进行研究。结果发现在思维过程中，感觉、意象或情感等成分并不是必须存在的，某些思维过程是无意象的。在此基础上建立了著名的关于无意象思维的符茨堡学派，并成为该学派的领袖。自此，心理学家可以把思维和其他心理学观念看作是无意象的过程和动作，不再执着于找寻意识元素，摆脱了元素主义的束缚。

2. 马尔比

卡尔·马尔比(Karl Marbe，1869—1953)，德国心理学家。他生于法国，幼年开始在德国生活，学习哲学和心理学专业，后在莱比锡大学跟随冯特学习，完成博士学位。毕业后先在波恩实验室工作，后担任符茨堡大学的教授。1901 年马尔比开展了一项关于重量比较判断的实验。让被试在判断先后举起的两个物体哪个更重时，觉察自己的意识过程。结果发现，被试都能准确判断哪个物体更重，但是在描述自己是如何做出判断时，却无法说出判断的过程。因此马尔比认为被试在判断时并不一定会有具体的依据意象，可能在判断和思考时处于一种模糊的、无法用语言描述的状态，马尔比将其称为“意识的态度”。这个发现不同于传统内容心理学的解释。

卡尔·马尔比

3. 瓦特

乔克逊·瓦特(1879—1925)，英国心理学家。他是屈尔佩的学生。他于 1904 年进行控制联想实验，例如种—属联想(植物—树)或整体—部分联想(房屋—门)。瓦特把联想分成四个阶段，即准备期、刺激字呈现期、反应字探索期和反应字发出期。他要求被试分期反省，并说出当时的心理活动。结果在联想过程即从刺激字呈现期到反应期中并没有意象。瓦特经过研究后发现，在实验前对被试发出的指令使得被试已经有了反应的“定势”，因此当刺激字一出现，被试立刻就能说出反应字。在这个过程中，“定势”起了预先的选择作用。

4. 彪勒

卡尔·彪勒（1879—1963），德国心理学家。他和他的妻子都是著名的儿童心理学家。1907 年卡尔做了一个实验，用于研究被试在解答问题时的思维过程。实验材料是几个必须经过思考才能回答的问题，对被试采用问答法，让他们报告在解决问题时的意识过程。实验结果与瓦特等人的发现相同，思维不是一种明确的感觉或意向，当被试思考时，他们的意识中有一种非感觉、非意象的元素存在，彪勒称之为思维元素，即“无意象思维”。

5. 麦塞尔

奥古斯都·麦塞尔（August Messer，1867—1937），德国心理学家、哲学家。他是吉森大学教授。受屈尔佩影响，他致力于符茨堡学派的心理学思想研究，著有《思想的实验心理学研究》（1905）、《感觉与思想》（1908）、《心理学》（1914）等。

麦塞尔认为心理学的研究对象应该是一切有意的经验，包括意动和内容，他是最早一批提出二重心理学主张的心理学家，还将有意的经验分为三类，即知的经验、情的经验、意的经验。知的经验相当于对客体的认识，包括知觉、记忆、想象、思考等元素。其中，知觉、记忆和想象是内容，而思考属于意动。情的经验相当于人对某种状态的认识，包括感觉、好恶、价值的感情等元素。其中，感觉是内容，好恶和价值的感觉属于意动。意的经验相当于对原因的认识，包括感觉、嗜好、欲望、意志等元素。其中，感觉是内容，嗜好、欲望、意志是意动。麦塞尔还认为，意动和内容的差异在于理解的程度上，意动比较难理解，而内容容易被理解，并且主张意动和内容彼此相互区分。

二、二重心理学

1. 心理学的研究对象

屈尔佩的心理学思想受到冯特和布伦塔诺的影响。在进入符茨堡大学之前，屈尔佩的心理学思想主要受冯特的影响，如信奉身心平行论的观点，认为意识是我们某种经验的总和，实验内省法只能研究人的直接经验，如一些简单的感觉和知觉心理过程，而对于人的高级心理过程如思维则无法通过实验进行研究和分析。

进入符茨堡大学之后，屈尔佩对自己早期的思想进行了反思，开始思考人的高级心理过程是否可以进行实验研究，后受到艾宾浩斯关于记忆的研究，屈尔佩提出了“系统性实验内省法”。实验中，被试先执行一些认知任务，然后对执行任务中所使用的思维过程进行内省，报告的内容主要是他们在实验过程中体验到了什么。通过这一实验方法，屈尔佩认为思维是一种以无意象的方式存在的心理过程。因此，他认同布伦塔诺有关心理学的研究对象是人的心理活动过程而非冯特所主张的直接经验。

但是，屈尔佩也并不全盘认同布伦塔诺的主张，尤其是布伦塔诺将意动看作是心理学的本质，因此可以说，屈尔佩的二重心理学实质上是对意动和内容的调和，他认为心理学要研究内容和机能，机能的概念类似于布伦塔诺提出的意动，并且试图将内容和机能进行明确的区分。

2. 内容和机能的关系

第一，内容和机能在经验中可以分离，如感觉就只有内容而无机能，而无意注意则只有机能而无内容；

第二，内容和机能可以各自独立变化。我们的感觉可以从一个物体转向另一个物体，此时是内容在变而机能并未变；如果我们先感知某个客体然后再对其做判断，那么就是内容没变而机能变了；

第三，内容和机能在性质上各不相同。内容是比较稳定的，可以用实验的方法进行分析，而机能则不稳定，只能通过经验的内省进行研究；

第四，内容和机能都有强度和性质，但是二者并不相关；

第五，内容和机能有着各自的规律，内容的规律为联合、混合、对比等；而机能的规律则为定势、决定倾向、意识态度等。

三、评价

屈尔佩和麦塞尔的二重心理学目的在于调和冯特的内容心理学与布伦塔诺的意动心理学，因此他们主张心理学的研究对象包括内容和意动两个方面，虽然有一定进步，但他们未能把内容和意动看作是对立统一的关系，也未能从根本上解决意动与内容的争论。波林甚至称这种方法是“一种极端的折中主义的懒汉办法”。此后意动心理学和内容心理学的论战仍然持续，甚至扩展到构造主义与机能主义之争。

二重心理学总结

代表人物	主要事件	主要观点
屈尔佩	1888 年在莱比锡大学担任讲师； 1893 年出版《心理学大纲》一书； 1894 年任符茨堡大学教授，并建立了自己的心理学实验室，开创了符茨堡学派。	心理学要研究内容和机能，内容和机能可以相互分享，各自独立变化，有自己的强度、性质和规律。
麦塞尔	第一个明确提出二重心理学主张； 1905 年出版《思想的实验心理学研究》； 1908 年出版《感觉与思想》； 1914 年出版《心理学》。	心理学既要研究内容又要研究意动。有意的经验分为三类：知、情、意的经验。意动和内容可以相互分离。

第四章

构造心理学与机能心理学

【本章导言】

19世纪下半叶，内容心理学与意动心理学的分歧引发了心理学领域内的学派对立。作为内容与意动之争的延续，构造心理学与机能心理学的论战对后来心理学的发展产生了深远影响，本章将以构造心理学与机能心理学的代表人物为线索，探讨两个流派的观点、研究方法及其对心理学的贡献与局限。

【学习目标】

1. 深入理解构造心理学与机能心理学的核心概念、理论和方法，以及它们在心理学领域中的重要性和影响。

2. 分析构造主义和机能主义两个学派的主要思想、观点和论战，理解它们之间的对立和冲突，并评估对后来心理学发展的影响。

3. 了解与掌握构造心理学与机能心理学的代表人物的贡献，他们如何推动内容心理学和意动心理学的发展，以及他们对心理学领域的持久影响。

【关键术语】

心身平行论　意识经验　意识流学说　机能主义　构造主义

【主要理论】

构造主义心理学（构造心理学）　机能主义心理学（机能心理学）　达尔文进化论　差异心理学　实用主义心理学观　自我理论　本能论和习惯论　詹姆斯—兰格情绪理论

19世纪下半叶，与冯特提出内容心理学同一时期，布伦塔诺提出了意动心理学，心理学自创立以后第一次出现学派对立。此后，在内容心理学方面，铁钦纳接过了老师的衣钵并发展成为构造主义心理学；在意动心理学方面，美国心理学之父詹姆斯提出了实用主义心理学，同样是对心理过程的研究，二者可被视为机能主义的早期萌芽。可见，构造主义心理学与机能主义心理学的对立是内容心理学与意动心理学之争的自然继续。并且时至今日，内容心理学所延伸的自然科学取向心理学与意动心理学所延伸的人文科学取向心理学仍然彼此对立。

本章将以代表人物为线索，阐述两个流派的主要思想、研究方法、贡献和局限，通过比较二者的对立冲突，揭示两派论战对后来心理学的深远影响。

第一节　铁钦纳的构造主义心理学

铁钦纳是第一个将德国心理学引入美国的英国人。因此以他为代表的构造心理学兼有英国和德国的特点，是两者的混合物。铁钦纳并不像人们通常认为的那样，是一位更能让人理解、说英语的冯特，相反，他试图用狭隘构想的英国联想主义哲学心理学改造冯特的内容心理学，所以，他的心理学是两种思想混合的产物。

一、构造心理学产生的背景

（一）哲学背景

1. 英国的联想主义哲学心理学

在英国的传统联想主义哲学心理学思想中，休谟和穆勒对铁钦纳的影响最大。休谟是一位原子论者，他认为复杂的观念是由简单的感觉构成的，例如知觉由印象和观念通过联想构成，复杂知觉又由简单知觉通过联想构成。詹姆斯·穆勒（James Mill，1773—1836）以经验主义和联想主义传统为出发点，认为感觉是一切心理现象的起源，感觉是最简单的心理元素，它和观念通过联想的作用完成各种复杂的心理现象。在联想律问题上，穆勒只承认接近律是联想的主律，而把因果律、相似律和对比律均纳入这一主律之中。

2. 欧洲近代的经验主义哲学心理学

马赫于1886年出版《感觉的分析》一书，建立了经验批判主义，成为马赫主义的创始人。马赫继承了英国经验主义哲学家贝克莱、休谟的唯心主义和孔德实证主义，提出了中性要素说。他认为要素（即感觉经验）是世界上的唯一真实存在，是万物的基础。他的基本哲学命题就是“物是感觉（元素）的复合”。

阿芬那留斯在他的《纯粹经验批判》一书中，也提出了同马赫一样的基本哲学命题，即感觉和存在互为印证。感觉既非物理的，也非心理的，而是心物“同格”的中性东西。

（二）心理学背景

铁钦纳继承了老师冯特的内容心理学思想，他的思想被视为是冯特内容心理学自然科学属性的极端化，因为他只注重对心理内容和人类心理一般规律的研究，同时他坚持了冯特实验心理学的方向。当他德国求学结束回到英国后，发现英国同事对用科学方法研究哲学问题充满怀疑，于是铁钦纳转赴美国。而当时，美国心理学在机能心理学方向上蓬勃发展，注重心理活动在适应环境中的作用和个人心理能力的差异研究。就这样，构造心理学与机能心理学在美国新的历史条件下形成对立。

二、铁钦纳生平

爱德华·布拉德福德·铁钦纳（Edward Bradford Titchener，1867—1927），美籍英国心理学家，是构造心理学的主要代表人物。他于1867年生于英国。由于父亲英年早逝，铁钦纳的童年比较困窘，幸运的是，铁钦纳是一个出色的学生，获得了许多奖学金，生活上的拮据并没有影响他接受良好的教育。他于1885年进入牛津大学，先学哲学和古典文学，后转向研究生理学，在此期间翻译了冯特第三版的《生理心理学》，并因此对生理心理学产生了浓厚的兴趣。他后来作为一名旅者来到德国莱比锡，师从冯特学习心理学两年，于1892年获得哲学博士学位，撰写了其关于《单眼和双眼的刺激》的学位论文。获得学位以后，铁钦纳在牛津大学担任了两个月的生物学编外讲师，他渴望一个正式的职位，试图成为英国新实验心理学的先锋，但是牛津大学没有开设心理学这门课。在他郁郁不得志之际，冯特的另一个学生安吉尔在康奈尔大学建立了第一个心理学实验室，由于他本人接受了斯坦福大学的职位，便向学校推荐了铁钦纳，铁钦纳也欣然接受。在美国康奈尔大学讲课时，铁钦纳总是喜欢穿着他在牛津大学时的长袍子，他说那件袍子“赋予固执己见的权利”。铁钦纳在康奈尔大学生活了整整35年，这期间，不仅他的心理学效仿冯特，而且他的实验室和生活方式也效仿冯特。康奈尔大学形成了以他为核心的构造主义学派。他致力于发展一门纯粹的实验心理学。

爱德华·布拉德福德·铁钦纳

在美国期间,他终其一生都供职于康奈尔大学。在1893年到1900年的七年间,铁钦纳一手创建了康奈尔大学心理实验室,先后培养的54名心理学博士的学位论文大多数继承了他的思想特点。铁钦纳一生中著有《心理学大纲》(1897)、《实验心理学:实验手册》《心理学入门》(1898)、《思维过程的实验心理学》(1909)、《实验心理学》(4卷,1901—1905)等书。他的最后一部著作是《系统心理学》。

三、构造心理学的体系

(一)构造心理学的研究对象

铁钦纳认为,一切科学研究的对象都可归结为"经验"。因此,同他的老师冯特一样,他认为构造心理学的研究对象是人的经验。心理学和自然科学都是对同一主观经验的不同观点。铁钦纳还进一步将心理定义为人类经验的总和,但他只研究心理内容,不研究其意义或功能。他无视冯特心理学的人文科学方面,而强调心理学是一门自然科学,是纯科学。

(二)构造心理学的研究方法

铁钦纳继承和发展了冯特的实验内省法,他认为观察是一切科学的研究方法,而内省法是对意识经验的观察,研究从属经验主体的经验而忽略外界,这区别于对物理学采用的外部观察。铁钦纳打破了冯特的限制,将实验内省法应用于高级心理过程,并在具体应用上规定了种种限制。例如要求内省者必须经受良好的训练以保证内省的精确性，同时注意控制条件下进行内省。比如，为改变内省的主观性，铁钦纳结合了冯特的实验法，以研究主观经验的共同规律，但这种操作无法改变客观事物被剥离的现状。此外，铁钦纳在实验中对被试提出了要求，在内省时须报告对刺激的主观感受而非事物本身的状态，否则就被认为犯了“刺激错误”。

（三）心身平行论

同冯特一样，铁钦纳将神经过程和心理过程看成是两种平行且相互对应的活动。在铁钦纳的观点中，心理与身体相互呼应，一方改变必然引起另一方的相应改变。作为心理学和生理学的研究对象，它们仅仅是同一经验世界的两个方面。铁钦纳认为心理不是脑的机能，身心二者平行。神经过程不是心理过程产生的原因，而是心理发生的条件。在身心关系问题上，他持身心平行论。

在铁钦纳看来，心身平行论可以解释一些原来解释不了的现象。例如，人在每天晚上睡着时，心理消失；在每天早上醒来时，心理又重新形成；有时一个观念记不起来，直到数年之后又忽然想起。这是因为在这段时间，生理过程都一贯进行着，才保证了心理过程没有完全中断而重新恢复。他进一步指出，参照身体不会使心理学的资料和内省的总和增加一点什么东西。它只能为我们提供一种心理学的解释原则，只能使我们的内省资料系统化。

总之，铁钦纳的心身平行论把神经过程与心理过程割裂开来，否定了心理是大脑的机能，最终没有对心理过程作出科学的解释，犯了形而上学的错误。但是，它在心理学研究对象上把心理和生理区别开来，使心理学脱离了生理学，对促进心理学的独立发展还是有积极意义的。

（四）构造心理学的内容及任务

构造主义心理学采用实验内省的方法研究意识经验，但在研究的领域范围方面又有所拓展和超越，它不仅研究简单的感知过程，而且探索记忆和思维的过程。

1. 意识经验是什么

意识经验包括感觉、意象和情感三个维度。在感觉方面，铁钦纳认为感觉是知觉的基本元素，包括声音、光线、气味等经验，它们是特定时空中客观的物理对象引起的。铁钦纳还根据内省的相似性，根据其产生的感官的不同以及刺激类型的不同等标准把感觉分为视、听、嗅、味、触、动、机体 7 种形态。他发现的感觉种类多达 44000 种以上，其中大多数是视觉（32820 种）和听觉（11600 种）。在意象方面，铁钦纳认为意象是观念的元素，可以在想象的经验中找到。铁钦纳将意象看作一种基本的心理过程，虽然可同感觉分开，但两者相似。在情感方面，铁钦纳认为情感是情绪的元素，表现在爱、恨、忧愁等经验之中。铁钦纳不赞同冯特所说的情感具有三个维度，认为情感只有愉快—不愉快一个维度。

关于意识元素的属性问题，铁钦纳也在冯特提出的性质、强度基础上增加了持续性、外延性和清晰性。性质是指一个元素区别于另一个元素的特征，如热的、红的、苦的；强度是指性质从低到高的序列，如明亮—阴暗、坚硬—柔软、愉快—不愉快等；持续性是指意识元素的时间特性；外延性是指意识元素的空间特性；清晰性是指一个意识元素在注意中的地位，当一个元素处在注意的中心时，就获得了最大的清晰性，而处在注意的边缘时，则模模糊糊的。铁钦纳还认为，感觉和意象都具有五种属性，而情感只有前四种属性而缺乏清晰性。

2. 意识经验如何联结

在回答感觉元素究竟如何联结为更复杂的心理过程时，铁钦纳反对冯特的统觉和创造性综合的观点。作为英国人，他受到英国近代联想主义哲学心理学的影响，接受了传统的联想主义，将接近律作为联想的基本规律。在接近律下，可以将两个及以上的同类心理元素与不同的心理过程相结合。就像铁钦纳说的那样，意识中无论何时出现某种感觉或意向过程，以前出现过的所有感觉和意向过程都有可能同它一起出现，这就是所谓的联想律。

3. 意识经验的生理与神经机制

在解释心理活动的生理与神经机制时，铁钦纳认为科学心理学需要的不仅仅是描述，但内省只能描述心理，对此，应该到生理学中去寻求解释，生理学能够说明感觉元素如何产生并形成联结。但同时铁钦纳是一位身心平行论者，他认为生理过程和心理过程平行地进行，互不干涉但恰好对应；他认为可以脱离生理过程来研究心理过程，尽管二者具有协调一致性，但却是两个彼此独立的过程。这种观点使得心理过程的“科学解释”受到了后世学者的质疑和抨击。

四、对构造心理学的评价

构造主义心理学由于自身的局限性，阵地越来越小，前进的道路越来越窄，最终随着铁钦纳的逝世走向消亡。

（一）贡献

铁钦纳对心理学的贡献主要有三点。首先，铁钦纳坚持认为心理学是一门科学，这对美国心理学思想的影响最为持久，做心理学研究要由实验数据说话。他的巨著《实验心理学》训练了美国的一代心理学家。在铁钦纳指导下，康奈尔大学的心理学实验室取得了许多杰出的研究成果，尤其是对感觉的实验研究。构造主义将具有科学的客观性和精确性的内省法引入了心理学，传播并扩大了实验心理学的影响。最后，构造主义对感觉的研究以及该学派严谨的科学精神都在心理学的殿堂留下了宝贵的知识财富。

（二）局限

构造主义心理学的局限主要体现在以下三点：

首先，构造主义心理学以意识经验的内容或结构为研究对象的观点过于狭隘，忽视了意识经验的机能或功用。在对意识经验的分析上，铁钦纳只重视元素而忽略整体，最终成为一个元素主义者，但人的心理是一个有机的整体，任何片面强调心理基本元素组合来看待所有心理现象的视角，都难以尽述心理过程的有机整体和能动性，这一点成为之后格式塔心理学、建构主义心理学和美国机能主义心理学猛烈批判的焦点。

其次，研究方法上，铁钦纳的研究方法过于单一。他倚重实验内省法，这种剥离了客观事物、脱离实际意义的内省把心理学引向了封闭的主观世界，割断了主观感受与客观事物的联系，在一定程度上背离了人们的现实生活，难以使心理学脱离哲学思辨。他的实验内省法强调必须使用训练有素的内省者，并对实验设置了很多限制，要求被试所要描述的是由刺激引起的意识状态而不是刺激本身，这种苛刻的条件使得心理学的实验研究难以进行。

最后，在概念上，铁钦纳的构造主义中的直接经验与物理学、生理学都不相联系，只研究心理本身，而不考虑心理与其他因素的因果关联。

第二节　美国机能主义心理学的背景

与铁钦纳的构造主义心理学相对立，机能主义心理学强调心理的适应功能与心理学的应用。本节将重点介绍美国机能主义心理学派，由于欧洲机能主义心理学对后来美国心理学的发展产生了重要影响，特别是达尔文和高尔顿的思想体系，故将其作为美国机能心理学产生的背景进行介绍。

一、历史背景

北美洲新大陆由于条件比较优越，自北美独立战争以后，快速的工业化进程让人们在感受到物质世界极大丰富的同时，也感受到了精神世界的极度匮乏，这期间大量的美国人奔赴德国学习实验心理学。他们回国后的热情传播使得心理学在美国迅速发展并成为独立学科。但是由于德国实验心理学并不适合当时美国人开拓、务实的精神，因此美国心理学发展逐渐转向适合美国国情的机能主义心理学。

二、哲学背景

美国机能主义心理学以实用主义为哲学基础。实用主义由哲学家皮尔士(C. S. Peirce)首先提出，由美国心理学之父威廉·詹姆斯(William James)通过《实用主义》一书最终发扬光大。詹姆斯认为一种观念只要能把新、旧经验联系起来，并给人带来具体的利益和满意的效果，就是真理。他说："实用主义并不代表任何特定的结果，只是一种方法，让理论变成工具发挥作用。实用主义也是一种态度，即不看最初的事物、原则、范畴、设想的必然性，而看最后的事物、收获、后果、事实的态度。"尽管实用主义以利益为指向，但是却反映出"美国梦"的精神，且与当时的美国社会现实相吻合。

三、科学背景

查尔斯·罗伯特·达尔文(Charles Robert Darwin，1809—1882)，英国生物学家，是进化论的奠基人。他出生在一座英国小城，六个孩子中排行第五，家境富裕，社会地位稳固，出身名门。祖父和父亲都是很成功的医生，母亲来自英国著名的制陶世家。达尔文曾被父亲送去爱丁堡大学学医，因为看到了未经麻醉(当时没有麻醉技术)而残忍实施的外科手术，放弃学医；1828 年，达尔文进入剑桥基督学院学习神学，以差等成绩毕业。达尔文从小喜欢动植物，尤其喜欢置身乡间，收集植物和动物标本。在剑桥期间，达尔文崇拜约翰·史蒂文斯·亨斯洛教授，一个牧师和植物学家，曾多次陪他实地调查旅行。1831 年于剑桥大学毕业后，达尔文曾随贝格尔号军舰参与了历时 5 年的环球考察。这次环球考察对他后来成为进化论奠基人具有重大意义。

查尔斯·罗伯特·达尔文

旅行途中，达尔文见到大量新物种，在整理标本的过程中，达尔文一直在思考物种适应和改变的推动力究竟是什么？直到他读到马尔萨斯关于人口的文章，马尔萨斯提出不受抑制的人口增长会极大超出地球自身生产给养的能力，生存斗争将日益激烈，这使达尔文想到，无限的增长和有限的资源就是一个推动力，让有利的变异易于保持，不利的变异遭到破坏。后来在《物种起源》中，达尔文将其称为自然选择或适者生存。

从1840年达尔文撰写进化论提纲到1859年《物种起源》正式出版，时间过了近20年，这期间达尔文身体一直不好。一些人推测是达尔文担心发表进化论会遭到教会的迫害，而承受了巨大的心理压力。就在进化论发表前夕，达尔文收到了英国博物学家阿尔弗雷德·阿塞尔·华莱士的一篇论文《论无限背离原型的多样化趋势》，文中华莱士已经概括出了进化论，与自己的理论几乎完全相同。达尔文曾想过放弃优先权，让给华莱士，经过朋友们的劝说，达尔文最终决定联合提交自己的理论和华莱士的论文。1859年达尔文出版了《物种起源》这部划时代的著作，提出了生物进化论学说，强调"自然选择，优胜劣汰，适者生存"，这一学说打击了各种唯心的神造论以及物种不变论。此后达尔文又陆续出版多部著作，进一步阐明进化论理论的各个方面，包括《人类的祖先》(1871)和《人和动物的情感表达》等。进化论思想实现了人类思想史上的一次伟大变革，他的理论不仅对生物学，对人类学、心理学、哲学的发展都有不容忽视的影响。1882年4月19日，达尔文因心脏病去世，他的遗体被安葬在威斯敏斯特大教堂，牛顿墓地的近旁，享年73岁。

美国机能主义心理学主要是以达尔文的进化论为自然科学基础，进化论对其造成了深远的影响。达尔文之前，心理学中占主导地位的构造心理学致力于对意识内容进行分析。而进化论认为，适应与变异是心理发展的两个基本方面。如果生物的每一代都和它的祖先一样，那么进化便不可能发生。达尔文进化论适者生存的观点使得心理学从关注元素转变到关注人对环境的适应，在之后的研究中开始更多关注适应过程中的心理机能。并且人和人在适应过程中是有差异的，因此有关个体发展和个别差异的实质、特征及其作用等问题便进入心理学家的视野，成为心理学研究的重要课题。这也促进了以个体差异为代表的应用心理学以及心理测量、儿童心理学、教育心理学的发展。进化论使心理学的研究目标发生了深刻变化。进化论还发现了从动物到人类心理进化和发展的连续性，直接促进了比较心理学和动物心理学研究的展开，提示研究者可以通过研究动物心理推论人的心理。进化论对现代的进化心理学也有着直接、深远的影响。现代进化心理学认为，人类的心理就是一整套信息处理装置，这些装置是由自然选择而形成的，其目的是处理我们祖先在狩猎等生存过程中所遇到的适应问题。进化心理学的代表人物有戴维·巴斯(David M. Buss)、约翰·托比(John Tooby)、莉达·考斯迈德斯(Leda Cosmides)、杰罗姆·巴克(Jerome H. Barkow)。

四、心理学背景

(一) 高尔顿与差异心理学

弗朗西斯·高尔顿(Francis Galton，1822—1911)，出生于英国的伯明翰，是查尔斯·达尔文的表弟，家境优渥。高尔顿是家里9个孩子中最小的一个，从小有神童之誉。16岁进入伯明翰综合医院，18岁转入剑桥大学三一学院学习自然哲学和数学，后因身体原因离校。此后，他不得不继续学医，并于1843年获得医学学士学位，整个求学过程高尔顿的成绩并不出色，幼年时期的极度聪明与学业的失败形成鲜明对比。他喜爱探险，在获得大笔遗产后决定放弃医学，将兴趣转向旅行。在各地探险的过程中，他接触到了许多原住居民，这些原住居民对恶劣环境的适应性及生存能力给他留下了深刻的印象，再加上进化论的影响，他决定研究人类的适应性行为和个体差异，开创了优生学，成为“差异心理学之父”。他关于人类官能的研究还为个体心理和心理测验方面的研究开辟了新途径。

弗朗西斯·高尔顿

他一生出版了很多著作，主要有《遗传的天才》(1869)、《人类官能及其发展的研究》(1883)、《自然的遗传》(1989)、《人类才能及其发展的研究》(1883/1907)、《指纹学》(1892)和《一生的回忆》(1908)等。

高尔顿主张遗传决定论，他在《遗传的天才》一书中说："遗传决定一个人的能力，就像遗传决定个体形态和躯体组织一样。"高尔顿认为，人生来就不同，像心理能力这样的差异是遗传的，并且每种水平的频率按照"非常奇特的偏离平均值的理论规则"分布在一个连续体上。他提出，像智力这样的心理特征的分布遵循现在所说的正态曲线，大多数人落在接近平均值的位置，偏离平均值越大，频数越低。在人类遗传学的研究中，高尔顿于1875年首创双生儿对比研究法，通过对比双生儿之间的异同来研究遗传和环境对个体表型的影响，后来双生儿法成为人类遗传研究中的经典方法。

高尔顿认为既然智力由遗传决定，为了改善人口质量，有必要开展优生学的研究。他提出由政府组织对婚姻配偶进行科学的选择，进行优生优育。在20世纪二三十年代，优生学影响了英国、美国和德国。在英国，基于社会阶层的歧视在教育和就业中普遍存在；在美国，对心理发展迟缓者进行隔离和绝育并限制移民；在德国，随着纳粹的兴起，为了保持纯净的血统大量屠杀犹太人和吉卜赛人。

高尔顿是最具首创精神的心理学家之一，他在论证智力的遗传决定论过程中采用多种方法研究个别差异问题。他设计了一系列测量感觉运动和其他简单能力的测验；

还使用问答法对意象的个体差异进行研究，收集了不同环境下关于个体的各种数据，并且发展了数据分析的相应统计技术。统计学中“回归”的概念也是高尔顿在研究人类身高的遗传性时发明的。

总而言之，高尔顿在人类遗传学、心理测量和差异心理学等领域对心理学的发展起到了非常重要的奠基作用，且对心理学早期的发展影响巨大。当时以冯特为代表的学院心理学热衷于用理性主义的方法研究人类带有普遍性的共同的心理特点或心理规律，个体差异尚属心理学研究的盲点。高尔顿对个体的差异性和独特性的研究，在当时的欧洲虽未产生重大影响，但恰与当时美国人追求个体的独立、努力开拓的精神相吻合，因而他的思想也引发了美国机能主义心理学家的兴趣和关注，成为影响机能主义发展的又一大力量。

（二）比纳与智力测验

阿尔弗雷德·比纳（Alfred Binet，1857—1911），法国实验心理学家，是智力测验的创始人。比纳也并不是一开始就研究心理学，他最初学习法律，后来继承了家族的医学传统，一次太平间的经历，使比纳放弃了医学，开始专注于心理学研究。比纳是一位自学成才的图书馆心理学家，他阅读了高尔顿、达尔文和穆勒的著作，后经费雷推荐，进入神经症权威沙可（Jean-Martin Charcot）的诊所，从事神经症和催眠研究。

阿尔弗雷德·比纳

比纳观察发现自己的两个孩子是如此不同，四岁半的马德琳总是精力集中，两岁半的爱丽丝更加冲动。1890 年，比纳发表了描述其观察的三篇论文。比纳还用女儿进行了一系列实验考察其智力发展水平，其中有些类似于后来皮亚杰的智力测验。1903 年，比纳总结了这些研究成果，出版了《智力的实验研究》一书，他认为如果接受高尔顿的观点，即智力是感觉的敏锐性，那么所有的盲人和聋人都应该是智障者，而事实显然不是这样，他认为智力更多地表现在人的判断力和理解力等方面。该书对智力及其发展问题做了初步探讨，也为他随后编制智力量表奠定了理论和经验的基础。

19 世纪最后几十年是法国教育发生重大变革的时期，国家教育行政管理机构面临着如何教育那些不能在学校学习的"异常儿童"的问题。1903 年，比纳应邀成为新创立的儿童心理学研究自由协会的一员，同年，一位年轻的医科学生西奥多·西蒙成为比纳的研究助手。他们共同创造了 20 种智力测验，还研究了其他可能的智力测量方法以及它们之间的关系。1905 年，比纳在《心理学年报》上对初步形成的量表做了介绍，该量表包括 30 个测验，按照难易顺序排列，目的是测试一名儿童的智商。但是比纳和西蒙不认为这个量表就是智力的终级测验或解决弱智儿童诊断问题的办法，而视之为智力本质研究的开始。1908 年经过修订形成了著名的《比纳—西蒙智力量表》，比纳在该版中指出儿童应该按照年龄测试，引入心理年龄概念。这一量表的创建对智力测验的发展具有重要意义。1911 年，比纳去世，不久后，该量表的第二次修订版出版。

达尔文的进化论和高尔顿的心理学研究极大地激发了人们对于个体差异特别是智力差异的研究兴趣。高尔顿认为智力的实质是感觉的敏锐性，他用物理测量法论证智力的遗传决定，而许多教师、人事主管在需要评估他人智力时常依靠经验和直觉，比纳的巨大贡献，在于用一套标准的、一致的、客观的方法实现了智力评估。

比纳—西蒙量表提供了一种易于实施且相当简便的智力测量方法，短期内即获得大范围推广。1908 版的量表短短 3 年销售 23000 多份，1911 版的量表在随后的 5 年中也销售了 50000 份。到第一次世界大战爆发时，世界上至少有 12 个国家在使用这一量表，大部分直接翻译投入使用。智力测验作为一种理念的时代已经到来。

第三节　美国心理学之父——威廉·詹姆斯

威廉·詹姆斯(William James,1842—1910),美国心理学之父,美国哲学家、心理学家,实用主义哲学家代表人之一,同时也是美国现代心理学创始人,也是19世纪末美国第一位本土哲学家和心理学家、是美国机能主义的先驱。他的思想受实用主义哲学指导,将冯特心理学的学院派转化成美国心理学的实用派,他认为心理学不应是一门"纯科学",它必须走进现实生活,体现其实际效果。同时,詹姆斯在对意识的探讨上,反对元素主义。后引入达尔文进化论的思想,通过适应性来解释意识的进化,发展了意识流学说。

威廉·詹姆斯

一、詹姆斯生平

(一)见识丰富的童年

1842年1月,威廉·詹姆斯于纽约出生,拥有一个经济富足且重视教育的爱尔兰裔美国家庭。他的祖父是一个精明能干的爱尔兰商人,靠投资开发伊利湖运河在美国发家。威廉·詹姆斯的父亲对哲学和宗教有着浓厚的兴趣,同时非常重视对子女的教育，其独特的教育理念对詹姆斯产生了重要的影响。詹姆斯的传记作者艾伦将他的童年时代称作是“横渡大西洋的婴儿期”，这是因为詹姆斯的父亲认为孩子应该增长见识，接受欧洲文化的熏陶，在这样的教育理念下，詹姆斯成为一个真正意义上的世界主义者——他在美国、英国、法国、瑞士和德国读过书，会流利使用五种语言，常常流连于许多著名的博物馆和画廊，并同许多有名的大人物有过交集——像梭罗、爱默生、格里利等名家都是他家的常客。得益于童年时代的游历和丰厚的文化思想交流氛围，詹姆斯打下了扎实的哲学基础和坚实的写作功底。

（二）不断探索的青年

詹姆斯并不是一开始就决定成为一名心理学家的，相反，他对人生方向的确立经历了一段十分曲折又丰富的探索时期。17 岁的詹姆斯希望成为一名画家，但可能是因为父亲的不赞成以及学画后的成果并不如其所愿，他随后转入哈佛大学学习化学。但对于化学的学习使他落入了无休止的繁琐而枯燥的实验中，并很快厌倦。于是他转而投入生理学的学习中，那是一门正在发展的生机勃勃的科学，年轻的学者们都对它寄予厚望。然而由于不久之后家庭出现了经济上的危机，詹姆斯放弃了对生理学的学习，以医生为志向进入哈佛医学院。可医学也没有能够俘虏这位天才的心，他在发现自己对医学毫无兴趣之后跟随著名的博物学家阿加西兹踏上了为期一年对亚马逊流域的探索之旅，期望能够在自然史方面找到兴趣。

然而，这一次的尝试同样以失败告终。由于感染天花和对于收集标本这类单调工作的厌倦，他离开了他的老师，回到了医学院。这趟旅程也并非全无所获，在领略了亚马逊流域迷人风光的同时，詹姆斯也明白了，枯燥的重复劳动并不适合自己，他的乐趣在于思考——他会对巴西印第安人优雅的举止是来自其天然的种群基因还是优美的环境影响产生探究之心，这显然比收集标本更令他觉得有趣。

回到医学院后的詹姆斯疾病缠身，且饱受阵发性自杀冲动的折磨，他认为其所经受的一切病痛与精神折磨均来自对未来的担忧焦虑，因此他远赴欧洲，一边休养身体，一边跟随赫尔姆霍兹等著名的生理学家学习，在此期间，他真正邂逅了心理学这门全新的学科。

27 岁的詹姆斯在完成医学学业后并未行医，而是将时间精力投入对心理学的钻研和学习中。当时流行决定论的哲学思想，这让詹姆斯认为生命毫无意义，为此他一度患上了抑郁症。直到应用查尔斯·勒努维耶自由意志思想，才帮他从抑郁中走出来，他的实用主义心理学观也由此孕育。

这段曲折而又丰富的探索时期对于詹姆斯日后在心理学领域的成就至关重要。其早年对于艺术的钻研让他具有对情绪与美的敏锐洞察力，学习化学使其明白了他的志向并非投入纯粹的实验室工作中，探索亚马逊流域虽然未使其在自然历史领域永远停驻，却让他意识到了自己的志趣在于更富思考性的工作。阵发性自杀冲动的折磨让他开始阅读大量的哲学和心理学书籍，病痛的折磨让他远赴欧洲休养，获得了跟随著名学者了解心理学的机会。

（三）"美国心理学之父"

"大家一致公认，他是美国最伟大的心理学家。若不是人们一味毫无道理地对发生在德国的人和事大唱赞歌，我认为，他也是任何国家里最为伟大的心理学家——在其所处的时代，或者在任何时代。"（约翰·杜威）

1872年，他开始在哈佛教授生理学。三年后，他开始教授生理心理学，并有了自己的心理学实验室。在他之前，美国大学校园没有开设心理学课，詹姆斯的心理学是从对自己意识的研究和对周围人的行为观察中自学的。詹姆斯曾说过，他所聆听的第一堂心理学课就是他第一次给学生上课。詹姆斯开始在美国传授心理学知识后的短短二十年间，各种心理学课程、学术出版物、学术组织如雨后春笋般冒了出来，显示出勃勃生机，造成美国心理学蓬勃发展的很大一部分原因便是詹姆斯对于心理学知识的研究与传授。他首次将实验心理学引进美国，采用并推广了内省式报告、心理分析等方法进行心理学研究，数十年笔耕不辍，完成了极受欢迎并对美国心理学的发展产生深远影响的杰作《心理学原理》，这是一本花费12年时间写成的厚达1393页的巨著，哈佛大学哲学教授拉尔夫·巴顿·佩里赞叹道："心理学中没有哪一本著作获得过如此热烈的欢迎。"

1889年詹姆斯受邀去巴黎主持首届国际心理学大会。在欧洲获得的认可增加了他的幸福感和自信。1910年，詹姆斯离世，享年68岁，他所取得的成就足以证明，他就是美国心理学之父。

二、著作、主要观点与评价

(一) 主要著作

《心理学原理》(1890)被誉为经典中的经典。该书共1393页,写作耗时12年,分上下两卷出版,第一卷前六章介绍了一些生物学的基本知识,作者认为这些基本知识是为心理学奠定基础所必需的。在以后的各章中,主要阐述心理学的研究对象和研究方法。第二卷从感觉开始,阐述了多种心理现象。因其内容基础广泛,通俗易懂而大受欢迎,被作为标准教材在美国、英国、法国、意大利、德国流传,整整一代心理学家都从中学习心理学知识,詹姆斯"美国心理学之父"的名号名不虚传。两年后出版的《心理学简明教程》是改编自该书的简写版教科书,以"吉米"之名闻名于世。《与教师一席谈》(1899)因其诚恳实用的建议而深受教师群体喜爱。《宗教经验种种》(1902)及《实用主义》(1907)则是其哲学和宗教思想的凝结。詹姆斯的著作系统阐明了自己的心理学以及哲学立场,思路清晰,语言通俗明了,广受大众喜爱,其中他的实用主义心理学对后来的美国心理学特别是机能主义心理学的发展有重要影响。

(二) 主要观点

1. 心理学的研究对象与内容

詹姆斯认为心理学的研究对象是意识状态。意识状态是指感觉、愿望、认识、推理、决心、意志以及诸如此类的事件,心理学研究意识状态的原因、条件和直接后果。詹姆斯还指出心理学除了要观察生活事件之外,还要确定心理生活事件背后的条件以及它们的目的,并且认为这是心理学家最有趣的任务。

2. 实用主义心理学观

詹姆斯实用主义心理学的基本心理观有如下三点:首先,他认为诸如记忆、想象、推理、意志等意识状态与心理的官能是生物对环境的适应工具,这些官能并不是封闭的、自存的,而是能够指向外部世界并能帮助我们适应外部世界。例如,一种现象能够给我们带来幸福,那我们第一次遇到它时就会对其关注。对我们有危险的事物,我们会产生不自主的害怕。毒物使我们不安。日用品引起我们的欲望。在这些例子中,幸福、害怕、不安、欲望作为一种意识状态在每种情境中都能帮助我们适应外部世界。其次,他认为心理生活是有目的、有选择性的。这个目的首要和基本任务是"保存种族的活动利益"。最后,他认为肉体活动是心理状态的前提条件,且脑的整个状态不论何时都有一种特定的心理状态与之对应，对此他曾提出詹姆斯—兰格情绪理论。

3. 意识流学说

不同于冯特，詹姆斯主张意识是不可分解的整体，在《心理学原理》中他将意识比作河流或者流。意识流学说是詹姆斯提出的最具有影响力的学说之一。他认为意识流具有以下五个特征：

意识是属于私人的。詹姆斯提到，“这许多心各自保持自己的思想，不相交易”，即指每个个体都拥有自己独一无二的思想，构成了个体独有的世界，不可互相通融。

意识具有连续性和变化性。詹姆斯认为意识有两种状态，分别是实体状态和过渡状态，过渡状态连接着各个实体状态，使看似间断的意识成为一种没有分离的连续状态，因而呈现出类似“河”或“流”的流动过程。且意识是一个变化的过程，个体的意识对象、条件和个体的身心状态随时都处于变化中，并且个体的每种心理状态都只能出现一次，不可复返。

意识具有认知性。个体能够意识到他自身以外的对象，能够知道或熟悉某个对象，这种认知性帮助个体了解现实。

意识还具有选择性。这是意识的基本特性，詹姆斯认为，选择的标准是刺激物对有机体达到各种行为目标的适当性，这种选择由刺激、审美和个体的价值观等决定。

4. 自我理论

詹姆斯认为自我包括主体自我（简称主我，即 I），代表纯粹自我，以及客体自我（简称客我，即 me），代表经验自我。其中，主我是主动的自我，也可以理解为自我的意识，是进行中的意识流；客我是作为思维对象的自我，可以由三部分组成，第一部分是物质自我，即指个人的身体、拥有的财产、物品和房屋等；第二部分是社会自我，如名望、声誉等；第三部分是精神自我，如个体的信念、态度、气质和意识状态等。詹姆斯认为主我与客我是没有清晰的界限的，他强调个体的自我是一个统一的实体，在不同的自我之间又存在着矛盾与张力，若个体未平衡各个自我间的关系，身心健康则有可能受到损害。

詹姆斯的自我理论

<table>
<tr><td colspan="2">自我</td></tr>
<tr><td>主体自我(I):纯粹自我</td><td></td></tr>
<tr><td rowspan="3">客体自我(me):经验自我</td><td>物质自我</td></tr>
<tr><td>社会自我</td></tr>
<tr><td>精神自我</td></tr>
</table>

5. 本能论和习惯论

詹姆斯认为习惯在有机体的一生中是可以习得的,习惯的生理基础是神经中枢间通路的形成,它具有可塑性,可以被生活经验所改造。主体让自己置身于有可能操作那些希望获得的习惯的情境中时,能够更易获得习惯;习惯不仅可以减少个体在行为中所需要的意识性注意,还具有社会功能,能够帮助个体在遵循自然和社会规则的状态下一代一代生存下去。

詹姆斯认为,本能是在没有预见的情况下能够产生某种结果并且也不需学习就能完成的动作官能,而本能更多受习惯的抑制,具有可变性。在人类的早期阶段,本能具有更加重要且不可替代的作用。

6. 詹姆斯—兰格情绪理论

詹姆斯认为,与先有刺激物产生情绪,再引起有机体的反应相反,情绪是人对自己身体变化的感知,即先产生身体变化,后产生情绪体验。由于这一理论同时为丹麦生理学家兰格(Carl Lange,1834—1900)发现,因此被命名为詹姆斯—兰格情绪理论。他的理论没有严格的解剖生理学和实验的证明,因此受到了如坎农等学者的质疑,特别是坎农提出该理论无法解释不管是幸福、生气或者害怕,都会心跳加快,血压升高。

(三) 贡献与局限

1. 贡献

(1) 理论贡献

詹姆斯作为机能主义先驱,其实用主义心理学观为机能主义心理学确定了基本的方向,同时扩大了心理学的研究范围。除了铁钦纳所限制的对感、知觉的内省分析外,詹姆斯认为心理学的研究对象是心理生活的现象及条件,心理现象包括感情、认识和愿望;心理条件是指影响心理过程的身体和社会过程。詹姆斯的实用主义思想对后来者把心理学运用到教育、工业、临床等各个社会领域,具有非常重要的推动作用,突出了心理学的实用性。

在研究方法上，詹姆斯主张心理学研究方法多元化，提倡用一种自然而开放的朴素现象学方法，对意识进行最真实的描述和解释。他虽不反对冯特与铁钦纳的内省法，但他主张心理学的研究可采用观察法、实验法、比较法、调查法等多种研究方法。开放、包容、多元为心理学带来了更多的机遇和发展空间。不断接受时代改变给心理学研究带来的新问题，能够充分发挥心理学的实用价值。

詹姆斯提出的许多理论影响深远，自我的理论奠定了现代讨论自我观念的基础；情绪理论推动了许多关于情绪的实验研究，被认为是现代情绪研究和情绪理论的出发点，为之后的研究提供了重要的启示；意识流的学说不但在心理学家中引起巨大反响，在文艺界也同样如此，作家们借此写出了大量的意识流小说，不少都成为传世经典。

作为美国心理学之父，詹姆斯的整体思想从不同的方面促进了人格心理学、异常心理学、格式塔心理学、机能主义心理学、人本主义心理学和行为主义心理学等的产生和发展。

（2）应用贡献

詹姆斯作为应用心理学的先驱，他的心理学观强调实用与效果，对应用心理学的诞生有非常重要的影响，其实用心理学思想观直接促成了应用心理学的创立。

而到了 21 世纪 20 年代，应用心理学在改变人们生活上发挥了越来越大的作用，形成了与理论心理学对立的一极，理论与应用心理学的对立成为与西方心理学史中自然科学取向与人文科学取向一样重要的另一脉络与线索。

2. 局限

第一，詹姆斯从实用主义哲学出发，认为有用即真理，否认真理的客观尺度。第二，詹姆斯只在意意识的功能，却不探究意识的本质内容，也不探究意识为什么会表现出这种有用性。第三，詹姆斯夸大了本能的作用，以本能来解释人复杂的心理活动，显示出生物决定论的倾向。

詹姆斯一生探索过许许多多的领域，在心理学、宗教、哲学、教育等许多方面都留下了其思想的足迹，他的许多观点是自相矛盾的。他总是能用通俗易懂、让人信服的话语阐述一个观点后，又以同样清晰有力的条理去论证这个观点的反面。这种矛盾有它的优点，奥尔波特认为，一个问题的两个方面常常能揭开问题的盖子，有助于后人的进一步研究。詹姆斯的理论尽管对心理学的影响颇大，却支离破碎。他并未构建起自己的理论体系，也没有创建自己的流派，甚至从未有意识地去培养自己的追随者。他的声望源于《心理学原理》这本书，但是也很难说清是作品本身的内容还是才华横溢的作品风格为他赢得了声望。

第四节　美国机能主义心理学的先驱

詹姆斯、霍尔、闵斯特伯格都是美国机能主义心理学的先驱。

一、霍尔

格兰维尔·斯坦利·霍尔

（一）生平

格兰维尔·斯坦利·霍尔（Granville Stanley Hall，1844—1924），美国心理学家、教育家。他出生于美国马萨诸塞州的一个乡村，自幼胸怀大志，立誓未来要有所成就。1863年，他进入威廉学院学习，期间接触到了对他影响深远的进化论。1867年毕业后，霍尔进入纽约联邦神学院，1868年霍尔赴德学习，先后攻读了哲学、神学、心理学和物理学，在之后的职业生涯中，他先后做过家庭教师、图书管理员，还领导过唱诗班。直至1874年，冯特的《生理心理学》点燃了他对心理学的兴趣，便跟随冯特学习实验心理学。1878年，霍尔在詹姆斯的指导下以《空间的肌肉知觉》一文获得哈佛大学博士学位，这也是心理学界的第一个博士学位，同年他决定再度赴德深造。1880年霍尔回到美国，在霍普金斯大学任心理学讲师，此后他筹建美国心理学实验室，创办美国第一本心理学学术杂志《美国心理学》,并成立美国心理学会(APA)。美国心理学会的建立是心理学发展的重要一步,它标志着这门新学科的时代正在到来。霍尔被选为第一任美国心理学会主席。霍尔代表著作有《青春期》(1904)、《儿童的生活与教育方面》(1907)、《从心理学的观点看耶稣》(1917)、《衰老心理》(1922)等,其中《青春期》是系统研究青少年心理学的第一部专著。

(二)主要观点和贡献

1. 主要观点

霍尔开创了发展心理学研究,他采取达尔文进化论和当时美国新兴的功能主义倡导的"适应"和"应用"的观点,强调发展心理学的重要性。霍尔的发展心理学研究摒弃了实验法,转为采用观察法和调查法来搜集资料。他将心理学研究方法运用到真实世界中的儿童身上,并以此为基点建立了真正属于美国人的心理学。

霍尔将复演论引入心理学,用来解释儿童的身心发展过程。复演论由德国的解剖学家海克尔于1866年提出,认为胚胎的发展复演了物种的发展历史,个体胚胎期经历了与鱼和爬行动物类似的发育过程。霍尔认为儿童的发展过程是对人类发展过程的复演。如儿童在成长过程中,是先学会爬再直立行走,正如人类进化史中,从猿猴时期至今,也是从四肢爬行过渡到直立行走的。另外,个体心理的发展复演着人类种系心理进化的历史,对种族进化的复演是个体心理发展的动力。在婴幼儿阶段的本能冲动是远古时期野蛮人的心理特征,接下来的少年期复演人类中世纪的特征,青春期则是对人类较为亲近的祖先特征的复演。

2. 主要贡献

霍尔提倡儿童心理发展研究,迎合了教育的需要。同时霍尔的研究范围广泛,涵盖了儿童至老年整个生命阶段,奠定了毕生发展心理学取向研究的基础。

霍尔共培养了81位心理学博士,其中杜威、卡特以及推孟等人后来都成为杰出的心理学家。推孟曾说:"克拉克大学对我来说只意味着三件事,根据自己的喜好自由地工作,无限制的图书馆设施,周一晚上和霍尔的讨论会。"学生们发现,与这位杰出的、博学的人一起做研究令人兴奋又难以忘怀。

二、闵斯特伯格

雨果・闵斯特伯格

(一) 生平

雨果・闵斯特伯格,德裔美国心理学家,应用心理学的创始人,被尊称为“工业心理学之父”。由于聆听了冯特的讲座,闵斯特伯格开始对心理学感兴趣,并于1882年成为冯特的研究助理,此后他在德国莱比锡大学的心理学实验室中受到了正统的心理学学术教育和训练,最终于1885年获得心理学博士学位。之后,在冯特的建议下到海德堡大学学习医学,并于1887年获得医学学位。随后到了弗莱堡大学,在那里创办了一所心理学实验室,开始对时间知觉、注意过程、学习和记忆等问题进行研究。由于闵斯特伯格与冯特的观点不合,反而在某种程度上迎合了詹姆斯的兴趣,因此1892年,他受詹姆斯的邀请来到哈佛大学任教,并于后来接任詹姆斯的心理学实验室主任一职。正是在此学习期间,闵斯特伯格对使用传统的心理学研究方法来研究实际工业中的问题产生了强烈的兴趣,于是才有了后来的工业心理学活动基地。1898年,他当选为美国心理学会主席。

闵斯特伯格主要心理学著作有:《意志行为》(1888)、《心理学与工业生产率》(1913年)、《心理学技术基础》(1914)、《基础与应用心理学》(1914)、《电影:心理学研究》(1916)。

（二）主要观点和贡献

1. 主要观点

闵斯特伯格认为，意识的内容是由我们所受的刺激、我们的外显反应以及那些与刺激和反应相联系的生理过程所产生的肌肉和腺体的变化所构成的。当我们受到刺激时，我们的躯体就会进入一种以某种方式行动的准备状态，即一种行动的准备倾向，对这种准备倾向的觉察就是所谓的意志。也就是说，我们在意识中体验为意志的东西仅仅是一种躯体活动的副产物，而不是引发或决定行为的原因。总之，他认为是行为引起了意识（如意志），而不是意识（如意志）引起了行为。这与冯特和詹姆斯的意志观点完全相反，后两者都认为行为是由意识中的意志或观念引起的。但与詹姆斯的情绪观是一致的，闵斯特伯格认为躯体变化是引起心理状态（如情绪）的原因。这种意识观是一种意识的还原论，即认为意识（或意志）本质上是对生物物理过程的觉察。

2. 主要贡献

闵斯特伯格开创了应用心理学，促成了应用心理学的诞生和兴起。在临床心理学上，他将注意力集中于酗酒、毒瘾、恐惧症、性功能障碍患者身上。他的疗法主要在于唤起患者的治疗愿望和治疗动机。闵斯特伯格将心理学应用于如司法心理学、美学心理学、工业心理学等多个领域，被视为“现代工业心理学的创始人”。在闵斯特伯格之后，大量的社会心理学和工业心理学著作相继问世，产生了注重研究人的心理因素的“人际关系学说”以及行为科学理论。

第五节　美国机能主义心理学

美国机能主义心理学可分为芝加哥机能主义和哥伦比亚机能主义两个学派。芝加哥机能主义心理学派通常被视作直接与构造主义心理学相对立的学派，以杜威、安吉尔和卡尔等人为代表。哥伦比亚大学的心理学家追随芝加哥心理学家的思想和方法，也对机能主义学派的发展做出了卓越贡献，被称为哥伦比亚机能主义心理学派。哥伦比亚机能主义学派并没有明确地反对构造主义，但其研究对象、核心观点以及研究方法等都有着鲜明的机能主义特点，同时它也有着自己的独特性——崇尚自由而广泛的学术氛围。哥伦比亚机能主义学派也叫作广义的机能主义学派。

一、芝加哥学派的机能主义心理学

(一)杜威

约翰·杜威

1. 生平

约翰·杜威(John Dewey,1859—1952),美国哲学家、教育家和心理学家,是实用主义哲学的创始人之一。杜威出生在一个中产阶级家庭,四个儿子中排行第三,成长在一个反映典型新英格兰美德的环境之中,这些美德包括尊重个人自由和个人权利、热爱朴素、鄙视夸饰以及献身民主。杜威15岁进入佛蒙特大学,取得了良好的成绩,于1879年以美国大学优等生身份毕业。毕业后的杜威教了两年书,他发现学校老师通过体罚维持纪律,教导学生机械学习,不许学生提问,这样的经历使他确信教育需要改革。1884年,杜威在导师霍尔的指导下获得了霍布金斯大学的哲学博士学位。同年,他来到密歇根大学担任哲学和心理学的讲师。1894年,他发表了那篇心理学经典之作并标志着机能主义正式开端的论文《心理学中的反射弧概念》。

受达尔文进化论的影响,杜威自称是一个民主进化论者。他认为文化、教育以及政府体制使得人类区别于其他物种。学校是社会文化的一部分,教育作为关键手段,确保人们在生存斗争中尽最大努力发挥作用、参与竞争。杜威将心理学视为健全的教育理论和实践的基础。他在芝加哥创办了一所实验学校,研究如何更好地教育儿童。杜威确信教育必须促进成长,保持思维活跃,反对机械学习。他领导的进步运动对美国教育体制具有重要影响。杜威的教育哲学吸引了许多外籍学生,包括中国学者胡适。

由于在教育管理和财务方面与校长存有分歧，杜威辞去芝加哥大学的一切教职，来到了哥伦比亚大学。杜威的心理学生涯随着他 1904 年离开芝加哥大学而基本结束，70 岁时，他逐渐对艺术和美学产生兴趣，撰写的有关艺术和美学的书籍受到评论界的赞扬。尽管杜威很少从事实证研究，但他仍然是美国心理学的重要奠基者，也是一位重要的教育革新家。

杜威一生著作颇丰，共出产了 30 多种著作，发表了近千篇论文。杜威主要著作有《心理学》(1886)、《心理学中的反射弧概念》(1896)、《心理学与社会变化》(1900)、《怎样思考》(1910)、《经验与教育》(1938)等。

2. 主要观点

杜威认为心理的功能主要在于协调个体与外界环境之间的关系，促进、维持二者之间的和谐统一。

具体来说，杜威强调关注心理现象的整体，在《心理学中的反射弧概念》一文中，他反对拆析反射弧，认为心理学要研究的是个体的动作和动作机能，这种动作就是一系列相连的反射弧，而动作机能表现为协调，就是一种适应，即心理学真正研究的是在环境中发生作用的整个有机体的适应活动。在个体适应环境的过程中，个体和环境构成了不可分割的整体，而个体的心理、意识在其中起到了至关重要的作用，这都充分体现了杜威思想中的机能主义倾向。杜威为机能主义心理学提供了基本概念和理论基础。

(二) 安吉尔

1. 生平

詹姆斯·罗兰·安吉尔(James Rowland Angell，1869—1949)，美国心理学家和教育家。1869 年出生于佛蒙特州的伯林顿，早年在密歇根大学随杜威学习，1890 年他获得文学学士学位，并在杜威的鼓励下继续攻读哲学硕士学位。1891 年，安吉尔转入哈佛大学，在威廉·詹姆斯的指导下获得第二个硕士学位。在他堂兄弗兰克·安吉尔的介绍下，安吉尔去德国打算追随冯特，可惜的是冯特的实验室已经满员。最后安吉尔进入哈雷曼大学攻读博士。在安吉尔校对自己的博士论文时，明尼苏达州立大学发来聘请，种种原因使得安吉尔放弃了他的博士论文接受了聘请。1895 年，芝加哥大学哲学系向他提供了副教授职位，后来杜威离开芝加哥大学，安吉尔接手并领导了机能主义芝加哥学派。1906 年他当选美国心理学会主席，1920 年任耶鲁大学校长。安吉尔的主要著作有《心理学：人类意识的结构与机能的研究》(1904)、《功能心理学的领域》(1907)、

《心理学导论》(1918年)等,在《心理学》一书中他明确提出机能心理学的基本原理,主张意识的基本机能是改善有机体的适应活动。

詹姆斯·罗兰·安吉尔

2. 主要观点

安吉尔对自己的机能主义立场进行了清晰的阐述:"机能主义心理学目前只不过是一种观点、一个方案、一种抱负。也许,它主要是因其对另一种研究心理的方法和角度中全部优点的反对而获得生命力,在它被接受成为正统科学之前,至少在它发展早期,在与新兴思想相联系的特殊活力下,它能很好地发展。"

安吉尔认为机能心理学是研究有机体与环境之间的全部关系,意识是有机体适应环境的工具,倘若说构造主义心理学讨论心理"是什么",那么机能主义心理学除了探讨心理是什么外,还讨论了心理的作用以及为什么是这样。机能主义在真实的生活情境下描述心理操作和意识机能。强调意识具有适应能力,它使人们能够应对和适应环境要求,所以是不断变化的。

在身心关系方面,安吉尔认为机能主义心理学探讨机体的身体部分和心理部分彼此的关系。

他还认为机能心理学对一切心理过程、生理基础及其外部行为感兴趣。他主张既研究普通人的正常心理,也研究动物心理、儿童心理、变态心理以及教育心理、工业心理、临床心理等应用领域。他将行为问题引入心理学,这在一定程度上为行为主义的产生创造了前提条件。

安吉尔的心理学观点标志着芝加哥机能心理学思想体系的形成。

（三）卡尔

哈维·卡尔

1. 生平

哈维·卡尔(Harvey Carr,1873—1954),美国心理学家,芝加哥机能主义的晚期代表与集大成者。他出生于印第安纳的一个农场,他在科罗拉多大学获得学士和硕士学位,1901 年进入芝加哥大学攻读博士学位。卡尔作为安吉尔的学生,发表博士论文《闭眼期间的运动视错觉》,获得芝加哥大学颁发的第三个心理学博士学位。1908—1938 年,卡尔在芝加哥大学工作了 30 年,是芝加哥机能心理学的第三位领导人。1920—1926 年,卡尔执掌由华生建立的动物实验室,1927 年,卡尔当选为 APA 主席。此时期,机能主义已经停止了与构造主义的论战,它已成为一个合格的公认体系,芝加哥机能主义达到了巅峰。铁钦纳曾认为心理学是研究世界的,而人位于这个世界的中心;卡尔则认为心理学是研究置于世界中的人。卡尔反对机能主义这一标签,认为是对心理学不必要的限制,在他的自传中有这样一段话:“我有时希望自己能够受到恩惠,看一眼未来心理学或 1990 年的心理学,也许它和现在完全一样,那样我将无比失望。”

卡尔的主要著作有《心理学:对心理活动的研究》(1925)、《1930 年的心理学》(1930)、《视空间知觉导论》(1935)。

2. 主要观点和贡献

卡尔认为心理学的研究对象是包括知觉、记忆、想象等适应性的心理活动。心理活动的目的在于产生经验，并利用这些经验来确定行为。心理活动所表现出来的行为是适应性行为，包括三个方面：1）动机刺激，是存在于有机体内部的具有动力性质的刺激，指“机体需要”“内驱力”一类的东西；2）感觉刺激，也即指引活动朝向一种刺激或目标的物体；3）改变情境的反应，是有机体针对感觉刺激做出的用来满足动机性刺激的行为。适应性行为是卡尔心理学理论中的一个关键概念，而且带有进化论色彩。

卡尔认为心理动作可以主观观察也可以客观观察，主观观察即内省法，与客观观察仅是观察对象不同。内省法的缺点在于其正确性往往不能确定，可以用实验的方法补充。但实验法的明显缺点是，人类心理的有些特点难以通过实验控制。他还提倡社会研究法，具体是指对人的活动产品进行研究，如发明、文学、艺术、宗教习惯、信仰、道德传统和政治机构等。在他看来，心理学的研究方法应视问题的性质而定，只要一种方法对问题研究和问题解决有效，它就是合理的方法。

卡尔是芝加哥心理学派的集大成者，他摈弃身心二元论，以心理活动为心理学的研究对象，强调动机的作用并开展客观行为的研究，为伍德沃思的动力心理学特别是行为主义开拓道路。在他的推动下，美国机能主义芝加哥学派走向巅峰。

卡尔极力倡导扩大心理学研究范畴，在机能心理学的影响下，个别差异心理学、心理测量学、学习心理学、知觉心理学在美国蓬勃发展。

（四）对机能主义芝加哥学派的回顾

纵观机能主义芝加哥学派的发展，历经了杜威、安吉尔、卡尔三个代表人物。

机能主义芝加哥学派的代表人物及发展

时间	人物	文章	标志
1896	杜威	《心理学中的反射弧概念》	美国机能主义心理学的独立宣言。
1907	安吉尔	《机能心理学的领域》	第一次对机能心理学的理论观点做了明确表述。
1925	卡尔	《心理学：心理活动的研究》	系统阐述了机能心理学的理论体系，使机能心理学趋于成熟和完善。

经过以上三个阶段，机能主义的心理学观点已经深入人心，这一学派获得了公认的地位而成为美国心理学的主流。虽然芝加哥机能主义在构造主义消亡后，作为一个狭义的学派慢慢退出了历史舞台，但它作为一种研究倾向并没有消失，其精神实质已经被吸收，成为美国心理学的核心理念。

二、哥伦比亚学派的机能主义心理学

该学派并没有明确打出机能主义旗号，他们的心理学理论主张学术研究气氛自由、全面、广泛，但又兼具美国机能主义的一些共同特点，因而可以归属于广义的机能主义心理学。

（一）卡特尔

詹姆斯·麦基恩·卡特尔

1. 生平

詹姆斯·麦基恩·卡特尔(James McKeen Cattell，1860—1944)，美国心理学家，哥伦比亚大学机能主义心理学的创始人。

他早期就读于其父担任校长的拉斐特学院，1880 年毕业后赴欧洲，到莱比锡学院跟冯特学了一个学期，然后返回美国霍普金斯大学学习哲学和心理学；1883 年再回冯特实验室担任冯特的助教，进行反应时间及个别差异问题的研究；1886 年获莱比锡大学心理学哲学博士学位，成为师从冯特获得实验心理学博士的第一位美国人；不久他被委任为剑桥大学圣约翰学院的一名自费研究员，并在那里遇到了高尔顿；1888 年卡特尔被任命为宾夕法尼亚大学心理学教授；1891 年，卡特尔前往哥伦比亚大学担任心理系主任，并在哥伦比亚大学创立了一个心理学实验室。直到 1917 年，因公开支持儿子，反对政府将应征士兵送往欧洲作战，被哥伦比亚大学辞退，转而从事科学出版事业。在从达尔文和高尔顿向詹姆斯和霍尔的过渡中，卡特尔是一位重要人物，他是全世界第一位正式脱离哲学范畴而专属心理学的教授。此外，卡特尔是最早将心理学研究结果统计量化的人。卡特尔参与创办的杂志包括《心理学评论》《心理学专刊》《美国科学家》《科学》《心理学公报》等。他的主要著作有《科学美国人》(1903)，其他专题论文后来被学生整理收编为《詹姆斯·麦基恩·卡特尔——科学家》(两卷本，1947)。

2. 主要观点

反应时是卡特尔研究的一个重要方面。卡特尔通过研究提出刺激强度是反应时的主要决定因素，他先后进行了控制联想反应时和自由联想反应时的研究，发明和改良了许多仪器。卡特尔关于控制联想的反应时间和自由联想的反应时间的实验研究，均已被列入美国的经典实验研究中。此外，其他研究领域包括阅读和知觉研究，其成果资料已成为注意范围的标准数据；心理物理法也被沿用至今，成为研究心理量和物理量之间关系的重要研究方法。

个别差异研究是卡特尔的核心主题，他主张采用心理测验法，认为“心理学必须建立在实验和测量的基础上，否则它就无法具有像物理科学那样的精确性和确定性”。

3. 主要贡献

卡特尔首创了术语“心理测验”，并且发展了次序评量法，要求被试按等级对刺激进行排列。这些贡献促进了教育领域的发展，因此哥伦比亚大学也成为教育心理学的发源地。

卡特尔坚持以实用主义的观点看待心理学，认为心理学的生命力在于社会应用。他组建了心理学公司，旨在为工业、教育、公众等领域提供心理学服务，该心理学公司推动了心理学测验的市场化。

(二) 桑代克

1. 生平

爱德华·李·桑代克(Edward Lee Thorndike，1874—1949)，美国心理学家，是动物心理学的开创者。1891年，桑代克于康涅狄格州米德尔顿的卫斯理大学主修英文。然而，在校期间的一次偶然中，他读了威廉·詹姆斯的《心理学原理》后，由此对心理学产生了浓厚的兴趣。因此，他于1895年进入哈佛大学，师从詹姆斯攻读心理学硕士学位，并开始进行有关动物学习的实验研究。1898年以《动物的智慧：动物联想过程的实验研究》获得博士学位。后来，桑代克去往西储大学女子学院任教育学副教授，但他对教

爱德华·李·桑代克

育学所知甚少，很多时候在专业知识上只比他的学生略微领先一步，他非常想继续他的实验，但是这所大学没有动物研究设备，终于在当年底，他接到了卡特尔的邀请，返回了哥伦比亚大学。在卡特尔的支持下，桑代克继续进行动物和人的实验研究，随后他将学习实验扩展到狗，桑代克的职业生涯飞速发展。然而随着时间的流逝，桑代克的兴趣越来越集中于教育，不再继续进行动物研究，转而研究教育，成为一名教育测量专家，与约翰·杜威一起成为教育改革运动的引领者。桑代克一生成果颇丰，他的主要著作有《动物智慧》(1911)、《教育心理学》(三卷本，1903/1913—1914)、《智力测验》(1927)、《人类的学习》(1931)、《需要、兴趣和态度的心理学》(1935)和《人类与社会秩序》(1940)等。

2. 主要观点

桑代克提出"试误说"，认为动物的学习是通过反复尝试错误来获得经验的过程。这种学习的实质就是在刺激和反应之间形成新的联结。

桑代克总结了三条学习定律，即准备律、练习律和效果律，其中练习律和效果律是"学习的主律"。准备律主要说明传导单元的准备状态对任何动物的影响，随个体本身的准备状态而异。练习律指随着练习次数的增加、刺激与反应间的联结会加强，练习减少则刺激与反应间的联结削弱。效果律是最重要的学习律，它指一个联结的后果会对这个联结有加强或削弱的作用。如果一个反应引起了满意之感，那么联结的力量就会得到增强；反之，联结的力量就会削弱。这种强调奖励和惩罚的作用，直接影响了行为主义强化理论的形成。

此外，桑代克还同其他学者共同研究了学习迁移的“共同元素说”，认为学习迁移是由于前后活动中存在共同元素，如：掌握了加法可以增进乘法的演算。并且两种学习活动之间的共同因素越多，迁移效果越好。

3. 主要贡献

桑代克开创动物心理学，他首次使用实验法代替自然观察法来研究动物心理，为动物心理学的研究开辟了新道路。

在心理测量方面，桑代克提出心理学的重要任务之一是承认个体差异的现实性和重要性，开发技术测量这类差异。他认为遗传决定个体差异智力，一方面反对教育平均主义，建议为不同能力水平的儿童提供不同的教育机会，一方面认为高智商是一种宝贵的资源，不应被低劣教育浪费。

桑代克是美国心理学由机能主义向行为主义过渡阶段的代表人物，不少学者将他的理论放在行为主义部分论述。但究其实质，他还是一个机能主义者，他的研究有着广义的哥伦比亚机能主义倾向。

（三）伍德沃思

罗伯特·塞钦斯·伍德沃思

1. 生平

罗伯特·塞钦斯·伍德沃思（Robert Sessions Woodworth，1869—1962）是美国哥

伦比亚大学机能心理学的主要代表。他在阿莫斯特大学毕业后成为一名教师。在聆听了斯坦利·霍尔的讲座并读了詹姆斯的《心理学原理》后，他对心理学产生了浓厚的兴趣。1895年，伍德沃思进入哈佛大学，跟随罗伊斯学习哲学，跟随詹姆斯学习心理学，跟随桑塔亚纳学习历史。1899年他在卡特尔的指导下获得博士学位。1903年他返回哥伦比亚大学任教，1917年他接替卡特尔成为哥伦比亚大学心理学带头人。伍德沃思的主要著作有《论运动》(1903)、《动力心理学》(1918)、《心理学》(1921)和《现代心理学派别》(1931)、《行为的动力学》(1958)等。《心理学》《实验心理学》堪称那个时代经典的心理学教科书；其中《心理学》一书在25年里再版5次，其销量超过当时任何其他的心理学教科书；《实验心理学》也被当时美国所有的心理学系视为标准教科书，甚至被称为实验心理学的"圣经"。此外，在心理学体系问题、变态心理学、差异心理学、运动心理学和教育心理学等领域，伍德沃思还著有许多论文，为心理学的发展做出了重要贡献。

2. 主要观点

伍德沃思认为，心理学的研究对象应该是人的全部活动，包括意识和行为。他反对华生只关注行为而忽视意识研究的观点。

伍德沃思反对华生机械性的S—R(刺激—反应)公式，认为在刺激和反应之间还存在有机体的作用，就像"扣动扳机即可开枪，但是子弹的速度取决于枪和子弹的性能，而不在于扣动扳机时用多大力气"。他还指出，行为反应可以由许多不同的刺激引起，而且有机体的状况和条件对行为反应也会产生影响，动机变量是行为反应的决定因素。基于此，他提出S—O—R模式，其中O代表有机体本身及其能量和经验等。

伍德沃思将驱力的概念引入心理学，提出了动力心理学，旨在反对铁钦纳的"是什么"的描述。他认为人的活动包含了内驱力和机制两个方面。机制是内驱力得以实现的外在行为模式，同时内驱力又是激发机制的内在条件，是推动机制产生相应行为反应的原动力，即回答为什么我们做一件事而不做另一件事。可见，心理动力学是关于动机的。

3. 主要贡献

伍德沃斯提出的S—O—R模式使新行为主义者发展出"中介变量"学说，为新行为主义奠定了重要的理论基础。

伍德沃斯开创了自陈式个性测验，在第一次世界大战期间，他开发的《伍德沃思个人资料调查表》曾用于调查美国士兵出现的神经症情况。

伍德沃斯针对失眠、紧张、恐惧、多疑、过度疲劳等情况设计出许多测验问题，采用实证效度的检验方法来淘汰那些鉴别性差的项目。

伍德沃思对于当时激烈的心理学流派之争，始终采取折中的立场，反对把任何一种心理学方法看作是唯一的。他主张综合发展心理学的各种研究，这一特点也正彰显了机能主义哥伦比亚学派学术自由、兼容并蓄的精神实质。

（四）对机能主义哥伦比亚学派的回顾

该学派有两个鲜明的特点：一是非常重视运用心理测验法对个体差异进行研究。卡特尔、桑代克、伍德沃思都在心理测验领域做出了开拓性贡献；二是更加重视心理学的社会应用，主张将心理学从“纯”科学转向应用科学，并身体力行地将心理学服务于社会生活，使之成为影响人们日常生活的力量。虽然安吉尔、卡尔等人也极力主张心理学的应用方向，但他们的理论观点更多停留在与构造主义的争论上，很多还处于倡导阶段而没有付诸实施。卡特尔、伍德沃思、桑代克等人则通过孜孜不倦的努力，真正将心理学改造成可用于心理测验、学校教育、动物研究、军事选拔等领域的应用学科。

三、对机能主义心理学的评价

（一）贡献

1. 理论贡献

机能主义心理学提供了一种开放的、动态的新心理观，强调心理的整体性、活动性和适应性，主张心理是有机体适应环境的活动过程，强调了心理在适应环境中的机能，这相对于构造主义心理学把心理视为封闭的精神实体的观点是一个进步。同时，机能主义注重效果与应用的视角，有力地推动了美国心理学基础与应用兼容并蓄的学科建设，在一定程度上奠定了美国心理学的基础。

2. 应用贡献

机能主义心理学强调心理学是应用学科，坚持以实用主义为哲学基础，广泛地将心理学应用于实际生活中，从常态与变态、儿童与成人、纵向与横向等多个层面开展心理机能的研究，扩大了心理学的研究对象和范围。

(二) 局限

实用主义哲学强调"有用即真理"，这导致了机能主义心理学的折中主义倾向，使得机能主义心理学的理论主张缺乏内部的一致性和连贯性。同时机能主义心理学把人的心理过程生物学化，认为意识是有机体的心理生活或内在的自身机能，夸大了本能的作用。甚至将心理学归结为生物科学，从生物学的角度把心理看作适应环境的工具。这说明美国的机能主义心理学存在着明显的生物主义倾向，这表现出他们不仅过度应用达尔文的进化论，同时也在一定程度上抹杀了个体心理的社会属性。机能主义的生物主义倾向被行为主义继承和发扬，最终使人类成为无意识的行为体，仿佛一只"大白鼠"或"大白鸽"。

第六节　构造主义与机能主义之争

正如本章开篇所引，内容心理学与意动心理学之争演变为构造主义心理学与机能主义心理学的对立。在两方不断的争论中，机能主义心理学逐渐被清晰界定。自 1895 年鲍德温先提出反应类型说，使得构造主义与机能主义的分歧明朗化，经过杜威、安吉尔与铁钦纳的激烈论战，双方观点日渐清晰且相互对立，这场 20 世纪心理学史上最为经典的论战随着铁钦纳的离世而终结，构造主义心理学也随之日渐式微。两派之争对后世心理学的发展产生了深远影响。

一、从时间线看二者之争

铁钦纳从冯特那里继承了实验心理学方法及元素心理学思想，在美国开始传播和倡导他的构造主义心理学。构造主义一时大受欢迎，在美国这片开拓中的土地上广泛传播，吸引了大量的追随者。然而，在当时的美国，有一批深受进化论思想、实用主义哲学影响的学者，他们更期待从心理学中挖掘出更多实用和适用性的一面。构造主义与机能主义不可避免产生的纷争，集中体现在鲍德温、杜威、安吉尔等人与铁钦纳之间的论战。

从时间线看构造与机能之争

时间	人物	事件	标志
1895	鲍德温	反应类型说	使构造主义与机能主义的分歧明朗化
1896	杜威	《心理学中的反射概念》	反对元素主义，提出机能主义的基本概念和理论依据
1898	铁钦纳	《构造主义的公设》	使构造主义与机能主义彻底对立
1906	安吉尔	《机能主义心理学的领域》	对机能主义的理念进行了进一步的阐述

心理学史家墨菲对此总结道："大体看来，在1900年前后，想根据经验的最初形式以及感觉经验的相互关系来写一部心理学的那些人，可以称之为构造者，虽然后来他们的主要人物宁愿自称为存在主义者；那些强调顺应和适应作用的人在那些年代里被认为是机能主义者。"

二、从观点看二者之争

机能主义无论是从其定义、原则还是研究任务都与构造主义相对立，具体表现在以下几个方面：

（一）内容差异

铁钦纳认为，心理学的研究对象应该是意识内容本身，包括意识元素的组成和组合规律，而不应该以意义和功能为主要研究对象。而机能主义心理学对于意识的探讨却基于整体视角，主张意识是个人的、连续的并不断变化的，是一个持续流动的整体，研究意识帮助个体适应环境的功能是如何进行的。

（二）方法差异

铁钦纳认为观察法是一切科学的基本方法，心理学研究就是对意识经验进行观察研究。铁钦纳在冯特提出的内省法基础上，增加了许多限制条件。而机能主义心理学则在使用内省法的同时，还采用了诸如测验法、统计法和实验法等多种心理学研究方法，具有包容性和开放性。由于机能主义更强调对质的研究，对动机和目的的研究，因此问卷法、统计法等更客观的方法在其中更受重视，对心理过程的解释也从过去较为主观过渡到从客观事实出发。

（三）性质差异

构造主义心理学以纯粹经验论为理论基础，强调心理学是一门纯科学，反对应用科学，研究意识元素和组合规律，关注人与人之间的共同特性。而机能主义却把心理学视为应用科学，它强调心理过程是适应环境的过程，重视心理和意识在个体社会适应中的功能和作用，并且将心理学推广至工业、司法、教育和临床等各个领域，扩大了心理学对社会和个体的影响。

构造与机能之争的主要争论点

	机能主义心理学	构造主义心理学
内容差异	(1) 意识是一个连续的整体； (2) 强调心理的适应功能。	(1) 把意识分析为感觉、感情等元素； (2) 把心理看作一种不起作用的副现象。
方法差异	内省法、测验法、实验法、统计法	实验内省法
性质差异	(1) 重视心理学的实际应用； (2) 主张把心理学的研究范围扩大到动物心理、儿童心理、教育心理、变态心理、差异心理等领域。	(1) 把心理学只看作一门纯科学； (2) 把心理学局限于正常人的一般心理规律。

三、结语

回溯这段历史，构造主义心理学相比机能主义心理学，在内容上持元素主义视角，这种视角脱离了对整体性的认识；在方法上局限在实验内省法，这使得构造主义心理学的研究范围日益缩小，而且结果不够客观；在性质上强调理论研究，忽略实际应用，这使得心理学无法走出象牙塔，不能满足社会发展需求。以上种种表明，它的落败已是必然。

需要正视的是，构造主义心理学与机能主义心理学的观点之争，深刻影响了心理学的发展，它激发了学者们对于心理学更深刻的思考，且这种思考是全方位的，包括心理学该研究什么、该怎样研究、心理学与社会的关系、对社会的意义等一系列的命题，甚至还将心理学的研究对象从人类扩展至其他生物种群。其实，只要构造主义者承认心理的主动性与适应性，机能主义者同意存在心理的结构，双方摒弃争论中掺杂的许多个人成见，就不会出现这个历史上著名的学术争端。从今天来看，心理的构造与心理的机能对于人类的自我探索同样重要，它们是一个事物密不可分的两个方面，今天的心理学研究正在努力将二者整合起来。

第五章
行为主义

【本章导言】

行为主义作为20世纪心理学的第一势力，由华生创立。通过阅读本章的内容，可以从行为主义的历史发展中了解行为主义究竟是如何逐步成为心理学界不可或缺的流派之一的。

【学习目标】

1. 了解行为主义诞生的哲学、生理学、心理学背景，行为主义的基本观点和方法。

2. 了解行为主义不同流派的心理学家的主要观点。

3. 掌握对行为主义及其各流派的评价。

【关键术语】

实用主义　反应　客观主义　环境决定论　整体活动原理　均势原理　逻辑实证主义　中介变量　位置学习　潜伏学习　假设—演绎体系　行为分析法　操作性学习　操作性条件作用　社会学习理论　观察学习　交互决定论　自我调节论　自我效能　控制点　行为潜能　期待　强化值　心理情境　行为预测公式　人际信任　满足延宕　认知原型理论

行为主义理论最早脱胎于巴甫洛夫所提出的条件反射理论，由美国心理学家华生创立。华生质疑冯特心理学把关注点放在主观因素，如意识、意象等。他强调心理学应该是一门自然科学，而只有关注外在的、客观的、可操控并重复验证的因素才符合自然科学的标准。意识是内在的、主观的、暗箱不可操控的、难以反复验证的，不符合自然科学研究对象的标准；只有行为才是外在的、客观的、可操控并重复验证的，符合作为自然科学研究对象的标准。因此他提出心理学不该研究意识而应该去研究行为，客观地去测量刺激与反应之间的关系。这是早期行为主义的观点。但其不研究人的心理、头脑，被认为是没有心理的心理学，这种看法过于极端而没有真正去研究人的心理。不少心理学家对其提出了批判，他们认为在保持行为主义的自然科学性的基础上，可适当增加研究接近人类心理、头脑的成分，如可适当加入研究刺激与反应之间的中介因素，这类心理学家被称为新行为主义学家，主要代表人物有赫尔、斯金纳、托尔曼等。新行为主义把中介变量、强化等同于人类的高级心理活动的观点依然受到批评，被认为是对人类高级心理活动的低级化。此后，新的新行为主义者提出，应该更多关注社会学习中的高级认知活动，主要代表是班杜拉；他们的观点突出了认知和行为的相互作用，是沟通行为主义与认知主义的一座桥梁。

第一节　行为主义心理学产生的历史背景

一、社会背景

行为主义最先产生于美国。19 世纪末 20 世纪初，美国资本主义发展迅速，逐渐转入垄断资本主义阶段，为了满足追求更高利润、提高工作效率、保持社会稳定、促进社会发展的社会需求，行为主义应运而生。行为主义的目标就是通过对行为的控制与预测，提高人的工作效率，以满足大工业化生产及商业利益的需求。

一系列的政治运动促成了行为主义的兴起。尤其是 19 世纪末 20 世纪初，大量政治革新运动在美国爆发，这些运动的核心是希望更替政治机构中的社会管理者，以运用科学管理方式的有识之士替代古板无用的老成员。因此，通过运用行为技术来达到控制社会的目的成为一种最有生命力的革新思想，行为主义为社会革新者提供了一种合理有效的管理社会的科学工具。行为主义的产生也与美国的民族性格有关。美国人多是移民，他们怀着憧憬和梦想，带着坚毅、自信和胆量踏上了新大陆；他们敢于探索，凡是对生存和发展有利的东西都愿意尝试，不墨守成规。所以，对于把心理学研究局限在意识的构造主义，他们是持批判态度的，而内省研究的方法也被诟病是不科学的。行为主义正是在当时美国社会注重生产生活实践和社会政治改良的要求下产生的。

二、哲学背景

(一) 机械唯物主义哲学

机械唯物主义哲学将生物体视为无生命的机器。受笛卡尔、拉美特利和孔德等人的思想影响,华生认为“人也是机器,受刺激—反应规律的制约”。因此,华生混淆了人与动物的区别,割裂了意识与行为的联系,夸大了环境和教育的作用等。

(二) 实证主义哲学

法国哲学家孔德在19世纪首创了实证主义哲学。孔德曾说过自观察和实验而来的知识才可被称为科学的知识。心理学史家黎黑也曾表示,行为主义心理学蕴含着实证主义的精髓,可被看成是实证主义的心理学。行为主义心理学深受实证主义的科学标准的影响。在此影响下,行为主义将意识改为更直接客观的行为,作为心理学的主要研究对象。

(三) 实用主义哲学

美国哲学家奉行实际应用,最先提出实用主义哲学。最为典型的代表是皮尔士、詹姆斯,还有杜威。实用主义,顾名思义,更侧重于知识的实际应用,它强调行为和实践,认为哲学最重要的就是要扎根于现实生活。行为主义正体现了实证主义的哲学思想。

三、神经生理学背景

伊万·巴甫洛夫(Ivan Pavlov,1849—1936)是俄国生理学家。巴甫洛夫在研究人的高级神经活动的实验过程中最先开创了条件反射理论。在他之后,华生几乎完全信奉巴甫洛夫所提出的条件反射理论和研究方法,并将这门学说引入心理学中,用以创立自己的行为主义观点。他认为条件反射学说可以用于解释人和动物的一切行为,乃至人的智力活动也都是反应与刺激之间建立联结的结果。

伊万·巴甫洛夫

经典条件反射,也即巴甫洛夫条件反射,指一个能够带有奖励或惩罚性质的无条件刺激会引起有机体的无条件反应;当一个中性刺激不断与这个无条件刺激匹配重复出现,就能使有机体在面对这个中性刺激的时候做出与面对无条件刺激时类似的反应。这个经典学说最开始是巴甫洛夫研究消化现象时的偶然发现。他对消化现象的研究主要是将狗的唾液分泌作为研究对象。当把食物呈现在狗的面前时狗就会分泌唾液流口水,这是狗的本能。而在这项研究过程中,巴甫洛夫发现,如果伴随食物反复给狗呈现一个不会引起唾液分泌的中性刺激,如铃声,它就能够建立两者的联系。当只呈现铃声而不呈现食物的时候,狗也会分泌唾液。所以,反复将会引起有机体特定反应的刺激与一个中性刺激结合,建立刺激与反应之间的联结,就能在只呈现中性刺激的条件下诱发有机体的特定反应,这就是经典条件反射原理。

四、心理学背景

传统的意识心理学中长期存在内容与意动之争,他们在对意识的理解和如何研究意识的问题上,产生了主要的意见分歧。但是,这种意见的差异对解决美国社会当时的各种问题并未有很好的实际应用效果。因此,意识心理学引起当时美国心理学界的不满。也正是这种不满促使心理学家们另辟道路,逐渐将注意点从意识转向行为,直击各种现实问题并寻求具有明显效果的解决方法。

19世纪后半叶，达尔文、摩尔根、洛布、桑代克等对动物进行研究，其研究对象是动物的行为，而不是意识，因此采用的方法只能是观察法，而不能采用内省法。具体的研究内容是探索刺激和反应之间的规律。1910年，美国有8所大学建立了动物心理学实验室。华生的行为主义正是在对动物的研究过程中逐渐形成的。

机能主义的发展为行为主义的产生搭建了桥梁。虽然机能主义仍然关注意识，但机能主义心理学更侧重于意识的实际应用，而意识的实际效用必然要通过行为才能最终实现，并且行为又是很符合自然科学标准的研究对象，这就为后来行为主义的诞生提供了沃土。安吉尔是机能主义的代表人物，而他的学生是行为主义者华生。因此，机能主义的理论观点对华生也有很大影响。机能主义提出人的心理、意识只是为了适应环境而存在的，这种观点实际上是把意识指导下的人的行为直接等同于动物的本能行为，而这一点也是华生的行为主义基础。他的行为主义遵循这一逻辑，使心理学走向另一个极端，完全否定了哲学思辨因素，使机能主义心理学被行为主义心理学所取代。正如华生本人所指出的："行为主义是唯一彻底而合乎逻辑的机能主义。"不过，在此之前，华生的老师安吉尔就已料想到了这种变化，正如最早时候"灵魂"从心理学中被剔除，"意识"也同样会被新的理念所取代，消失在心理学中。他也曾明确表示，如果用更为客观直接的行为来代替意识这种模糊主观的内容，对心理学来说是有益的。因此，华生主张应该舍弃研究意识，反对内省方法，并不是与机能主义完全背道而驰，反而是机能主义发展的必然延续与结果。行为主义较之机能主义，更明确反对构造主义的理念。

综上，行为主义的诞生综合了社会、神经生理、哲学以及心理学等多方理论观点。从发展脉络来看，行为主义可以大致划分为三个阶段：早期行为主义、新的行为主义、新的新行为主义。

第二节　早期行为主义

早期行为主义归纳来说有五个主要特征：其一，客观主义；其二，以刺激反应的术语解释心理与行为；其三，强调联结学习；其四，外周论；最后，强调环境决定论。其中最典型的早期行为主义者就是华生，另外梅耶、霍尔特、魏斯、亨特和拉什里等也在早期行为主义心理学家行列。

一、华生的行为主义心理学

（一）华生的生平

约翰·华生

约翰·华生(J. B. Watson,1878—1958)是美国心理学家和行为主义心理学的创始人。1878年1月9日,华生在美国南卡罗来纳州格林维尔的一个普通农民家庭出生。1894年,华生进入福尔曼大学学习,五年后硕士毕业。毕业后他又进入芝加哥大学跟随安吉尔和唐纳森学习,1903年获得博士学位。获得博士学位之后,他留校任职,在学校教授心理学。这段时期,他通过大量动物实验研究,逐渐形成自己的行为主义心理学理论。从1908年开始,他被霍普金斯大学聘用,在此讲授他的行为主义思想。1908—1920年是华生学术生涯最为显赫成功的时期,彼时,他也是《心理学评论》的主编。

华生在形成其心理学理论之前,通过不断的实验研究去思考如何用更客观的方式研究心理学。在1908年耶鲁大学的讲演中,他第一次提出了行为主义的观点,并于1912年哥伦比亚大学的演讲中进一步阐述了这一观点。1913年,《一个行为主义者眼中的心理学》在《心理学杂志》上发表,拉开了行为主义心理学的序幕。而华生在随后一年出版的《行为:比较心理学》则进一步更为系统地描绘了行为主义心理学的完整体系。由于行为主义适应了美国社会的生产和生活实践的需要,因此产生了重大影响,受到美国心理学界的普遍欢迎,华生也因此于1915年当选为美国心理学会主席,并发表了《条件反射在心理学中的地位》的就职演说。1919 年,华生的第二部专著《行为主义者立场上的心理学》出版,这部著作对其行为主义观点进行了全面详细的论述。

然而在 1920 年,华生的学术生涯急转直下,起因令人唏嘘。华生与女研究生雷娜的婚外恋情引发了离婚风波,因此华生不得不自行辞去霍普金斯大学的职务。此后,华生投身于商界,运用行为主义的各种方法开展各种广告宣传及市场调研。经商的同时,他还积极利用各种途径来宣传和普及其行为主义思想。1925 年出版并于 1930 年重新修订的通俗读物《行为主义》提出了积极改良社会的计划,这也是他对行为主义观点的最后阐述。1945 年他从商界退休,1958 年去世,时年 80 岁。

1957 年,华生获得了美国心理学会授予的奖章,这枚奖章是为了表彰华生为心理学所作出的杰出贡献。此外,学会还举办了一期题为"华生的生活、时代及研究"的学术年会专题会议以兹纪念。

(二) 华生的心理学思想

1. 心理学的研究对象

华生认为心理学应该成为一门自然科学,这就需要完全摒弃主观、意识等内容,完全用科学客观的方法去研究,应该把心理学的研究对象从主观的意识变为客观可观察的行为。在他看来,如果心理学不能成为纯粹的自然科学,是没有任何存在价值的。诸如心灵、意识、心理这些概念都只是一种假设,无法触摸,无法被证实。所以,在研究心理学的过程中应抛弃一切主观的术语,如感觉、知觉、意向、愿望。在华生的理论中,有机体的行为是可被观察的反应,本质是其对外界环境的适应反应,由刺激和反应两种要素共同组成。所谓的刺激,就是能够引起有机体做出相应反应的环境变化或自身内部的一些变化;而反应指的是由这些特定的刺激所造成的有机体内外的变化;行为可以理解成一套反应系统,这个复杂系统主要由有机体的各种生理反应所构成。华生将人及动物的各种行为都看成是由刺激和反应之间的联结组成,而在此基础上心理学就可以通过研究各种客观的行为去发现刺激—反应的联结规律,从而预见特定刺激的呈现会产生什么样的反应。或者在行为之后,推断出刺激的性质,并通过这种办法来预测和控制有机体的行为。

华生指出存在四类反应。第一种被称为外显的习惯反应,如写字、打篮球、唱歌、吃饭都是外显的习惯反应;第二种叫作内隐的习惯反应,如通过条件反射作用所产生的腺体激素等的分泌以及思维、态度等;第三种是外显的遗传反应,主要是可以被观察到的本能和情绪反应等,如眨眼、打喷嚏;最后一种叫作内隐的遗传反应,主要是内分泌及循环系统的各种变化反应。

华生认为,引起行为的刺激有简单刺激也有复杂刺激,如一种情景就是一组复杂刺激;反应同样也有简单反应和复杂反应,如唾液分泌是简单反应,写字就是复杂反应。

2. 心理学的研究方法

华生认为心理学研究的对象不应该是主观的意识、意象等内容,而应该是能够为人观察并且能够用客观的方法进行测量的刺激及反应。而刺激和反应之间是否还存在中间环节,中间环节又起到什么作用,华生认为这些都是没有必要考虑的,这被称为"黑箱作业"。华生不断强调研究心理学应该使用客观的方法,反对传统的内省法并提出了以下五种更为科学客观的方法:

(1) 观察法

在华生看来,观察法对于行为的研究至关重要,而观察法根据观察者是否直接参与,可分为无参与观察和自然观察两种。华生认为通过观察法可以去了解刺激、反应及动作的根本性质。不过,自然观察的方法固然比较真实,但很难对想要观察的对象随研究目的进行控制,因此,这是一种比较粗略的研究方法。而另一种观察主要依赖于仪器观察。华生指出,实验设备的更新换代不断推进科学的进步。所以,心理学想要成为一门真正的科学,就需要借鉴自然科学的方法,用精密的仪器对被试进行有效控制,从而更加客观准确地研究其行为。这种观察方式就是通常所说的实验法。

(2) 条件反射法

华生将巴甫洛夫的条件反射法与心理学结合,将条件反射法应用于研究心理学的各种行为。他认为这是最能够体现行为主义理论核心观点的客观研究方法。条件反射法也有两种:一种主要是获得条件分泌反射的方法,如用铃声引起狗唾液分泌的条件反射;另一种是获得条件运动反射的方法,如训练鸽子看到特定灯光按杠杆。华生应用这一方法研究了儿童情绪的产生,也就是有名的小阿尔波特实验。

这个实验是经典条件反射的一个有力佐证。华生通过将能引起儿童恐惧的刺激和中性刺激建立联结,使小阿尔波特形成了条件反射,就使得一种本不会引起孩子恐惧的特定刺激让儿童惊恐万分。

(3) 口头报告法

华生提出，正常人有一种区别于动物或是部分区别于一些人群的独特能力，这种能力就是自行觉知自己的身体内部变化后通过口头报告表达出来的一种特殊能力。他认为人对环境的适应反应大多不是以运动的方式，而是依靠言语来表现。因此，口头报告法是一种研究心理学的重要方法。但这种口头报告并不等同于前人的内省法，报告的内容主要是自身内部的各种变化，而并非内省法内省的自身心理及意识活动。虽然自我报告的内容指向不是意识，而是身体组织的变化，但是在形式上内省与口头报告都是自我的表述。因此也有人评论，华生虽摒弃了内省法，却用口头报告法将之重新纳入。

(4) 测验法

华生主张把测验作为一种心理学的研究方法。但是，已有的测验方法都有一个很大的弊端，大部分测验都依赖于言语行为，但对于言语有障碍的人群，使用这类测验法就不合适。所以他认为，应该开发一种不需要依赖言语能力，只需依靠外显行为就能够达到研究目的的测验。这种测验不是智力和人格测验，而是测量被试对情境的反应。

(5) 社会实验法

华生的行为主义有两个目标，其中之一就是形成一套能够更有效地改变社会的心理学原则。社会实验法就是对这一目标的具体化或应用。华生的社会实验法具有两种具体程序：

① 操纵或改变社会情境。例如开展禁酒运动、取消遗产制或使某一国家陷入战争状态，然后，考察由其导致的社会变迁。

② 反应已确定，并被社会认可，考察引起该反应的社会情境。例如，对当代婚姻状况所产生的社会情境因素的研究。

华生从心理学研究方法开始，逐渐将心理学导向科学的道路，使其不断接近自然科学。然而，华生也并没有提出新的研究方法，只是对原有方法进行了完善、修改。

(三) 在心理学具体问题上的主张

1. 关于意识问题

对于意识问题的探讨贯穿华生的理论，他对意识持批判态度，认为心理学不该研究诸如意识这种主观的内容。他遵循严格的行为主义立场，主张舍弃意识，心理学的研究应严格限于可观察到的行为变化方面。华生认为，意识既不是一个确定的也不是一个有用的概念。在他看来，感觉、知觉、欲望等心理学名词都是主观的、不科学的心理学概念，应该通过研究刺激与反应之间的联结规律去研究行为。而在刺激和反应之间还有些什么，则不是华生认为有必要关心的问题。华生只关注个体的外显行为，他认为一切行为都是由于后天学习形成的，环境和教育是决定个体行为的核心。只要掌握刺激和反应形成联结的规律，就可依此去预测甚至控制个体的各种行为。

2. 关于感觉的理论

华生坚定地从行为主义观点出发，对一些与“感觉”类似的传统心理学概念，他更多会从刺激和反应的角度去解释。比如，他会用“视反应”“听反应”“痛反应”等来代替各种感觉。还比如，他会用差别反应表述差别感受性，补屈视觉则表述成白光反应，后象则用后效来替代，错觉则是视反应错误。

事实上，从这些细节可以发现，尽管他极力避免涉及传统心理学的术语，而改用其他一些名词来描述，但却仍然无法完全避免涉及传统心理学的一些经典问题。他所做的本质上是一种文字游戏。“革命性”和“偏激”是华生理论的显著特点，两者是相辅相成、一致统一的。偏激使其理论具有革命意义，完全开辟了一条全新的道路，但恰恰也是偏激，使其无法更加客观地发展应用理论，最终甚至阻碍心理学的健康发展。

3. 关于遗传与环境的理论

华生坚决反对遗传论的观点，在他看来，人的一切行为都是依靠后天学习，是环境而非遗传基因决定了个体的特定行为。个体的正常或异常行为也都是学习而来的，因此，通过学习也能增减甚至消除目标行为。在弄清了特定刺激与反应之间联结的规律之后，人们就可以通过一方推测另一方，从而预测进而控制有机体的行为。

华生认为一切复杂行为都取决于环境影响，最能够体现其核心思想的当属他的一句名言：“如果把一打健康婴儿交于我手，无论他最初的能力、天资如何，我都能通过为其设定特殊的环境，把他们培养成任何想培养成的人，不管是医生、律师还是艺术家，甚至是小偷亦如是。”

最初，华生是认同本能的观点的，只不过他采用“反射”来诠释本能。但之后，华生修正了他的理论。他认为本能这个概念不应该出现在心理学的理论中，对本能进行了全盘否定。华生认为，遗传的只是身体结构，而不是身体的机能和心理特质。他认为，像呼吸、心跳这些简单的反应并不是本能，而是胎儿生活环境所提供的复杂刺激的结果。对于更复杂的行为，他认为都是依靠学习形成的，个体的早期训练对后天各种行为的形成至关重要。决定学习的是一系列可以被人为控制的外部刺激，依靠条件反射法就可以达到控制的目的。

华生觉得，一种复杂的习惯事实上能够被分解成多个条件反射，而每个条件反射就可以被看成是构成这个习惯整体的一个单位。

华生基于“简单反应构成了人类的一切复杂行为”的观点，提出了“动作流”；这个概念与詹姆斯提出的“意识流”相对，用以否定后者。华生认为，行为是不断变化发展的动作流，随着发育和年岁增长日渐复杂。非学习的动作会在短时间内消失，其他一些动作会持续更长时间。华生通过对动作流图表的描绘使行为发展变化更为直观地呈现。他通过动作流图表充分表达了他的行为主义最为核心的观点，行为主义就是依靠动作流来分析看待行为的。

4. 情绪理论

虽然华生觉得情绪是一种遗传方式的表现，但是他也明确表示情绪和本能有着本质区别。外界刺激使得机体内部产生适应反应则谓之情绪，而引起整个机体对刺激的适应及整个身体内外对外界的顺应则是本能。

华生将惧、怒、爱三种基本情绪认为是人的原始情绪。他将条件反射原理也应用于解释情绪的复杂变化。他认为，在前面三种原始情绪的基础上，通过建立条件反射产生了各种人类情绪，而且在此基础上形成的对刺激的情绪反应还存在泛化现象。如“小阿尔波特实验”就说明了这一道理。

在这个充满争议的实验中，9个月大的阿尔波特被选作实验被试。实验前，实验者向他呈现了白鼠、兔子、有头发和无头发的面具等物品，测验其情感反应。结果表明，他对任何物品都没有恐惧情感。之后，在其11个月大的时候，华生及其助手开始正式实验。他们将小白鼠放在阿尔波特附近，让他能够随意玩弄触碰。在之后的实验中，每当阿尔波特想要触碰小白鼠，实验者就会用铁棒在阿尔波特耳边制造出令其恐惧的巨响，惹得他惊恐大哭。这样反复几次之后，一个相对中性的刺激（小白鼠）和一个恐惧刺激（巨响）建立联系，形成条件反射，当小白鼠一出现，阿尔波特就会感到恐惧痛苦，哭着想要逃离。此时，原来的中性刺激（小白鼠）已经成为条件刺激，而恐惧大哭则是相应的条件反应。小阿尔波特已经完全习得了这个条件反射。令人更惊讶的是，小阿尔波特对小白鼠的反应扩散到其他事物上。在面对毛茸茸的狗、海豹皮大衣甚至有白色棉花胡须的圣诞老人面具时，他都表现出相同的反应。这个时候，条件反射已经进一步泛化了。

5. 思维理论

在华生看来，思维也是一种行为。事实上言语和思维都属于语言习惯，区别在于前者外显，而思维是内隐的语言习惯。思维可被视作一种无声的谈话。华生还提出内隐的思维是由于外显的语言习惯不断演化来的。因为一开始，孩子独自一人的时候会自言自语，而后因家长和社会的要求，这种自言自语逐渐从大声转变为轻声细语，之后仅仅只依靠嘴部动作而不出声，也就是从外部的言语逐渐转向了内部的思维。尽管华生揭示出了思维与言语之间的关系，但是他没有看到二者在功能上的内在联系。

另外，除言语形式的思维，还有非言语形式的思维。举个极端的例子，聋哑人就无法依靠言语来表达头脑中的思维，他们只能依靠肢体手势来代替言语表达各种思想。而事实上，普通人也并非只靠言语词汇来进行思维活动，如果一个人独自思考，这时候他在进行内隐的言语活动，同时还有一些内隐的肢体及内脏活动等。当这些肢体及内脏活动占据主导时，没有言语形式的思维就产生了。这种观点明显忽视了词语在思维中的作用，带有典型的机械主义和生物学化的倾向。

6. 人格理论

华生用资产和负债的概念来解释人格。华生提出，人格是个体在反应方面现有的、潜在的资产和负债的总和。而华生所说的资产包含两层意思：其一，是已经形成的所有习惯、已被社会化或调整过的本能的总和、社会化之后的情绪总体，加上这些内容之间的各种形式及联系；其二，是一种适应当前环境或未来情境变化的一种能力，被称为可塑性和保持性系数。所谓的债务是一些阻碍个体顺应已变化的环境的潜在因素以及在当前情境下对顺应环境并不产生作用的因素。

用资产和负债来解释人格之后，华生又提出，人格实际上就是所有动作的集合。他认为人格并不是一成不变的，受外界环境的影响，会不断发生改变。所以，通过改变个体所处的环境可以改变一个人的人格。

华生曾说过，像我们的朋友、教导我们的教师、观看过的电影和戏剧等，都能够影响人格的塑造、重建、改变。而一个人如果永远无法受到这些因素的影响，那他的人格将一成不变，无法真正转变为完善的个体。

（四）评价

在构造主义与机能主义相互攻击的斗争中，华生开辟了一条行为主义的心理学之路。这是一条既不同于构造主义学派也不同于机能主义学派的研究道路，因为他主张心理学应该研究行为，而不是前两者主张的研究意识。这种变化对于心理学的发展产生了非常重大的影响。

华生的理论也深受批判，他在强调行为主义时，完全否定意识，完全否定生理遗传因素对人行为的影响。他过于强调环境及教育的影响，而完全摒弃本能、脑及神经中枢等因素，且完全忽视了个体的主观能动性。有心理学家说，华生的行为主义是一个伟大的失败。他给予刺激、能够预测所有反应的宏伟蓝图从未实现过。

行为主义能在 20 世纪 30 年代中期成为美国实验心理学主流多有赖于华生的影响。他是行为主义的先行者、奠基人，对心理学发展的贡献可以归结为理论和应用两方面：

1. 理论贡献

华生把行为作为心理学研究的中心，正因如此才使心理学进一步脱离哲学思辨，使其与其他自然科学一般，能够通过科学的方法进行客观测量，心理学才能真正成为一门科学。他的理论是推动心理学走向科学道路的引路标。研究重点从主观的意识层面转为客观的行为，增加了心理学的客观性和科学性，使得心理学与其他自然科学具有相同的特征。

在此以前的心理学只限于对意识的研究，而华生把它转向研究行为，这种研究不仅跨越了基础心理学与应用心理学之间的鸿沟，而且扩大了心理学的研究领域。

2. 应用贡献

华生的行为主义思想对儿童抚养、教育，甚至心理治疗都产生了重要影响。华生提出，预测和控制个体的行为是行为主义心理学的核心。现在心理学的应用几乎波及所有的行业和领域，这种应用的推广和普及，根源在于华生行为主义的导向。2014 年，莫里斯以一种有趣的方式记录了华生对现代应用行为分析的贡献。他认为并不是说华生直接影响了应用行为分析，而是他对自然科学方法的基本论点影响了新行为主义，包括赫尔和斯金纳的新行为主义，并最终导致了应用行为分析。当然，华生并不是唯一主张应用行为主义方法的心理学家。

二、拉什里

卡尔·拉什里

卡尔·拉什里(Karl Lashley,1890—1958),出生于美国西弗吉尼亚的商贾家庭。他是著名的生物学家、心理学家,也是行为主义的典型代表,更是生理心理学的奠基者。因其最早以大脑区块化理论研究学习的神经生理基础而被称为神经心理学之父。早年他对生物学非常着迷,因此在弗吉尼亚大学主修动物学。1910 年大学毕业后,又前往匹兹堡大学学习,并获得动物学硕士学位。1915 年在霍普金斯大学获得生物学专业遗传方向的哲学博士学位。作为华生的助手,在与华生和梅耶一起工作的过程中,逐渐对心理学产生了兴趣。他先后在明尼苏达大学、芝加哥大学和哈佛大学等大学任教授,后来又任耶克斯灵长目动物生物实验室主任。1929 年,美国心理学会任命其为主席;次年,拉什里又被授予美国国家科学院院士的殊荣。

1923 年,拉什里出版了著作《意识的行为主义解释》。1929 年,《脑机制与智力》这本书问世。1960 年,《拉什里神经心理学》等著作出版。

拉什里与其他行为主义者一样,反对把意识作为心理学的研究对象,反对内省法。拉什里采用脑切除技术研究白鼠及其他动物在学习过程中的脑机制,并提出了著名的均势及总体活动理论,为研究大脑的高级功能及机器学习奠定了基础。

1. 整体活动原理

所谓整体活动原理,就是当一个人学习时,并不是大脑某一个部位在起作用,而是大脑皮层的所有部位共同活动。所以,如果切除大脑某个特定区域并不绝对影响个体的学习效率,起关键影响作用的是切除大脑皮层的面积。切除面积越大,越影响学习效率。另外,所受影响的大小与学习内容的复杂程度有关,学习内容越复杂,影响越大。对此,拉什里利用猫逃脱迷箱的实验说明了这个结论。他首先让猫学会如何逃脱迷箱,在其学会之后切除它的部分大脑皮层,这时候猫就丧失了之前已经学会的逃脱迷箱的技能,但如果重新训练它学习,它仍然能够再次习得。所以,影响动物学习的并不是某个特定的脑区,动物的学习是整个大脑联合活动的结果。

2. 均势原理

所谓的均势原理是指,大脑皮层的各个部位几乎以均等的程度对学习发生作用。大脑皮层切除一部分之后,其他部位依然能够使自身作用正常发挥。他通过实验发现,与记忆功能有关的并不是某个特定大脑皮层区域,大脑的各个区域对于学习活动的影响作用是相同的。所以,不管切除动物大脑皮层的哪个部位,对其学习效率的影响都是相同的。

在此基础上,拉什里认为大脑特定区域的感觉机制与运动机制的联结并不存在。大脑的作用在学习过程中更为复杂,并不仅仅体现在将感觉信号转化为外显的运动神经信号。

拉什里以其对动物的脑切除研究而闻名于世。但他试图采取一种经由生理学的行为观点来狭窄地界定行为主义,引起了许多心理学家的反对。

第三节　新行为主义

一、新行为主义的产生

由于早期的行为主义在心理学内部受到了一定批判,行为主义在20世纪30年代之后发生了变化,形成了不同于以往的新行为主义。主要代表有托尔曼、赫尔及斯金纳等。

新行为主义是在当时的哲学思想影响,以及心理学自身发展需要的驱动下形成的。逻辑实证主义是新行为主义的哲学思想基础,也是现代西方影响力最广的哲学思想流派之一。该流派由维特根斯坦和罗素创立，形成于20世纪20年代。之后又演变成维也纳学派，以石里克和卡尔纳普为代表人物；继而是柏林学派，主要以莱辛巴赫为领袖；还有利沃夫-华沙学派，主要以塔斯基为代表。此外，又涌现了一些与维也纳学派相近观念的哲学家们，比如说艾耶尔等。

逻辑实证主义仍然坚守实证主义的原则，即可观察、可证实。此外，更强调要以逻辑分析的方法看待经验。这个流派主张，经验是所有科学命题的源泉，要想证明一个命题的科学性，主要看它能不能在经验层面被证实。若命题与经验相符合，则命题是有意义的；如果与经验不符，则是无意义的。但有时，这种直接证实的命题要受很多因素的制约，因此也可以采用间接证实的方法，即通过已经得到证实的命题的推演，或通过对根植于观察的事实的推理得到知识。这种间接证实的方法拓展了科学研究的途径。早期行为主义的研究方法完全忽视心理的各种因素，而间接证实的方法突破了原先的局限，使得研究者可能推测有机体内部的各种因素。从这个角度来说，逻辑实证主义对心理学产生了巨大的影响，使得形式更为复杂的行为主义得以实现。

新行为主义的另一重要思想基础是操作主义。操作主义认为，要判定一个科学发现或者理论构想是否具有确实性，主要是看形成这些发现和理论的过程中所有操作是否具有确实性。比如，要想知道一个东西有多长，就需要进行一系列物理操作，只要限定了测量长度的操作，就可以明晰长度的概念。因此，一个物理概念等同于决定这个概念的一组操作程序，任何无法以操作表达的概念都是无意义的。操作主义的代表人物——美国实验物理学家、科学哲学家布里奇曼认为应该把所有的科学概念、经验、操作过程都通过一定方式整合起来。他指的操作即实验操作，但不局限于此，例如一些精神操作，如非仪器的操作也包含在内。而所谓的精神操作还能进一步划分为纸笔操作和言语操作，前者指数学和逻辑运算，而后者包含了外部言语活动和内部思维活动。

新行为主义的诞生也因行为主义自身不断处于发展状态。早期行为主义认为应该研究客观的、可证实的行为，以标榜其科学性，但不研究人的心理、头脑，因此被认为是没有心理的心理学，受到心理学内部广泛的批判。这样，新行为主义者在行为主义内部进行了调整，特别是机能主义心理学为新行为主义的产生提供了有力的支持。托尔曼的“中介变量”思想和赫尔的“内驱力”思想等都有机能主义者伍德沃斯动力心理学思想中W-S-O_W-R-W中O_W（有机体对环境的调整及它对情境和目标的定势）的痕迹。新行为主义者在坚持行为主义的自然科学性的基础上，接纳间接证实原则，即允许在可观察事实的基础上适当加入刺激与反应之间的中介因素或操作条件反射进行理论建构。新行为主义学家的主要代表人物有赫尔、斯金纳、托尔曼等。

新行为主义的特征可以归纳为以下几点：以逻辑实证主义作为流派的哲学基础；强调中介变量的研究；接纳间接证实原则，即允许在可观察事实的基础上，构建理论和假设；注重对学习的研究。

二、托尔曼的目的行为主义

（一）托尔曼的生平

爱德华·切斯·托尔曼

爱德华·切斯·托尔曼（Edward Chace Tolman，1886—1959）创立了目的行为主义，即认知行为主义，是认知心理学的先驱之一，新行为主义的代表人物之一。1886年，托尔曼在美国马萨诸塞州出生。他的家庭相对富裕，在家中排行老三，是第二个男孩。托尔曼之后进入麻省理工学院攻读电化学专业，1911年获得学士学位。在麻省理工学院的第四年，他读到了改变其人生轨迹的一本书，即詹姆斯的《心理学原理》。他发现詹姆斯的心理学极富魅力，并决定放弃物理、化学和数学而去研究心理学与哲学。

1911年，托尔曼参加了哈佛大学的两个暑期班，一个是哲学课，另一个是耶基斯的心理学导论课。他对耶基斯的导论课更感兴趣，随后他作为研究生在哈佛大学注册入学，师从霍尔特、佩里和耶基斯。在哈佛期间，他在闵斯特伯格的实验室工作，但是他不赞成闵斯特伯格的思想观点和研究方法。在其研究生学习的最后一年，他到德国的吉森大学与考夫卡相处了一个月，深受其思想的影响。

1915 年博士毕业后，他到美国西北人学任讲师 3 年。1918 年被学校辞退，据说是缺乏教学技巧，但托尔曼认为他被解雇的直接原因是他的和平主义和反战行为。

不久，他在加利福尼亚大学找到了一个职位，并在此从教 30 多年。1950 年转至哈佛大学任教，1953 年又转至芝加哥大学任教。他在 1937 年成为美国心理学会主席，20 年后学会将卓越科学贡献奖颁发给托尔曼。他也曾担任过国际心理科学联合会的主席。

1932 年，他出版了《动物和人的目的性行为》，十年后《战争的内驱力》出版，1952 年出版了《托尔曼自传》。在此之前，他的学生们整理的《托尔曼论文集》于 1951 年出版。

(二) 托尔曼的心理学思想

1. 整体行为

作为新行为主义的代表，托尔曼的理论仍然坚持行为主义的核心，即反对用内省法研究意识，而是用科学方法研究客观可观察的行为。不过，托尔曼的行为主义也有与早期行为主义截然不同之处。他认为不应该从分子层面去分析行为，而要从整体上去研究行为，并认为整体行为是有目的的，具有认知性。

具体而言，诸如白鼠走迷宫，猫出迷笼，一个学生背诵音节表，一个男人与老板打电话，朋友之间相互谈论对特定事件的看法等，这些都是整体行为。必须指出的是，在提到以上的任何一种行为时，我们很大程度上都无法知道它涉及哪些确切的肌肉、腺体感觉神经和运动神经。在托尔曼看来，肌肉活动是分子层面的，它与可观察到的整体行为存在很大不同。尽管整体行为很大程度上是由一个个肌肉活动、生理活动组成的，但我们并不关心某个具体的行为是与什么样的肌肉或腺体活动相联系，我们最关注的是了解其整体，而所谓的整体行为通常具有以下特征：

第一，这种行为都是有特定目标对象的。只有明确某一行为指向或是躲避的目标对象，才能够去识别某个行为。

第二，这种行为特定目标的实现依赖于一些特定方法，即这种行为是有选择性的，它需要通过选择特定的方式或途径，才能够实现特定目标。

第三，选择实现目标的方式方法需要遵守最小努力原则。所以，要找到最便捷、付出最小的方法，就需要有机体从整体去认识情境，了解其中所有通往目标的途径及存在的障碍。缺乏对这些因素的整体认知，自然无法找到正确的方法。换言之，整体行为既具备特定目标，还依赖认知因素，是目的性和认知性的统合。这种统合特征，在人类身上表现得最为显著。

第四，通过学习可以对整体行为进行修正与调整。比如，小白鼠之所以能够在一次又一次的走迷宫过程中，所用时间越来越少，就是因为它每次都会从环境中得到新的认识，所以才有一次次的进步。

通过了解托尔曼的主要观点，也可预见他的理论必然会引起一些传统行为主义学家的猛烈抨击，因为他强调行为的目的性、认知性特点，而这些主观内容与行为主义摒弃主观、坚持客观研究的宗旨相悖。对此，托尔曼回应，他所强调的行为的目的性和认知性恰恰是客观的概念，以数量化和客观化的方式来定义目的性和认知性，而不是其他人认为的完全内在主观的。

2. 中介变量

虽然托尔曼也认为行为是刺激、反应的联结，但他认为不应以这种方式简单地看待行为，在刺激和反应之间还存在一定的心理过程影响着有机体的具体行为。也就是说，两者之间还存在中介变量。他通过函数关系式来解释两者之间的关系。

$$B=f(S,P,H,T,A)$$

其中，B 代表因变量（行为），S 代表刺激物的类型及其所提供的方式，P 代表环境刺激（情景），H 代表遗传，T 代表过去经验或训练，A 代表年龄。

基于托尔曼的观点，引起行为反应的中介因素无法直接被观察，但它却是这一行为最核心的决定因素。所以，只有充分弄清何为中介变量，它是如何发挥作用的，才能真正了解为何特定刺激能引起特定行为。托尔曼提出，通过自变量、因变量的界定可以推导出中介变量。

如，“渴”是一个中介变量。虽然永远无法直接观察到它，但是可以推断出它的存在，这是由于创造某种条件，如不允许动物饮水达 12 个小时，或者测量动物为了饮水表现出的某种行为。

起初，托尔曼把中介变量分成了两种：一种是需求的，一种是认知的。需求的中介变量，主要指的是各种动机，比如性、饥、渴、睡眠、安全等，行为的动机由此决定，这类变量通常回答了“为什么”会产生行为的问题；而另一类认知的中介变量主要是回答行为“是什么”的问题，它包括对外界刺激的知觉、动作及技能等，决定了具体行为的能力和与行为相关的知识。

后来，托尔曼受格式塔流派，尤其是勒温的理论影响，在自己的理论中，进一步融入了“生活空间”“心理场”这些概念，扩充和完善了中介变量的概念，对它进行重新分类，划分为行为空间、需求系统、信念-价值体系三大类。

综上,托尔曼的中介变量,指的是刺激和反应之间用于代表个体内部心理过程的变量。不同于华生的理论,托尔曼认为研究刺激和反应之间的关系不应该摒弃有机体的内部心理过程,通过中介变量能够更好地理解行为的个体差异。

3. 学习理论

托尔曼指出,有机体学习的并不是一种机械简单的运动反应,而是一种关于外部环境的,有具体目标位置,并包含达到目标的途径手段相关知识的总体的学习。他用"认知地图"的概念来进行概括,学习就是要形成"认知地图"。"认知地图",也叫"符号-格式塔"。托尔曼提出的"符号",指的是有机体对环境的认知,而目标位置及达到目标的途径手段的相关知识是对符号意义的认知。他认为,动物的学习是根据对情境的认知,在所有选择点上建立一个完整的"符号-格式塔"的过程。

托尔曼提出了期待学习、位置学习及潜伏学习的理念并设计了相应实验验证阐明其符号学习理论。

(1) 期待

所谓期待,是有机体对将来会发生的事情的一种假设或是一种信念。托尔曼在理论中区分了三种期待:

第一种是记忆性期待。所谓记忆性期待,说的是有机体依赖于过往经验而形成的对未来事件发生可能性的一种期待。托尔曼主要引入了艾里厄特的小白鼠走迷宫实验来验证自己的理念。

在这个实验中,在迷宫出口处放水,让口渴的小白鼠通过走迷宫获得水源,这个过程持续了 9 天;到了第 10 天的时候,迷宫出口处的水被换成了食物,之后让饥饿的小白鼠去走迷宫获得食物。这个过程中发现,小白鼠犯了更多错误,并且找到出口所花费的时间也更多,到了第 11 天才又回到原来的水平。这是因为,前 9 天小白鼠通过学习形成了对水的记忆性期待,但是第 10 天期待的水变成了食物,这样的变化瞬间让小白鼠陷入一片混乱,以至于不知该如何行动。饥饿的小白鼠走迷宫的行为都是建立在对水源的期待上的,受其影响调节,这种期待由此前走迷宫的经验而来,因此被叫作"记忆性期待"。

第二种是感知性期待。所谓感知性期待,是由有机体对目标食物的直接感知而产生的一种期待。对这个概念,托尔曼主要引入丁科巴的猴子延迟反应实验来阐明。

在这个实验中,实验者先当着猴子的面,把香蕉放入面前的两个容器中,然后让猴子进入实验室，看其是否会直接选择它看到的放了食物的容器，结果发现猴子会朝放了香蕉的容器而去。后续实验中，研究者每次还会在猴子和容器之间放置一些障碍，有一次还以其他食物替代香蕉，这种情况下，猴子的行为陷入混乱。因为在此之前，猴子对目标食物（香蕉）的直接感知已形成对香蕉的感知性期待，之后的情境和对香蕉的感知性期待存在差异，猴子的行为就陷入混乱。丁科巴实验的目的虽然是检测猴子的"延迟反应"能力，但却在事实上支持了托尔曼关于感知性期待的论述。

第三种是推理性期待。这种期待是前两种期待的结合，过往经验及目标对象的感知刺激共同作用，影响对某个特定结果的期待。如果期待的结果和具体操作后的结果是不符合的，就会使动物的行为陷入混乱中。通过研究发现，在得到目标对象前，动物一般会对其有特定的期待，若两者不符，自然会让动物陷入混乱，不知该如何反应。

（2）位置学习

托尔曼指出，学习的核心是位置学习。从实验室的各种动物学习过程来看，动物们学习的不仅仅是特定目标对象的意义，还包括对外界刺激情境的学习，也就是所谓的位置学习。为此，他设计了一个十字形的迷宫并通过位置学习实验来验证。在此实验中，实验者将小白鼠分成反应学习组和位置学习组，反应学习组从左图 S1 或 S2 处出发，F1 处放置食物，总是需要右转才能获得食物。而位置学习组从右图 S1 或 S2 处出发，右转或左转可在 F1 处获得食物。结果发现，位置学习组的白鼠仅 8 次尝试后就能准确通过迷宫找到食物且连续无错误，而反应学习组学得很慢，有 5 只在 72 次尝试后仍没法成功获取食物。

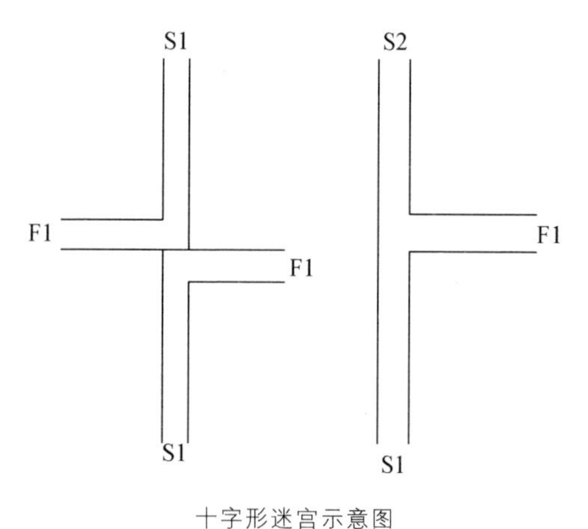

十字形迷宫示意图

通过这个实验，托尔曼指出，位置学习是比反应学习更为快速有效的一种学习。而且，他还认为，将此类比到人身上，一个对自己城市非常熟悉的人，就会依靠以往的经验在自己头脑中形成关于这个城市的认知地图，这就使得他能够很快通过不同的道路到达同一个目标地点。

之后，托尔曼又和杭齐克一起利用阻塞实验来进一步说明位置学习是一种更有优势的学习。如下图所示，小白鼠有三条长短不一的通路可以获取食物。预实验中，实验者训练小白鼠熟悉图中所有通路，并按从短到长的顺序作出最优选择。正式实验时，在A处设阻，小白鼠返回后立即选择通路2。在B处设阻，小白鼠返回后并未尝试通路2，而是直接选择通路3成功获得食物。这表明，小白鼠在预实验时就在脑中形成了三条通路的“认知地图”，它会根据“地图”来行动，而不是盲目尝试。

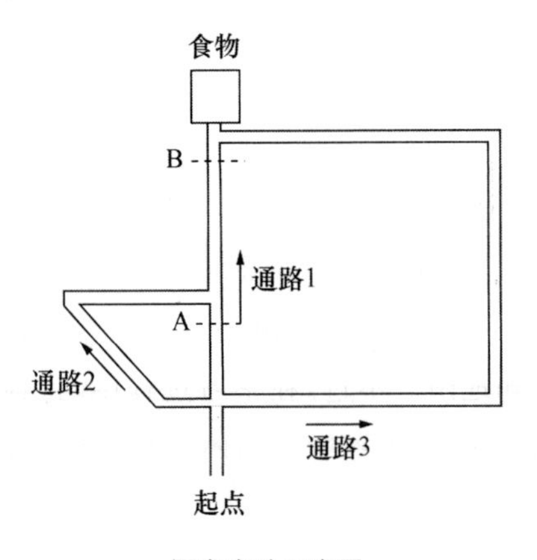

阻塞实验示意图

通过“位置学习”实验，托尔曼阐明了学习者不是仅仅凭借盲目试错习得行为，而是能够依赖对情境的认知，通过在头脑中形成对周围情境的“认知地图”来达成目标的，这是一种位置学习。这其中融入了“符号-格式塔”的模式，动物是通过对环境的“顿悟”而在头脑中形成类似真实的情境地图。

(3) 潜伏学习

通过实验，托尔曼证实了他的观点：强化虽然对学习有一定影响，但它不是学习的必要条件，即使没有强化，学习也会发生。由于学习过程在外显结果上不是那么容易观测到，托尔曼称它是潜伏的。也就是说有机体是存在潜伏学习的。对此，托尔曼通过他的潜伏实验予以说明。实验者将小白鼠分成 A、B、C 三组:A 组为有食物奖励组,每次都用食物予以强化;B 组为无食物奖励组,不给任何食物让其学习走迷宫;C 组在前 10 天没有任何食物奖励,第 11 天开始给予食物强化。实验结果如下图所示。

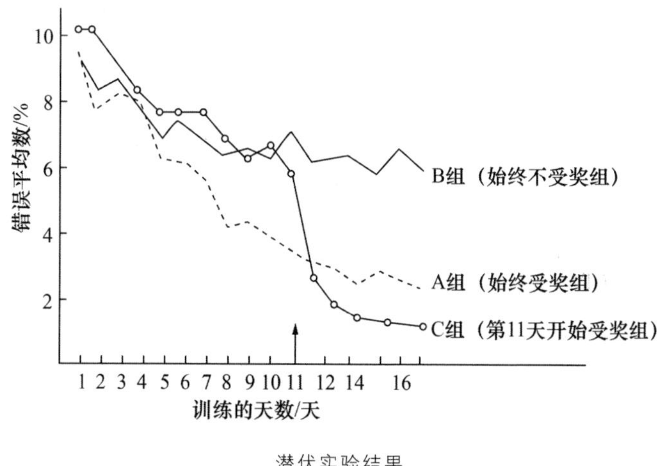

潜伏实验结果

对实验结果的分析证明了潜伏学习的存在。在最开始的 10 天,动物并没有食物作为强化物,但是这期间动物并不是忙乱地走迷宫,最主要的是通过尝试之后,逐渐在脑中形成了一个对迷宫的认知地图。不过,在学习过程中,这种结果并没有直接表现,而是通过给其呈现一定的强化物,动物能够迅速依据学习结果找到食物,明显的时间减少证明了学习的存在。所以,强化的确是能促进学习的,但是却并不是一个必要条件,即使没有强化,有机体也存在学习行为。

(三) 评价

1. 理论方面

目的行为主义理论的提出,是基于托尔曼所做的各种动物学习实验。通过融合其他流派的一些理念,如认知心理学及格式塔心理学,他将自己的理论修改成符号完形理论。所以,我们也通常用认知行为主义来定义托尔曼的行为主义,他所提出的行为主义对心理学的发展产生了多个方面的影响。

其最根本的贡献是推动了整个行为主义的进程。此前的行为主义主要依赖于刺激和反应之间的简单模式来解释行为,明显是具有局限性的,所以,托尔曼所提出的中介变量在一定程度上弥补了这方面的局限,进一步推动了行为主义向更完善的方向发展。

当然，托尔曼的理论仍然是坚持行为主义最基本的原则的，但在此基础上，他尝试理解有机体行为过程中的心理过程，这在当时为不少心理学家所接受。

其次，他的理论影响了认知心理学的发展。他提出的中介变量对行为背后的心理过程进行了系统说明。关注行为的认知因素，促使认知心理学的产生及发展。所以，托尔曼某种意义上也是认知心理学的开创者。正是在他的理论方法的基础上，现代认知心理学才得以成形，心理学家才能够以更科学客观的方式去了解个体的认知过程。20世纪50年代末的“认知革命”可以说也是由他的理论推动而爆发的。所以，托尔曼的研究为传统的行为主义和认知心理学之间搭建了沟通桥梁，最有力的支持就是著名认知心理学家西蒙，在提出自己理论的过程中吸纳了托尔曼理论中的一些思想。

最后，托尔曼提出的理论也大大推进了学习心理学蓬勃发展。位置学习和潜伏学习的理念及相关实验促进了学习理论的丰富拓展，使人们对学习有了更加全面深入的认识。可以说，托尔曼的学习理论和实验丰富了学习心理学的内容和研究手段。他对学习过程中知觉和动机作用的强调，对人们重新认识和理解学习问题，也产生了重要影响。

当然，他的理论也存在不足之处。事实上托尔曼并没有构建出一个完善的理论框架，他理论中的很多概念也缺乏清晰的界定。正是因为无章法、无结构，当时很多心理学家对他的理论提出批判。他提出了有机体内部的认知过程，却又没有把行为与有机体的内部认知过程恰当地联系起来，未能对行为进行更有效的解释。批判的观点主要集中在托尔曼理论中的一些主观主义的表述，这些表述使得其他心理学家质疑其理论的科学性。另外，虽然他对学习进行了大量的实验研究，但大多用动物做被试，用动物学习来解释和说明人类学习，这种研究方式遭到了人们的质疑。

2. 应用方面

首先，托尔曼的理论，尤其是学习理论对幼儿及成人的教育实践具有很大意义。托尔曼提出“潜伏学习”，是对传统行为主义的强化观点提出了质疑，人在没有强化的情况下仍然能够学习，学习并不一定只能依靠外部刺激驱动，个体有自身学习的愿望。这一点认识对于教育来说是至关重要的，也为后续建构主义教育建立基础。

其次，“认知地图”的概念也不仅仅局限在理论层面。托尔曼的“认知地图”一直推动着有机体空间表征和导航的神经生物学基础的研究。大多数动物在它们熟悉的小范围内活动时，主要基于空间内部表征，以及对环境时空特征的长期记忆——“认知地图”。认知地图的存在对于我们在已知区域自行导航的能力至关重要,它有助于利用空间知识来获得新的路线。托尔曼的“认知地图”还被应用于政治决策领域,阿克塞尔罗德(Axelrod)等人在《决策结构:政治精英的认知地图》这本书中建立了在“认知地图”基础上的决策方式。文中依据因果关系的概念提出了新的决策评估系统,人们会根据特定选择造成的后果,以及最终所有这些影响的总和来评估复杂的政策选择。在个体认知系统中,概念被表示为点,概念之间的因果关系被表示为这些点之间的箭头。通过点和箭头可表示一个人的因果判断,这种判断构成的图被称为决策的“认知地图”。政策替代方案、所有因果关系、目标和决策者的最终效用都可以被认为是概念变量,包含于“认知地图”中。政治决策者依据自身的“认知地图”做出决策。

三、赫尔的逻辑行为主义

(一)赫尔的生平

克拉克·赫尔

克拉克·赫尔(Clark Hull,1884—1952),美国新行为主义最典型的代表人物之一。他的行为主义主要强调,研究心理学必须严格地遵循自然科学研究中逻辑实证主义的原则,也被称为逻辑行为主义。

赫尔于1884年出生在美国纽约州。他来自一个普通农村家庭,整个童年时光都在密歇根的农村度过。赫尔在这个小村庄中唯一的只有一间教室的学校读书,学习了这所学校的所有课程后,又在这所学校教了一年书。此后,他进入阿尔玛中学学习。由于家境贫寒，他一边打工一边学习。虽然学习条件艰苦，但并没有消减他追求成功的渴望。经济压力使他中断了高中学习，后来他在明尼苏达作为采矿工程师的学徒工作了一年，之后回到阿尔玛中学学习并毕业。随后，他得了严重的伤寒病，体质虚弱，不得不推迟一年才上大学。

1905 年，赫尔开始在阿尔玛学院攻读采矿工程专业，二年级的时候因为小儿麻痹症致使一条腿瘫痪。由于身体不适合将来从事采矿工作，赫尔决定学习神学或心理学，最终他选择了心理学。为了积攒学费，赫尔病愈后在一所高中教了两年书，之后进入密歇根大学学习，并于 1913 年毕业。为了准备研究生阶段的学费，他又在一所学校教了一年书。之后，他进入威斯康星大学攻读硕士和博士学位，并于 1916 年取得硕士学位，1918 年取得博士学位。他的博士论文研究学习新概念英语，在当时产生很大影响。赫尔使用的实验刺激是中文汉字。每一行汉字都具有一个称为“词根”的共同特征。他告诉被试，他们需要把这一个个词根跟一个无意义音节组合。在经过几组刺激后，被试学会观察汉字并给出正确的无意义语音；最后，他们都能识别出以前从未见过的刺激。这个研究最重要的一个发现是，学习是习惯强度不断增加的结果。

博士毕业后，他留在威斯康星大学任教。1916—1920 年，他是实验心理学的教学助理，其后两年转为助理教授，之后三年晋升为副教授。1929 年，他正式担任实验室主任并晋升为教授。同年，他又担任了耶鲁大学的研究教授，他的研究方向主要是人际关系方面。到了 1947 年，他又转任耶鲁大学的心理学教授。赫尔在他的整个教学生涯中，影响了不少优秀的心理学家，像斯彭斯、米勒、吉布森等人都曾师从于赫尔。

1935 年，赫尔当选为美国心理学会主席，次年又被授予美国国家科学院院士的荣誉称号。他的主要著作及论文包括《心理、机制及适应性行为》《机械学习的梳理演绎论：科学方法论研究》《行为的纲要》《行为的原理：行为理论导论》《行为系统：有机体的行为导论》等。

赫尔一生的研究可以分为三个阶段：第一个阶段是关于态度测验的研究；第二个阶段是关于催眠和易受暗示性的研究；第三个阶段是从威斯康星大学开始，并在 1929 年到耶鲁大学后继续开展的试图建立一种综合的行为体系的研究。

第一阶段，也就是赫尔在威斯康星大学期间，教授一门心理测验的课程。在准备课程的过程中，他发现测验领域尤其是态度测验方面的资料相当贫乏。于是他开始了态度测验方面的研究，1928 年出版了他的第一部著作《态度测验》。在态度测验的研究过程中，为了解决复杂的计算问题，赫尔亲自动手制造了一台测验分数与表现之间相关性的机器，这在当时是一个很大的成就。美国华盛顿史密森博物馆收藏着这台机器。赫尔小时候就善于动手设计制作一些小机械、小物件等，这些能力对他的研究也产生了积极的帮助。

赫尔职业生涯的第二个阶段是关于催眠和易受暗示性的研究。有趣的是，这一研究也是从讲授一门课程开始的。赫尔在给医学预科学生上课时讨论了催眠，并发现学生们很着迷，于是他的兴趣转向对催眠的研究。他查阅了很多资料，发现催眠领域处于一种"坍毁状态"，急需客观的实验研究。所以他研究并撰写了32篇论文，另外还出版了一本名为《催眠及易感性：一种实验方法》的著作。赫尔在这本著作中具体阐述了催眠和被催眠状态下使用生理记录仪器的实验，此外，他还阐述了其他一些如直接暗示、注视等诱导被试进入催眠状态的技术。《催眠和易受暗示性：一种实验方法》这本书，直到今天依然被用作关于催眠的大学课程教科书。赫尔认为，对催眠的易感性并不是某种人的特性，而是一种在人群总体中具有正态分布的特质。他的研究显示，妇女和女孩对催眠的易感性只比男人和男孩稍高一点，儿童比成年人更易感。一般而言，平均智力水平的普通人是催眠实验的最佳被试。

赫尔第三个阶段的研究是试图建立一种综合的行为体系。在此阶段，赫尔尝试撰写一部用行为主义解释的心理学。赫尔对华生的行为主义持赞同态度，同意心理学应该是行为的科学。巴甫洛夫的《条件反射》及其实验操作的谨慎精确也对赫尔的研究影响深远。此外，第三个影响来自罗伯特·伍德沃斯(1918)在刺激(S)与反应(R)之间加上有机体(O)的假设所构成的S-O-R公式。赫尔的学生肯尼斯·斯彭斯将赫尔的体系说成是"这个S-O-R公式的赫拉克勒斯式阐述"。在《条件反射的函数解析》(A Functional Interpretation of the Conditioned Reflex)一文中，赫尔将条件反射描述为"一种自动化的尝试-错误机制，盲目而完美地调节机体对一个复杂环境的适用"。在《行为原理》一书中，他介绍说，"行为着的机体有时像一个完全自我维持的机器人，尽管这个机器人可能是由不像我们自身的材料所构成的"。赫尔希望有一天他能设计并制造出一台成功的行为着的机器。赫尔时常敦促他的学生阅读《数学原理》这本书，他对这本书十分重视。这反映了他对牛顿思想的重视并深受其影响。牛顿将宇宙视为一台用精准的数学定律操控的巨型机器。赫尔也采取了同样的思维方式。他认为，只有建造一台与人类一模一样的机器，才能最终理解人类行为。他虽未做到这一点，但这种行为的机械论观点渗透其行为体系研究。

（二）赫尔的心理学思想

1. 赫尔的“假设-演绎体系”

赫尔受到当时科学哲学中的逻辑实证主义的深刻影响，认为科学的进步是通过发展精密的理论，然后验证和修改它们，再验证修改过的理论，并不断反复此过程来推动的。这样一种假设、验证、修改的反复过程被系统地称为“假设-演绎体系”，或者也可以叫作“逻辑体系”。这个体系具体来说可以分解成下面三个部分：

（1）首先是有一系列成组的公设，它们需要有清晰的表述定义，同时需要有一组操作性定义明确的术语；

（2）在有公设提出的基础上，再通过对相关领域的定理进行逻辑演绎；

（3）然后，通过观察现实情况对上述内容进行检验，验证其相符性。如果两者相符，则所提出的理论体系就是科学的。

赫尔的“假设-演绎体系”明确地阐述了获取理论体系的科学方法，随后，他把这个体系引入心理学的研究中，以期使心理学能够像物理等自然科学一样更为客观。在此基础上，他能够以更严谨科学的方式研究刺激、反应，以及其中的中介变量。他一共阐述了十几条公设，又在此基础上提出数百条定理。在这些公设和定理中包含了他经典的学习及行为理论。

2. 赫尔的学习理论

在赫尔的体系中，有两个起核心作用的术语，分别是“刺激”和“反应”。然而，这两个术语都受到中介变量的影响，包括习惯强度、疲劳、诱因、内驱力。他的理论系统由17组假设和推论构成。赫尔提出，个体形成学习行为，就要减少由此产生的内部需求或内驱力；要使强化的习惯产生具体行为，就必须有外在动力并激发内在动力。所以，产生特定行为的反应势能就等于内驱力、刺激强度、习惯强度、诱因的乘积。他的理论体系可以用以下公式表示：

$${}_{s}H_{R}=1-10^{-0.0305n}\text{（n 为强化的尝试次数）}$$

$${}_{s}E_{R}={}_{s}H_{R}\times D$$

${}_{s}E_{R}$ 表示反应势能，${}_{s}H_{R}$ 表示习惯强度或在此情景中先前尝试的次数，D是内驱力强度（如剥夺时间的长短）。这个公式表明，反应势能是内驱力、习惯强度的乘积。下面我们剖析一下其有关中介变量的主要概念，以窥其思想之一斑。

（1）内驱力

赫尔属于内驱力理论体系的重要贡献者之一。他提出，内驱力主要来源于有机体的各种需要，而内驱力的存在促使了有机体产生某种特定行为。内驱力作为中介变量，它的大小可以用有机体需求被剥夺的时间或是能量消耗程度来衡量。但是，赫尔认为剥夺时间并不是一个令人满意的衡量标准，所以他更主张用行为的强度来对其进行界定。

在他的理论中，他把内驱力区分为两种。一种被称为原始内驱力，这种内驱力由与有机体的生存直接相关的一些生理需求引起，主要包括口渴、饥饿、睡眠等。另一种叫作继发内驱力，不同于原始内驱力，它主要是由情境或其中的刺激引起的，这种情境或刺激能够带来原始内驱力的减少。或者说，本不会引起任何反应的中性刺激因为能够产生与原始内驱力产生的反应类似的反应，所以它也相当于具有了内驱力的本质特征。

（2）习惯强度

习惯强度是其 17 组公设中的公设 4。公设 4 体现了赫尔对学习发生的必要条件的核心看法。

他指出，有机体在进化适应过程中，有两种手段。其一是一种能够对反复出现的危险情境产生适应性行为的机制，它是一种不用通过学习就形成的感受器、效应器之间的联结。不过这主要是一些简单反应。而另一种手段是学习，具体来说就是有机体主动去适应情境之后产生的感受器、效应器之间的联结。

在赫尔看来，学习需要一个条件，最关键的就是时间上需接近。效应器和感受器进行反应活动的时间间隔应尽量小，这样神经冲动经感受器传入后，经过多次这样的重复就能够使得相应反应的倾向增强。赫尔提出“习惯强度”用于描述传入传出神经冲动之间的这种动力关系。不过，值得注意的是，时间间隔小是学习的一个重要条件，但只是必要而非充分条件。还有其他条件在学习过程中发挥作用，即强化的作用。

对于强化，赫尔将其分为两种，一种叫作初级强化，比如巴甫洛夫的经典条件反射实验中的食物就是初级强化，而另一种是刺激强化，实验中的铃声就属于这种。初级强化是一种需要的减弱过程。和初级强化物相联系的刺激也可以作为学习过程中的一种强化物。

例如，通过喂奶使婴儿停止了哭泣，那这个过程中，喂奶就是一种初级强化。而在喂奶的过程中，母亲会把婴儿抱在怀中，而这个时候的怀抱带给婴儿的刺激反复与奶联系起来，婴儿就会在被母亲抱起之后就停止哭泣，通过联结使得怀抱也成为强化物，这是次级强化物。

赫尔提出，随着不断被强化，习惯得以发展。所以，可以用反应强化的次数的函数来表示习惯强度。次数上升，习惯的强度也相应升高。强化的延缓同习惯的关系则相反，换言之，强化延缓的时间越长，它的效应就越弱。

刺激和反应由于强化不断靠近，联结变得不断紧密，就是学习得以产生的最基本的条件。这是赫尔学习理论的核心。赫尔的理论主张强化在行为过程中的作用，并且他认为个体为了降低由需求不满而引起的驱力，将会产生特定行为。因此，赫尔的理论也被称作驱力减少理论。

(3) 反应势能

所谓反应势能即某一种反应在特定情况下产生的可能性，这种可能性可以通过一些可测量的行为来衡量。比如反应潜伏期是指动物在特定情境中要花多少时间才会做出反应，当反应势能高时，潜伏期就短。反应势能会受到一些因素的影响，内驱力和习惯强度就是其中主要的影响因素。所以，内驱力和习惯强度越强，特定反应发生的可能性就越高。他还认为，这两者间是乘法而不是加法。因此，如果内驱力或习惯强度为零，反应就不会发生。只有当老鼠有动机(饥饿)，而且被强化进行了足够多的实验积累了经验，它才会正确地跑出迷宫。

(三) 评价

1. 理论方面

赫尔的理论影响了一批同事、学生和追随者，使他们成长为重要的心理学家。正如舒尔茨所说："没有别的心理学家像他这样显著而广泛地影响到其他许多心理学家的职业动机。"

赫尔的行为体系和学习理论以及关于催眠的研究产生了重大的影响。斯彭斯在为赫尔撰写的讣告中指出，从1941年到1950年，针对美国心理学会主办的两份主要杂志的实验报告统计，有40%提到了赫尔，而在学习和动机领域这种引用上升到70%，是其他行为理论家的2倍多。

赫尔的理论也招来不少批评的声音。一些人质疑赫尔使用的实验情境的范围有限,声称它们不可能构成一个一般性体系或理论的基础。赫尔辩护道,他在建立其体系的过程中使用了最现成可用的材料,无所谓来源,无所谓局限。一些人批评赫尔用于检验其体系的是限制性的人工情景,认为怎么能希望一位不研究非实验室情景的心理学家去建立一种行为的一般体系呢?赫尔声称这种批评误解了科学的过程。就像物理学家使用真空舱这一非普通的人工条件,生物学家使用试管这一受控制的环境,研究行为的心理学家也必须从受控制的人工情景开始。虽然赫尔的体系在预测白鼠群体行为方面取得了令人印象深刻的成功,但是在预测单个白鼠的行为方面远未成功。一些心理学家质疑这样一个一般性行为体系的可能性甚至实用性,以斯金纳最为强劲。有人批评赫尔过于醉心于用数学公式来构建行为系统。但无论如何,赫尔最令人尊敬的是他不断根据实验结果修正自己观点的态度,以及重视实证的科学精神。

2. 应用方面

在赫尔之后,他的许多同事和学生继承了他的事业,而这些研究者大致可分为两派。一派沿着赫尔所开辟的动物学习研究领域和客观的方法路线继续进一步研究,其中主要以肯尼思·斯彭斯(Kenneth Wartinbee Spence)等为代表;而另一派则坚持赫尔的基本立场和观点,但又不拘泥于此,他们更多将赫尔的概念和方法直接应用于人类行为中,如心理治疗、儿童发展,这其中主要以尼尔·米勒(Neal Elgar Miller)、霍巴特·莫勒(Orval Hobart Mowrer)等为代表。米勒提出了习得的内驱力概念和关于冲突的理论来解释人类的学习行为,并将研究成果应用于精神治疗中。米勒等人认为,人类学习与动物学习相同,都受相应的内驱力所驱使,进而作出反应。当学习者在线索面前作出反应后,就应予以奖赏。内驱力、线索、反应、奖赏是学习的四个方面。莫勒对赫尔理论的发展则主要聚焦于有关惩罚的研究,他关于惩罚的理论为人们理解习惯形成和改变学习提供了启示,具有实践应用价值。

四、斯金纳的操作行为主义

(一) 斯金纳的生平

伯尔赫斯·弗雷德里克·斯金纳

伯尔赫斯·弗雷德里克·斯金纳(Burrhus Frederic Skinner,1904—1990)被认为是新行为主义流派的奠基者之一,是美国心理学家及操作行为主义的提出者。斯金纳在美国宾夕法尼亚州出生,他拥有一个相对富裕和谐的家庭。父亲是一位律师,母亲操持家务,童年时代的斯金纳是在温暖而安静的家庭中度过的。

斯金纳所接受的家庭教育非常严格,家庭中有一套明确规定的规范,然而斯金纳的父母对违反家庭规范的惩罚却有独特的一套,他们并不是简单地体罚,而是以一种关爱的方式来处罚。例如,斯金纳有一次用自制的弹弓把一根胡萝卜弹过邻居家屋顶,把邻居家的玻璃打碎了,令他意外的是,父亲并没有惩罚他,反而夸奖了他的创造才能,只是让他去邻居家道歉,并为邻居换上新的玻璃。父亲对孩子的惩罚方式主要是吓唬。比如,父亲常常带斯金纳去参观当地的监狱,告诉斯金纳这是做坏事的人会去的地方,并用警察的形象来吓唬斯金纳。因此,那之后他看到警察就害怕。从斯金纳的经历可以发现,他所受的这种教导方式与行为强化理论十分相似,他的自身经历推动了他的行为主义理论的产生及发展。与此同时,父亲还常用奖励的方式来鼓励他和弟弟的良好行为。只要他和弟弟表现良好,父亲就会在周末带他们出去旅行。奖励好的行为,惩罚不好的行为,就是斯金纳理论的最初形态。

斯金纳从小就痴迷于各种发明创造，他曾动手制造过有轮子的滑橇、有驾驶盘的小推车、木筏、跷跷板、旋转木马、滑梯等，还把一台废锅炉改造成一门蒸汽炮，不止于此，斯金纳还设想过造出永动机，只是花费数年无果。动手能力是斯金纳后来学术研究的最大助力。

斯金纳从小就对动物及其行为很感兴趣。他捕捉蜜蜂、蛇、蛤蟆、蜥蜴等动物，观察人们给母牛挤奶，和朋友一起给鸽子喂食泡过酒精的玉米，试图把它灌醉。正是由于小时候对动物的爱好和由此培养起来的敏锐观察力，为他在以后的心理学研究中做了坚实的铺垫。

最初，斯金纳在汉密尔顿学院学习文学，之后又从事写作。不过，在发表了几部作品后，他觉得自己在这方面并无潜力，于是，他考虑放弃当作家的理想。斯金纳在1970年曾自述道："我已当不了作家了，因为我没有什么重要的事情可以告诉别人，但当时我还接受不了这种解释，一定是文学本身在什么方面出了问题。我一直对人类的行为保持着浓厚的兴趣，但文学描写的方法却使我感到失望，我希望转到运用科学来研究人类的行为。艺术家艾夫斯(Alf Evers)促进了我的这种转变，他曾告诉我'科学就是20世纪的艺术'。而心理学恰好就是他所说的那种科学，尽管当时我对心理学还只有十分模糊的了解。"

文学只在斯金纳的人生中占据了短暂的时光，或是他人生的一种简短尝试，之后他重新转变了方向，将自己的人生导向心理学之路。他果断选择进入哈佛大学学习心理学，获得硕士学位。斯金纳曾说过，他会选择学习心理学，最主要还是深受罗素和华生理念的影响。首先是他在罗素《哲学》这本书中看到了华生的行为主义理论，引起了他的兴趣，随后他又进一步翻阅了华生写的《行为主义》，这彻底激发了他学习心理学的热情。在哈佛大学学习期间，国际生理学会曾于1929年在哈佛大学医学院召开会议，巴甫洛夫应邀在会上发表演讲，斯金纳深受影响，更加坚定了他研究行为的决心和信心。他曾说道："罗素和华生并没有给我心理学的实验方法，但巴甫洛夫却做到了：控制环境的影响，然后你就能发现行为的规律。"

斯金纳在学习心理学期间非常自律，花费大量时间投入其中。他基本不参加任何娱乐活动，包括一般人会做的看电影、看戏或约会等。也正是这般刻苦钻研学术，他在1931年完成了他的博士学业。博士毕业后，他在本校担任研究院的研究员。

1936年至1945年，斯金纳在明尼苏达大学教授心理学。之后的两年他转去印第安纳大学担任心理系的系主任。1947 年,他又重新回到了母校哈佛大学,在心理学系担任终身教授。在哈佛大学,他进行了一系列行为控制方面的研究。

斯金纳的研究成果大大推进了行为主义的发展。他进一步发展了巴甫洛夫和桑代克的理论,提出了操作条件反射理论,并创造发明了"斯金纳箱"来证明操作条件反射作用,这种方法也被推广至其他国家学者的研究中。斯金纳是个很有创造力的心理学家,并且他很注重将自己的理论付诸实践,在实践中检验强化原理。

在教学领域中,他创造的教学机器和"程序教学"影响极大。在生活中,他还为女儿设计制造了"空气育婴箱"。"空气育婴箱"既可以通过空气的流通来保持婴儿所需的温度,也可以使婴儿在里面得到充分的自由活动。斯金纳的二女儿德博拉在这里生活到两岁半,后来又有更多的美国婴儿在这样的 "空气育婴箱"里长大。

据统计,他发表了 110 多篇论文,出版了 19 本专著。他最著名的论文有:《鸽子的"迷信"》(1948)、《学习的理论是必要的吗?》(1950)、《怎样训练动物呢?》(1951)等。1938 年他出版著作《有机体的行为:一种实验分析》,其后在 1953 年又出版了《科学与人类行为》,1957 年又相继出版了《言语行为》和《强化程序》。其中,《有机体的行为:一种实验的分析》和《言语行为》是斯金纳自认为最重要的两部著作。

基于其在心理学研究中的卓越贡献,1958 年,美国心理学会给他颁发了"卓越科学贡献奖"。1968 年,又授予他美国国家科学奖章。三年后,斯金纳又被授予美国心理学基金会奖章。他甚至登上过《时代》周刊的封面,可见其影响力之广。1990 年斯金纳去世的一周前,他还获得了美国心理学会的"心理学毕生贡献奖"。

(二) 斯金纳的心理学思想

斯金纳的行为主义也叫操作行为主义。当时有大批的心理学家都受到布里奇曼所提出的操作注意的影响,比如赫尔及托尔曼,但是不同心理学家对操作主义的理解方式不同,也造成了他们核心理论的差异。不过有一点几乎被所有人当作共识:利用操作主义理念能够让心理学摆脱主观造成的无法令人信服的结果,使得心理学走上科学道路,以客观严谨的方式研究心理现象。

斯金纳曾明确指出:"行为主义是一种科学哲学,它包含了心理学的内容和方法。"所以,斯金纳在研究行为、分析行为的过程中一直都以行为主义科学作为根本原则。而且,他进一步将该原则推广到伦理、社会、语言学等多个应用领域。斯金纳的心理学研究,就是努力把行为主义变为科学哲学中更加普遍的社会科学。

1. 研究方法：行为分析法

斯金纳的理论强调，研究心理学应注重的是描述具体的行为，而不是去强调如何解释。他反对对刺激本身进行分析，认为心理学只要研究行为本身，并在对行为的研究中发现和描述其规律。条件反射的研究方法仍然是斯金纳研究的主要方法，他认为这是研究行为的有效方法。斯金纳觉得，反射不是其他的什么东西，仅仅只是刺激和反应之间的一种相互关系。他认为："描述行为的步骤是指明以反射这个名称来表达的相互关系。这个步骤使我们有可能预测和控制行为。"

由于斯金纳对反射的看法很独特，因此他对行为进行研究时所采用的方法也有别于以往心理学家所采用的反射分析法，他所采用的方法是"行为分析法"。他并不觉得有机体是被动承受刺激而作出反应的，事实上很多行为都是有机体自主自发产生的，也就是他所谓的操作行为。他认为应该从这样的观点入手去分析有机体的行为。为了分析和研究动物的行为，斯金纳还专门设计了用于实验的装置——"斯金纳箱"（如图）。

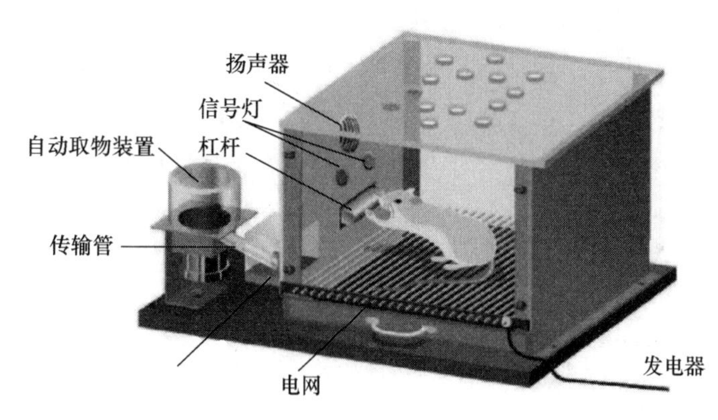

斯金纳箱

所谓"斯金纳箱"其实就是一个长方形的玻璃箱，单只小白鼠可以在其中活动，箱子里有一个杠杆投食装置。只要白鼠按动杠杆，就会出现食物。另外，箱子外有相应装置能够统计小白鼠按压杠杆的速度及频率。当小白鼠被放进这个玻璃箱时，最开始它只是漫无目的地活动，但突然它按压到杠杆之后，发现出现了食物。在这样的几次偶然之后，老鼠就会有意识地去按压杠杆来获得食物，操作条件作用也就形成了。"斯金纳箱"设计巧妙，被应用于动物行为研究实验中，能够很好地对动物的行为进行控制和分析各种因素。也正是依靠这一套系统的分析方法，斯金纳开创了他的操作行为主义理论，影响深远。

2. 研究对象:操作性行为

斯金纳将行为区分为两种类型,分别是应答性的和操作性的行为。所谓的应答性行为指的是因外界刺激而引起的反应行为,所以它属于有机体被动的行为,由刺激物控制主导,如巴甫洛夫经典条件反射实验中的食物、铃声、光亮等刺激所引起的狗分泌唾液的反应就属于应答性行为。另一种行为是操作性行为,斯金纳利用"斯金纳箱"设计的白鼠按杠杆行为就是操作性行为,这种行为并非因外界刺激引起,而是有机体自身主动做出的行为。而这两种不同的行为就引起了两种完全不同的条件反射。前一种,也就是被动的由外界刺激引起的反应,是巴甫洛夫的经典条件反射。而后一种由自发行为引起的反应则被称作是"操作性条件反射",与之前桑代克提出的工具性条件反射意义基本相同。

通常来说我们把巴甫洛夫的经典条件作用描述成"S-R"的联结,或者说是"S 型条件反射",因为他主要侧重于探讨条件刺激与条件反应之间的作用机理,但斯金纳的操作性条件反射与之不同,探讨的是有机体自发的行为反应及反应得到的强化之间的相互关系,所以一般把斯金纳的条件反射描述成"R-S"的联结,即"R 型条件反射"。人类的行为更多是操作性行为,比方说阅读、运动等,或者说是操作性行为的变体。因此,按照斯金纳的观点,研究行为科学的有效途径就是研究操作性行为。

既然有机体的行为存在着这两种不同类型的区别,那么仅以一种主要适用于解释应答性行为的经典的"刺激-反应联结理论"来解说所有的行为并不适宜,而且人类大多数的行为基本属于操作性行为而非简单的应答性行为,所以去深入分析探讨操作性行为是如何产生发展持续的就显得更为重要,这也正是斯金纳操作行为主义的核心。

3. 理论核心:操作性条件作用的规律

(1) 操作性条件反射的建立

用"斯金纳箱"研究动物行为时,斯金纳提出了操作性条件作用,换言之,有机体自主产生某种行为,在行为之后获得了一个好的结果,或者说是强化结果,在此之后,同样的行为在同样情境下的发生频率会提高。例如,斯金纳箱中的白鼠一开始会表现出乱碰乱撞、尖叫等行为,但当其偶然碰到实验者有意设置的杠杆时,就会有食物落下,这强化了白鼠按压杠杆的行为。随着强化次数的增多,小白鼠逐渐建立起了相应的操作性条件反射。而其他的如乱撞、尖叫等行为因缺乏强化而无从建立。因此,要想建立操作性条件反射，就有必要在有机体自发行为之后呈现强化刺激。

但斯金纳既不同意桑代克以效果率来解释强化对操作性条件反射形成的作用，也不同意巴甫洛夫关于强化增加条件反射的强度的观点。斯金纳把强化认为是增加某个反应未来发生的频率的重要因素，而非直接增加反应本身的出现。

人类和动物的学习皆如此，操作性条件作用的结果可以发生在诸多方面，比如行走、言语、书写、驾车等日常生活技能，不仅如此，像人格、道德的培养形成也是同样的道理。因此，操作性条件反射原理是具有很强的现实应用意义的，斯金纳认为我们可以利用它维持我们想要的行为，也能使不适宜的行为消失。例如，孩子偶然表现出助人行为受到表扬后，在类似的情境中就倾向于更多地表现这种乐于助人的行为，当这种行为经常在孩子身上出现时，这个孩子已经形成了乐于助人的道德品质或人格特点。

(2) 操作性条件反射的消退

斯金纳认为，消退是在建立操作性条件作用之后，做出该行为但停止呈现相应强化物，这种条件作用的效果就会下降。但是，行为的消退表现为一个逐渐的过程，而不是随着强化的停止而即刻停止。实验中发现，当小白鼠习得了反应和强化之间的关系之后，如果不再提供强化刺激，小白鼠并不会立即停止按压杠杆的行为，而是在尝试了50—250次无果之后才不再按杠杆。这说明一个操作性条件反射建立得非常牢固，那么消退的时间就长；相反，如果建立得并不稳固，联结比较弱，那么自然消退得也更快。

(3) 操作性条件反射的分化

操作性条件作用消退的另一种变形是分化。斯金纳对分化的解释是，只选择性地强化动物在形成操作条件反射后的行为的某个特征，使得动物能够做出特定反应行为。例如，斯金纳在一项强化老鼠压杆力量的实验中，先是强化老鼠所有力量的压杆行为，当老鼠习得压杆这一操作行为之后，斯金纳在此基础上制定一个较低的力量标准，只有超过这个力量标准的压杆行为才能得到强化物食物，而低于此力量标准的压杆行为则得不到强化。之后，按照上述程序逐渐提高力量标准，最终老鼠形成了强有力的压杆行为，而轻微的压杆行为则逐渐消退。反复多次以后，老鼠就学会了特定的、有选择性的反应行为，最初的条件反射也就出现分化。

正如经典条件反射一样，操作性条件作用建立后会有消退，同时也有分化，而影响消退的强化，同样是影响分化的最重要因素。操作性条件反射的分化不仅在动物身上有所表现，在人类身上也表现得很明显，人们根据分化原理学会在特定的场合做出特定的反应，如在听演唱会时，可以大声喝彩；而在听报告会时，则要保持安静等。

（4）强化及强化模式

强化是斯金纳理论中的核心，对行为起至关重要的作用。对此，斯金纳做出了非常详细的阐述，包括对强化物的种类、强化的性质，还有强化发生作用的不同模式。

① 积极强化物与消极强化物

除了将行为区分为应答性行为和操作性行为两种，斯金纳对于强化也有两种分类，一种叫作正强化物，所谓正强化物，就是在呈现之后能够增强行为发生频率的强化刺激物，比方说金钱、食物等。另一种是负强化物，负强化物是指与操作性行为相伴随的刺激物从情境中被撤销时，可以增强这种操作性行为发生的频率，如电击等。在性质上，消极强化物虽然使个体厌恶，但它和惩罚却是两个不同的概念，也有着不同的功能。消极强化物取消的目的在于强化个体已有的适当行为，而惩罚的出现是为了防止个体已有的不当行为（也是由学习得来的）的再次出现。所以，给有机体呈现一个消极强化物或者撤销一个积极强化物都能产生惩罚的作用，从而降低行为发生的频率。

② 条件强化物与概括性强化物

另一种对强化物的分类是把强化物分为初级强化物和次级强化物。初级强化物，也即原始强化物，指的是能够满足有机体需求的天然强化物，比如说水和食物。通常，原始强化物会伴随一些中性刺激物出现，在条件作用的影响下，使得这些中性刺激物具备了与原始强化物相似的强化效应，斯金纳将其称之为刺激强化物。例如，斯金纳的老鼠按杠杆获得食物实验中，将食物和铃声同时呈现，老鼠之后迅速建立起条件反应。但如果把这两者都撤销后，老鼠形成的反应也很快消退。此时，再让老鼠进行实验，在其按压杠杆时不给其食物而是出现铃声，老鼠压杠的反应也增加，这说明铃声也已具备了强化的属性，也变成了刺激强化物。通常有这样的规律，刺激强化物的强化力度依赖于其与原始强化物成对匹配的次数，两者成正比关系。

斯金纳还提出了概括性强化物的概念，他提出当多个原始强化物和一个次级强化物匹配，那相应的，通过条件作用，这单一的刺激强化物就会具备多个方面的强化作用。在现实生活中，最常见、最典型的概括性强化物是金钱，这是因为金钱与人的衣食住行等具有普遍联系，因而具有最广泛的强化作用。

③ 强化模式

斯金纳提出四种强化模式，不同的模式产生的作用不同，具体如下：

第一，定时强化。这种模式指的是，相距固定时间提供强化，在此时间段内不论有机体做出多少次反应，强化的提供不会受到影响。一般定时强化会使有机体在强化物呈现的时间段最开始反应比较少，时间段结尾处反应急剧增多。

第二，变时强化。相对于定时强化，变时强化是不固定两次强化呈现的间隔时间，间隔时长时短。一般使用这种强化模式，会获得有机体稳定均匀的行为反应，通常，这种方式会使得建立的条件反应相对较难消退，一定程度上优于定时强化。

第三，定比强化。这种模式指的是行为产生固定次数之后呈现一次强化刺激。当有机体了解这种固定方式之后，在接近强化呈现时，有机体做出反应的次数会突然激增，而在呈现强化之后，反应会迅速减少。

第四，变比强化。这种强化是不固定次数之后呈现强化。采用这种模式进行强化所产生的作用要比定比强化要更好。

综合来看这四种强化模式，可以发现它们对行为的影响作用差别很大。因此，不应该只采用一种强化模式来强化有机体的行为，斯金纳指出，应该联合不同的强化模式，发挥综合作用。而且，这四种强化作用模式也适用于人类行为。例如，赌博所依据的就是变比强化模式，由于每次赌博都存在着赢的可能性，因此赌徒往往乐此不疲。

（三）评价

1. 理论方面

斯金纳是当时最杰出的心理学家之一，在心理学上有很多建树，他在行为研究中所表现出的创新精神及严谨的科研作风已使其成为心理学研究者的典范。他对心理学的发展做出了巨大贡献。首先，斯金纳严格遵循科学的描述原则，他以操作条件作用为核心概念，凭借严谨而富有生气的观察和精确严密的行为分析方法，建立了非常精确、客观的操作行为主义体系。他使用了一套完全不同于心灵主义的术语，对反应形成、表象等现象做了清晰阐述。他坚决反对把重点放在研究有机体的内部过程，在这点上，他似乎比华生更为激进。斯金纳在研究领域做出的贡献极大提高了预测和控制有机体行为的能力。其次，斯金纳的操作行为主义原理尤其在学习心理学领域独领风骚，回顾历史，诸如华生、巴甫洛夫、托尔曼、赫尔的理论在20世纪60年代前占据主流，而其后十多年，斯金纳及其拥护者统治了整个学习心理学，即使是50年代极负盛名的赫尔，也不及其影响之广。除此之外，斯金纳对推动心理学的应用研究、使心理学走向社会实践起了重要的作用。他将自己的研究理论广泛应用于人类各项事务中，也在各界赢得了声誉。至今，在行为治疗和行为矫正过程中，他的理论仍然极具生命力，被广泛推崇。“提到最杰出的心理学家，人们不能不提到斯金纳，正如不能不提到弗洛伊德和巴甫洛夫一样。”

但是，有人支持也自然有人反对，斯金纳的理论也受到了不少批判。首先，批评最多的是关于他反对一切理论的极端的实证主义做法。批评者认为斯金纳强调对行为的描述而非解释，是非理论的。不过事实上，斯金纳并没有完全拒绝理论的探索。其次，心理学家们质疑斯金纳把动物在实验室的结果推广到人类身上，未免太不严谨。最后，不光是从动物推及人类，他把操作性条件行为体系应用于理解一些更高级的心理过程，如思维等，也过于简单了。总之，不论是赞扬还是批评，斯金纳对心理学的贡献是不容置疑的。正如舒尔茨指出的：“斯金纳是行为主义心理学毋庸置疑的领导人和战士，他的工作对美国现代心理学的影响，大于历史上任何其他心理学家的工作，甚至大多数批评他的人也不得不承认这一点。”

2. *应用方面*

斯金纳的操作性行为原理在教学、言语行为、社会控制等人类社会的很多领域都得到了广泛的应用，也取得了一定效果。

应用最广的当属他发明的“教学机器”。1953 年 11 月 11 日，斯金纳参加小女儿的家长会，并应邀听了一节数学课，这节课令他大失所望，他认为教师的做法严重违反了学习原则和心理学原则。对当时教学方法的不满使他思索如何应用自己的理论体系创造出一种更有利于教学的机制，也就是后来所说的“教学机器”。教学机器是一种台式机械装置，机内含有一套预先编制好的教学程序，该程序将一门学科内容分成一系列具有逻辑联系的一组知识项目，并以问题形式由浅入深、由易到难渐次排列。只有回答对了前面的题目才能进入下一个层次的题目，这就叫作“程序教学”。教学机器在数学、音乐等领域都得到了广泛的应用，也取得了一定的成果。不过这种教学方式也并不是完美的，它只对具体知识的教学有益，但对于学生的人格、道德的培育却并没有太大作用。20 世纪 50 年代，随着计算机的普及，计算机很快取代最初的教学机器，与程序教学联结起来，形成了一种新的教学形式，即计算机辅助教学。

操作性行为原理对言语学习做出新的解释。斯金纳认为，言语也是一种可以预测并进行控制的行为，因为，它也能够通过操作强化来发挥影响作用。如，婴儿在刚学会发音时，他的每一个发音，他的父母或其他成年人都会通过言语、表情、手势等来进行肯定或否定，在这种强化过程中，那些不正确的发音逐渐消退而那些被认可的正确发音被保留。同样的，婴儿的字、词、句的获得也都是通过这种方式，最终言语行为就在这种控制方式中形成。

斯金纳的理论体系还被应用于社会控制中。他认为通过强化原理可以达到操纵人的一切行为，进而对整个社会加以控制，这个观点和华生的理念有些相似。关于社会控制，斯金纳在《沃尔登第二》中就已经详细描述了如何通过强化塑造一个理想的社会。他的很多作品都蕴含了他的操作性条件作用体系，如《超越自由与尊严》《自由和人类控制》。在斯金纳看来，绝对的自由和尊严在人类社会中并不存在，自由和尊严体现的只是人类逃脱不良控制的一种期望。自古以来的国家政治、经济制度、文化、风俗习惯，还有宗教、教育及法律也属于控制，这种控制推动人类发展。所以，人类不可能绝对摆脱控制，所能做的就是通过行为科学技术手段去选择并完善生活中的种种控制。此外，斯金纳和他的弟子们开发的行为分析方法，被应用于教学机器、动物训练、精神病院和监狱的实践、教室，甚至设计有效的社区等领域，给社会带来巨大的好处。

第四节　新的新行为主义

传统的行为主义主宰心理学领域近 50 年，而认知心理学的诞生对其产生了巨大的挑战。在此背景下，行为主义心理学家逐渐开始借鉴认知心理学的观点，当然仍然是以传统行为主义的核心原则为基石。但他们不再仅仅关注个体的外显行为，转而强调研究心理学需要同时关注行为及个体的认知过程。他们也强调自我对于行为的调节作用，认为行为并不是完全由外界环境决定的。这种将行为主义和认知主义的核心理念相结合的流派，后来被称作新的新行为主义。其中最广为人知的心理学家就是班杜拉及他所提出的社会学习理论。

新的新行为主义有以下三个方面的突出特征：

首先，新的新行为主义更强调行为和认知相结合的观点，进一步突出了认知在行为形成中的作用。他们不再完全摒弃传统行为主义所坚决反对的概念，比如对意象、思维、认知的进一步探索。他们认为，人类行为可以通过人的信念、期待及思维等认知过程来进行预测，所以相应的，通过改变人的认知过程，也可以使人的行为发生变化，反之，用行为的改变也可以去影响改变人的认知过程。

其次，新的新行为主义强调自我在行为过程中的调节作用。新的新行为主义不再认为人的行为是完全受外界环境决定的，他们认为人的认知等内部各因素对行为起到至关重要的作用。与早期行为主义者华生的环境决定论、新行为主义强调中介变量与操作行为认为人的行为决定是比较被动的、机械的相比，新的新行为主义者认为个体的心理过程通常是积极且主动的。

最后，作为行为主义的发展，新的新行为主义仍坚持行为主义的立场与可观察性原则，以行为的研究为根本点。作为最后一代的行为主义与行为主义的新发展，新的新行为主义依然是在行为主义的理论大框架下对行为主义进行改造，并未突破行为主义的条条框框。坚持行为主义的自然科学性、客观性、可重复性、量化，这是他们坚守的底线。

一、班杜拉的社会学习理论

（一）班杜拉的生平

阿尔伯特·班杜拉

阿尔伯特·班杜拉（Albert Bandura，1925—2021），新的新行为主义的主要代表人物之一，社会学习理论的创始人。在加拿大出生，父亲是波兰的小麦农场主。班杜拉是家里唯一的男孩，5个姐姐争相照顾他，和他嬉戏逗乐，教他读书识字。就这样，班杜拉集全家人的宠爱于一身，快乐地成长。

班杜拉出生在一个叫曼达尔的小镇上，小镇的教育资源相对缺乏。他就学的中学仅有 20 个学生和 2 位教师，整个中学数学课程只有一本教科书。学校曾经发生一件趣事：几个调皮的学生嫌家庭作业过多，密谋偷走了这本唯一的教科书，没了教科书的老师不顾一切地恳求学生归还，学生乘机就家庭作业问题和老师讨价还价。最后，老师做出让步，才使教学得以恢复。但是，所谓“祸福相依”，正是这种恶劣的学习环境，使学生发展起自我学习的内在动机和自我指导的学习能力。所以，班杜拉才会说，在这种条件下，学生必须自己对自己负责，老师对知识的掌握并不一定比他们好，事实上学生通过自我激励自我指导，所得的比教师教学更多，同时这种能力还会使其受益终身。

中学毕业后的那年夏天，班杜拉参加了一个远征修路队，这个修路队成员鱼龙混杂，多数是逃避债务和付不起赡养费的穷困潦倒者，也有逃避服兵役的人和一些倒霉的缓刑监视官，这些人的主要事情就是喝酒滋事、打架斗殴。这让处于其中的班杜拉感到非常苦恼，他不明白他们为什么会出现这样荒诞不经、不珍惜生命的行为。但很快，班杜拉就意识到他们的行为可能与其生活经历有关，于是他开始了对日常生活精神病理学的思考。

后来班杜拉去哥伦比亚大学修习生物科学。为了节省开支，他和几个同学租住在离学校较远的郊区，每天和那些要早起的同学一起乘车往返于学校和住处。由于每天总是提早到学校，为了不浪费时间，他选修了学校在这个时间开设的一门介绍心理学的课程。正是这一无意之举，使他逐渐迷上了心理学，重新唤起了他在修路时期形成的对精神病理学的兴趣，于是他决定转攻心理学。

正是这次偶然的选择改变了班杜拉的一生。他于 1949 年在加拿大哥伦比亚大学获得学士学位。接着他去往美国爱荷华大学攻读硕士及博士学位，于 1952 年毕业。1953 年，他加入美国加州斯坦福大学，在那里度过了他的职业生涯。2010 年他从长期的教学职位过渡为名誉教授。1974 年，班杜拉当选为美国心理协会主席。1980 年，他成为美国艺术与科学学院的研究员。班杜拉在学术生涯中获得了很多奖章及荣誉，美国心理学会颁发的心理学杰出贡献终身奖、詹姆斯·麦肯卡特尔奖及美国心理学基金会颁发的心理学终身贡献金牌奖。他还获得了国家科学基金会的国家科学奖章等。此外，在他的职业生涯中，他还获得了 19 个荣誉学位。多项殊荣集于一身，充分体现了学术界对班杜拉贡献与成就的认可。

班杜拉著有《社会学习理论》(1971，1977)、《思想和行动的社会基础》(1986)、《自我效能感：行使控制》(1997)等十几部著作。他还撰写并合著了数百篇不同主题的论文，包括人际互动、社会学习、个人道德准则的发展和违反，以及作为成功的决定因素的自信。

（二）班杜拉的社会学习理论

1. 行为的习得过程

关于行为，班杜拉曾指出，除基本反射之外，人类的大多数行为都不是生而就会的，而是必须通过后天的学习才能获得。换言之，人类复杂行为基本都是习得的。同时，一个行为的习得，会受到遗传及生理因素的影响。另外，个体所处的外界环境同样对行为的习得产生重要作用。所以，研究行为必须兼顾各方面。班杜拉所提出的观点已获得心理学界的广泛认同。

他进一步指出，人要习得一种行为往往有两种途径。第一种，他称为直接经验学习。有机体习得条件反射行为就是依靠这种方式，个体对刺激进行直接反应从而习得行为。另一种，叫作间接经验学习。个体不需要直接对刺激作出反应，而是通过观察其他人对刺激反应的结果，进而习得某种行为。而后一种学习方式是班杜拉行为学习理论的关注重点，也被其称为观察学习。关于习得行为的两种途径的具体阐述如下：

(1) 通过反应结果所进行的学习——直接经验学习

班杜拉指出，直接经验学习是根据行为带来的正负结果进行的，也就是说，一些行为会给个体带来好的结果，而另外一些带来的却是惩罚。根据不同的行为结果，个体就能够去选择特定的行为。受到强化的行为被选择，有机体就习得了这个行为。在班杜拉看来，这种直接经验的学习过程并不是摒弃了个体内部认知过程的简单的刺激—反应联结。他强调的直接经验学习是有认知因素参与的学习。并且他指出，这种直接经验的学习有三种反应结果的机能能够体现认知因素在学习过程中的重要影响。

第一种是信息机能。班杜拉认为，在直接经验的学习过程中，人们不仅进行反应，而且会注意行为反应所造成的结果。通过了解行为产生的结果，个体就能够利用这些信息来指导自己在不同情境下做出恰当的行为。事实上，借助反应结果来获得特定行为的学习过程基本上就是一种认知过程。通过思维中介，行为结果就能够影响人的行为变化。班杜拉认为，如果没有对强化的内容有所知觉，基本上不可能发生行为的改变。只有人们知道某种行为能够带来奖励才会影响行为，如果知道某一种行为之后不会再受强化，那行为反应就不会相应再增强。

第二种是动机机能。动机机能也可以理解为人预见行为结果的能力。在班杜拉看来，人类普遍具有预见未来的能力，能够事先知道什么样的行为会有什么样的结果。正是具备了这种能力，个体才能够在不同情境下主动控制自己的行为。换言之，直接经验学习并不是只受当下情境的影响，个体对于未来事件的预见同样也会制约这种学习。

第三种是强化机能。需要明确的是，个体在习得特定行为反应后，行为的结果影响的不是行为本身，行为反应本身并没有被增强。行为结果引起的是行为应用于某一情境的可能性。所以，被强化的不是行为，强化事实上调节了个体的行为。虽然说强化对于行为习得的影响不小，但并没有证据表明强化本身能够塑造行为。通过这三种机能的阐述，班杜拉明确了认知因素在行为习得过程中的作用，也对机械论提出了有力的批判。

(2) 通过示范所进行的学习——观察学习

班杜拉觉得，人类行为大多是通过观察他人或者说是榜样习得的。他将这种学习称之为观察或者模仿学习。所谓的观察学习，即个体仅仅通过观察他人的行为及行为结果习得某种特定行为，而不需要自己亲自去对环境刺激做出反应，依赖反应结果学习行为。如果观察的榜样做出的某个行为得到了强化，那个体就能够习得这个行为。

班杜拉通过他著名的“波波娃娃”实验来检验他提出的观察学习过程。实验过程中，主试让儿童先看一段视频，视频中是一个成年人正在击打娃娃。之后将儿童分为两组，两组儿童分别看不同的视频，在第一组的视频中，击打娃娃的成年人受到了他人的夸奖，而另外一组看到的视频是这个打娃娃的成年人受到了惩罚。看完视频之后，两组儿童分别被实验者带到了一个房间中，房间中摆放着和视频中相似的波波娃娃，实验者告诉儿童他们可以在房间中自由玩耍。之后实验者离开，在单向玻璃后观察每个儿童会做出什么反应。通过实验发现，儿童在观看视频后会模仿视频中成年人的行为。看到击打娃娃的成年人受到夸奖的儿童，在房间中攻击波波娃娃的倾向要远远高于另外一组儿童。通过这个实验，班杜拉更加具体地阐明了观察学习的内涵，观察学习也是其社会学习理论的最关键部分。他将观察学习具体分成了四个部分：

第一个过程叫作注意过程，它是整个观察学习发生的最开始阶段，指的是对学习榜样的全面知觉。首先对榜样的各个方面加以注意，才能够进行下一步的学习。注意过程对学习者的选择产生重要影响，将哪些作为观察对象，要从榜样的各种活动中具体选择哪些信息，都需要先对榜样进行全面知觉。而整个注意过程会受到以下三个因素的影响：

① 榜样行为的特性。所谓特性包括行为的复杂性、普遍性、实用性等，这些因素都会影响个体的观察学习。一般而言，独特而简单的活动容易成为观察的对象。而且，做的人越多也越容易被模仿，比方说一些明星的行为就很容易成为粉丝争相模仿的潮流。从波波娃娃的实验中，我们也发现受到奖励的行为要远比受到惩罚的行为更让人想去模仿。另外，人们也更容易模仿一些攻击行为而非亲社会行为。

② 榜样的特征。包括榜样的外貌、生理特征、社会地位、兴趣爱好等，与观察者越相似就越容易被注意到。更受人尊敬、有地位、有权力的人也更容易成为人们模仿的榜样。

③ 观察者的特点。不光是榜样的特征，观察者本身具备的各种特征也是重要影响因素，如唤醒水平、早先经验、观察者的能力人格也都是影响注意榜样过程的重要因素。如何知觉事物的过往经验，就会决定观察者如何知觉榜样的各个方面以及如何对观察到的内容做出具体反应。通常情况下，那些自尊相对较低，更不自信、更依赖他人的个体更容易注意模仿他人。

第二，保持过程，即储存榜样信息的过程。人们在知觉榜样的方方面面行为特征之后，会将这些行为转化为符号，以符号的形式储存在头脑中。如果没有办法很好储存这些信息，那么观察者注意完榜样之后，也无法将其行为转化为指导自己行为的参照物。只有储存后，才能在以后合适或需要的情境中，再从头脑中调出信息，进而指导自己的行为。

编码储存的符号主要包括两种，一种是表象，另一种则是语言。在个体发育早期，其观察模仿行为的储存主要依赖于表象系统，而随着年龄增长，语言能力发展，更多采用言语系统进行编码储存。当然，依靠动作肢体的重复也能够加深记忆。有些时候，直接在脑中反复演练观察习得的行为，也可以使行为更加熟练，提高行为保持时间。有些行为因社会因素或暂时缺乏演练机会，就只能通过这种方式练习稳固。

第三，动作复现过程，即记忆向行为转变的过程。当知觉完榜样行为并对其进行储存之后，就要在需要的场合下，将头脑中的符号信息重新再转换为行为，也就是复现此前观察到的行为。而要真正习得榜样的行为，不光要知道选择哪些认知信息，还需要不断通过动作重复来改进，才能使自己的行为更接近榜样的行为。

最后，动机过程，即通过对行为结果进行评估、产生行为的动机，实现从观察到行为的转变过程。真正要从观察他人转变为自己行动，还受到行为结果的影响。只有通过评估行为的后果，才能决定是否要把习得的行为表现出来。班杜拉把这种评估称为动机过程，只有结果是受到强化的才会做出相应的行为。班杜拉区分了三种强化，分别是外部、替代以及自我强化。

很多时候，观察者习得了某种行为，但不一定都会以外显的行为表现出来，因为习得的行为并不是都受外界奖赏，有些会受到惩罚批评，当然也有一些行为并不会有明显的奖惩结果。当学习者知道这个行为会受到奖励，那么就更多会做出相应行为。外界直接的奖赏即为外部强化，行为受到外部强化就会促使个体表现出来。同时，个体会依据自身的标准对行为进行评价，如果自我评估行为是满足自身标准的，那么这种行为也是受到了一种强化，这就是所谓的自我强化。行为受到自我强化，也会增加行为概率。替代强化，也被称为榜样强化。通过了解榜样做出行为后的结果来决定自己是否做出相应行为。三种强化对个体的行为具有重要作用，是观察者将观察到的榜样行为付诸实践的内在动机。

2. 交互决定论

班杜拉理论体系的一个重要假设是，人的行为是受到多方面影响的，而且行为与这些影响因素其实是交互影响的。班杜拉提出的交互决定论认为行为、环境、个人这三个因素之间是相互决定、相互影响的一个动态关系。

班杜拉的交互决定论阐述了这三个因素是如何相互作用的。在它们的关系中，环境和行为的相互作用是班杜拉强调的重点。在班杜拉的理论中，行为和环境都有两种类型，潜在的行为和环境与实际的行为和环境。环境和行为的交互作用表现为，外界环境可以影响甚至决定某些潜在的行为倾向变成实际的行为。同时，行为也可以影响并决定哪些潜在的环境能够实际影响行为。简言之，个体的行为对周围环境具有反作用，即我们可以通过自己的行为去调整变化甚至塑造我们所处的环境。另外，他对这三个因素之间的其他关系也做了细致阐述。个体内部因素和行为之间也是相互影响相互决定的关系。具体而言，个体会基于对自身能力的评估（自我认知）而决定是否去做出某个行为，而行为之后的结果得失也会影响个体对自身能力的评估（自我认知）。个体内部因素除了自我认知，还包括动机、理念等其他心理因素。同理，它们影响行为，又反过来因行为结果而改变。

班杜拉认为，这些因素对人的影响存在个体差异，但多数情况下，个体、环境、行为都是如此，相互影响相互决定，互为因果，紧密难分。班杜拉的理论最核心的一点是，他尤其重视个体内部因素。他将这些因素统合成自我系统。正如他提出的交互决定模型，他认为自我系统并不是只与行为相互决定，发挥作用，对环境形成和知觉环境都具有重要影响作用。举例来说，决定一个人成就高低的有外部的环境因素，还有个体内部因素。这些个体内部因素包括能力、人格、创造性思维等。

3. 自我调节论

自我系统不仅与环境行为相互作用，它自身也具有调节过程。班杜拉提出，人们会根据自我的行为是否符合自身内在标准而选择奖励或惩罚自我。这与斯金纳的自我强化概念异曲同工。个体的内在强化过程就是不断对比、评价自己计划预期的行为结果与现实行为结果之间的差异。班杜拉认为，正是人具有自我调节能力，所以可以自主调整行为，而不是完全依赖于外界环境的作用。

自我调节在班杜拉的理论中可以被分成三个过程，包括自我观察、自我判断以及自我反应。所谓的自我观察就是有机体对自我行为结果和自我内在的价值标准体系有一个完整的认知。自我判断则是在自我观察的基础上，将自我的行为结果和内在标准进行比较，如果达到标准，就认为自我是好的，反之则对自我有消极评价。在评价的基础上，个体会据此做出相应的反应，也就是自我反应，包括自我肯定、自我奖赏，或是自我批评、自我惩罚。

自我调节功能并非轻而易举就能建立。自我调节最重要的就是建立一套自我内在的价值标准，而这个标准首先是幼年通过观察自己的父母、身边的权威或是同伴而形成的。之后就是将观察到的行为标准内化为自身的标准。儿童的内在标准大都是在成长过程中内化父母师长的标准。因为从小到大，父母或者教师及其他权威者对于儿童符合他们自身标准的行为会加以奖励夸赞，而对不符合其标准的行为加以惩罚。这样儿童就学习了他们的标准，不断潜移默化转化为自我内在的评价标准，从而产生道德、伦理的衡量尺度。这是对标准的直接学习，班杜拉认为，观察学习也是推动形成自我标准的重要因素，也就是榜样学习。

从班杜拉的理论可以发现，他强烈主张人能够凭借自身的主观能动性去调整影响自我的行为，人是拥有理性认知能力的，这一点无疑是值得肯定的。

4. 自我效能原理

关于自我效能原理的研究，主要是在班杜拉研究恐蛇症时所提出的，他通过这个实验研究撰写并发表了著名的《自我效能：行为变化综合理论》一文。也是在这篇文章中，他首次提出了自我效能这一概念。在 1980 年他被授予杰出科学贡献奖的大会上，班杜拉对这一概念进行了详实阐述。六年后《思想行为的社会基础:社会认知理论》这本著作的问世,使得世人对班杜拉的自我效能机制有了更全面完整的理解。最开始班杜拉所说的交互决定论中的认知因素是自我效能理论的核心。班杜拉认为个体认知的影响是多方面的,人的情感、行为以及环境都是能够影响个体的认知的重要因素。但是要改变心理状态或是行为,必须强调个体对自己是否能成功做成一件事的主观推断,也就是自我效能感。如果把自我效能感直接理解为一种简单的能力判断是有问题的。更确切地说,自我效能感不是一般的自信心,而是对是否有做成功某件特定事情的能力的一种信念、信心。经过大量研究,班杜拉与他的学生共同发现了能够形成并影响个体自我效能感的因素。他们将之归结为五种因素,包括个体的成败体验、替代性经验、他人的言语劝说、个体自身生理情绪状况以及情境。

(1) 个体成败经验

个体的成败经验也即获得成功与否的直接经验,它对自我效能的形成影响最大。当个体控制环境,获取成功的经验不断丰富,个体就更认为自己能够成功做成某件事,就更有信心去获取目标,所以个体如果能积累更多的成功经验,那么他的自我效能感就不断提高。反之,如果经历了太多失败,则会降低自我效能感,从而认为自己的能力不足,对自己有较低的评价。此外,一个人所经历任务的难度、自身在完成任务过程中付诸努力的程度、他人支持,都会对自我效能的形成产生重要影响。具体而言,若任务太难,也没有他人的支持援助,自身还不努力去完成,在这种情况下如果成功完成了任务,个体就会觉得自己能力很强,即自我效能感增强;但是如果失败了,也不会太有损对自己能力的评估,自我效能感并不会有太大减弱。而一件简单且不需要付诸太多努力的事情,即使成功了,也不会觉得自己能力很强,自我效能感不一定会提高,不过若是失败了,那却会使个体的自我效能感大大降低。

(2) 替代性经验

所谓替代性经验也就是相对于直接经验而言。它并不是个体自己的行动获得成功,是依赖于对他人行动结果的观察。个体会认为,一个人如果能力与自己相当,那么对方能够成功,自己如果去做也能够成功,结果就如同自己真实做了这件事获得了成功一样,能够提高自我效能感。但是,如果这个与自己能力相当的个体做某件事失败了,那么不可避免地,也会对个体自身的自我效能感产生不良影响。

（3）言语劝说

言语劝说主要是通过言语来对个体的自我认知产生影响，包括鼓励、暗示、劝诫等方式，都能够影响个体对自我能力的认知。如果言语劝说的主体有名望、有一定权威及专业性，那劝说效果就会更好，更可信。当然，除了外界他人，还包含自己对自己的规劝，也会影响认知，进一步影响行为。

（4）生理和情绪状态

个体的生理状况和情绪对自我效能感的形成也具有重要作用。高度唤起的情绪，如紧张、恐惧会大大影响任务的完成。个体在感到轻松自由的时候能够做成功的事，在情绪高度唤起的时候就很难顺利完成。此外，若是一个人处于焦虑状态，那么他对自己的能力会丧失部分信心，认为自己无法做成想做的事。当个体的焦虑、恐惧被唤起，会引起个体的一系列生理变化，而对这些生理变化的感知也会削弱个体的自我效能感。

（5）情境

情境对个体的影响几乎是所有行为主义者的共识，不同的情境会使得个体有不同的控制体验。在自由安全的情境下，个体对情境体验有高控制感，认为自身能够较好控制自身情境时，自我效能感就会提升。但当情境较为恶劣，个体感到难以控制周身环境时，就会大大削弱自我效能感。

（三）评价

1. 理论方面

班杜拉的研究促进了对人类行为的理解。班杜拉开创了社会学习和自我效能感的理论，并通过实验进行验证。自1992年以来，他一直是国际期刊《社会行为与人格》咨询编辑委员会的成员。班杜拉被誉为世界最具影响的社会心理学家之一。某次，班杜拉去宾馆下榻，服务员立刻认出他是设计著名的“波波娃娃”的心理学家，足见其知名度和影响力。2002年的《心理学综合评论》将班杜拉评为影响力仅次于斯金纳、皮亚杰、弗洛伊德的著名心理学家。此外，巴甫洛夫的经典条件反射、斯金纳的操作条件反射和班杜拉的观察学习，是解释学习的“三大工具”。班杜拉为心理学做出了卓越的贡献，具体来说有以下几个方面：

第一，班杜拉将行为主义的强化理论和认知流派的信息加工理论非常巧妙地结合起来，将认知心理学的优秀成果与行为主义观点融合，提出了理解个体行为的全新视角，把只关注刺激—反应关系的行为研究推向了探索个体内部认知过程的研究道路。

第二，是其在学习理论方面的突破。传统的学习理论，只关注个体自身的因素，认为学习完全是个体内部的过程，而班杜拉认为，在重视认知因素的基础上，强调社会因素对学习的影响。他的社会认知理论重视社会学习中的自我调节能力，把人的能动性放在一个更为广阔的社会网络中来考察，是一种更为完善的社会学习理论。

另外，班杜拉的理论都是通过科学客观的实验方法所构建，具有较强的科学性、有效性，并且广泛应用于各个方面。在方法论上，不同于传统行为主义，他并不关注动物相关的行为实验，而是把关注点都放在人身上，主要以人作为实验对象，使得实验结果能够更好推论到人类群体。相对来说，动物实验结果推论到人类社会，是存在很大局限的，而他的研究方法较好弥补了这方面的缺陷。他的社会示范、自我效能、自我调节等概念，突出了人的主动性、社会性，受到心理学界的广泛赞同。

班杜拉的理论也存在一些不足之处。首先，是针对他的观察学习理论，其他学者批评班杜拉在研究儿童学习的过程中，并没有强调发展变量的作用及对儿童独立学习所产生的影响。

其次，是针对波波娃娃的实验，很多心理学家批评这种在儿童面前呈现暴力攻击行为对儿童的身心发展会造成不利影响，在伦理层面是不可取的。

最后，尽管班杜拉重视认知因素的作用，但是他对认知因素的研究仅仅停留在一般性的分析之上，对于更深层次的人的内在动机等因素并没有进行过多的探讨。

2. 应用方面

班杜拉所提出的社会学习理论的应用范围广泛，几乎在社会的方方面面都能窥到社会学习理论的影子。除了心理学的基础学科以外，他的学习理论在临床治疗、教育、传播学、管理学等生活领域都有重要影响。而其中，尤其是他的自我效能和观察学习的理念，最为重要。在他职业生涯的后期，班杜拉还与其他人一起向人们展示其心理学理论在计划生育、对女性的社会不公、气候变化和保护艾滋病患者等问题上的应用。

尤其在教育领域，班杜拉对教师的教学实践有很大的启示。班杜拉提出的社会学习理论强调观察学习，强调模仿和自我效能感。在教学情境中，最重要的就是能够为学习者也就是学生，树立一个良好的榜样，而这个榜样的最佳人选就是教师，教师的行为举止、价值观念对学生的影响作用是极大的，学生会在潜移默化中模仿内化教师的行为及观念。所以通过教师来影响学生，能够达到最好的教学效果。当然这个影响过程，需要更为生动有趣的方式，以便学生更好地接受。因此可以更多地运用丰富的教学手段，如以视频多媒体替代单纯讲授,能够更吸引学生,使其有更深的体会。除了榜样教育以外,从学生自身角度出发,提高自我效能感也是学习成长的重要因素,多从小的方面积累成功的经验可以不断提升学生的信心。

在心理治疗领域,班杜拉认为,光靠理论说教的方式去影响患者收效甚微,更好的方式是通过榜样示范发挥作用,通过更生动形象的方式使得个体在情感、认知上产生变化,进而调节身心。最典型的应用是各种戒酒或是戒毒互助会,通常成瘾者自发或是被动加入一些小团体中,在这个团体之中每个人都有同样的问题,他们彼此之间可以不用担心他人的歧视或嘲笑而相对自然地分享出自己的经历。在经过相互坦诚之后,逐渐能够在这个群体之中获得救赎,释放自己长久以来的压抑、痛苦。在这个过程中,老成员起领头作用,为新成员树立勇于分享、领悟、改变的榜样形象。新成员观察学习之后,也会逐渐敞开心扉,主动寻求更多改善问题的方式,从而慢慢改变自身问题。通常情况下,互助小组的互助过程是有固定流程,建立在科学理论之上的,实操效果很好,对诸如抑郁症患者走出内心困扰也有很大帮助。

二、罗特的社会行为学习理论

朱利安·伯纳德·罗特

朱利安·伯纳德·罗特(Julian Bernard Rotter,1916—2014),新的新行为主义的典型代表之一。他出生于美国,是心理治疗师,也是人格心理学家。他主要的理论被称为社会行为学习论，内容纷繁复杂，涉及面很广，但缺乏一定系统性。本节将对其最主要的研究领域进行介绍，包括罗特关于行为预测的理论、关于控制点的理论和关于人际信任的理论。

(一) 关于行为预测的理论

罗特在阐述人格结构并以此预测个体行为的过程中，提出了四种变量，分别是动机变量、行为变量、认知变量和情境变量，四个变量在整个理论体系中相互作用，融为一体。以下先简要介绍这几个具体变量，再介绍其总结提出的人格预测行为潜能的公式。

1. 行为潜能(Behavior Potential，简称 BP)

所谓行为潜能，指的是一种行为发生的可能性，或者也可以称之为一种特定行为的潜力。这种行为潜力特指在某一特殊的、具有某种特定目标追求的情境下，行为发生的可能性。其中，行为所追求的目标，往往是一种或一组特定的具体的强化。罗特指出，在不同的情境之下，个体有可能做出的行为反应是不同的，任何一种反应都可能发生，因此任何反应都具有潜能，其中，潜能更强的就能发生。对于同一种行为，在某一情境下的潜能很强，但换到另一种情境中其潜能就可能很弱。打个比方来说，在和朋友聚会的情境下，说笑话是一种行为潜能很高的行为，但是当情境变为严谨的谈判会议时，说笑话显然是潜能很低的行为。罗特理论中的行为，不同于我们普遍意义上的外显行为，更确切的是指对刺激的反应。所以，他的行为不仅包括外显的肢体行为，还有情绪活动、认知过程、言语过程等都属于行为。

2. 期待(Expectancy，简称 E)

在罗特的理论中，期待指的是对某种强化发生的期待，是一种独立的认知变量。行为潜能除了受特定强化的价值高低的影响外，还受到对这一行为成功获得强化的可能性预期的影响。罗特认为，行为反馈能够强化期待，通过反馈能使个体最终成功达成目标。通过对行为目标的期待，个体内部就产生了行为动力，通过实行这一行为，个体就能获得一种心理上的平衡及满足。期待这个内部认知变量是罗特理论最为核心的部分。他还将期待区分出两种形式。一种是在某种特定具体情境下产生的期待，称之为具体期待(Specific Expectancies，或用 SE 表示)；另一种是由某一情境产生的期待推广到其他情境中的期待，被称为类化性期待(Generalized Expectancies，或用 GE 表示)。比如，一个学生由于特别喜欢英语，就很容易产生自己在英语考试中能获取高分的期待，这种期待就是具体期待；而她对英语考试得高分的期待会让她产生对其他科目考试也能够获得高分的期待，这是类化性期待。罗特提出，如果一个人形成了关于成功的类化性期待，自我评价就会相应提高。

3. 强化值(Reinforcement Value，简称 RV)

所谓的强化值，是一种对特定强化的偏好程度。所有的强化都有可能发生，但个体对不同强化的偏好往往是不同的，更偏好的强化则具有较高强化值。普遍来说，能够带来更高价值或是个体更偏爱的强化行为往往更容易发生。另外这种强化偏好还会受到文化的影响，同一文化下，个体对强化的偏好程度具有共性。不过，不同个体对不同强化的估价存在差异性。所以，不同人对同一强化的喜爱程度不同。不同人对不同强化的估价各有千秋：有人追求物质所带来的愉悦，而有人更注重精神上获得的奖励。但是，需要注意，并不存在一个绝对水平的强化值。所谓的强化值是一个相对量，是不同的强化相互比较之后获得的一个相对价值大小。此外，罗特指出，强化价值的确定主要取决于个体的期待，强化本身并不具备特定价值，没有期待也就不存在所谓的价值。个体通过对强化的期待，才使得某种特定强化具有特定意义，使其具有价值。若是个体期待某个特定的强化还能带来更多强化，那么这种强化具有很高的价值，反之则低。

4. 心理情境(Psychological Situation，简称 PS)

所谓的心理情境，在罗特的理论中，是指个体体验到的环境，这个概念与勒温的生活空间或是考夫卡的行为环境及罗杰斯提出的现象场概念十分接近。心理情境对个体行为的预测作用很大。所以，罗特指出，若是抽象地脱离心理情境去理解探讨个体的行为是没有意义的，必须把行为放到特定环境中去看待。一般来说，一个人对各种结果的强化值归因，以及他对强化的期待大部分取决于心理情境。

5. 行为预测公式

基于上述概念的论述，罗特提出，我们可以用期待、情境等因素来衡量特定行为的潜能，特定行为的产生受行为可能带来的强化的价值影响，也受行为成功可能性的影响，他用数学公式的形式描述了这一理念，即行为预测公式，如下：

$$BP_{X,S_1,R_a}=f(E_{x,R_a,S_1}\ \&\ RV_{a,S_1})$$

BP_{X,S_1,R_a} 指的是在某种情境 S_1 且可能获得强化 a 的情况下，此行为 x 产生的潜能，也就是行为 x 的行为潜能；E_{x,R_a,S_1} 指的是，能够在情境 S_1 下，通过行为 x 产生强化

a 的可能性，也即个体在此情境下对强化 a 的期待；而 RV_{a,S_1} 指这种强化 a 对于个体的具体价值大小，也就是强化值。上式通过函数式表示了行为潜能、期待、强化值之间的关系。

但是，值得注意的是，这种关系只能够预测与单一强化联系的特定行为。而对于复杂情境，我们常会面临预测与某种需要相联系的多种相关行为。在这种情况下，预测行为就需要结合由这些行为产生的强化的共同效价以及个体对这些行为总的预期来考量。

（二）关于控制点的理论

罗特发现，不同的人对自身成败的归因形式存在很大的差异。一些人会把自己的成败归为内在因素，包括自身努力程度、自身能力或是人格等；但另外一些人则倾向于归为外部力量，如运气、命运及其他不可抗因素。选择把成败原因归结为内部还是外部的这种机制，罗特称为控制点（locus of control），我们可以通过控制点来衡量个体对自身行为结果的看待方式是积极还是消极的。罗特将控制点分为两种：内在控制点和外在控制点。所谓的内在控制点，指个体会把自己的行为成败全归结于个体的内在因素，比如努力或能力；而相对的，外在控制点就是把行为结果归结为个体外部各种因素，往往这些外部因素都不为个人意志所控制。一般来说，人们把成败归结为内部因素还是外部因素，很大程度上依赖于个体主观的看法，一个人对行为结果原因的理解和看法决定了控制点。因此，是主观上的控制点对我们的行为评价产生重要作用。此外，罗特还设计了自陈量表对控制点进行测量。此量表一共有 29 题，每个问题有两种答案以供选择，属于迫选题。量表具有较好的信效度，被广泛应用于个体所持控制点的测量。

持不同控制点的个体存在很大的差异。罗特等人经过研究发现，持内在或外在控制点的个体，在归因方式上存在显著差异，最终会导致其表现出不同的行为反应。研究结果发现，持内在控制点的个体对知识和丰富的文化有更高的渴求。这类个体相信他们自身需要为结果负责，他们坚信成功完全取决于自身的努力；他们会积极主动获取更多有利信息从而提高自身成功的几率；他们的成就动机水平和所获成绩相对比较高；而且他们更可能大胆反抗外部压力，不易被他人说服。他们较少会产生焦虑不安等情绪。但是，罗特认为个体的控制点并不是始终如一的，个体所持有的控制点和我们生存的环境一样，都是可能发生变化的，且这个观点在之后的研究中已得到证实。

(三) 关于人际信任的理论

1. 人际信任的概念

罗特指出,一个人对他人是否可信的类化性期待具有个体差异。一部分人相信他人,认为他们是可依赖的;另一部分人却很难相信除自己外有谁值得自己去依赖和信任。造成这两类人期待差异的最主要原因往往是父母、师长、同伴及社会媒介的影响造成的。所谓的人际信任(interpersonal trust),指的是某个特定的个体或特定团体能够认同另一个体或团体是值得信任的,包括口头或书面陈述上的认同。

2. 人际信任的测量

由罗特等人在1967年设计完成的人际信任量表是一种自陈量表,主要用于个体对人际信任的程度,一共包含40题,每个题都用于衡量个体的信任/不信任倾向,最终,由答题者在某一类倾向上的选择频数来评估其人际信任程度高低。

3. 人际信任的作用

罗特指出,人际信任程度不同,导致不同个体在面临相同问题或情境时所产生的期待不同,使得他们最终会选择不同的行为来应对。罗特发现,具有宗教信仰的个体往往比那些没有任何信仰、绝对的无神论或不可知论者更能够表现出人际信任。另外,他还发现,人际信任程度与社会经济地位有密切关系,社会经济地位低的家庭下长大的孩子,相较于社会经济地位高的孩子,更难表现出人际信任;还有研究探讨了大学生人际信任和父母关系之间的相互作用,研究发现,大学生在人际信任量表上的得分与他们父母的得分存在相关。这体现了人际信任存在代际传递的现象,孩子很容易会认同父母在人际信任上的表现。罗特还探讨了人际信任和可靠程度的关系,人际信任得分较高的个体往往是更可靠的,他们相对更诚实,也不太会表现一些不良行为,而人际信任程度低的个体往往没有那么诚实。此外,人际信任程度高的个体也往往更受人欢迎,生活一般都过得比较幸福,也更懂得尊重他人。需要指出的是,人际信任程度高并不意味更容易上当受骗,相反,很多研究证明低信任感的个体更容易利欲熏心,受他人蒙蔽。除了以上讨论的这些主要理论外,罗特对人格的发展、人的心理需要、适应不良者的特征、心理治疗的方法等问题也进行了专门研究。

三、米歇尔的认知社会学习理论

沃尔特·米歇尔

沃尔特·米歇尔(Walter Mischel,1930—)是现代社会学习论的重要代表人物。米歇尔和同事通过长期、大量的深入研究,确定了满足延宕研究的范式,这对此后相关领域的研究产生重要影响。除了他关于满足延宕的研究外,本章节还将简述他的其他重要理论,包括人格理论和认知原型理论。

(一)满足延宕的研究

米歇尔所说的满足延宕指的是个体会通过自我调控的方式,放弃眼前即时可得的价值较低的奖赏,而换取未来才能得到的价值更高的奖励。这个概念最早由弗洛伊德提出来的,它被认为是衡量人格的一个重要指标,在那之后引起很多学者的研究关注,米歇尔就是其中之一。他通过设计一种特殊的情境来研究儿童满足延宕的能力。实验者先跟儿童一起玩游戏,玩游戏一段时间后,实验者离开。之后,儿童可以通过摇铃铛召唤实验者回去。这个时候实验者会回来并给儿童呈现两种物品(如零食,通过提前调查,其中一种是该儿童最爱的零食),实验者告诉儿童,他将再次离开,等他回来之后,儿童就可以得到他最喜欢的物品,也就是对儿童来说价值更大的物品。但是儿童也可以在实验者回来之前通过摇铃让他回来,但这种情况下,儿童只能得到另外那个物品(价值较小的物品)。实验结果发现，个体是否会选择等待以获得更大价值的奖励，往往与个体对等待时长的期待、奖励出现可能的期待，或是奖励价值的主观评估，以及个体应对外在诱惑及挫折的应对策略这些因素有关。

米歇尔还发现如果个体期待某种奖励基本不可能得到，那么这种奖励对个体的价值来说就比那些预期很容易或一定能得到的奖励的价值要高得多。此外，他还发现，通过符号(文字、言语)呈现的榜样对儿童提高自身满足延宕能力的作用要远远小于真实榜样的作用，而且对儿童的影响也不如真实榜样的影响持久。

儿童为了获得更高价值的物品，往往会采取一些特定的策略来转移自己的注意力，使自己不那么专注于获得想要的物品。而这些注意力转移策略往往要到儿童5岁开始才能获得，这个年龄的孩子会通过掩盖奖励来使自己的注意力转移；而一些更有效可靠的认知方面的策略，要到儿童7岁后才会出现。到了10岁之后，儿童有了更为多元的应对策略，而这时候，他们也早就牢固掌握延宕的基本规律了。米歇尔等人为了进一步验证以上的结果，通过多年实验，最终提出了双重系统结构(two-system framework)，以此来理解实现或阻碍自我控制行为的原因。所谓双重系统，包含一个“冷”系统和一个“热”系统。“冷”系统是认知的、情感中立的，是自我调节和自我控制的所在地。“热”系统是情绪、恐惧和激情的基础，它是情绪条件反射的基础，破坏了自我控制的努力。冷热系统之间的平衡由压力、发展水平和个体的自我调节动态所决定的。两个系统之间的相互作用解释了自我控制相关的发现。

(二) 人格理论

不同于传统心理动力学理论或是特质理论、行为理论对人格的解释，米歇尔提出了他关于人格的独特看法。1968年，他发表的《人格及其评价》对特质流派的人格观点提出了批判。他认为，如果像特质理论描述的那样，个体存在特定的一些人格特质，那么这种特质所包含的对于事物的看法、情感反应以及相应的行为方式应该有高度的跨时间情境一致性，但是，现有的研究证明并没有那么高的一致性。米歇尔认为，判断特质一致性还需要结合判断时的标准和研究的目的。此外，特质论者采用的研究方法也有很大的缺陷。米歇尔提出了一种特质建构的条件方法对此质疑，也就是用人们表现出的独特的如果—那么(if-then)、条件行为可能事件(condition-behavior contingency)，来揭示特质的结构和功能。在认知革命的重要影响下，米歇尔通过五种变量解释人格或者个体行为中稳定的内在信息加工过程的差异：

(1) 认知与行为建构能力

指的是个体建构或产生特定认知和行为的能力。米歇尔提出,这种能力源自我们自身的内在潜力,通过直接或观察学习、模仿等方式来获得,也较为稳定。

(2) 编码策略与个人建构

这个变量指个体对事件的分类及自我描述。面对外在刺激,个体首先会对其进行内在编码,通过主观建构的方式将其纳入认知体系,经过一系列的认知转换过程,个体会主动选择去注意刺激的某个特定方面,进而对其进行主观解释、分类,对刺激赋予特定的意义,以此影响个体习得特定行为,并在以后遇到同种刺激后做出相应反应。

(3) 行为结果预期与刺激

行为结果预期,指的是在特定情境下,行为选择与预期的可能结果之间的一种如果—那么的关系;而刺激结果预期表示的就是刺激与结果之间的关系,也就是人们对一个特定事件引发另一事件的可能性预期。

(4) 主观刺激价值

所谓的主观刺激价值,指个体主观知觉到的某类事件的价值,也就是他对刺激、动机和反感的激发与唤起。主观刺激价值与那些会使个体产生积极或消极的情感状态且能够诱发或强化行为的刺激有关。

(5) 自我调节系统和计划

指的是对行为表现和复杂行为序列的组织规则和自我调节。米歇尔表示,一般来说,个体行为较多受外在因素控制,即我们对外部的奖励或惩罚有明显的反应。但除此之外,个体也会通过自己制定的目标、标准、由自我产生的结果来调节、激发自己的行为。

这些变量能使我们在不同情境下、特定行为水平上,去描述独特的、适应性的、与特定情境有关的反应机能。米歇尔表示,通过这五种个体变量就足以判断人们行为中的稳定模式。米歇尔等人在认知情感人格系统(CAPS)理论中,还更进一步突出了情感和目标在人格系统中的作用,并将这些变量用认知情感单元(cognitive-affective units,简称 CAUs)这个概念来描述。所谓认知情感单元,即个体能够获得的认知、情感这些心理表征,具体又可以进一步细分为编码、预期、情感、目标和价值、能力和自我调节计划。米歇尔认为,认知情感单元就是构成一个人人格的基本单位或基本结构。因为不同个体的认知情感单元存在很大差异,这就表现为个体之间的差异性,个体所具有的特定的认知情感单元之间的关系结构就构成了个体的独特性。

(三) 认知原型理论

由前文可知，米歇尔主要运用一些认知变量来说明为什么个体之间存在各种差异，他提出了五种社会学习认知变量，包括认知与行为建构能力、编码策略与个人建构、行为结果预期与刺激、主观刺激价值、自我调控系统及计划。在此基础上，他与坎特提出了一种认知原型方法，用以描述个体对人或情境进行分类的方法。

这种方法的提出得益于罗施的研究，罗施认为个体一般是依赖于原型来判断某个物体是否属于某个特定范畴。通过比对眼前物体和原型的相似程度，就能够判断物体的归属。米歇尔等人进一步发现，对个体的分类可以依赖原型，并且这种分类是存在不同水平层级的。例如，我们可以用“运动员”这一原型来对人分类，也可以用“篮球选手”甚至“篮球中锋”这些原型。不同水平上的分类有其各自的优缺点。低水平的分类依赖十分丰富的个体特征，如“篮球中锋”。但太过详细的特征，很难区分相似类别间的不同点；最高水平的分类与之相反，如“运动员”，涉及的特征较少，却是特定类别独有的特征。不过，这种区分过于笼统。而中等水平的分类介于两者之间，如“篮球选手”，是区分的一种较好的认知标准，它不笼统也不会太细节化。米歇尔和坎特发现，利用原型对情境的分类也有三种水平。在描述情境时，个体会更多地关注情境的社会性特征而不单是自然性特征，其中包括情境中的人的特征、与情境相联系的情感体验、行为模式、规范、气氛等；与之前对人的分类一样，中等水平的范畴由于具有相对丰富的特征，更易于被区分出来。

第五节 行为主义的评价

一、理论贡献

行为主义的兴起打破了构造、机能主义以意识为中心的心理学研究方法，将心理学带上自然科学之路。华生曾写道，“永远不要使用意识、精神状态、思想、内容、内省验证、意象等术语来定义心理学”，华生的理论较为极端，但不可否认的是，他将心理学的研究引向对人行为的研究，强调客观实验的重要性，具有重要意义。不过，即使在华生的时代，行为主义者也在为这个思想的正确性而争论，行为学家对什么构成科学以及如何定义行为的想法也各不相同。华生之后，最具有代表意义的行为主义者当属斯金纳，他关于如何实现一门行为科学的观点与大多数行为学家的观点形成了鲜明对比。其他人的方法更关注自然科学方法，如测量和实验控制，而斯金纳则更关注科学解释。他认为，行为主义流派的发展在于术语和概念的发展，从而形成真正的科学解释。无论他们有什么分歧，所有的行为主义心理学家都同意华生的基本前提，即心理学要以行为作为研究对象，也可能成为类似自然科学的一门科学。就像达尔文的理论挑战了上帝作为造物主的观念一样，行为主义也挑战了自由意志的观念。

所有的科学都起源于哲学，并脱离哲学。当科学家们从哲学推测转向观察时，天文学和物理学就兴起了。在这样做的过程中，他们放弃了对超自然事物的任何关注，观察自然宇宙，并通过参考其他自然事件来解释自然事件。同样，当化学抛弃了隐藏的内在本质来解释化学事件的时候，它也打破了哲学。而行为主义就是试图把刚从哲学里独立出来的心理学从结构与机能之争中发展为一门真正的自然科学。只有通过研究行为，心理学才能具备它成为一门自然科学所需的可靠性和普遍性。虽然最初行为分析忽略了非自然的内在原因，但它提供了一种不同类型的关于思想和感受的解释，一种与科学方法相兼容的解释。而后来行为主义者对刺激与反应间的中介变量的研究进一步延伸了行为主义分析的价值和意义，也为后来认知主义的兴起奠定了基础。

二、应用贡献

行为主义对人类日常生活事务和解决一些重大社会问题的潜在贡献是巨大的，这也正是行为主义能够风靡一时的主要原因。行为主义可以指导和加强从学前班到研究生院的教育实践，以及学生以后的终身学习。20世纪上半叶，科学方法的应用为改进制造程序和工人的士气带来了巨大的希望，使工人的生产力得到大幅提高。心理测量学技术可以用于确保人们的兴趣和技能模式与他们将从事的工作之间有更好的平衡，而且在军事领域具有巨大的潜在用途。心理物理学离开了已经如此成功的纯科学实验室，进入了工作和商业的世界，甚至香水行业和威士忌生产等应用领域。

通过实验室中老鼠走迷宫或是鸽子啄钥匙的实验而发现的学习规律彻底改变了整

个人类在几乎所有领域的努力学习，而学习在几乎所有人类活动中都起着巨大的作用。此外，在体育活动、超重和肥胖、锻炼、使用酒精和烟草、危险的性行为、药物滥用、伤害和暴力、环境污染等领域都体现了行为主义理论的应用价值。

行为主义影响了整个心理咨询与治疗领域，受行为主义的影响而产生的行为疗法成为20世纪心理咨询与治疗的重要流派之一。以不同的行为主义的理论与技术为基础，产生了诸如系统脱敏法、代币法、契约法等诸多行为疗法，在情感与行为矫正方面发挥着巨大的作用，被证明是心理咨询与治疗中效果明显的方法之一。

三、结语

行为主义流派起源于20世纪初，它发展迅速，一时风头无两，其深远的影响使它跻身于心理学三大势力之一。自华生1913年以《行为主义者心目中的心理学》一文作为行为主义正式创立的标志以来，行为主义随着心理学的发展也发生了种种的改变和推进，经历了行为主义、新行为主义、新的新行为主义等阶段。但随着时代的演进和心理学技术的革新，行为主义存在的过于强调方法论、其研究对象是行为而非心理的明显缺陷，显然在逐渐妨碍心理科学的进步。行为主义暴露的问题逐渐使行为主义学家开始在多个方面进行变革发展，新行为主义者在意识问题上就适当做出了妥协。至20世纪末期，行为主义的早期探索者们所熟悉的行为主义已不复存在，但其作为最重要的心理学的理论框架之一的精神内核却仍然存在于各种新兴流派、理论之中。20世纪80年代以来，实验心理学已经被现在的认知科学所主导。随着计算机建模的人类信息处理开始流行，简单行为主义体系已无法适应心理学发展的要求。但当今社会，行为主义的原理，如强化理论仍然具有现实意义，其在游戏行业以及抖音等短视频的开发过程中发挥了重要作用。

以下将对行为主义发展的整个脉络作出简要梳理，以便读者能够更清晰地回顾行为主义的发展演变特点。

行为主义的发展脉络

<table>
<tr><th>时代</th><th>代表人物</th><th>主要观点</th><th>不足</th></tr>
<tr><td rowspan="2">早期行为主义</td><td>华生</td><td>主张研究行为，用 S-R 解释行为；环境决定论；外周神经论；主张实验法。</td><td rowspan="2">否定意识，或将意识与行为等同；忽视生理和遗传的作用，或单一以生理学角度界定行为主义。忽视人的主观能动性。</td></tr>
<tr><td>拉什里</td><td>整体活动原理；均势原理。</td></tr>
<tr><td rowspan="3">新行为主义</td><td>托尔曼</td><td>认知(目的)行为主义，心理学应研究整体行为；提出中介变量、认知地图及潜伏学习等。</td><td rowspan="3">认为刺激—反应之间存在中间变量或其他变量，虽强调了中介变量、操作行为对人的行为的作用，但人的行为依然是比较被动的、机械的。</td></tr>
<tr><td>赫尔</td><td>逻辑行为主义，“假设—演绎”体系；刺激—反应通过内驱力、疲劳等中介变量联结，反应势能公式。</td></tr>
<tr><td>斯金纳</td><td>操作行为主义，提出操作性条件反射；强调强化对行为的作用、强化。</td></tr>
<tr><td rowspan="3">新的新行为主义</td><td>班杜拉</td><td>强调间接经验的学习，提出观察学习；认为行为、环境、个人内部因素相互影响；提出自我调节论及自我效能原理。</td><td rowspan="3">更重视学习行为的内部认知作用，但因过分强调认知变量的作用而导致行为主义的消亡。</td></tr>
<tr><td>罗特</td><td>提出行为预测公式；控制点理论；提出人际信任。</td></tr>
<tr><td>米歇尔</td><td>确定满足延宕研究的范型；提出人格变量理论及五种认知社会学习个体变量；认知原型理论；认知情感人格系统理论。</td></tr>
</table>

第六章
精神分析

【本章导言】

19 世纪末维也纳的社会背景下，工人失业和社会矛盾加剧，导致心理疾病高发，而维多利亚时代的道德压抑和犹太社会的宗教禁忌更加剧了这一现象。在这样的背景下，精神分析作为一种心理治疗的手段诞生了。它的产生受到了哲学、心理病理学等多个领域的重要影响。此章对弗洛伊德、荣格、阿德勒、埃里克森等精神分析学家的学说与精神分析疗法进行了介绍。

【学习目标】

1. 深入了解主要精神分析学家的理论观点、研究方法和治疗技术。

2. 分析精神分析学派与其他学科的交叉关系，如心理学、心理病因学和社会学等，以深化对精神分析理论在更广泛学科背景下的理解和应用。

【主要理论】

经典精神分析　个体心理学　分析心理学　自我心理学　精神分析的社会文化流派　客体关系理论　自体心理学　结构主义精神分析　主体间精神分析

【关键术语】

冰山理论　能量守恒和转换定律　麦斯麦术　癔症　宣泄法　自由联想　俄狄浦斯情结　现实性焦虑　神经性焦虑　道德性焦虑　自我防御机制　群体心理观　个体潜意识　集体潜意识　人格面具　阿尼玛和阿尼姆斯　等量原理和熵原理　内倾和外倾　器官缺陷与补偿　自我防御机制　自我同一性　客体关系理论　投射性认同　主体间性理论

作为现代心理学的主要流派之一，精神分析始终扮演着举足轻重的角色。精神分析由奥地利精神病学家西格蒙德・弗洛伊德创立，之后精神分析出现各种流派，阿尔弗雷德·阿德勒和卡尔·荣格先后开创了个体心理学和分析心理学。后来哈特曼、安娜·弗洛伊德、埃里克森等人的自我心理学强调自我的作用。霍妮、沙利文、弗洛姆等人从社会文化角度拓展精神分析并形成了社会文化学派。再到后来，克莱因等为代表的客体关系学派逐渐成为正统精神分析的主流。科胡特在自我心理学基础上开创了自体心理学。基于弗洛伊德传统精神分析，拉康提出了结构主义精神分析。而自我心理学也在阿特伍德、斯托罗洛等人的领导下走向了主体间性精神分析。

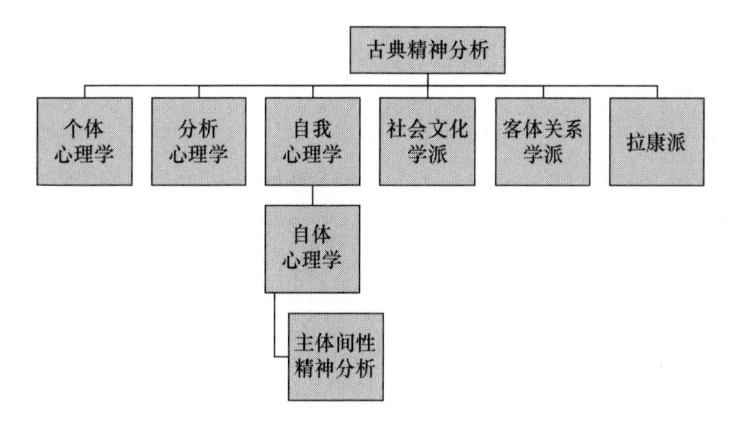

第一节　精神分析的起源

精神分析学派的产生并非偶然，它受到 19 世纪末奥地利社会文化大环境的影响，是弗洛伊德从治疗神经症出发而衍生出的心理治疗的理论与方法，并发展成为对人文科学、哲学、社会文化思潮都具有重要影响的世界观。与此同时，哲学和心理病理学的发展都对精神分析理论的产生与发展具有深远影响。

一、社会背景

19 世纪末 20 世纪初，奥匈帝国首都维也纳正在经历着残酷的社会转型。大批工人失业，温饱都无法保证，生存成为底层人民面临的巨大挑战。社会转型期的不稳定性以及不同阶级之间的矛盾性造成了心理疾病的高发病率。与此同时，维多利亚女王时代庸俗虚伪的道德价值观和华而不实的文学风格主导着文化领域。那里充满了宗教和禁欲的气氛，人人谈“性”色变，贬低否定妇女在性方面的需求和权利，人们甚至为自己产生生理需求的念头感到自责。尤其是犹太社会的宗教禁忌更为严格，因此神经症和精神病的发病率越来越高。

概括来讲，在垄断资本主义阶段，社会矛盾日益尖锐，面对犹太家长制和维多利亚时代性道德价值观的双重压迫，精神类疾病发病率高，在此背景下精神分析可以说是应运而生。

二、思想背景

(一) 哲学背景

古希腊哲学家柏拉图曾在《理想国》一书中，将人的灵魂分为三个部分：第一部分是理性，占优势的是哲学王；第二部分是意气，占优势的是武士；第三部分是情欲，包含各种非理性或欲望，占优势的是劳动者。柏拉图的灵魂三分法是弗洛伊德的人格结构理论划分三个我的原型。

19世纪，赫尔巴特提出意识阈限的概念，认为心理活动可以分为潜意识和意识两部分，想法可以从潜意识越过意识阈限进入意识。同样，被排斥的观念将从意识领域被压入潜意识，两者之间是动态的。之后，莱布尼茨提出了微觉说，第一次肯定了"潜意识"现象的存在，认为"微觉"是非静止的，受到"欲求"的推动。而费希纳则进一步深化了潜意识概念，提出了"冰山理论"——心理类似于冰山，大部分位于水面下，这部分中有一些观察不到的力量在发挥着作用。这些思想为弗洛伊德的无意识理论提供了哲学基础。

此外，弗洛伊德深受布伦塔诺意动心理学的影响。布伦塔诺意动心理学主张心理学研究的对象不是一个静态的内容，而是一个动态的心理活动或心理过程。心理学应该用内在知觉或内省来研究，是对自身内在经验的观察，而非冯特所主张的对内省进行实验观察，即实验内省。他提出的心理活动与心理内容相对立的思想，对弗洛伊德的精神分析理论影响重大。弗洛伊德的精神分析也被称为"心理动力学"，可以窥见其强调心理活动的重要性。

叔本华的唯意志论在弗洛伊德非理性哲学中发挥了重要的理论作用。弗洛伊德本能理论中的自我保护本能和性本能对应着生存繁衍意志在唯意志论中的具体表现。此外，弗洛伊德还受到了18、19世纪哲学中享乐主义动机理论的影响。享乐主义有三种：过去的享乐主义、现在的享乐主义和未来的享乐主义。弗洛伊德提出的本我的快乐原则反映了享乐主义的影响。

（二）科学背景

精神分析的产生与进化论、能量守恒转化定律等这些19世纪的伟大科学发现息息相关。自从达尔文发表《物种起源》以来，弗洛伊德用生物决定论的观点来讨论人类心理学，他对本能的强调深深地打上了生物决定论的烙印。在弗洛伊德看来，本能在人格中占据核心地位。人格的结构是本能寻求现实条件下的满足所带来的结果，自我是本我的附庸，它不仅需要本我为其提供活动的能量，而且它存在的最重要意义在于为满足本能欲望而寻找现实途径。人格的发展也取决于本能欲望的生理兴奋区的变化。此外，达尔文强调自然选择和性选择，尤其是突出性选择的意义，这促进了弗洛伊德的泛性论思想，为弗洛伊德创立精神分析提供了生物学基础。

与此同时，19世纪自然科学领域提出的“能量守恒和转换定律”也成为弗洛伊德的理论来源之一。他的老师布吕克受过长期的物理主义生物学训练，弗洛伊德深受其影响。既然物质世界的能量可以由一种形式转换为另外一种形式，而且在转化和传递的过程中能量不灭，那么心理能量是否也遵循同样的规律？这一观念嵌入了弗洛伊德对力比多的探讨之中。

三、心理病理学背景

精神分析是由一群主张心理病因学观点的人发展起来的，其中梅斯默是先驱者。他是奥地利维也纳的一名医生，曾用“通磁术”，也可以叫“麦斯麦术”，使患者进入昏睡状态给予治疗，不少病人得以好转。事实上，麦斯麦术就是一种催眠术。

1843年，英国外科医生布雷德提议用“精神催眠”一词，因为她认为催眠与磁力完全没有关系，而是一种心理效应，自此“催眠”的概念正式确立。布雷德的催眠术由法国医生李厄保继承，李厄保最终创立了南锡催眠术学派。南锡派认为催眠能够治病的原因是受到暗示的结果，与神经症无关，主要研究催眠的心理变化。相反，以沙可为代表的巴黎学派则认为催眠状态本身就是一种神经症引起的疾病，主要研究催眠过程中的生理变化。弗洛伊德先到巴黎跟随沙可学习，后又到南锡向伯恩海姆学习，两派对他都产生了影响。

第二节　弗洛伊德的古典精神分析

作为精神分析流派的先驱，弗洛伊德提出在人的意识结构中存在着潜意识，其中的本能是心理或人格发展的动力。他还通过研究梦的解析、焦虑和自我防御机制等内容，开创了心理治疗与变态心理学的新领域，并且促进了人文取向心理学的发展。精神分析理论对20世纪的诸多心理咨询与治疗体系都产生了深远的影响。

一、弗洛伊德的生平与著作

（一）出生与家庭

西格蒙德·弗洛伊德（Sigmund Freud，1856—1939），奥地利精神病医师、心理学家、精神分析学派创始人。他出生于奥地利的一个犹太家庭中，他的父亲是一名商人，在弗洛伊德出生时已近不惑之年。弗洛伊德的母亲作为父亲的第三任妻子，却刚过20岁。与父亲的年龄差距导致弗洛伊德内心更倾向与母亲而非父亲交流。事实上，作为他母亲七个孩子中的老大，弗洛伊德从出生就受到了更多的关注和疼爱。母亲尽量创造好的学习条件让他的天分得以充分发展，母亲对弗洛伊德的影响是深远的。

西格蒙德·弗洛伊德

（二）从医学走向心理学

最初，弗洛伊德的研究都在医学领域进行。弗洛伊德在维也纳医学院学习后，到布鲁克研究所工作期间，研究低等动物神经细胞及功能，并认识了生理学家布洛伊尔。1880年，布洛伊尔开始治疗癔症病人安娜·欧。安娜·欧是癔症研究史上一个非常有名的病人，这个案例让弗洛伊德认识到疾病中心理因素的重要性，促使弗洛伊德的研究重点转到心理方面。

弗洛伊德与布洛伊尔发现，在催眠状态中安娜·欧回忆起并说出过去的经历，再一次体验到与症状有关的情绪之后，她的癔症症状消失了。这段经历让弗洛伊德和布洛伊尔认识到，癔症并不是像当时人们常说的那样，是由器官功能障碍或装病引起的，而是由精神疾病引起的，是由被压抑的记忆和相关情绪引起的。他们发现，在催眠期间如果病人记起并说出某些过去发生的事情并使情绪得到了宣泄，病症就会消失。布洛伊尔把这种方法叫作“谈话法”，又称“疏导法”或“宣泄法”，后来弗洛伊德在临床实践中又把它发展为自由联想法。

（三）从催眠到精神分析

1885—1886年期间，弗洛伊德有机会求学巴黎并师从沙可，学习癔症研究和催眠。1886年开设了自己的私人诊所后，弗洛伊德开始在实践中更多地研究癔症。1889年，弗洛伊德向伯恩海姆学习了暗示法。1893年，发表与布洛伊尔合作的著作《癔症现象的心理机制》。

弗洛伊德用催眠的方法消除癔症的症状取得了不同程度的疗效。但是，最终弗洛伊德还是放弃了完全以催眠作为治疗的途径。他发现催眠的效果并不总是有效，它需要病人的受暗示性高，有些病人并不容易被催眠，并且有时通过催眠治疗病人，一种症状消失后又出现新的症状。在此基础上弗洛伊德尝试用宣泄法，并进一步将其完善成了“自由联想”技术。

（四）精神分析的开端

1895年是精神分析发展史上一个非常重要的年份。这一年，弗洛伊德和布洛伊尔共同出版了《癔症研究》，这本书通常被认为是精神分析学的开端。而戏剧性的是，《癔症研究》的发表也恰恰成为弗洛伊德与布洛伊尔十年友谊破裂的开始。布洛伊尔最初拒绝将癔症与性欲联系起来，《癔症研究》发表后受到了严厉的批评，在发表之后的第二年，布洛伊尔和弗洛伊德就决裂了。

由于自身长期以来一直受到焦虑症状的心理困扰，弗洛依德从1895—1899年做了四年艰苦的自我分析，自己的心理困扰得到一定的好转。之后提出了俄狄浦斯情结、自由联想、梦的解释等精神分析的关键性概念与理论，并在1899年结束自我分析后将自己对于梦的理解整理成书。1900年，《梦的解析》出版，这成为精神分析发展史上非常重要的一个转折点。1910年第二次国际心理分析大会召开，国际心理分析协会成立，是精神分析学派成立的标志。1914年"一战"爆发，精神分析代表大会不得不中止，此时弗洛伊德的创作开始进入晚期。在这个阶段，弗洛伊德依然保持着旺盛的创作力，一直笔耕不辍，发展出了一些新的理论，并对一些理论进行了修正。

(五) 晚年与离世

弗洛伊德67岁时罹患肿瘤，先后共进行了33次手术。弗洛伊德在晚年受到了很高的礼遇，在他70寿辰时，奥地利官方广播其生平，他收到了来自罗曼·罗兰、爱因斯坦等人的贺电，同年从精神分析运动中引退。82岁时，他遭纳粹迫害，在友人的帮助下前往英国。1939年2月，其癌症恶化，于9月23日在伦敦去世，享年83岁。

弗洛伊德这一生著作颇多，主要代表作包括《梦的解析》(1900)、《日常生活的心理病理学》(1901)、《性学三论》(1905)、《精神分析引论》(1917)、《超越快乐原则》(1920)、《群众心理学和自我分析》(1921)、《自我与本我》(1923)和《文明及其缺憾》(1930)等。

二、精神分析的方法与核心理论

(一) 精神分析的方法

弗洛伊德的精神分析方法主要包括自由联想、梦的解释和对过失行为的分析。自由联想的具体做法是以病人为主，让病人想说什么就说什么。弗洛伊德认为越是荒唐或不好意思说出口的内容对治疗越有意义。自由联想是为了深入挖掘病人潜意识中存在的致病情结或冲突，将这些情结和冲突从潜意识带到意识中，使患者能够理解这些内容，从而使被压抑的心理能量得以释放，进而消除症状。

弗洛伊德认为梦是有意义的心理活动，梦的核心在于愿望的实现。成年人的心理比儿童复杂得多，成年人往往通过伪装的方式隐藏真实的愿望欲望。梦可以通过精神分析的方式进行解析。

在对过失行为的分析中，弗洛伊德主要讨论了口误、笔误、误读和遗忘等一般健康人都有的心理现象，进而对人格结构进行初步分析。弗洛伊德认为对过失的分析实际上是探讨潜意识问题的便利途径。受机械唯物主义因果观的影响，从因果决定论出发，弗洛伊德认为凡事必有其因。人的所有心理行为，都是有原因的，因此弗洛伊德得出结论，犯错有一定的动机，口误、笔误等都是潜意识活动的产物。如果我们对生活中的各种过失行为进行分析，就可以通过过失行为的表象来探索潜意识深处的内在动机，进而揭示过失行为背后的意义和目的。

（二）意识层次理论

弗洛伊德研究癔症时发现并不是所有病人都能意识到自己的情感经历，但通过催眠，来访者可以表达自己与疾病有关的经历。因此弗洛伊德认为大量的心理能量存在于被压抑的情感体验中，由此形成了症状。根据这个设想，弗洛伊德提出了意识层次理论，将人的心理活动分为意识、前意识和潜意识三个层次。

弗洛伊德的无意识概念来源于莱布尼茨的微觉说和费希纳的“冰山理论”。莱布尼茨的微觉说认为，微觉是最无意识性的。费希纳的“冰山理论”则主张人类的意识结构和冰山相似，冰山的一个角露在水面上，而水面之下观察不到的部分占八分之七，是个体感觉不到的，水面上部分占八分之一，是能意识到的部分。在此基础上，弗洛伊德提出了自己的意识层次理论体系。意识是可感知的精神活动，只是心理活动中很小的一部分。前意识是指我们在正常情况下没有意识到，但可以通过专注、记忆和联想进入意识领域的心理活动。

意识和前意识的内容是可以互换的。潜意识是意识的最低层次，是个体没有意识到的心理活动。它包含了各种本能的冲动、原始的欲望和被压抑的情感体验。它们是社会不可接受的，因为它们与法律道德和习俗相抵触，因此被排斥或压制在意识阈值以下。它变成了一种无意识的心理活动。这些无意识的心理活动每时每刻都在影响着人类的行为，只是人们没有意识到罢了。与意识相比，弗洛伊德的精神分析理论显然更重视潜意识。

意识	是个体心理活动的有限外显部分与感知有关的心理活动。例如，现在你在阅读的这些文字，就在你的意识当中。
前意识	是介于意识和潜意识之间的部分，是可以回忆的经验并且能够召回到意识中的经验和记忆。例如，现在你正在看书，突然你妈妈叫你开车去接她，你放下书后立马知道如何开车。

（续表）

潜意识	这部分是被压抑到意识之下的、无法从记忆中召回的部分，这部分被社会的风俗、道德、法律所禁止，包括个人的原始冲动和本能的欲望。潜意识对于正常以及不正常的心理机能均有十分重要的作用。弗洛伊德认为，对于潜意识来说，出现在意识层面是非常困难的，因为两者之间有着严格的防御机制。但是，在我们日常生活中并不是没有潜意识的存在，它经常通过口误、笔误以及梦等情况，泄露出我们被压抑的动机和意图。

（三）人格结构理论

受到柏拉图灵魂三分法的启发，弗洛伊德晚期提出了人格结构理论。将人格分为本我、自我和超我三个相互作用的部分。这些可以当作是人格中三个不同的代理人，每个代理人都拥有属于其特有的任务和特征。他们各自有自己的起源和特点，共同维持人格结构的稳定。

本我是人格中最原始、最模糊和最难掌控的部分，它由先天的本能和冲动组成。本我遵循"快乐原则"。弗洛伊德认为人在最开始的时候对于快乐的获取是迫切和直接的。婴儿就完全是由本我构成的。弗洛伊德用"利比多"(libido)来代表内驱力。早期的"利比多"主要是指性趋力；后期的"利比多"则增加了攻击趋力；晚期弗洛伊德将"利比多"扩展为生命的驱力。

自我是从本我中分离出来的面对现实的部分，遵循"现实原则"。在"现实原则"的指导下，自我力求避免痛苦，获得满足。自我代表了人格结构中的理性和审慎。它在与外部现实的互动中成长，在外部感受现实、正确认识并适应现实，在内部则调节本我的冲动、抑制欲望的宣泄。超我是从自我发展而来的、道德化的自我，被认为是人格中最后也是最文明的部分。它遵循"道德原则"，是一切道德规范的代表。主要作用是按照社会道德标准监督自我的行为与本我冲动的满足。超我分为自我理想和良心两个部分。自我理想是内化了的完美的父母形象。良心则是内化儿童通过惩罚而从中吸取的经验和教训形成的。

本我	遵循"快乐原则"，是人格深层的基础和人类活动的内驱力，是精神分析学派的理论基石。
自我	遵循"现实原则"，从本我分化出来，在人格结构中代表着理性和审慎。
超我	遵循"道德原则"，按照社会道德标准监督自我的行动。

在一般情况下，人格结构三部分处在一个动态平衡的关系之中。当本我过于活跃

时，超我就会通过至善原则施加压力给自我。但当自我不能执行相关任务时个体就会产生各种症状。人格发展是一个潜意识、前意识和意识，本我、自我和超我之间对抗与压抑的过程。如果三者之间保持动态平衡关系，人就能够得到健康发展；如果出现失调，则会导致心理问题。

（四）本能论

弗洛伊德认为本能是人类生存和生活的基本要求、原始冲动和内在动力，精神活动的能量来自本能，它是推动人前进的内在力量。对于本能的类型，弗洛伊德早期和晚期有不同的看法。早期，弗洛伊德将本能分为性本能和自我本能两种。性本能即力比多(libido)，追求性快感的满足，是人类行为的内在动力，驱使人们通过各种手段以求满足。自我本能是害怕危险，保护自己不受伤害。

第一次世界大战给人类带来了巨大的灾难。弗洛伊德深受其影响，觉得人性中存在某种侵略或自我毁灭的本能。弗洛伊德因此修正了早期本能理论。他认为自我本能和性本能最终都同样指向生命的成长和促进，因此可以合并为一种生殖本能。并补充了死亡本能，认为生命的终结就是死亡，死亡本能最重要的衍生物是攻击性，表现为一种毁灭的欲望。它表现在外部则变成了破坏、征服和侵略的引擎。但当攻击性受挫败就会退回内部，变成一种自杀倾向，包括自我谴责、自我惩罚和嫉妒等。尽管弗洛伊德没有像生存本能那样充分发展死亡本能理论，但死亡本能仍然是他理论的重要组成部分。

（五）性心理发展理论

弗洛伊德关于儿童人格结构发展的理论是建立在对儿童的观察和对童年经历回顾的基础上的。他认为，个体的每个阶段都有不同形式的力比多满足。心理发展与生理发展相联系，并将人的性心理划分为五个阶段：

第一阶段 口唇期 （0—1岁）	原始性的性力集中在口部，靠吮吸、咀嚼、吞咽、咬等口腔活动，获得快感与满足。若婴儿在口唇期得到满足，那么他在长大后会有正面性格，如乐观开朗。反之，长大后将会滞留下不良影响，又称口欲滞留。
第二阶段 肛门期 （1—3岁）	幼儿通过排便缓解了内急的压力，获得了一种愉快的体验，所以家长应该培养孩子养成良好的卫生习惯。如果训练过于严格，容易导致肛门人格：一是肛门排泄型人格，如脏乱、无组织等；另一种是肛门便秘型人格，如过于干净、固执、小气等。

（续表）

第三阶段 性器期 (3—5岁)	在这一阶段，性器官成了儿童获得性满足的重要刺激。同时，男孩在潜意识里时常有被切除掉性器官的恐惧，形成了阉割焦虑；而女孩发现自己缺少男孩那样的性器官而感觉受到损伤，产生了阴茎嫉羡。男孩想要独占母亲的爱，父亲则成为自己的对手，因而男孩对父亲产生敌意，形成了“俄狄浦斯情结”，即恋母情结。此时女孩则对自己的父亲产生爱恋，总希望自己能取代母亲的位置，则形成了“伊莱克特拉情结”，即恋父情结。
第四阶段 潜伏期 (6—12岁)	儿童进入潜伏期，其性发展便呈现一种停滞或退化的状态。潜伏期是一个相当平静的时期，但是性力的冲动并没有消失，而是转向社会活动，如学习、艺术等。这是通过升华作用的机制实现的。
第五阶段 生殖器期 (12—18岁)	这时候性生殖区的主导作用超过了其他性感区的作用；性快感出现了一种新的位相——最终快感，与前些阶段的先前快感正好相反，先前快感只能引起紧张，在青春期及以后的成人生活中只起辅助作用。

第一阶段为口唇期，婴儿主要通过口部来获得快感和满足。第二阶段为肛门期，幼儿通过排泄粪便获得快感，经父母正确训练形成良好排泄习惯。第三阶段为性器期，儿童通过性器官获得性满足。第四阶段为潜伏期，性冲动开始转向社会活动。第五阶段为生殖器期，生殖区开始发挥主导作用，出现最终快感。第三阶段也被称为俄狄浦斯期，孩子在这个时期产生性别意识和性别认同。弗洛伊德的一个经典案例——小汉斯的案例，揭示了俄狄浦斯期的特点。

[案例展示]

经典案例：弗洛伊德的小汉斯案例

5岁的男孩汉斯得了恐惧症，对马的恐惧尤为明显，他惧怕马、马车，等等。他因为怕出门看到马，不敢出门上街。弗洛伊德对其精神分析后发现小汉斯怕马是怕父亲的转移。马象征着父亲，因为马和父亲一样都有很大的阴茎。后来他还发现，小汉斯真正害怕的是马咬他的手指，手指是他阴茎的象征，因为他经常玩自己的阴茎。但他妈妈警告他，如果他再玩医生就会切掉他的阴茎。

小汉斯将母亲作为心目中最初的力比多投注对象，伴有强烈的情感投注，但因为具有强大力量的父亲的存在，使得自己无法独占母亲。弗洛伊德认为小汉斯具有恋母情结，他必须找出各种理由去接近母亲，想方设法独占母亲，而父亲则成为他的障碍。但由于自己不是父亲的对手，他害怕父亲，害怕自己被阉割因而产生了阉割焦虑。俄狄浦斯期男孩需要面对迷恋母亲但同时又有阉割焦虑的冲突。俄狄浦斯情结中的冲突是否被较好地处理至关重要，如果不能被较好地处理是长大后神经症产生的根源。因此，弗洛伊德认为俄狄浦斯时期在一个人的人格形成中起着至关重要的作用，许多精神疾病患者可以将其追溯到早期的创伤经历和压抑的情结。

（六）释梦

根据弗洛伊德的理论，梦是一个人潜意识觉醒状态的反映。在睡眠中，自我控制能力减弱，被压抑的潜意识将会出现。古代精神分析冲突模型认为，梦的内容可以分为显性梦和隐性梦。梦的内容可能来自每天偶尔发生的刺激和记忆。被压抑的释放欲望在梦里表现为隐藏的梦内容。

梦有四个工作机制。首先是检查机制。即使在梦中，自我检查仍在起作用，因此，在梦中表现出来的潜意识必须经过伪装，才能在梦中呈现出来。其次是凝聚机制。弗洛伊德认为，梦的内容大多是一个压缩或者简化的版本，凝聚着丰富的隐含内容。第三是移置机制。梦中的“替代物”或位置的移换以及相类似的暗喻等，都是移置作用的表现。最后是象征机制。在弗洛伊德看来，梦的元素本身就是梦的深层次象征，梦的象征作用可以说明梦的元素与梦的解释之间所存在的固定关系。

由此，通过释梦，病人可以意识到并深入了解自己的潜意识过程和冲突，所以被表现出来的内容是治疗性的。释梦可以看作是自由联想的补充和扩展，可以和自由联想同时进行。

在《梦的解析》一书中，弗洛伊德以伊玛打针的梦为例，介绍了精神分析中释梦的方法。梦中他的一位病人——伊玛出现在舞会中，他注意到她的气色比平时差很多，于是就斥责她不听自己的诊疗意见，在梦里其他医生也给伊玛做了相同的诊断。弗洛伊德发现她的病因是由另一位医生的不当注射引起的。他希望证明伊玛无法康复是因为别人的过错，而伊玛没有遵从他的建议，所以与自己的心理治疗无关。弗洛伊德通过释梦理解了自己对于伊玛仍受病痛折磨的愧疚。精神分析认为梦是潜意识愿望的达成与实现。

弗洛伊德与其后的精神分析把梦的解释作为一种心理治疗的重要手段。作为治疗手段之一的释梦,之所以有一定的临床实效,是因为一般人都存在着对自己进行解释的需要,神经症患者有更强烈的释梦要求,更需要分析师的帮助。释梦可以帮助分析师更好地了解来访者的潜意识。

(七) 焦虑论

焦虑作为弗洛伊德精神分析的重要概念之一。弗洛伊德认为,最早的焦虑来自出生创伤,即婴儿出生后与母亲的分离。创伤带来的体验就是焦虑。因此,出生所产生的创伤成为后来所有焦虑经历的基础,而焦虑则代表着早期创伤经历的重现。弗洛伊德将焦虑分为现实焦虑、神经质焦虑和道德焦虑三类。根据其来源可区分三者的不同。

现实焦虑是指外部环境中真实、客观的危险所引起的焦虑。当外部的现实危险消失时,对现实的焦虑就会相应减少或消失。神经性焦虑是指个体由于本能冲动而害怕受到惩罚的焦虑体验。当本我意识到满足本能的需要可能会带来外部危险时,他们害怕本能。因而神经性焦虑是在现实焦虑的基础上产生的。道德焦虑是指当一个人的行为违背了超我的良心道德标准时产生的带有内疚感的焦虑体验。当人们的思考和行动不符合道德时,超我就会以羞耻、内疚和自我谴责来警告。道德焦虑引导人们按照个人良知和社会道德标准来行事。

焦虑状态可能不止一个来源,有时可能是两种或三种焦虑的混合。信号焦虑说是弗洛伊德后期的焦虑理论,该理论将焦虑视为超我和本我产生冲突后自我发出的情感信号,然后通过警告效应显示出来。焦虑提醒人们已经存在的内部和外部危险,从而避免它们。如果无法逃避,焦虑就会累积,最终将一个人压垮,这被称为"人格崩溃"。

(八) 自我防御机制

焦虑作为痛苦的情绪体验,个体必须控制焦虑情绪的出现。为了减少焦虑,自我可能会采取正常理性的方法来控制危险和解决问题,也可能会通过自我防御机制做出反应。自我防御机制是指人们为了减轻焦虑而不理性地否认甚至扭曲现实。

根据弗洛伊德的理论,防御机制主要有八种。

防御机制	内涵
压抑	是抑制和忘记引起焦虑的想法和欲望的过程,这对个人来说是不可接受的。压抑是最重要、最基本的防御机制。因为任何其他防御机制的发生,都必须先有压抑。
投射	是把那些不被社会所接受的欲望、态度和行为转移给他人或其他原因。典型投射例症常见于妄想狂中,神经症患者对所遭受迫害的幻觉采取的形式就是把破坏性冲动归咎于别人或者社会团体。
置换	指个体对某人或某事的情绪反应(多为愤怒、仇恨等负面情绪)转移到该对象上,然后寻求发泄的过程。在《梦的解析》中,弗洛伊德将置换分为两种类型。第一种是客体置换,即个体向他人表达对一个人或一件事的感受。二是驱力置换。客体置换是情感不变和客体变化,而驱力置换是客体不变,情感改变。
否认	指个体拒绝承认他或她在现实生活中的个人痛苦的事实。这样逃避现实,不去面对生活中无法解决的困难和无法实现的愿望,最终达到减少内心的焦虑。
反向形成	指采取与欲望相反方向的行动来掩盖个人潜意识中的真实愿望。这种向内和向外趋向两端的现象,就是反向形成。
认同	是把别人的特点作为自己的应用到自己身上的行为,也叫自居。弗洛伊德认为,认同在儿童心理发展中起着极其重要的作用。对于处于俄狄浦斯情结阶段的孩子来说,俄狄浦斯情结只能通过异性父母的认同来解决。后来,儿童的认同对象从父母扩展到亲戚、老师、同龄人、功成名就的人物、理想人物等。儿童通过模仿和内化,使自己在行为模式、态度、观念和价值标准等方面与他人保持一致。可以说,认同是影响人格发展的重要因素之一。
退行	指个体在面临冲突、紧张,特别是在遭受挫折时,会用一种幼稚的行为来应对现实困境,从而引起关注或吸引同情,从而减轻焦虑。弗洛伊德将回归分为两种类型:一是客体回归,当个体无法从某人或某事中获得满足时,就转向他已经满意的客体。二是内驱力回归,指个体从一种内驱力的挫折中追求另一种内驱力的满足。
升华	指改变原有的冲动或欲望,用社会认可的思想和行为方式表达出来。通过升华,个体可以改变冲动的目的和对象,而不抑制冲动或欲望的表达。它是将原始的冲动或欲望转向更高的方向,或转向具有创造性和建设性意义和价值的东西。

自我防御机制有维护心理健康的作用。但若过度依赖防御机制会引发焦虑情绪,一旦防御失效则会导致精神疾病。

(九) 精神分析的治疗过程

弗洛伊德指出了一般精神分析的治疗过程历时 2—5 年不等,包含自由联想、梦的解析、移情、阻抗、解释、领悟、修通等主要方法与步骤。

方法	内涵
自由联想	主要是通过让病人在比较舒适的环境中，病人随意联想并将其表达出来。这个过程以病人为主，鼓励病人讲出原始想法，发掘病人压抑在潜意识里的那些致病情结或矛盾冲突，从而帮助他们建立健康心理。
梦的解析	被弗洛伊德描述为“通往潜意识的康庄大道”，他认为梦是有意义的精神过程，通过分析可以理解其潜意识愿望。
移情	指病人把他们对早期经历的感受，转移到治疗师身上，对移情的分析、领悟成为治疗的重要素材，是获得心理治疗效果的必经之路。弗洛伊德认为移情分析是精神分析的独到之处。
阻抗	为病人有意识或无意识地回避某些敏感话题、偏离治疗重点，以及阻碍治疗进展的情况。阻抗存在于整个治疗过程中。通过分析阻抗的原因，并帮助患者真正认识和承认它，从长期来看，已经向前迈出了一大步。
解释	是治疗师用语言表达的方式，使病人的潜意识冲突到意识中。但弗洛伊德认为，分析师应该避免解释，除非病人几乎意识到这一点。
领悟	指患者意识到潜意识的症结，达到自我理解，改变心灵的内部结构，进而形成新的认知，出现新的行为。
修通	是由领悟所带来的行为、态度和结构的改变。弗洛伊德认为，正是解释带来了有价值的见解和可靠、持久的治疗变化。从任何角度看，内在冲突的分析都应该被称为修通。

精神分析治疗的重点是发现症状背后被压抑的潜意识内容。通过精神分析的过程，病人意识到他潜意识中的问题。使潜意识中被压抑的情结或冲突转化、上升至意识层面，病人从中理解、领悟症状的真实意义并做出认知、情感的调整改变以缓和、解决冲突，这样症状就会随之消失。

（十）群体心理观与宗教观

弗洛伊德的群体心理学中有两个观点：一是构建群体成员间的联系，二是论述群众与领袖关系。弗洛伊德从本能的角度探讨了群体成员之间的联系纽带。人的本能包括生本能和死本能，群体间的联系也与两个本能有关。弗洛伊德把群体精神的产生归结为人与人之间的敌意，到后来敌意逐渐转换为相互认同。儿童刚开始与社会接触时并不愿意群居，相反他对周围的陌生人充满了敌意。但随着弟弟妹妹出生后，父母逐渐把爱分给他们，他不得不认同同辈群体中的其他人，后来这种认同感回避进一步扩充到社会群体中。

对于群众与领袖的关系，弗洛伊德认为群体成员因为对领袖的爱把他们联结在了一起，而他们的敌意也因领袖的爱而化解。但他认为群体成员之间的爱与群体对领袖的爱是有区别的。一个群体的平等原则只适用于它的成员，而非领导者。所有成员必须彼此平等并产生相互认同，但总想被一个高于所有人的人带领。上帝是父亲形象的投射，是弗洛伊德关于宗教最有影响的观点，该理论以俄狄浦斯情结为基础。男孩在幼年时期与母亲之间有一种“性爱”关系，但这种欲望却被父亲这个可怕的对手所挫败，并产生一种随时可能被阉割的畏惧感。男孩会通过对父亲的认同，将其形象内化为道德榜样而形成超我，完成自我约束。在长期依赖父母的过程中，男孩对父亲产生了矛盾的态度，对父亲的敌意被恐惧抑制了。同样的事情也发生在女孩身上。

被理想化的父亲具有无所不能的品质。在面对自然灾害和社会灾难时，他为所有需要安全感的孩子提供了他们所期望的保护，这些孩子进而成为神的信徒。事实上，人们对父亲的期望可能有寻求保护的真正动机。宗教是儿童在无助时寻求保护的本能反应，也是成年人在能力之外寻求保护的本能反应。

弗洛伊德的宗教著作《图腾与禁忌》借鉴了达尔文对早期历史的猜想：在远古的世代中，原始的“族群”都被一个强大的男性所统治，他喜欢所有的异性，并驱逐或杀害其他同性，甚至包括他自己的儿子。于是弟兄们聚集起来反抗他，杀了并吃了他，又掳掠了那些妇女。这导致了强烈的内疚感，结果是禁止杀害图腾动物。另一个禁忌是与该团体的女性成员发生性关系。图腾动物和上帝都象征着父亲，并最终内化为超我。对这些事件的记忆代代相传，并在定期杀害和食用图腾动物的仪式中继续下去。

弗洛伊德认为宗教行为、宗教信仰和宗教经验是强迫性神经症的一种。他认为人们的生活面临着无数的威胁、痛苦、焦虑，人类面对这些方面的痛苦和压力时显得苍白无力，需要一种精神麻醉来缓解压力和痛苦，而宗教正是满足这种需求的产物。他认为宗教通过贬低生命价值、扭曲现实世界，迫使人们处于一种幼稚的心理状态并陷入一种集体错觉，以逃避和减轻压力和痛苦，获得幸福。

三、评价

（一）贡献

1. 理论贡献

（1）开创了潜意识的研究

在此之前，心理学的研究侧重于意识范围内的认知过程，而弗洛伊德则力求探寻心理现象背后的精神作用，是第一个全面系统研究潜意识的人，推动了心理治疗、临床心理学的发展。与此同时，关注人的内在因素、潜意识加强了我们对于精神病人的深入理解，对心理治疗有重要影响。

（2）提出了一套完整的人格理论与心理治疗理论

弗洛伊德是心理学史上首个对人格进行全面且深刻研究的心理学家，他的人格结构理论也是第一个完整的人格理论。他强调本能的作用和生物因素，重视儿童期经验对人的心理和人格发展的影响等具有一定的启发性。他所提出的精神分析理论，至今仍然是心理咨询与治疗的最主要理论体系之一。

（3）成为一种对人文科学有重要影响的世界观

在维多利亚这样一个禁欲的时代，他开创性地对性作了系统研究，极大地丰富了精神分析的理论框架，促进了性科学发展。弗洛伊德的理论和思想渗透到社会科学的各个领域，例如文学、艺术、哲学等，他所创立的经典精神分析仍然具有生命力和现实意义，并在不断发展和深化。

弗洛伊德的精神分析对存在主义哲学有重要影响，也与存在主义先驱克尔凯郭尔的思想有联系。丹麦哲学家、存在主义之父克尔凯郭尔认为由对无限的可能性引发的恐惧、焦虑是一所学校，人们通过这所学校的"炼狱"经历获得由信仰带来的存在主义式拯救。在弗洛伊德的理论中，克尔凯郭尔的恐惧、焦虑是对神经症症状的描述，神经症通过自由联想而被领悟、修通，即得到了类似通过信仰而可以获得的存在主义式拯救。之所以说这是"炼狱"，是因为在自由联想过程中，曾经的痛苦会逐渐浮出水面，移情和阻抗的出现让修通的过程无异于浴火重生的过程。

2. 应用贡献

在心理治疗中，弗洛伊德提出早期的心理创伤是神经症形成的主要原因。他提倡精神分析的方法，通过挖掘病人潜意识背后的心理冲突并将其意识化来缓解病人症状，从而创造了一套治疗神经症的方法。精神分析法突破了过去只依靠药物、手术和物理治疗的桎梏，开辟了心理治疗的新途径。同时自由联想、移情、阻抗、自我防御机制、梦的解析等概念和技术对精神病理学和心理治疗的实践产生了革命性的变革，也是后来心理咨询普及化的原动力之一。

（二）局限

1. 具有明显的生物学倾向

弗洛伊德的整个学说具有生物学倾向。他将动物的原始本能看作决定人类生活实践的内部动力，极端夸大了性的作用。此外，弗洛伊德的理论观点具有"泛性欲论"的倾向，没有考虑社会环境对人格发展的重要影响。同时，本能决定人的行为的观点也具有

"还原论"的局限性,忽视了人格发展的复杂性。

2. 忽视人格发展的可能性

弗洛伊德性心理发展理论把人的性心理划分为五个阶段,从口唇期到生殖器期,认为儿童早期经历对成年后人格形成起到决定性作用,忽视了成长后人格继续发展的可能性。

3. 研究方法上存在局限

弗洛伊德在变态心理领域做出巨大贡献,但其理论应用于正常人是失之偏颇的,两者不能等同起来。弗洛伊德将自己治疗精神病患者的经验进行了绝对化和普遍化,这对于心理学的研究是片面的。与此同时,他通过自己的经验得出的结论,多出于主观的臆想和逻辑演绎,缺乏实验科学的证据支持。因此,他的研究也被称为"心理玄学"。

第三节　其他早期的精神分析学家

以荣格和阿德勒为代表的弗洛伊德的学生继承和发展了精神分析理论。1914 年,荣格正式与弗洛伊德分道扬镳,建立了分析心理学,他提出意识、个体潜意识以及集体潜意识受"自性"原型的统一,强调人格的整合性。

一、荣格的分析心理学

卡尔·古斯塔·荣格

荣格也是国际精神分析学的主要领导人之一，他曾被弗洛伊德作为接班人培养。但因为在理论上存在一定分歧，荣格最终退出学会，也与弗洛伊德正式决裂。此后，他开始了长达十年的自我分析，并创立了分析心理学流派。

（一）荣格的生平与著作

卡尔·古斯塔夫·荣格（Carl Gustav Jung，1875—1961）是瑞士心理学家、精神病学家，是分析心理学的主要奠定人。荣格出生于瑞士。他智力早熟、个性孤独但想象力丰富。于1899年查阅艾宾的《精神病学教科书》（1879），便认定精神治疗可以协助他完成自己的梦想。

1900年，荣格在苏黎世大学的伯格尔斯立精神病院担任助理医生，并开展了著名的“字词联想”研究，产生了“情结”的学说。1906年，他开始研究弗洛伊德理论，并和学派的其他人一起创建了“国际精神分析学会”，担任第一任主席。而后因为与弗洛伊德在思想上的差异及其他问题，荣格于1914年宣告离开弗洛伊德。

与弗洛伊德分道扬镳后，荣格出现了近似精神分裂的症状。荣格进行了十年艰苦的自我分析，在自己的幻觉体验基础上提炼出了集体潜意识、原型等关键性概念和学说，发表了《心理类型学》。为区分于弗洛伊德的精神分析理论，荣格把自己的研究称为“分析心理学”并成立了荣格学院。之后，荣格结合东方文化继续进行心理学研究。1961年6月6日荣格在瑞士去世，终年86岁。

荣格生平著作卷帙浩繁，后人整理的《荣格全集》就有20册，此外还有一些未被收录的作品。他的主要著作包括《潜意识心理学》（1912）、《心理类型学》（1921）、《分析心理学的贡献》（1928）、《寻求灵魂的现代人》（1933）、《分析心理学的理论与实践》（1958）、《记忆、梦、反思》（1962）等。

（二）荣格的分析心理学思想

1. 字词联想实验与情结理论

荣格在1904年通过对精神病人做字词联想试验，创造了情结学说。字词联想试验由英格兰的高尔顿在1879年首创。后来冯特又将其引进实验心理学。但他们二人除了看到被试的联想产生了不同的反应时以外，并没有发现更深的内涵。荣格当时运用这项技术是为了发现患者的联想反应词中对诊断有利的因素。荣格用100个刺激词对受试者进行了测量。对每个词汇，受试者被要求对最先出现在脑海中的联想词汇作出反应。荣格在实验中发现有些被试要比较久才作出反应，其原因却无法解释。荣格认为，这或许是由于某种潜意识的情绪在控制着这些反应。于是，他将反应时间较长的刺激词、回答方式不当的刺激词以及反复出现的干扰词叫作复杂指示词。荣格指出潜意识中存在着一种不同的混合体，而这种混合体又和人的情感、记忆与观念相关，而凡是与这种混合体有关的词语就会导致反应时间增加。所以得出结论认为人们透过情结就能找到心理障碍的根源。情结会以心理障碍的方式显示出来，使病人出现各种心理疾病症状。

荣格提出的情结理论认为情结是相互联系的潜意识内容的群集，是整体人格结构中独立存在的较小人格结构。首先，它是自主的，带有强烈的、情绪和情感的个人色彩。其次，情结是潜意识的，属于个体潜意识层面，但对人的思维和活动有着重要的影响，可以影响有意识的活动。因此，他指出情结是“梦和症状的制造者”和“无意识的捷径”。再次，情结把个人潜意识与被抑制的内涵同集体潜意识、原型联系在一起。最后，他相信每个人都有情结，但在内容、数量、强度以及来源上因人而异。

荣格还指出情结的主要根源在于童年时期的心灵伤害，如家长或他人的严厉批评，就会引起人们出现“批评情结”。因与本性不平等引起的道德矛盾，如一个人的性驱力，与他认为手淫、进行婚前性行为是罪恶的观念间的矛盾，也容易产生性压抑和出现敌视、不安的心态。

2. 人格结构理论

荣格分析心理学将整体人格结构视为一种整体的“心灵”，认为心灵包含了一切有意识和潜意识中的观念、感情等心理活动。心灵主要由意识、个人潜意识和集体潜意识三个层面构成。它不仅是一个错综复杂的有机整体，同时也是一个层次分明、相辅相成的人格结构。

(1) 意识

这是人灵魂中唯一可供人直接认识的部分。荣格认为，意识随着人的心理发展而存在，并随着思想、情感、感觉、直觉等四种心灵机能发展而日益扩大。这四种功能的组合形成了各种机能类型的性格。由外倾与内倾性格的影响下，对人的认识心理发生了趋向于外部或内部的转化。荣格还发现，意识发展实质则是人的“个体化”过程，它在人的心理发展学习过程中起着非常重要的作用。其目的在尽量认知自身或意识到“自我”。自我是意识核心，它由所有感知、记忆、思想、情感构成。意识如同看门人，它对深入心智的所有材料加以过滤，使个体人格结构具有共同点和连贯性。同时它又不断地丰富、充实并形成全新的自我。

(2) 个体潜意识

荣格虽然肯定意识的产生与功能,但他却指出,对人及其未来发展负面影响较大的是潜意识。潜意识分为个体潜意识与集体潜意识。个体潜意识是"潜意识的表层",它包含了那些被忘却的记忆、感知和压抑的经历。它发生在个体身上、和个体经验紧密联系。其主要以"情结"的方式显示出来。情结支配着一个人性格的许多方面。当说某人存在某种如自卑情结、性的情结和钱的情结时,是指他的心灵被某些"心理问题"强烈地占据,让他无法思考任何其他事情,但他本人却没有意识到。

(3) 集体潜意识

和弗洛伊德不同,荣格的无意识性学说不但包含了个体潜意识,也包含了集体潜意识。集体潜意识是人们在历史发展与进步历程中所累积的祖先经验的积淀,以及人们作出某种反应时的先天性遗传倾向。

集体潜意识包括所有祖先、所有世代继承下来的经验和无形的记忆痕迹,这种经验以原始意象的形态得到保存。原始意象并不代表某个人能够回忆起并具有和先祖一样的意向,只是先天的遗传意向或潜在的可能性,以特殊的方法对特殊的事情做出一定的反应,以和先祖一样的方法对外界刺激做出反应。例如,人至今存在对黑夜的畏惧,或许源于祖先在黑夜里曾遭受猛兽恐吓的意象。

3. 原型

原型是指一个最原始的模型,其他所有存在都是由它形成的。原型并不是你在实际生活中发生过的事件的一个形象。它并没有清晰的图像,这就像一张照相底片,需要靠经验冲洗。原型深埋于集体潜意识深层,会以梦境、幻觉或其他形式显现。荣格指出其中五大原型是人格面具、阿尼玛、阿尼姆斯、阴影以及自性。

原型	内涵
人格面具	是一个人在公开场合展现出来的人格方面,使人能够对外部世界作出恰当的反应,以得到社会的认可。但过分认可人格面具,会导致对真实自我的过分压抑。因此必须在人格面具和真实自我之间保持平衡。
阿尼玛和阿尼姆斯	阿尼玛是指男性心灵中女性的成分或意象。如多愁善感、软弱、美丽和感性等。 阿尼姆斯是指女性心灵中男性的成分或意象。如勇敢、聪明以及体魄强壮等。

（续表）

原型	内涵
阴影	也称阴暗自我，人心灵中遗传下来最黑暗、最深层的邪恶倾向。它包括了一切动情的、不道德和令人厌恶的欲望与行为，是人格原始的动物部分。阴影是最坏也是最好东西的发源地。荣格认为，如果一个人缺乏来自阴影的深邃智慧和直觉，其生命将缺乏活力朝气、停留于浅薄和平庸。
自性	是统一、组织和秩序的原型。它是集体潜意识中的核心原型，它把别的原型吸引到自己周围，使他们处于和谐的状态。如果一个人的自性并没有充分发挥作用，那他将感到内心激烈的矛盾和冲突，感到自己的精神即将崩溃。自性的实现在很大程度上依靠自我，通过自我尽量使人格的各个组成部分达到自觉意识，使那些无意识的东西成为能被意识到的，使人格获得充分的个性化。实际上，人格的自性完善，是一个人一生中面临的最为艰巨的任务，它需要不断的约束力、持久的韧性、最高的智慧和责任心。

4. 人格动力理论

荣格的理论不仅包括人格结构理论，而且还有人格动力学说。

（1）心灵的封闭性与心理能量

荣格认为，虽然心灵的能量来源于外部或自身的能量，但这些能量属于精神能量，而并非物理、化学或生命能力，心灵可以自由地选择使用它。而心灵是一个比较封闭的或自给自足的系统。

荣格与弗洛伊德分道扬镳的一个主要原因，是荣格不赞成弗洛伊德把力比多理解为仅指性能量。相反，他以心理能量代替了力比多。按照荣格的概念，心理能量既可以是有意识的，也可以是无意识的。在意识中它表现为各种努力、欲望和意愿。同时，它既可以表现为食欲、性欲，也可以表现为情绪和情感。

（2）心理值、等量原理与熵原理

心理值，是一个用于计算分配给某个特殊精神成分者的精神能量比例的指标。荣格还认为，心理值和一个人在某一行为中所付出的成本与金钱之间成正比。

等量原理与物理过程中的等效原理相同，总量不改变。它表明，当一种心理能量在一种精神成分中发生变化或消失之后，相同的力量就必然会从另一种精神成分中产生。也就是说，当一种心理成分耗费了较高的心理能量后，其余心理成分所耗费的心理能量则会同等下降。注意力永远没有在大脑中消失，它只是转移到其他方面去了。有时候它可能由有意识的行为转移到无意识的行为，包括通过幻觉或梦境的方式。

熵的理论，就像水由高流向低。心理能量的分配与传递也是有方向的，通常是由心理能量较多的心理成分流向心理能量较少的部分，以便实现心灵中各部分或元素之间的均衡。但如果能量不均衡将产生各种焦虑、压抑和矛盾，心理能量差越大，人所体验的紧迫感与矛盾性也越强。荣格还认为，部分神经病患者，为躲避压倒性的刺激，在自身周围形成了一种外壳，以保证自身不直接与外界接触。而正常人则采用各种手段保持自身，从而提高了熵，形成一个比较均衡的环境。

(3) 能量的疏导系统

心理能量的前行是指人类将心理能量投放到外部活动中去适应环境的要求。退行是把心理能量由外部活动退回至无意识中，并激发无意识的各种心理能量。一种人通过向前的力量来对抗外界，通过后退保存并积累力量。前行和退行相似于涨潮与落潮，都可以让人的内心世界得到协调与均衡的发挥。

当通过一个新的运动模拟本能行为时，本能能量也将被引入新的活动中。即心理能量需要通过一个能源运输系统进行能源转化，从而被引入新的活动。像物理能量那样，心理能可以通过模仿或制作的方式进行能量转换。

5. 人格成长理论——心灵成长过程论

荣格把人的一生比作太阳在一天内移动的弧线。个体从母亲的子宫里出生，经历童年成长，然后从青春期过渡到成年早期。当人从中年进入老年会面临一个转折点。荣格把人的一生分为四个阶段。

童年时期：从出生到青春期	在儿童刚出生的几年，他不具备意识的自我，依赖于父母。发展到青春期，他的意识自我逐渐形成，摆脱父母的依赖。
青年时期：从青春期到35岁或40岁	"心灵的诞生"时期，个体的心灵正发生一场巨变。他面临人生道路的各种问题，例如学业、职业选择、组建家庭等。这一阶段的人必须努力培养自己的意志力量，克服无数障碍，在世界上找到适合自己的位置。
中年时期：从35岁或40岁到退休	这是荣格最关注的时期。他认为这个时期人生的外在目标获得之后会产生一种精神真空，即会有一种人生意义的丧失感，即"中年心理危机"。他认为中年人要理解个体生命和个人生活的意义，就必须更多、更深地体验自己的内在存在。个体后半生的主要任务是内在发展，以摆脱文化中大多数人对成年早期成就的特征和优势的强调。
老年时期：从退休到死亡	老年人易喜欢回忆过去，害怕死亡。他须通过寻找并发现死亡的意义，才能建立新的生活目标。并且他认为心灵的个性化要到死后的生命中才能实现，即个人的生命汇入到集体的生命中才能实现人生的意义。

6. 心理类型说

荣格在他早期的单词联想测验中指出，不同性格类型的人显示出不同的情结。经过长期的临床实践，他在1913年提出了一般态度类型。后来，在1921年正式发表的《心理类型》一书中，又指出除了内向和外向这两个基本心理类型，还有情感、直觉、思想和情感的四个功能类别，并将它们整合成了八种心理类型。

内倾思维型	除了思考外界信息外，还思考自己内在的精神世界，喜欢分析、思考外界事物，生活有规律，客观而冷静，但比较固执己见，情感压抑。
内倾情感型	他们的情感由内在的主观因素所激发，沉默寡言，不易接近，给人一种神秘莫测的吸引力。内心却有非常丰富和强烈的情感体验。
内倾感觉型	对事物有深刻的主观感觉，常常沉浸在自己的主观感觉世界之中。喜欢通过艺术形象表现自我。缺乏思想和情感，较被动，安静而沉稳，自制力强。
内倾直觉型	富于幻想，性情古怪。思想往往脱离现实，不易被人理解。常产生各种离奇的幻想和想象。荣格认为艺术家属于内倾直觉型。
外倾思维型	一定要以客观的资料为依据，以外界信息激发自己的思维过程。喜欢分析、思考外界事物，生活有规律，客观而冷静，但比较固执己见，情感压抑。科学家是外倾思维型。
外倾情感型	多为女性。思维常常被情感压抑，没有独立性，非常注重与社会和环境建立情感与和睦关系。荣格认为这类人群在“爱情选择”上，表现为更在意对方的身份、年龄和家庭等方面。
外倾感觉型	多为男性。他们倾向于积累外部世界的经验，但对事物并不过分地追根究底。喜欢追求欢乐，活泼，有魅力，对客观事物感觉敏锐，精明求实，易变成寻欢作乐的酒色之徒。
外倾直觉型	喜欢追求外部世界的新感觉，易变而富有创造性，有多种嗜好，但难以坚持到底，做事常凭借主观预感。荣格认为商人、承包人、经纪人等通常属于这个类型。

(1) 一般态度类型

荣格主张按照能力或更多的性倾向来区分人格类型。个体的性格更多偏向于外部环境，即外倾型个体；力比多的活动往往以自我为中心，即内倾型个体。外倾型是指力比多的外向转化，内倾型是指力比多的向内发展。外倾型（外向型）的人关注外界，热爱社会，积极开朗，自信进取，对身边的事情都感兴趣，容易适应环境的改变。内倾型（内向型）的人，注重主观世界，擅长冥想、内省，经常沉浸于自己享受与陶醉当中，孤独、没有自信心，易于胆怯、冷淡、安静，更难以适应环境的改变。外倾型与内倾型是人格的两个主要态度类型，即性格反映具体情况的两种态度或方式。

(2) 机能类型

荣格指出，个体的心理活动有四种基本功能，即感觉、思考、情感和直觉。感觉（感官知觉)提示某东西的出现。思考告知它的样子与形态。情感告知个体是否满意。直觉告知它将来的方向,使得人类可以在没有实际材料的状况下进行推测。按照两种态度类型与四种机能的组合,荣格描述了性格的八种机能类型。荣格的八个类型只代表八种极端情况。事实上,每个人都表现出一个主要人格类型和次要的第二、三种人格类型。有意识与无意识的因素的相互作用形成了千变万化的人格类型。

(三) 对荣格心理学思想的评价

1. 贡献

(1) 理论贡献

首先,荣格提出的分析心理学是独特的精神分析人格理论。荣格虽然与弗洛伊德均以潜意识为主要探索目标,但却突破了弗洛伊德所探讨的个体潜意识,重点研究人类祖先积淀产生的集体潜意识。它的基本内涵主要集中在原型,通过集体的潜意识构筑起了个人心灵与社会心理之间相互联系的桥梁,从而极大丰富了精神分析人格理论的基本内容。而且荣格驳斥了弗洛伊德对于性本能的过度强调,将性本能仅仅看作生命能量的一种。另外,荣格重视人的完整性,认为意志、个人潜意识与集体潜意识受到“自性”原型的统一,这对于正确理解健全的人性是有意义的。

其次,荣格扩大了心理学的研究领域。荣格关于人类集体潜意识及其基础的理论,基本囊括了人类全部的思想与文化问题,主要涉及佛教、神话、超感意识、炼金术等,超出了现代心理学的研究领域,将传统心理学与民族学、哲学、宗教、艺术等结合。

(2) 应用贡献

首先,荣格关于人格类型的理论开辟了个体差异研究的新方向。心理学家们针对荣格的人格类型理论开发出评价内外倾的量表,现在依然广泛应用于心理测量领域。其次,荣格的词语联想测验丰富了心理学的研究方法,发现了被心理学界所承认的“情结”,并且在词语联想技术的启发下,罗夏墨迹测验和主题统觉测验得以诞生。

其次,荣格分析心理学治疗观点对临床咨询颇具启发意义。按照荣格的观点,在心理治疗时应充分考虑病人的现实状况,站在病人的立场,选择正确的护理方法,但不要拘泥于一些思想、观点和做法。再者,在心理治疗活动中,真正对病人产生疗愈作用的,并非具体的方法,而是和分析师的互动中病人获得了治愈。这些观点已被现代的心理治疗所共同认可。一些心理治疗的方法如沙盘疗法、意象对话法等也在荣格的分析心理学的影响下诞生。

2. 局限

首先，荣格的理论以集体潜意识为核心，通过精神病患者的妄想、炼金术士的幻想、梦、宗教和仪式、人类的文学和历史等来论证潜意识的存在，而不是通过科学的证明，笼罩了神秘主义色彩。后荣格学者继续将荣格理论中的某些概念推向神秘化，例如诺伊曼对“大母神”原型的描绘将后荣格学派的原型研究推向了最高峰。

其次，分析心理学是建立在解释学基础上的学说，具有主观思辨的形而上学性质。荣格原型理论的问题在于，原型一开始就存在于人的集体潜意识之中，必须通过原始意象才能得到表征，但是依照荣格最初的设想(集体潜意识中的原型在后天情境的刺激下，通过原始意象来显现自己)，并不能很好地解释先验原型究竟是如何在后天经验中得以表征和显现的。因此，他对先验原型的后天的原始意象的区分似乎是缺乏根据的，这使得原型存在形而上学的假设。

再次，荣格夸大了潜意识的作用，没有充分关注意识的力量。荣格认为人的意识起源于集体潜意识，但他没有看到人类社会生活环境和实践对人的意识的重要作用，否认心理活动的客观来源。

二、阿德勒的个体心理学

(一) 阿德勒的生平与著作

阿尔弗雷德·阿德勒

阿尔弗雷德·阿德勒(Alfred Adler,1870—1937),奥地利精神病学家、精神分析学家,人本主义心理学先驱,个体心理学的创始人。他出生于奥地利的维也纳,母亲是一位犹太经纪人,经营谷物业务。虽然家境宽裕,但他的童年却命途多舛。因为自小患有佝偻病,阿德勒身材矮小、驼背,而他的哥哥身体健康、英俊潇洒,这让他难免产生自卑感。阿德勒从小身体孱弱,直到四岁才能自己走路。五岁时他患了严重的肺炎,一度十分危急,就在家人和医生都已不抱希望时,他竟奇迹般地康复了。小时候的身体疾病对他产生了重要影响,根据阿德勒的回忆,正是在那次肺病之后,他萌生了当一名医生的想法,而克服童年期对死亡的恐惧就是自己的生活目标。

1895年,阿德勒获得维也纳大学医学博士学位并成了一位眼科医生,彼时,他对身体器官的自卑产生了浓厚的兴趣,认为它是个体行动驱力的真正源头。1899—1900年,他与弗洛伊德相遇相知,之后选择追随弗洛伊德,转向精神病学的研究。后来阿德勒成为精神分析学派的核心成员之一,自1910年起继弗洛伊德之后出任精神分析会理事长这一职务。一年后,也就是1911年,阿德勒公开发表自己的意见和看法,表明反对泛性论,强调社会因素的重要性,从而导致和弗洛伊德的关系破裂。

阿德勒将自己的理论体系命名为个体心理学,后来又创建了国际自由精神分析学会(后改名为个体心理学会),创办了《国外个体心理学期刊》。自1920年起,阿德勒领导维也纳教育研究所,建立了教育发展机构,指导了和教育有关的临床项目。1932年,他远赴长岛医学院进行了关于美国医学心理学的首次演讲。1937年,阿德勒逝世在前往苏格兰亚伯丁大学演讲的旅程中。

阿德勒的主要作品有:《神经症的性格》(1912)、《器官缺陷及其心理补偿的研究》(1917)、《个体心理学的实践与理论》(1919)、《生活的科学》(1927)、《理解人的本性》(1929)、《生活对你应有的意义》(1932)、《儿童的教育》(1938)等。

(二)阿德勒的个体心理学思想

1. 人格发展的动力系统

(1)器官缺陷与补偿

阿德勒在1907年出版的《器官缺陷及其心理补偿的研究》中认为,一旦儿童出现了先天性的脏器缺乏、器官的机能障碍,或是与脏器有关的神经系统机能不完善的状况,就会陷入一个严重的自卑心理,而这个自卑状态可以从生理及心理方面引起自发或是不自觉的补偿,但也有可能会促进身体缺陷脏器机能的完善,并以某一脏器的机能来补充，让整个身体趋向均衡。事实上，几乎所有人都存在一些生理缺陷。器官缺陷具有两面性，一方面对个人的生存发展产生不便，另一方面又有机会变成促进个人发展的力量。个体通过器官缺陷加以补偿的途径分为两类，一是聚集各种能力去发展缺陷的器官，二是通过发展其他没有功能异常的脏器来补充缺陷脏器的机能。

（2）自卑感

人的动力是存在普遍性的，可是在器官缺陷方面，这个现象却不是普遍存在的。阿德勒于1910年修正了自己有关器官自卑感的学说，强调自卑心理的重要意义。阿德勒通过把心理补偿的理论运用到精神方面，使他的研究逐渐摆脱了生理学的色彩，进而形成了真正意义上的社会心理学的理论基础。

他认为自卑感具有普遍性，并且很可能是人类心灵活动的最初动力，即人格动力。人格动力会促使人类向往卓越，自卑感更强烈，对优越感的寻求欲望也更旺盛。

自卑情结人人都有，但一个持续发展的不能战胜甚至摆脱的自卑情结也可能产生所谓的妄自菲薄情结，由此导致神经症的产生。而从另一种角度看，自卑情结也可能成为成功的动力。他们需要通过先天的“侵犯驱力”（后阿德勒将其更名为“男性反抗”）来克服、补偿自卑感，以期进一步完善自身性格。阿德勒的观点是如果儿童表现出较多的顺应或较少的反抗，此时自卑感就较为女性化，就容易变成生活中的弱者。只有通过奋起反抗，这种自卑感才会实现男性化。

阿德勒认为，人们都是自卑的，所以要懂得用与人合作面对自卑，用追求优越感补偿自卑。人心理行为的主要指向都是摆脱女性气质，实现男性化。

（3）追求优越

阿德勒认为，追求卓越是人一生中应该存在的过程，不仅是个体向前发展，同时也是整个人类社会行为和人格发展的主要原因。

一方面，追求优越可以帮助个体去追求更高的成就，创造积极乐观的心理环境。另一方面，一个人如果对优越过度追求，就会产生“优越情结”。一个具有优越情结的人容易狂妄自大、自负自夸、轻视和支配别人，难以与他人和睦共处，由于缺乏社会支持，最终导致失败。

（4）社会兴趣

社会兴趣指的是个人和他人协作以实现个人或社区目标先天的潜力。对阿德勒早期学说的批判者认为，他的学说过分强调追求优越，将焦点集中到人的自私自利上。因此，阿德勒明确提出了社会兴趣的范畴，它是一个先天产生的、为了与人和谐、建立和谐美好社会关系的要求。

社交能力主要包括以下表现形式：第一是在别人平时或遇到重大问题之后，积极帮助并与其协商的准备情况；第二是“施多于取”的人际关系倾向；第三是掌握别人的信息、情绪、情感等的能力。在探讨个人社会兴趣中，就存在着三个主要方面。一是职业问题，二是社交问题，三是恋爱和婚姻问题。一个人与生俱来具备产生社会兴趣的潜力，须经过后天开发，特别是儿童期的母子关系质量对社会兴趣有着非常重要的影响。

社会兴趣概念的提出，丰富了阿德勒的人格动力学说。一个人不但被克服自卑感和寻求卓越的要求所驱使，同时也深受社交兴趣的影响，两个驱动力相互作用，促使个体实现个人幸福与社会进步。

2. 人格的发展

(1) 生活风格

阿德勒认为早期的社会条件和经历密切关系到个人生存方式的养成，其生存方式也反映出他的人格特质，成为评判其身心能否健全的衡量标准。

① 生活风格及其类型

每个人都有自己独到的追求卓越的方法，阿德勒称之为“生活风格”，它标志着个人在社会生活中独特的生存方式。

生活风格包括两类：合理、良好的或失败、病态的，是否具有社会兴趣是区分两种类型的判断标准。阿德勒认为像神经症、精神病犯人、饮酒者、腐败者、娼妓以及各种破产者之所以失败，多因为他们没有归属感和社会兴趣。

阿德勒又按照社会兴趣的程度，区分出四种生活风格。第一种是统治—支配类型，这些人只谋求个人利益而忽略社会他人的需要，有自尊情结。第二类为索取—依赖型，这种人比较自私自利，就像是寄生虫一样，认为连自身所要求的东西都要从他人身上索取才能获得。第三个类型是问题回避型，指这些人总想通过规避问题的方法回避困难，但碌碌无为，最后他们被自卑所打败，甚至心灰意冷。第四个类型是社会利益型，这些人更加关注社会权益、正视困难，并努力寻找社会效益上最佳的途径来解决。这种生活风格使个人优越的同时促进了人生目标的达成，有利于社会目标的实现。阿德勒认为前面三个类型都属于错误的生活风格。只有第四个才属于正常的生活风格，拥有高质量的社交活动，有希望过着丰富且有价值的人生。

② 生活风格的形成

阿德勒认为,一个人的生命方式深受童年时三种状态的共同影响。一种情况是器官缺陷。在这个状况下,孩子会形成巨大的生理自卑,产生不健全的自卑情结。第二种状况是骄纵或溺爱。在这个状况下,孩子的各种需求都会得到完全的满足,后继缺少驱动力,容易缺少社会兴趣,变成自私自利的人。第三种状态是被忽视或遗弃。在这种情况下,他们的很多需求不能获得满足,对别人非常没有自信,进而显示出极度冷淡与憎恨。所以,阿德勒要求社会各界加强对孩子的早期教育,以防止孩子们养成错误的生活方式,尤其要加大对孩子社会兴趣的培育,让孩子们得到更有意义的生活。

③ 理解生活风格的途径

个体心理学的一项主要任务便是分析人的生活风格,了解生活风格有三种途径。

第一个途径是出生顺序。个人的心理状态依出生顺序不同而不同,反映一个人觉得自己对家庭的重要性,也对长大后的人际关系互动起重要作用,进而导致个人有不同的生存方式。一般而言,长子经常失败,害怕竞争;次子相反,喜好竞争,同时有着坚强的反抗能力;最小的孩子因为年龄小,常得到更多的宠爱,长大后也会发生矛盾,却又有机会发挥出自己的个性。

第二个途径是早期记忆。阿德勒指出生活风格是在个人追求卓越的努力实践过程中形成的,那么对童年生活的追忆有助于揭示过去记忆和现在行为的相互关系。同时,由于人的记忆具有主观选择性以及创造和想象的成分,所以透过早期记忆还能够发掘个人特别关注的内容。他认为早期记忆是通向理解个性形成的一种线索。

第三个途径是潜意识梦境的分析。阿德勒的心理学思想是一种整体观,意识与潜意识共同构成了一个统一整体。所以,潜意识梦境也是个人生存方式的重要体现。通过对梦的分析,可以探讨人的生存方式,发现其内心深处为之努力的优越动力。

总而言之,在阿德勒看来,正确认识并掌握个人的生存方式,对抓住个体的核心本质、理解人性至关重要。

(2) 创造性自我

阿德勒与其他精神分析流派的心理学家同样也非常关注个人心灵发展的过程,但与弗洛伊德和荣格的不同之处在于,他认为社会心理因素对人性的产生与发展起决定性影响,同时又认为这种社会性具有先天潜意识的成分。由此可见,阿德勒的心理发展理论实质上是潜意识和意识相互作用论。

阿德勒认为，在个人心理成长历程中，作为客观条件的基因和环境只是给这种成长创造一种条件，但无法确保每个人都发育出相同的个性。阿德勒还提出了“创造性自我”的概念，认为人并没有消极或被动地遗传和影响，而是带有主观能动性、拥有自由选择的意识，并能够选择适合自身成长方式且富有创造性的行为活动。

3. 新阿德勒学派

阿德勒去世之后，新阿德勒学派的最主要代表人物是阿德勒的儿子库尔特和女儿亚历山德拉和弟子安斯巴切等人，在世界各地广泛传播和发扬阿德勒的思想，开展个体心理咨询、推进个体教育等。新阿德勒学派认为，心理治疗师应该明确地告诉来访者他们的目标是什么，怎样才能改变机能失调的生活风格，让来访者勇敢地面对阻碍自己目标实现的观念。与此同时，督促来访者采取建设性的行动以改变使其自我受挫的生活目标，鼓励他们为指导其生活向积极方向发展而承担责任，指出怎样发展他们的社会兴趣。新阿德勒学派的心理治疗是注重成长的心理治疗，目的就是鼓励来访者的社交兴趣。目前，该技术已推广至认知治疗、行为疗法、存在人本主义疗法等。

（四）评价

1. 理论贡献

（1）强调积极的人性观

阿德勒提倡人本主义的世界观，明确提出了“创造性自我”的概念，否定了遗传与环境对人的决定性因素，主张人可以不被命运支配、主宰自身的命运。他引入和十分重视“意义”“责任”“自由选择”“生活理想”等不被主流心理学接受的概念与理论，主张人有利他思维、意识，具有博爱等。

（2）重视意识的重要性

阿德勒认为人格是一个有机的整体，他反对弗洛伊德的人格结构理论，认为不应过分强调本我，应该将更多的关注点放在自我，这里的自我是具有主观能动性和积极性的，而非弗洛伊德所认为的受制于本我。

（3）重视社会因素的影响

阿德勒降低了弗洛伊德理论中的“性”概念在人类行为动机中的作用，从弗洛伊德的泛性论中得到解脱，并转变了精神分析的发展方向，使精神分析不再一味地专注于研究自然生物因素。个体心理学所研究的人并非自然人，而是处在与他人和社会的关系之中的人。

2. 应用贡献

首先，阿德勒看到了人类利他主义的本性和行为倾向，鼓励创造有价值的自我。受到自身积极人性观的影响，阿德勒的个体心理学疗法重视自尊、理解与平等的意义，对后来的人本主义心理学有重要的启发作用。

其次，阿德勒认为自我意识构成了人作为个体存在，意志是人的中心，帮助个体规划和指导个人活动、认识自我实现的含义。人类生来就有一些基本需求，这些需求会形成有目标的导向力。

最后，阿德勒强调健全的社会兴趣的重要性，强调与人相处的艺术，反对以自我为中心，强调以社会为中心。阿德勒重视人的社会性与社会影响的功能，开辟了精神分析社会文化取向的先河。

3. 阿德勒理论的局限性

(1) 存在生物学化的倾向

阿德勒认为追求个人卓越以克服自卑感是个体发展的唯一动机，忽略了人的积极欲望，过于简单绝对和消极。他虽然强调了意识对发展的作用，但仍然认为潜意识和生物因素的制约是最基本的。按照他的观点，每个儿童在生命早期都有一种无能感和自卑感，因此必须在今后的一生中对这种情感进行补偿，这是形成心理障碍的基本条件。这种观点没能摆脱生物本能决定论的羁绊。

(2) 对社会性的片面理解

阿德勒所强调的社会影响因素一般指家庭环境，因此忽视了社会关系对人格发展极其重要的作用，也没有看到众多制约因素的现实联系的基础在于人的实践活动。他们认为心理障碍的根源只能归于没有情感和不健全的生活风格，并未发现精神的变异和人格扭曲的基础，所以不能充分解释心理障碍的社会根源。

(3) 科学性不强

阿德勒使用的基本概念，如优越感、生活风格、社会兴趣、创造性自我等缺乏明确的操作性定义。阿德勒的学说以自己的临床实践和对日常生活的观察为基础，没有经过严格的科学论证。例如，后人对于出生顺序与生活风格的关系的研究表明，出生顺序只是性格特质的一种影响因素，此外还有性别、年龄、气质、文化等其他影响因素，因而无法根据出生顺序对某种性格特质做出一致性假设。

第四节　精神分析的自我心理学

弗洛伊德在后期明确提出本我、自我、超我的人格结构模式，精神分析学派对自我的关注从此展开。他的女儿安娜·弗洛伊德进一步研究自我与本我的关联，丰富了自我防御机制学说。哈特曼的《自我心理学与自我适应问题》一书标示着自我心理学流派的真正开始。埃里克森提出的“自我同一性”概念以及个体心理社会发展渐成说，则将自我心理学扩展成“一生发展心理学”。后来的弗洛伊德学派在研究人格的形成与发展时，不再过分强调性本能的重要性，更重视自我、人际关系、社会文化等因素的作用。

一、从本我心理学走向自我心理学

（一）弗洛伊德的自我心理学

弗洛伊德的古典精神分析学说可以区分为三个发展时期。最开始的十年为创伤范式阶段，弗洛伊德指出一旦患者可以把内心的“创伤经验”诉说出来症状就会消失。大约从 1897 年开始，精神分析运动进入了内驱力范式阶段，此时的本我心理学主张本我是先天的内驱力。从 1914 年开始精神分析运动进入了自我范式阶段，弗洛伊德 1923 年出版的《自我与本我》在自我心理学思想发展历史上意义重大。这个阶段象征着自我心理学初具轮廓，将自我视为人格结构中一个比较独特的部分。

（二）安娜的自我心理学理论

安娜·弗洛伊德（Anna Freud，1895—1982），奥地利儿童精神分析学家。她是弗洛伊德最小的女儿，也是他六个孩子中唯一承继父业的。因为弗洛伊德曾认为这个孩子是男孩，所以她自幼不受父母的关注。但她始终尽力不让父母失望。1918 年，23 岁的安娜因持续噩梦而导致情绪问题，在接受弗洛伊德持续四年的精神分析后开始认真了解心理学，并加入维也纳精神解析协会最有名的星期三探讨会。后来她成了一位杰出的儿童精神分析学家。在弗洛伊德生活的最后 16 年间，因为安娜始终伴随在父亲左右，所以，她也深知父亲的治疗目标，进而接受并完善了弗洛伊德后期的自我心理学思想。安娜的重要著作有《自我与防御机制》(1936)和《对儿童发展的研究》(1951)等。

1. 更重视自我的作用

安娜接受弗洛伊德的人格结构说，但认为本我对心理活动并没有绝对的支配作用。

相反，她相信自己能够约束本我，本我和超我不能直接被观察，只有自我可以被观察到，只有三个“我”不一致时，才能了解到本我和超我。

2. 丰富了自我防御机制

安娜把弗洛伊德所主张的心理防御概括为抑制、退行、反向发展、分离、抵抗、投射、内投、转向自身、反转和升华，同时也补充了自己所主张的另外五个，即否认、自我约束、对攻击者的认可、禁欲和利他。

否认是指否定现在发生的事情，例如癌症病人坚称自己没患病。自我约束是指放弃了其自身功能的一切领域，包括感官、认知、思维和记忆等，比如，一位小女孩因嫉妒姐姐与妈妈的关系，在她长大后将这些情感变为自我，形成巨大的自卑和负面的情感。对攻击者的认同是指模仿自己害怕的人或物，让自己在心理上对其产生认同，以达到消除害怕的目的，例如一个小男孩有骂人的习惯，其实是对他父亲骂人行为的一种模仿，他通过骂人对令他感到害怕的父亲产生认同，以此来缓解焦虑。禁欲是指青春期少年对自己出现的性冲动而感到焦虑不安，为了使自己不做出不好的行为，所以放弃所有的欲望。利他行为是指为了别人的利益而屈从。

3. 自我发展线索

安娜提出了依赖—情绪自信、吮吸—正常饮水、大小便无法自控—能够自控、对身体的管理不闻不问—负起职责、关注身体—关注玩具、自我为中心—建立友谊这六条自我发展线索，她认为所有线索受先天素质的变化、环境条件和影响、内外部力量之间的相互作用这三方面因素的影响。

4. 评价

安娜继承和发展了弗洛伊德的自我心理学思想，在理论层面对自我心理学的形成做出了重要的贡献。但她并没有使自我真正摆脱本我的束缚，仍然是在本能与自我的冲突与防御中来研究自我，因而在实践层面只能是本我心理学向自我心理学转化的一位过渡人物，而自我心理学真正意义上的建立是由哈特曼完成的。

二、哈特曼与自我心理学的建立

海因茨·哈特曼（Heinz Hartmann，1894—1970），德国精神分析学家，精神分析自我心理学之父。出生在德国人家庭，后追随安娜·弗洛伊德学习精神分析。第二次世界大战后主持《儿童精神分析研究》刊物，致力于建立自我心理学。1939 年，哈特曼著书《自我心理学与适应问题》,象征着自我心理学的真正发展。

(一) 没有冲突的自我领域

哈特曼把自我看作是自主的。把它从本我内驱力的束缚中解脱出来。为自我划定了一个独特的机能,即"没有冲突的自我领域"。没有冲突的自我领域,并非指空间的"领域",而是指一套心理机能,这些机能是在既定的时间内在心理冲突的范围之外发挥作用的心理机制。

(二) 自我的独立起源与自主性的发展

哈特曼强调自我起源的独立性和自主性是他的自我心理学的基础与核心,也体现了和弗洛伊德的根本差异。

哈特曼认为,个体诞生之初,在自我和本我分化之前,既没有自我,也没有本我。这些未分化的基质可以演化出本能驱力,也可以演化出自我的自主性发展。和本我一样,自我也是古老并且强有力的。

哈特曼认为个体在诞生之后自我实现了自主性的发展。他区分了原始的自主性和次级自主性。原始自主性,主要体现了一种个体发展的成熟规律。次级自主性,是指由原本服务于人类防御本能的机制逐渐演变成了完全自主的机制,从而脱离了冲突的领域。

哈特曼还提出了能量的中性化概念。能量的中性化指的是把本能能量改变并服务于非本能模式的过程,也即最初指向本能对象的能量在自我的作用下,成为为适应现实服务的能量。"中性化"是一个持续的过程,且有等级之分,中性化程度高意味着自我力量强。

哈特曼认为,自我的适应过程就是能量的中性化过程。适应在实质上是自我的初级自主性和次级自主性作用的结果,是自我与环境取得平衡。对自我的适应过程的研究是没有冲突的自我领域的必然要求。哈特曼还进一步区分了进步的和倒退的两种适应形式,认为自我的适应过程是一种克服困难、改造环境、迂回曲折的能动活动过程。其自我心理学强调自我和环境的调节作用。

(三) 评价

哈特曼建立的自我心理学理论一方面承袭了弗洛伊德和安娜的思路,另一方面又为斯皮茨、雅可布森、玛勒和埃里克森等人的思想提供了理论基础,具有承上启下的意义。另外,哈特曼还发展了弗洛伊德和安娜对自我的观点,进一步阐述了自我的适应过程。哈特曼将精神分析的研究重心从本能冲突的病态心理转向了自我适应的正常心理,从而把精神分析的研究内容纳入普通心理学的研究范围中来。精神分析被纳入普通心理学对精神分析的发展十分重要,可以使精神分析不脱离主流心理学的发展进程。另外,他侧重研究自我的发生和发展,对开辟精神分析的发展心理学具有重要意义。

三、埃里克森的自我心理学

爱利克·埃里克森

爱利克·埃里克森(Erik H. Erikson,1902—1994),德裔美籍精神病学家、发展心理学家和精神分析学家,自我心理学代表人物之一。他出生于法兰克福,生父在他母亲怀孕的时候就离开了他们,在他三岁的时候,母亲和一位儿科医生再婚了。尽管埃里克森并不知道这些事情,但他总是缺乏一种对于父母的归属感,经常幻想自己会拥有一对"更好的父母"。他的继父虽然是个犹太人,可是他本人却体型高挑、金发碧眼,在学校里被当成异教徒。这些事件都为他后来提出"同一性危机"概念埋下了伏笔。

1927 年,他受邀担任一所学院的导师,开始接受安娜的精神分析训练。1933 年起,埃里克森分别在纽约波士顿、耶鲁高校精神病学系医学院工作,从事正常幼儿和情感失调类幼儿的科学研究。此后,诸如对南达科苏语印第安人松脊居住地的研究调查,使他意识到在人格发展中社会文化影响的重要性。1950 年发表了著名的《儿童与社会》一书。1969 年,埃里克森回到哈佛医学院教授"人类生命周期"这门课。他有许多著作,如《儿童与社会》(1950)、《同一性:青春期与危机》(1968)、《同一性与生命周期:一个新观念》(1979)、《生命周期的结束》(1982)等。

(一)自我与自我同一性

尽管埃里克森认同弗洛伊德关于三个"我"的划分,但他关于自我的概念与弗洛伊德有所不同。他认为自我是基于过去和现在的经验而形成的,它将影响人发展的内部和社会的因素结合起来考虑,为心理性欲的发展指明了方向,也就是说自我能够决定人的命运。埃里克森认为精神分析只关注个体内在世界过于片面,忽视了家庭、阶层和社会等外部因素对于完整人格发展的重要性。

埃里克森将"自我同一性"作为其理论的核心,"自我同一性"指自我意识的独立性、连贯性和恒定性,也指群体及成员间的联结感、共同的价值观和目标等,它的形成过程会持续一生,但在青春期尤为重要,青年时期的首要任务就是选择和确定自己的社会角色。

他认为"自我同一性"一般分为自我同一性、个人同一性和社会同一性三个层面。自我同一性层面,指的是最初意义上的自我同一性,即个体通过自身的心理社会功能探讨自我的综合能力。个人同一性则强调与他人的不同,指通过自我与环境的相辅相成、相互作用,关注自我在社会环境影响下形成的独特理想信念、价值观和追求目标。社会同一性是指个体对兼顾个人与集体理想平衡的价值观的追求,主要是一种团体归属感、一致感。

(二)人格发展的八个阶段

埃里克森创立了"心理社会发展阶段理论",指出人的心理成长过程是有一个生命周期的,并按八个时期顺序展开。是在弗洛伊德性心理发展理论五个时期分析的基础上,一直延伸至中老年期,形成了一个生命周期理论。社会环境因素决定每一个阶段是否能够顺利度过,由于个体所处的社会环境存在差异,因此,阶段出现的时间可能也会存在个体差异。

埃里克森认为,每个阶段都存在一个发展的重要转折点,即"危机"。能否顺利发展进入下一个阶段,关键在于这些"危机"是否得到积极妥善的解决,否则会阻碍个体适应环境,滞留在某个阶段。

阶段一:婴幼儿期(0—1岁)的基本信赖与不信赖

相当于弗洛伊德的口唇阶段。在这种阶段,因为小孩必须依赖成人的照料而生存,所以孩子是相当弱小的。这个阶段，如果父母或其委托人能及时有效解决宝宝的需要，宝宝觉得所在的环境是安全的，便会产生信任感。如果婴儿没有有效的关怀与照料，恐惧和怀疑的感觉会使宝宝对外界产生不信任感，进而影响其下一阶段的发展。如果危机得到解决，就会形成对外界基本信赖的品质。

阶段二：童年期(1—3 岁)的自主性与羞怯感

相当于弗洛伊德的肛门期。这一时期的孩子开始重视独立性，懂得了怎样把握与放手，以及审慎地坚持自我主张的意识。这时候，只要家长和老师让孩子自主地去做些力所能及的工作，以及鼓励孩子完成的任务，就可以训练孩子的注意力，让孩子得到某种独立自主的意志品质，否则就会产生羞怯和疑虑的消极意志品质。

阶段三：学前期(3—6 岁)的主动性与内疚感

相当于弗洛伊德的性器阶段，即获得自主性和克服内疚感的阶段。这一阶段随着运动、语言、想象能力的发展，儿童开始表现出前所未有的主动性。他们会具有侵入性，闯入别人的空间，有时会有攻击行为，并且表现出强烈的好奇心。一旦照顾者采用积极接纳的方式，则他们的积极性将会进一步提高，显示出巨大的积极性和进取心。当照顾者批评儿童的这种攻击性，孩子就会意识到来自环境的威胁和害怕被惩罚，由此产生内疚感。

阶段四：学龄期(6—12 岁)的勤奋感与自卑感

相当于弗洛伊德的潜伏期。进入儿童期，是获得勤奋感避免自卑的时期。儿童时期孩子的智能进一步扩展，各种技能也不断提高。这时候对孩子影响最大的已经不是家长，而是同伴和同学，尤其是老师。家长应当引导儿童自己获得成功，激励孩子的勤奋感与竞争心。要引导孩子尽最大力量和周围人社交，让孩子认为自己是有力量与智慧的，什么事都可以做得很好。

阶段五：青春期(12—18 岁)的同一性与角色混乱

相当于弗洛伊德的生殖器期。这一阶段的核心问题是自我意识的确立与自身角色的建立。步入青春期后，他们希望可以建立稳定的自我同一感，他们经常思考自己究竟是什么样一个人，认识自己的现在与未来在社会生活中的关系，发展自我同一性的目的在于解决“我是谁”和“别人认为我是谁”之间的矛盾。如果这一阶段的危机得到解决，青少年获得积极的自我同一性，就会形成忠诚的品质。相反的情况是自我同一性混乱，一个人拒绝自己在成人社会中应担任的角色，甚至否定自己的同一性需要。他们容易卷入和采取某种破坏性的行为，如暴力、吸毒、攻击他人。

阶段六：成年早期（18—25岁）的亲密感与孤独感

成年早期是获得亲密感、避免孤独感的阶段。只有当个体建立了真正的自我同一性，他才可能与他人发展真正的亲密关系。亲密感是人与人之间的亲密关系，包括友谊与爱情。其对立面是疏离，如果一个人不能与他人分享快乐与痛苦，不能与他人进行思想情感的交流，就会陷入孤独寂寞的苦恼情境之中。如果这一阶段的危机得到解决就会形成爱的品质。

阶段七：成年期（25—65岁）的繁殖感与停滞感

这一阶段属于成年期，是成家立业的阶段。如果一个人已经完成了自我同一性，他们过着幸福的生活，就试图把这一切传给下一代。如果这一阶段的危机得到解决，就会形成关心的品质。不愿参与繁殖的人们"将体验到由于停滞和人际贫乏所导致的对假亲密的过度需求"。埃里克森发现大部分的父母在指引孩子时会感到无力发展自己。因此，他谴责童年早期给孩子造成的消极经历、有问题的同一性、过度的自爱以及社区支持的匮乏。

阶段八：老年期（65岁之后）的自我整合感与失望感

老年期是获得完美感、避免失望感阶段。埃里克森认为只有当个体关心他人和事物、接受自己作为造人者和生产者的成功与失败，个体才能产生自我整合的体验。自我整合意味着情感的整合，包括对依赖和领导欲的整合。这是对不同生活方式的觉知，也是在面对生理和经济威胁时，对生活尊严的维护。如果危机得到解决，就会形成智慧的品质。

（三）评价

埃里克森最突出的理论贡献主要包括三方面。首先，十分重视文化与社会心理因素对人发展的影响，打破了弗洛伊德时代泛性论的禁锢。其次，提出了"危机"的概念，重视自我的地位作用，同时也重视家庭和社会对于儿童和青少年发展的教育作用。最后，提出"同一性"和"同一性混乱"的概念，启发了关于青春期问题的研究和解决之道，为拓宽精神分析理论的研究范围做出了重大贡献。

在教育应用领域，埃里克森把以自我为研究核心，并把儿童个性成长的发展阶段形容为由婴儿期发展至老年期的八个阶段，打破了其他研究领域执着地研究儿童早期个性成长阶段的限制。

但埃里克森的理论也存在一定不足。八阶段理论缺乏科学证据的充分支持，并且他认为这八个阶段是每个人一生发展过程中都必须经历的，这点值得商榷。而且，虽然埃里克森强调社会因素与人格发展的关系，但他仍然把本我作为人格的生物学起源，对社会因素的重视远远不够，所以他也无法对社会改革和创新提出切实可操作的建议。

第五节　精神分析的客体关系理论

弗洛伊德给出了客体定义，它既可以是人又可以是物体，都是为了满足个体的力比多性冲动的。弗洛伊德学说的核心内容是俄狄浦斯情结与阉割情结，它们与父亲的作用有关。而随着精神分析的进一步发展，后来的精神分析学家认为俄狄浦斯时代以前的父母关系对个性的影响具有关键的意义。孩子出生后遇到的第一个客体是母亲的乳房，克莱茵继承了弗洛伊德的客体概念，进一步提出了客体关系理论，她对婴幼儿时期的母子关系及其对其后的内在人际情感模式的影响进行了深入探索。

一、克莱因的客体关系理论

梅兰妮・克莱因

梅兰妮・克莱因(Melanie Klein，1882—1960)，奥地利精神分析学家，儿童精神分析研究的先驱。出生于奥地利，是家中最小的孩子，可她总感觉自己不受欢迎，受父母排斥。但母亲对她管束得很严格。母亲严格的控制也让她感到窒息。1910年，她第一次阅读了弗洛伊德的论著而对精神分析发生了浓厚兴趣。事实上，克莱因自己也是一名抑郁症患者，于是开始接受精神分析学家费伦齐的精神分析。费伦齐也鼓励克莱因对儿童进行精神分析。

她第一次踏入儿童精神分析的领域，是从分析自己的儿子开始。刚开始只是补充弗洛伊德对俄狄浦斯情结的说法，后来逐渐强调母亲角色的重要性，最终发展出自己的客体关系理论。1919年7月，克莱因在匈牙利精神分析联合会上发表了文章《一个儿童的发展》，并在同年加入联合会。1921年克莱因应亚伯拉罕·林肯之邀在柏林精神分析研究院任小儿医疗专家。后由于理念与柏林精神分析协会存在分歧，便受邀去英国精神分析协会工作，直至去世。她拥有着非常丰富的治疗实践，代表著作有《儿童精神分析》(1932)、《羡慕与感激》(1957)等。

(一) 客体关系的核心概念

1. 好乳房与坏乳房

由于幼儿在身体和心理上的知觉能力都处于极度未发展的状态，而且幼儿只在意立即的满足或缺少了满足，因此小孩的兴趣焦点集中在母亲身体中他接触最多的一个部分，即乳房，它们因提供满足或拒绝而被幼儿冠以好或坏的特质。

"好乳房"提供的充满奇妙的食物使幼儿感到自己被爱包围，产生被爱的感觉，他沉浸在维系生命的乳汁中，对这个好乳房充满迷恋并心怀感激。好乳房会成为幼儿此生所有被认为是好与有利事物的原型，它的爱具有保护和恢复的效力。"坏乳房"使幼儿感受到饥饿的侵袭，曾经提供美妙食物的乳汁，现在企图从内部毒害他。幼儿觉得自己被虐待，并且遭到了抛弃。因此，对"坏乳房"怀有破坏性报复幻想。坏乳房代表了所有邪恶与迫害的事物，对它们的恨具有毁灭性的破坏力。

2. 客体与内部客体

客体关系理论以客体和客体关系的概念为基础和出发点。客体是指承载着个体意向、情感、行为的对象，与主体相对应。客体可分为部分客体与完整客体。部分客体是指婴儿在"好"或"坏"的感受下所指代的客体，是不完整的。完整客体是指当婴儿有能力去体验"好"与"坏"共存带来的满足和挫折时，他们眼中的客体是作为一个整体而存在的。

克莱因提出了一个核心概念“内部客体”，她认为抚养者在儿童内心的表征构成了他们的心理内容，这种表征代表母婴关系的性质与内涵，抚养者作为客体在儿童内部的心理表征被称为内在客体，主体与内在客体之间的关系构成个体的内在客体世界。克莱因的“内在客体”与意动心理学创始人布伦塔诺的“内在对象性”有异曲同工之妙。

3. 潜意识幻想

弗洛伊德认为儿童的潜意识幻想是较晚出现的心理产物，当现实原则建立起来时，快乐原则会继续以分裂的、潜意识幻想的方式操作。但克莱因则发现，潜意识幻想在很早的时候就发生了，它具有动力性和普遍性，影响儿童知觉和客体关系的形成。妈妈的形象可以分为“好”与“坏”两类，随着幼儿整合能力的发展，他才能把妈妈看成是“好的”与“坏的”两个形象的复合体，妈妈才综合成完整的、现实的整体母亲形象。

4. 驱力

克莱因认为，驱力是先天的而且是不可分离地指向对象，驱力与对象密切地联系在一起。弗洛伊德则认为驱力在偶然联系中发现客体，驱力被导向他人和现实，并通过这些客体寻求满足。而克莱因对客体的观点与弗洛伊德有所差异，在克莱因看来，驱力不可避免地指向客体，不包含对内在客体的本能冲动，焦虑情景和精神过程是不存在的。

克莱因的“驱力”与弗洛伊德的“驱力”的不同不仅仅在于其对客体的定位，其本质也是不同的。弗洛伊德认为驱力源于躯体力量，而克莱因认为驱力本质上是心理能量，躯体不是驱力的起源，只是其表达的载体。想象一下克莱因眼中的小婴儿，在其与周围人的关系中，他体验到强烈的爱、难以忍受的恨以及恐惧。然而他不能用言语或动作去表达这些强烈情感，他不仅说不出来，而且除了非常粗糙而幼稚的方式之外，他也做不出来。于是，强烈的爱与恨，便通过躯体的部位与功能表达出来。例如，排尿可以像一场大火，表达对母亲恨的毁灭，也可以是提供有营养的液体，表达对母亲的感恩与互惠。

5. 投射性认同

投射、内投与认同都是弗洛伊德指出的重要心理防御机制，而内投则是把原本指向外部的仇恨、攻击性欲望和感情，转而投向自己。他认为这些机制在儿童心理中出现得比较晚，尤其是认同机制在俄狄浦斯期才开始活跃。

但克莱因认为内投和投射是基本的心理防御机制，她扩大了它们的功能，将其使用范围扩展到了婴儿期，提出这些防御机制自婴儿诞生起就存在并贯穿一生。另外，她对投射有了更深理解，即认为婴儿把自己内心感受的部分割裂开来投影给该客体，并从潜意识幻想中相信该客体是接受这部分投影的，同时外部对象也会不由自主地应用与之相契合的方式进行体验，由此，个体可以达到控制的目的。除了能够将不赞同或威胁的组成部分投射出去，协助个人脱离它们，投射性认同还能够协助个人攻击与毁灭坏客体，投射好的组成部分到好客体，使之产生认同，防止自身内部坏客体对外部好对象的攻击，或者修复外部客体。总而言之，投射性认同的目的就是消除自己内在的不安与危险，并有意无意地对客体加以控制。

6. 分裂

分裂是克莱因从弗洛伊德继承的概念，但是它的功能与弗洛伊德使用的有所不同。克莱因将它与自我和客体的分裂联系起来，视它为在偏执—分裂样心态中使用的重要防御机制。具体地说，婴儿将包含着死亡本能的那一部分自我分裂掉以保护自己免于消亡感的威胁，并将它投射到原始的客体对象——母亲的乳房。分裂的目的是试图通过理想化并借助对坏乳房的全能性否认来保护好乳房。

7. 修复

克莱因认为，当婴儿感觉到由乳房带来的挫折时，他在潜意识幻想中攻击了这个乳房。在他的攻击幻想中，他希望撕咬母亲与她的乳房，甚至用其他的方式来摧毁她。婴儿以为这些在幻想中的全能性摧毁会真的发生，而且还继续破坏它，婴儿由此体验到的罪疚感和失望感会驱使他去尝试修复被摧毁的客体。如果在婴儿的攻击幻想中，他已经撕咬伤害了母亲，婴儿可能很快会建构一种带有复原性质的全能幻想来对抗这种恐惧，即他将碎片再拼合起来，修复它。

(二) 两种心态

克莱因认为婴儿持续地处于生本能与死本能间的基本冲突，即处于好与坏、爱和恨的冲突里。她将婴儿处理内在和外在客体冲突的方式称之为心态。并指出婴儿的客体关系发展需经历两个基本心态，即偏执—分裂样心态（paranoid-schizoid position）和抑郁性心态（depressive position）。

偏执—分裂样心态：出生到 3—4 个月左右	分裂：母亲的乳房被分裂为“好”乳房和“坏”坏乳房。 偏执：婴儿为了保持愿望满足的幻觉，他必须将好对象理想化，并全能性地消灭坏对象。

（续表）

抑郁性心态：第 5、6 个月直到 1 岁	婴儿爱他的母亲，但由于母亲不能总是满足他的愿望，有时他便对母亲萌生了强烈的恨。这种仇恨和破坏性冲动使得婴儿害怕自己会毁灭母亲从而失去她，于是陷入抑郁性的焦虑。
两种心态的连续性和交替性	当仇恨强烈时，体验到的是迫害性焦虑，属于偏执—分裂样心态。当爱比恨更为强烈时会体验到抑郁性焦虑，属于抑郁性心态。在正常的发展中，偏执—分裂样心态在很大程度上会被抑郁性心态超越。

（三）儿童游戏治疗

游戏是孩子最常用来表现自我的方法，克莱因认为在游戏中孩子能够自然地以戏剧化的方法表达自身的想象与冲突，寻找潜意识幻想与适应外部世界的方法。游戏能够成为一个非常有用的手段协助分析者发现并解决孩子的焦虑。总之，游戏对孩子而言就像是成人世界的自我联想，有助于分析者贴近孩子深入潜意识，将潜意识意识化，促进自身发展、丰富客体关系，这正是治疗的目标与任务。

克莱因认为有必要建立一种分析性情境并从中进行分析。她指出，孩子内在想象世界中有关父亲的理想或迫害式特征也被映射至情景内，进而形成真正的同理心。早期与父母冲突式联系会引发婴幼儿时期所有的焦虑症和神经症，分析师对此的理解有助于减轻幼儿患者的不安并帮助其树立信心。而最有效的方法是对儿童游戏内容进行理解，如患者的游戏语言或绘画等。必须强调的是，在过程中要使用通俗易懂的词汇，避免使用专业类词汇。

克莱因对游戏场地设计有以下几点要求。首先，设计应具有跨越时间与空间的高安全性。其次，在游戏室内所供应的游戏设备要满足中性化和安全性。其三，游戏必须是安全的、使病人感到舒适。儿童游戏治疗中的游戏活动必须是由孩子们自发完成的，除了进行必要的最低限度的互动活动，如帮孩子削铅笔、打结，或扮演游戏中的一个角外，在进行时必须尽量保持客观中立，不加干涉。仔细观察并理解孩子对这些活动任务的安排与理解，能够协助孩子理清内在的冲突。

克莱因的游戏治疗为儿童精神分析治疗开辟了一个全新领域，除了能治疗 5 岁以下的儿童，还能深度探索前俄狄浦斯阶段的心理过程。

（四）评价

克莱因的客体关系理论包含了治疗实践和在此基础上形成的对于儿童尤其是婴儿期心理发展及结构特点的认识，对精神分析的发展做出了重要贡献。克莱因对精神分析学和心理学的主要理论贡献包括：首先，建立客体关系理论，驱力系统模型由此向关系结构模型过渡；其次，对儿童心理结构的理解扩展了传统精神分析的理论内容。在应用领域，她开创了儿童精神分析的游戏疗法，拓展了精神分析的治疗范围。

克莱因理论的局限性在于：首先，没有跳脱出传统精神分析的框架，对于泛性论观点的支持是倒退的；其次，在研究方法上，仍以成人的思维来分析推断婴儿的心理现实，可信程度被质疑。由于从病人自己的经验中发展而来，克莱因的理论离开其临床实践后难以令人理解。

二、温尼科特的客体关系理论

唐纳德·温尼科特

唐纳德·温尼科特(Donald. W. Winnicott，1896—1971)，英国精神分析学家，是继克莱因之后较具原创性的客体心理学家。他生于英国普利茅斯，是一名儿科医生。在接触了精神分析后，愈来愈深入地研究儿童心理。他曾兼任英格兰精神分析会理事长和英格兰心理学会内科医疗部门主任等职位，时常在精神分析与医学杂志上发表关于儿童精神分析的文章，并做了大量关于儿童发展精神分析的科普。著作主要有《儿童障碍临床笔记》(1931)、《游戏与现实》(1982)、《持抱和解释》(1986)、《婴儿和母亲》(1987)和《孩子、家庭与外在世界》(1992)等。

(一) 足够好的母亲

不同于克莱因的“好妈妈”源自孩子的内部幻想，温尼科特将重点放在母爱的真实性上，认为母亲对孩子来说最重要的事情是保持充分敏感。相比于粗暴虐待或严重剥削，没有应答敏感性的母爱所带来的破坏性更大。足够好的母亲在孩子诞生后一段时间里，弱化她自身的主体性、个人兴趣和生活节奏等，保持“原始母性专注”的高度敏感心态，高度重视孩子的特殊需要并及时予以满足。婴儿也由此感到自己的愿望与需求得到满足。正是这种原始母性专注，使婴儿逐渐建立起自我全能性和持久的存在性。婴儿感到是自己的愿望创造了事物，当他感到饥饿时，乳汁就会流出。

（二）依赖与独立

“婴儿从来都不是单独存在的。”婴儿需要被母亲照顾，两者之间是一种养育配对关系。他指出婴儿的心智发展离不开人与人、人与周围环境的相互关联。婴儿的心智发展可以分为三阶段，由绝对依赖到相对依赖，直到走向自主。

1. 绝对依赖

出生后的一段时间，婴儿依赖母亲生存，处于原始母性专注状态的足够好的母亲能够及时满足婴儿对爱和环境的需要，婴儿感觉和母亲是完全融为一体的，无法区分这种被供养和依赖的关系。

2. 相对依赖

进入这个阶段标志着婴儿客体关系能力的重要发展。婴儿开始有意识地去减少依赖，并开始尝试适应挫折。适当的挫败感是婴儿人格健康发展所必需的。同时母亲也在成长，开始逐渐脱离原初母爱关注状态，更多地将注意力放在自我舒适上。母亲是否能把握好关心的尺度对婴儿的心理发育十分重要。孩子所感受到的亲密关系适度性会影响孩子与母体的分离能力，继而对婴儿是否能顺利过渡到趋向独立的阶段有重要影响。

3. 趋向独立

在前两个阶段顺利发展的基础上，这个阶段是婴儿向着自我的发展努力长大的过程。在母亲的引导下，凭借着自身智力与理解力的发展，经由经验构建出一个更加健康稳固的内在世界。

（三）真我与假我

真我是婴儿在需求得到积极满足的前提下发展出来的，它允许个体拥有独一无二的特质，包容真实感，创造出身体的活力。若母亲缺乏应答敏感性，为了生存，婴儿发展出假我，健康的假我是合理的，但走向极端就会导致主观感受出现问题，即假我障碍。

（四）过渡客体

过渡客体这一概念描述了一个介于主观和客观世界的中间领域，联结起婴儿的原初的重要内在客体与外在世界。例如，奶嘴作为安抚物代表着母亲的乳房，能使儿童在分离的过程中与母亲的乳房保持一种联系感，缓解因从母亲乳房这一重要内在客体过渡到脱离母亲乳房的客观世界之间的落差所带来的焦虑。

后来，温尼科特在心理健康和创造性领域应用由过渡客体带来的过渡体验，认为过渡客体是个体的一种创造性自我客体，可以激发想象创造力，它不仅有益，也是艺术和文学的灵感源泉。一直生活在全能主观世界中的个体是自闭的、过分自我关注的，缺少与客观现实的联结，缺少激情和创造性，而过渡体验是内部与外部之间产生联系的关键。

（五）评价

在理论方面，首先，温尼科特强调出生后 1—2 年是儿童心理活动的中心，重视母爱的作用、母子关系的重要性，创立了关注母婴关系的儿童精神分析学。其次，提倡抱持性的治疗环境，强调共情与反移情的作用。在实践方面，由于受到温尼科特的影响，分析设置、分析师的反移情和对深度退行患者小心谨慎的工作态度等理念引起了更多分析师的重视。

但其理论也存在一些不足，如缺乏对父亲角色的关注，这与当时的社会文化认为养育孩子的责任主要在于母亲而非父亲有关，他未能脱离所处的环境与时代的束缚。

第六节　精神分析的社会文化学派

20 世纪中叶的西方，各种社会矛盾影响着人们的精神生活，性压抑问题的重要性变得不如从前重要。特别是第二次世界大战及战后，人类的心灵遭受了空前的浩劫。一方面，二战中德国人对希特勒的盲从是导致二战浩劫的重要原因，需要从心理学特别是精神分析的角度来深刻剖析其原因，新精神分析学家弗洛姆从深层心理的角度对德国人选择依存并盲从于权威而逃避自由的社会心态进行了分析。二战后传统的宗教信仰渐渐失落了，整个西方社会及文化笼罩着虚无主义的氛围。同时，整个西方资本主义社会中存在既崇尚自由但现实条件又给予人们诸多限制、既崇尚成功又要求人们谦逊等诸多矛盾，普遍导致人们难以适从，特别是神经症患者更为深刻地体会到这些内心冲突。

在这样的社会大背景下，精神分析的社会文化学派应运而生。和以往的精神分析中弗洛伊德更重视性本能、荣格重视社会潜意识、阿德勒重视自卑感相比，精神分析中的社会文化学派则更为重视社会文化中所存在的矛盾对神经症形成的影响。

其代表人物霍妮开创的文化神经症理论，强调社会文化中的矛盾是如何利用家庭内部的亲子间矛盾促使孩子逐步建立神经症性格的，领导了新一代的精神分析学运动。沙利文的人际精神分析理论在精神医学界关注人际关系之间的互动模式对人性与精神疾患的影响。弗洛姆用人本主义理论来调和马克思主义与弗洛伊德理论，形成了人本主义精神分析学说。

一、霍妮的文化神经症理论

卡伦·霍妮

卡伦·霍妮（Karen Danielsen Horney，1885—1952），德裔美籍心理学家、精神病学家，新弗洛伊德主义的核心代表人物之一，社会心理学的先驱者。出生于德国布兰肯内兹。她体验到的家庭生活一直是不快乐的。自幼就被母亲瞧不起，因其长相难看、生性愚笨，所以父亲更偏爱哥哥。12岁那年，霍妮就萌生了当一名护士的决心，大学便选择了医学专业。她在大学时期结识了自己的丈夫，但结婚后夫妻感情不和。由于抑郁和性方面的苦恼，开始接受弗洛伊德弟子亚伯拉罕的精神分析。后来，她进入柏林大学医学院就读，于1915年取得医学博士学位，并进行了四年正统的精神分析方法的培训。后来，因为一系列的生活事件，她的抑郁症再次发作，甚至萌生过自杀的想法，并最终与丈夫离婚。1934年，霍妮和心理学家弗洛姆相爱几年后分手，经过深刻的自我分析，在1942年著成《自我分析》，倡导人们可以通过自我分析来解决自身的心理问题。1952年，霍妮逝世。

霍妮著有《我们时代的神经症人格》(1937)、《精神分析的新道路》(1939)、《自我分析》(1942)、《我们的内在冲突》(1945)、《神经症与人的成长》(1950)、《女性心理学》(1967)、《最后的讲义》(1987)等。

(一) 神经症的文化观

霍妮认为神经症可以包括两种，一种是情境神经症，即一种患者对一定的复杂情况暂时失去了适应能力，而没有显示出病态的人格。另一种是性格神经症，是因为性格变态而产生的，说明病人存在一个神经症的人格结构。霍妮说的神经症是性格神经症。

霍妮指出神经症的原因是童年时期就逐渐形成的性格，而性格的形成又依赖周围环境的影响特别是家庭环境的影响。神经症的标准依各种国家、社会、阶层和年龄而异。神经症的根源在于患者所处的社会文化。社会文化中存在的矛盾与困境导致人们的心理冲突，而神经症是时代和文化的副产物品，神经症患者身上特别强烈地体验到了其所处的社会文化中存在的矛盾与困境。生活于现代文化困境中的大多数人都患有程度不同的神经症，正常人和神经症患者的区别是相对的。

(二) 基本焦虑和神经症需要

神经症患者由于过分强烈地体验到所处社会文化的冲突而导致的人际交往障碍是神经症产生的决定性原因。基本罪恶，是指家长并未给予儿童真正的关怀，并未满足儿童的安全感。家长的基本罪恶会使儿童对家长形成基本敌意。这样，孩子处于对家长既依赖又敌对的矛盾处境，但又因其无助、恐惧与内疚而被迫抑制基本敌意，基本敌意及其抑制让人陷于不安从而形成基本焦虑。基本焦虑使个体将敌意泛化到整个外部世界，进而觉得世上一切事物都潜伏着威胁，并在心里不自觉地累积和渗透蔓延着这种孤独无助的感觉，这种自我忽视、被遗忘、受威胁的感受，就是仿佛置身于充满怨恨和荒诞的社会环境中的感觉。

敌意与不安造成了深层的不安全感与深刻的痛苦，会在潜移默化中通过自我防御机制形成一定的自我防御策略，霍妮称之为神经症需要。霍妮认为存在十种神经症需要。这十种神经症需要分别是对友爱和赞许的、对主宰其生活的伙伴的、将自己生活限制在狭窄范围内的、对权力的、对利用与剥削他人的、对社会承认和声望的、对个人崇拜的、对个人成就和野心的、对自足和自主的、对完美无缺的神经症需要。

神经症需要本身是非神经症的，但如盲目偏执于当中一类或数种并下意识地去寻求满足，没有按照社会实际而灵活选择，过分强化了、发展了某些神经症需求，时间长了就有可能发展成神经症人格。

（三）神经症人格

霍妮认为神经症需要决定神经症患者的人格特点，并据此将神经症人格分为三个类型。

第一种为顺从型，其主要行为模式是接近他人，其神经症需要是友爱、赞许、伙伴以及限制自己的活动范围，其主要特征为甘于从属状态，其构建安全感的逻辑方式为“我顺从了其他人就不会影响我”。第二类是攻击型，其方式是与人敌对，其神经症需要是权利、剥夺、声望和野心，其特点是一心超群出众，构建安全感的基本逻辑是“我有权力其他人就不能破坏我”。第三种是退缩型，其方式是回避人，其神经症需要是自足自立、完整无缺，其主要特点是为逃避与他人的紧张关系而离群索居，建立安全感的逻辑是“我离群索居就没有人能伤害我”。

对于正常个体而言，这三种模式能够随着环境变化进行适应性调整。但神经症患者没有随机应变的能力，而只是固着地运用某种方法来应对一切问题，从而使其非但不能克服不安，反倒处于进一步的不安状态中。

（四）自我理论

霍妮认为每个人都存在两种我，分别是真实自我与理想自我。她认为正常人的二者始终是紧密联系的，不会有太大的差距。但在精神病与神经症患者身上二者的差距较大。理想自我容易脱离真实自我，成为一种不合实际的梦想。

霍妮形成了对性格神经症形成的基本理解，即由基本焦虑产生了作为抵御这些焦虑的共同防御方式的神经症需要，长此以往神经症需要会发展成神经症人格，而当这些神经症人格脱离了特定文化的共同行为模式就可能发展为神经症。人生来拥有实现自身潜力的建设性能力，需要促使患者找到并挖掘自身的潜力，将自身天赋中的建设性能力带入自我实现的道路。

和弗洛伊德不同，霍妮反对夸大早期经验的作用，倡导将分析疗法聚焦于患者的神经症需要和神经症人格的形成，并协助患者解决内在矛盾与冲突达到内心的和平。霍妮提出了自己分析的规则、步骤和方法，是精神分析治疗的重要贡献。

（五）评价

在理论方面，霍妮首先构建起了社会文化精神分析的基本构架。霍妮一方面承袭了弗洛伊德的精神分析的基本原理，一方面把重点由本能和文明的冲突转到社会文化自身的问题上来。在临床实践方面，霍妮使精神分析疗法更符合现代人适应社会生存与文化的需求。霍妮坚持人生要有自我实现的建设性能力，从这种意义上可以把其看作人本主义心理的先驱。

但霍妮的关注焦点是早期亲子关系紊乱引起的对儿童安全感的威胁，也就是将丰富复杂、广阔多样的社会生活简单化了。另外，霍妮一方面提到了存在于人类社会文化中的问题，另一方面却仅仅关注自身怎样去对其进行适应，而并未明确提出对人类社会改造的需要。相对于弗洛伊德对社会文化的批判态度，霍妮在这一点上是一种倒退。

二、沙利文的人际精神分析理论

哈里・斯塔克・沙利文

哈里・斯塔克・沙利文(Harry Stack Sullivan，1892—1949)，美国精神病学家，精神分析的社会文化派主要代表人物之一，人际精神分析理论的提出者。他出生于美国纽约。1922 年加入华盛顿的圣伊丽莎白医院，成为当时全美知名精神医学家怀特的助手。1936 年创办《精神医学》月刊。1949 年 1 月 14 日，在巴黎突发脑出血去世，时仅 57 岁。沙利文生前仅出版过一本《现代精神医学的概念》(1947)，其追随者在他死后依据相关资料整理出版了五本著作。

（一）人格

沙利文把人格置于人际关系中进行了探讨，从他的视角来看人格是一个假设的社会实体，只有在人际交往活动中才能形成对各方人格的认识。人们除了人与人之间所传递的信息外，并不能完全认识个人的人格。他还认为，一个人存在着多少种人际关系活动，就存在着多少种人格。沙利文还把人格界定为使人们的生活具有特征的周期性人际关系情境中相对稳定的状态，重复的人际关系情境也是一种个人生活的特征。人际关系环境从母体哺育孩子开始产生，直到扩展至不断变化的、更加复杂的个人和集体社会关系环境。

这一人格概念突出了两点。首先，由于人格是在人际交往中产生和演变的，人不能离开人际交往的背景与环境而独立存在，所以应当根据个人生活于其中的人际交往环境来理解人格。其次，由于人格是指个人在人际交往中所呈现出来的行动模式，所以探讨个体的人格并不能只局限于个人自身，而应当着眼于个人和其他人之间的人际关系。

（二）人格动态过程：紧张与能量转化

沙利文认为人们存在趋于健康的动机，而且每个人都存在减轻心灵压力的动机。他还指出人们发生了欣快和紧张的变化，“欣快程度与紧张程度之间存在着一个互反关系，这是人的本性。这就是说，欣快状况向着紧张程度的相反方向转化了”。而所谓欣快的体验体现了人对物质存在的生物要求和对心理社会要求的降低或取消。而沙利文的欣快状况不同于弗洛伊德的快乐原则，并非性本能满足的自然产物。

沙利文区分了两种紧张，即需要紧张与焦虑紧张。需要紧张是对某种特殊生物成分欠缺的经验，它更加贴近弗洛伊德的利比多学说中对性本能满足的需求。需要紧张既包含如饥饿、口渴、体温、肌肤的生物以及氧气的需要，又包含如睡眠、触觉、人的认识等一般生理需要。焦虑紧张是个体的人际交往安全感遭到现实或幻想的胁迫所形成的。因为人们寻求需要满足的方法受社会文化的约束，因此对满足感的获得就没有一个生物学的途径、离不开人际交往。焦虑紧张最初可以源于父母，如父母不安的面容、紧绷的声音、慌乱的动作等都可以让孩子感受到生活的不安。随着年纪的增长以及生存领域的拓展，个人会感觉到更多不安。焦虑紧张的减少即欣快感的获得，个人也会得到人际安全感。

沙利文认为个体的两种基本经验是紧张和能量转化。他将个体视为一个能量体系，能量的积聚产生压力，而能量转移的作用就是减小压力。但他抛弃了弗洛伊德的“力比多”这一心理能量概念，而是运用了自然科学的能量概念。沙利文将能量转换为比较稳定的行动模式称为动力机制。能量转换是适应需求或缓解压力的外显或内隐的行动，动力机制是被用于控制动作或行为的最小的经常出现的行为形式。

(三) 人格结构

沙利文的理论体系中，人格化与自我系统是重要的概念。人格化指个体对自我、别人和各种东西所产生的带有倾向性的态度意向。沙利文用人格化来描述人的社会化过程和个性的形成，他认为人格化有四类，即对自己、对他人、对事物、对观念的人格化。对自己的人格化是关于自我的态度意向性，由好我、恶我、非我组成。对他人的人格化即别人在个体心里的态度意向。一个人在对象中的人格化可按照是否能满足该个体的需求分为好的形象、坏的形象。对事物的人格化指包括了对自然的、对所有物的人格化，人们如同看待人一般看待事物。对观念的人格化则指上帝或神在人们头脑中的印象。总之，个体并非活在现实的社会世界中，只是活在世界在头脑中的人格化所组成的心理世界中。人格化的意象是个体所直接面对的心理现实。人格化的意象往往和真实世界是不统一的，如果不统一非常强烈，个体对真实世界的反映也可能是不正确的或者是病态的。

沙利文的自我系统是指在社会化过程中儿童建立的一个带有防御功能的自我知觉体系或评价自我行为的准则。自我系统是人格化的产品，主要作用是缓解紧张，得到满足感而产生欣悦，了解外部环境中的各种关系，从而作出处理与适应。自我系统的建立和家长、老师、警官或对个人生命中有重大作用的“重要他人”密不可分。自我系统由好我、恶我和非我三个方面组成。好我指能使需求获得满足但又获得重要他人认可的行为和经验。恶我指能使需求获得满足但遭到重要他人反感的行为和经验。非我指既不能使需求获得满足又遭到重要他人强烈反感的行为和经验。

沙利文认为儿童从不完善到成熟，人际经验要先后经历未分化的、不完善的、高度综合的三种模式。未分化的模式指新生儿的知觉能力是朦胧的，无法和其他人区别。不完善的模式指儿童能够把自身和其他人区别并认识事物的联系，却缺少对因果关系的逻辑基础的理解。人类早期、现代精神疾病者甚至有些成人的思想方式都处在这一层次。高度综合的模式则指人能使用语言符号进行思维和交流、认识逻辑关系。

(四) 人格发展阶段论

沙利文将人际关系置于比生物因素更重要的地位，并认为人格发展是人际关系的不断扩展过程。他将人格的发展划分为六个阶段，并对每个阶段的人际关系特点作了详细说明。

婴儿期(出生—18个月)： 从出生到语言能力的成熟	该期喂奶给宝宝带来了人际交往中最初的原始经验。口部区在这阶段尤为关键，它与人体呼吸、喂奶、哭、吸吮手指等机能密切相关，是宝宝和周围环境间的人际交往场域。这一时期的人际交往经历让宝宝会对“好乳头”和“坏乳头”这样的外部线索加以辨别。宝宝利用哭闹来表达饥饿与不安，哭闹往往可以提供宝宝期望的抚慰，帮助宝宝培养预见能力和对起因与后果的认识。到婴幼年中期，自主控制系统已开始成长。这体现为吸吮拇指来对自身的探索和无要求的妈妈的温和、体贴与奖惩教育。此外，宝宝刚刚开始学会如何使用语言进行沟通。早期的沟通是依靠脸部表情和不同音素的声音，无法和其他人产生共鸣。终于，表情和语言对宝宝和其他人具有了同等的意义。这些交流标志着句法语言学的开端和婴儿期的结束。
童年期(18个月到24个月—6岁)： 从有能力发出清晰的声音到学会寻求玩伴	在这一阶段，只要父母通过足够的奖赏和温柔体贴，即可帮助“好我”人格的发展，不会产生大的伤害，有助于儿童安全感的形成。但如果儿童对温柔体贴的需要不断地被父母的焦虑、烦躁或敌意所拒绝，坏我成分将最终支配自我系统，儿童就会发展出恶意的转化。这是人格发展中的一种扭曲，儿童会怀疑他人均是有敌意的，进而形成不可爱的非理性信念。心存这种恶意的儿童可能是调皮的，行为像一个恶霸，或者更消极地表达愤怒。这种转化也损害了儿童与其他人的关系，它是由于父母不能加入儿童的游戏造成的。孤独的儿童过多地求助于白日梦，这抑制了儿童区分幻想与现实的能力。除了与父母的关系之外，这一时期的儿童还有另外一种重要的关系，即与假想玩伴的关系。例如，儿童有时和想象中的朋友说话，在床上给他想象的玩伴留个位置。
少年期(6—8岁或9岁)： 从步入学校生活到亲近同性同伴	少年需要学习适应教师等新的权威人物的要求、奖赏和惩罚。少年观察到权威人物是如何对待其他少年的，继续发展能够减少焦虑和保持自尊的心理机能。少年开始学习与同辈相处，并且介入竞争与合作的社会化过程。此时，学校在个体的少年时代纠正或改变了人格演化过程中出现的大量不幸倾向，而作为一种社会化影响的家庭的局限性开始得到补救。父母在少年心中开始失去上帝般的地位，形成更具有人性的、难免有错误的人格。综合的经验方式在这时居支配地位。理想的情况是，少年在这一阶段末期获得与其他人相处的足够知识，包括精确了解人际关系及恰当的相处之道。
前青年期(9—12岁)： 从同性亲近到异性朋友的需要	这个时期最显著的特征是发展爱的能力。先前所有的人际关系都建立在满足个人需要的基础上，但是到了前青年期，亲密和爱成为友谊最重要的内容。事实上，密友的影响可能足以改变个体从前一阶段带来的人格扭曲和可能变得坚固的自我系统。因此，一个有益的密友关系可以帮助个体改变一些错误观点，如骄傲自大、过分依赖，甚至可以防止或纠正恶意的转化。反之，与同性交往的困难常常是由于在前青年期不能发展这种重要的密友关系。

（续表）

青年早期(13—17岁或18岁):从生殖欲到情欲行为的模式化	前青年期所产生的亲密关系需要在青年早期仍然继续,同时一种独立的需要——性爱又产生了。沙利文认为,因为文化往往使个体在寻求情欲活动中面临障碍,给青年早期带来严重失调的可能性。在这个重要的时候,个体可能完全没有必要的知识和引导,且父母给予的是嘲笑和讽刺而不是情感的支持,这都可能增添困扰。青年人在异性恋上缺乏经验的尝试可能会导致麻烦的后果,如阳痿、性冷淡或早泄等,从而严重降低自尊。习惯性的低自尊使个体难以表现对另一个人好的情感。因此,青年早期是人格发展的一个转折点。顺利度过这一阶段的个体能够获得亲密关系和控制性爱的能量转化;相反,青年人很可能发展出对异性的强烈厌恶和恐惧,而导致独身、过多的幻想或同性恋。
青年晚期(19岁或20岁—成熟)	这一时期的突出特点是亲密和性爱的融合。个体不再只把异性当成性爱对象来追求,而且能够给予对方无私的爱。青年早期表现的是生物学上的变化,而青年晚期却完全是由人际关系决定的。青年晚期必须承担不断增加的如工作等社会责任。复杂的人际关系日益成熟,经验以综合的方式不断增加,自我系统逐渐稳定。基于教育和工作经验,个体进一步认识自己和他人的行为,各方面的知识大大增加并趋于成熟,经验的积累会在此后的成熟人格中表现出来,成熟的人格可以反映个体与他人的友好、合作的需要。

(五)人际精神分析的精神病学与心理治疗

沙利文从人际关系理论出发认为精神疾病主要是人际关系困境造成的,他通常把即使最严重的精神分裂症患者都作为“正常人”来对待。沙利文提出的精神病理学模式指出,不适当的与不合宜的人际关系模式就是通常所说的精神疾病。他将精神分裂症分为器质性原因与环境原因引起的两类。

沙利文认为精神疾病主要是由失败的人际关系造成的,治疗措施首先就要创设良好的人际关系。他将精神病院视为人格成长的学校。在这所学校里,精神病学家是人际关系的专家。他在治疗过程中参与观察、尊重患者,通过建立良好的医患关系与一系列治疗技术,引导患者在人际关系中树立起对前途的信心、恢复健康人格。

(六)评价

沙利文的主要理论贡献在于对弗洛伊德古典精神分析进行了重大变革。他重视人际关系在精神疾病形成中的作用,这使得精神分析的重心由个体内部转向个体之间。此外,沙利文的精神病理学开创了精神病学研究的社会文化方向。他主张将精神疾病患者看作“正常人”,更人性化地对待患者。

但沙利文的理论也存在一定局限。首先,沙利文未能揭示出人际关系的丰富内涵。

其次，沙利文的文风晦涩，未能明晰表述他的概念体系。最后，沙利文仅从人际关系角度解释人格形成，未能全面解释人格形成的内在机制。

三、弗洛姆的人本主义精神分析学

埃里克·弗洛姆

埃里克·弗洛姆(Erich Fromm，1900—1980)，美籍德国犹太人，人本主义哲学家和精神分析学家、精神分析社会文化学派的代表人物。他出生于法兰克福的一个犹太商人家庭，父母都信奉犹太教。少年时期，他对国际主义和国家公社产生了浓厚的兴趣。在他上中学的时候爆发了第一次世界大战，激起了他的厌恶和反对。与此同时，他的一位女性朋友，也是一名年轻漂亮的艺术家，在父亲死后自杀了，她的意愿是和父亲葬在一起。这引发了弗洛姆的好奇和不解，他开始研究人类行为的动机，进入了精神分析领域。

弗洛姆22岁获得海德堡大学哲学博士学位，曾在柏林精神分析研究所接受正规训练，1925年加入国际精神分析协会。1933年弗洛姆赴美讲学后一直在美国担任教职，1962年在纽约大学任精神病学教授。1980年在瑞士因心脏病去世。弗洛姆著作甚丰，包括《逃避自由》(1941)、《爱的艺术》(1956)、《马克思关于人的概念》(1951)、《弗洛伊德的使命》(1959)、《对人的破坏性的剖析》(1973)等。

(一) 思想渊源

弗洛姆力求将弗洛伊德的精神分析与马克思主义相结合，认为人道主义和人性是马克思和精神分析思想赖以产生的共同土壤，确立了“人本主义精神分析学”。

无意识研究既是传统精神研究的基础部分，更是现代弗洛伊德精神分析理论的思想根基。弗洛姆在吸收了这一观念的同时，将其与现代社会观念相结合，创立了社会无意识观念。弗洛伊德将人格分为包含本我、自我和超我的三个方面，而弗洛姆把人格融入劳动和社会生活之中，提出了动态社会人格概念。弗洛姆也继承了弗洛伊德指出的最后导致人的活动的最基本动机是人的原始本性及生和死的人类本能论的基本观念，指出了人的生活状况所产生的“人的生存的二律背反”。

弗洛姆将马克思主义理解为一种目的是充分发挥人的各种潜能的人道主义，他借助马克思主义学说的历史唯物主义理论、劳动异化理论和理性的批评文化精神三个部分进行了他自身的人本主义精神分析的理论构建。在对历史唯物主义观点的吸收上，弗洛姆运用“人类社会生存取决于人类社会意识”的观念进行了社会心理学分析，提出了“人类社会无意识”“人类社会人格”等理论。关于劳动异化理论，弗洛姆认为劳动概念在马克思主义中始终占有着中心地位，并部分接纳了马克思主义的劳动异化论，但并不赞同将异化看成是一种经济学和社会主义的思想观念，而视之为一种“道德和心理学的问题”。弗洛姆吸纳了马克思思想中的交换、生产、消费等市场经济的分析并将其引入人格研究与社会批评中，在批判社会现实中构筑人本主义精神分析的理论框架与未来人道主义的社会理想。

（二）基本思想

弗洛姆人本主义精神分析学说的主要思想，是跳出单纯从解剖学和生物学层面上认识人的框架，将人置于生存世界的大背景之下，在发生学与社会学意义上进行思考，并提出了“人学”的根本任务在于准确理解与把握人的天性及其从这一天性中所衍生的各种需要，从而细察人在社会人类发展中的角色，探讨个体的角色在现代社会关系中的相互影响与冲突，以便于为逐步走向完善的现代社会关系制订出具体对策。

1. 二律背反

弗洛姆认为，由于人的生存状况使他无法回归到与自然和谐的前人类生活，他需要发展他的理性，直至变成大自然和他自身的主人。这些境遇造成了“二律背反”。它分成两类。一种是“存在的二律背反”，这种二律背反是不可战胜的，包含三对冲突：生与死、实现潜能和生活短暂、个体化和孤独。另一类二律背反是“历史的二律背反”，是人造成的可克服的问题，即有丰富的用于物质满足的技术手段与无力将它们全部用于和平及人民福利之间的矛盾。而这两种二律背反所造成的人的生存内部固有的矛盾就是人的本质。

可见，弗洛姆对人的本质分析采用了二元论的处理方法，第一类二律背反规定了人的根本的封闭性，第二类二律背反规定了人的根本的开放性。弗洛姆指出，人尽管处在这二律背反之中，但却不得不去寻找生活冲突的最好办法，从而产生了包括对自爱、创造、友爱、团队归属、理想与献身等的需求，寻找与大自然、别人乃至与自己相统一的更高形态。这些需求及其实现方法是作为人的普遍需求或一般的实现方法，当需求得到满足时人是健康的，人性也是理想的。

2. 异化

在对现代社会生活的批判分析中，弗洛姆认为社会存在由话语筛选、逻辑筛选和社交禁忌这些社会过滤器的筛选而产生的社会无意识活动过程。而作为现代社会文化体系和意识形态之间的中介的社会人格，则构成了主导着现代性的、被广为接纳的社会人格，现代性逐渐失去了自主性、自我的支点和自身功能，从而陷入了异化困境。

异化是弗洛姆构造现代性困境、表现资本主义生产关系社会中人的生存状态的最主要内容，因为它触及了现代人最本质的东西。弗洛姆用精神分析理论把马克思有关劳动异化的理论解释成人性异化的理论，批判了由资本主义制度所造成的人的本性的全面异化。异化绝不是一个现代才有的现象，而只是到了现代资本主义经济社会才进一步发展到史无前例的程度。无论工人阶级还是资产阶级，异化现象无处不在。弗洛姆用二律背反、异化现象等多视角剖析现代社会，加深了对资本主义的理解。

3. 健全的社会

为了消除人的异化并全面满足人的生活需求，弗洛姆假想出了一种完整的社会关系，即人本主义的公有制社会。人不是别人达到其目的的手段，而永远是他自己的目的，人可以展现他身上的人性力量。人是中心，一切经济和政治活动都要服从于人的发展这一目的；按照良心行事被看作是基本和必要的品质，机会主义和无原则的举止则被视为自私；每个人都关心社会事务，以至社会事务成了个人的事务。也就只有在这样的发展中人才能够成为“自为的人”，即在意识到自我才是自身存在的基础和对象的基础上形成自我意识，从而了解内在与外在的真实，去生活和创作。

弗洛姆认为实现健全社会的方法是对资本主义体制进行全面改造而不是革命。即在经济上、政治上、文化教育上分别实现由工人和领导联合管理与共同决定，某种程度的国家干预与社会化，成立议政小团体，形成独特的信息咨询机构等，全面改革课堂教学、开展理论和实际相结合的教学，创建新的集体艺术与仪式。另外，从改造人的性格特征入手，通过努力发展潜能，学会爱、发展自己的理性与生产性的潜能，以此促成自为的人。

4. 评价

弗洛姆的理论具有一定的借鉴意义。弗洛姆对当今资本主义社会中存在着的对思想压抑、精神奴役和异化等问题，从多方面进行了广泛而深刻的批判，并提出了解决危机的社会革命方案。弗洛姆的人本主义精神分析思想充分体现了关心人与人的生存境遇的人道主义精神和人文关怀。其不足之处在于，首先弗洛姆思想的出发点是建立在抽象的人性论基础上的。其次，关于“生产性的个人”组成“健全的社会”的构想过于完美主义。

第七节　自体心理学

一、科胡特的生平

海因茨·科胡特

海因茨·科胡特(Heinz Kohut，1913—1981)，犹太裔美籍精神分析学家，自体心理学的创始人。出生于奥地利一个犹太人家庭。1938 年由于其犹太人身份而被逐出了奥地利，在英国停留一年后在芝加哥大学医学院担任住院医师，后来又转入了精神分析学院研究精神分析，从1958年开始在学院担任教职和分析师。他1964年成为美国精神分析学会会长，一年后又担任了国际精神分析学会的副会长。1971年发表了《自体的分析》以后，该学说引起了精神分析学派中的争议，认为它违反了精神分析学派学说，而遭到了芝加哥学会精神分析审议委员会的除名，因此科胡特不再进行或发表演讲。因该学说受到广泛支持与认同，1978年第一届自体心理学年会在芝加哥顺利召开，之后一直延续。1981年科胡特去世。主要著作有《自体的分析》(1971)、《自体的重建》(1977)和《精神分析治愈之道》(1984)等。

二、自体心理学的主要观点

科胡特最初致力于发明一种能够治愈或原本就不能治疗的病理性自恋问题的理论与技术方法，在这过程中他形成了关于自体心理学的主要理论观点。

(一) 自恋、自体与自体客体

弗洛伊德用驱力模式和力比多的观点来描述自恋。自恋是指本能能量由外在客体抽退转而向自身的投注，它表明了一个人不能去关爱别人或与他人发生情感联系。而精神分析工作的移情及其阐释和处理是传统的精神分析治疗的基石。因此传统观点认为精神分析不能用于治疗自恋型神经症。

但科胡特却认为自恋的人更多地把关注点投入别人身上，其满足自恋需求的方式是通过与他人的比较抬高自身，或者不断寻求别人对自身的肯定与赞美而获得满足，也即在自恋式地享受着别人。自恋的人潜意识地幻想着对别人进行控制进而满足自恋，如同一个成年人在掌控自己的身体那样。科胡特认为自恋型神经症患者并没有抽退对外在环境和客体资源的兴致，而只是因为无法倚赖他们自己的内在资源，所以总是表现出通过不断寻求自我与他人比较中的优势地位，或别人对自己的肯定与赞美，而达成自恋的满足。

科胡特的“自体”指的是个体当下的主体感受或“自我”感，是其自体心理学的核心概念。科胡特认为人们把他人当作满足自身自恋的手段，他人成为达成自身自恋的自体客体。自体客体指能够使其自恋获得满足的外在对象，包括使自体得到完整发展并顺利运行的人、物体等。科胡特认为，新生儿和照料人之间的早期互动与新生儿的自体和自体客体有关。“自体客体”在科胡特的思想中无处不在,从咨询和治疗中的移情、亲属关系中的依赖到对物品的依赖。如果我们觉得自身与其处于同一个群体,比如说国家这个群体中的作家、艺术家和政治领袖,这些人也就扮演了我们自体客体的角色,他们创造着多种多样的自体客体关系,并维持着成人自体的内聚性,充满活力与稳定。如果说心理疾病的原因可以被理解为自体的“不完善”或“残缺”,自体客体正是自体所必需的“修正”。

(二)恰到好处的挫折

当自体客体被需要却又不可得时,就会造成自体自恋需要满足的“挫折”。科胡特提出了“恰到好处的挫折”,指自体自恋满足中经历的可以忍受的失望或挫折,能促使儿童内在心理结构建立与成长,为自我安抚提供基础。他认为就像儿童在之后要接触的社会环境一样,在早期母婴关系中最重要的方面是“恰到好处的挫折”这一原则。“恰到好处的挫折”的作用是使自体得以重塑,而非解决戏剧性的冲突。

(三)三极自体的需要与三种自体客体移情

三极自体由“夸张—暴露”的需要、对理想全能意象的需要、另我的需要三种需要构成。幼儿的自体结构都包括这三种重要成分,这三种成分都涉及和自体客体某种形式心醉神迷的融合经验。

“夸张—暴露”的需要是对展示式的夸大自体的需要,那个借助于“赞赏”和“镜射”而被夸大的自体依靠自体客体的响应而显示出全能感。夸大自体是孩童的自体中心世界观以及被赞赏的极度欣喜体验。此体验可概括为“我太棒了,太完美了”。对理想全能意象的需要则是孩童对被理想化了的父母“意象”的需要,是与夸大自体的需要互相矛盾冲突的,因为它暗示某个他人是完美的。但孩童在意识上很不完善以致无法注意并经验到一个与那理想化客体融合者。其方式表达为“你是完美的,但我是你的一部分”。另我的需要是感觉是同一类人,别人有着和自己相似的看法与体验并可以相互分享的需要。

与此对应,自体心理学认为对自恋型神经症的治疗是通过分析师成为患者的自体客体并发生自体客体移情来实现。他将自体客体移情分成三组:(1)“夸张—暴露”的需要受损的这一极会企图引起自体客体的肯定—赞同反应。如果分析师作为患者的自体客体能够对患者的自体给予充分的肯定—赞同,则形成了患者自体的镜影自体客体移情。(2) 对理想全能意象的需要受损的这一极,分析师如能成为患者理想化的自体客体对象,则会产生理想自体客体移情。(3) 另我的需要受损的这一级,患者会在分析师身上寻找一种能够给自己带来相似的安慰感的另我自体客体,从而实现另我自体客体移情。

三、评价

科胡特的自体心理学是在驱力模型、自我模式、客体关系模型以后又一新的理论模型,使精神分析理论与临床实践发展到新的高度。科胡特对自体的强调,是在客体关系模型的基础上对传统精神分析模型的扬弃,以自体模型代替了驱力模式并利用自体客体关系改造自体,已成为不断完善和发展中具有重要影响力的又一新精神分析学说模式。

在临床应用方面,自体心理学及其指导下的精神分析治疗对于自恋人格障碍与自恋神经症治疗有着重要的应用价值。精神分析的驱力模式、自我心理学、客体关系心理学以及自体心理学分别对 21 世纪的临床心理治疗做出了重要贡献。

第八节　精神分析的发展现状

从弗洛伊德时代开始,精神分析与其他学科之间就有着非常多的相互借鉴与影响,例如文学、人类学、艺术、历史、哲学和社会学。因此,自 20 世纪中后期,精神分析与其他学科之间的关系在很大程度上发生了重塑,很多人都对弗洛伊德的理论进行了探讨和修正。精神分析学在法国以拉康学派为代表,通过医学与超现实主义的双重途径进入精神分析;自体心理学在当代的发展已经超越了经典自体心理学相对静态的框架,在阿特伍德、斯托罗洛等人的带领下走向一个更新的当代精神分析领域,即主体间性精神分析;20 世纪 90 年代在科学与人文两种文化融合的时代背景影响下,精神分析学和神经科学开始彼此交叉与融通,神经精神分析学成为 21 世纪精神分析研究的新范式。

一、拉康与结构主义精神分析学

(一) 拉康生平与著作

雅克·拉康

雅克·拉康(Jacques Lacan,1901—1981),法国心理学家、哲学家、医生和精神分析学家。拉康出生在巴黎一个中产阶级家庭。1932 年,拉康完成了博士论文《论偏执狂病态心理及其与人格的关系》,并将成稿寄给了弗洛伊德,弗洛伊德则以明信片回寄。1936 年在第 14 届国际精神分析学大会上,拉康提交了关于“镜像阶段”的论文。1951 年,拉康开始在女友西尔维亚·巴塔耶的公寓中开设每周一次的研讨班,而他的研讨班一直持续到他去世,几乎所有当代重要的法国思想家都在他的研讨班上出现过:阿尔都塞、福柯、瓜塔利等。

在拉康的整个学术生涯中,他与官方的精神分析协会处于格格不入甚至剑拔弩张的关系中。他虽曾于 1953 年担任巴黎精神分析学会(SPP)的主席,但同年又从巴黎精神分析学会退出并成立法国精神分析学会(SFP),且因此失去了国际精神分析协会(IPA)的会员资格。1963 年,IPA 以将拉康和另两位分析家从训练性分析家名单上除去以及取缔拉康的训练活动为条件准许 SFP 加入 IPA,而拉康的回应则是退出了 SFP 并于 1964 年创立巴黎弗洛伊德学派(EFP)。1980 年,拉康解散 EFP 并成立“弗洛伊德事业学派”。1981 年,拉康病逝。主要著作有《文集》(1966)、《精神分析学的四个基本概念》(1973)等。

(二) 拉康的结构主义精神分析学

拉康的口号是“回归弗洛伊德”,与其说是对弗洛伊德理论思想的简单补充,不如说是对弗洛伊德文本意义的发展与激进改写。拉康的结构主义精神分析的独特贡献在于,他将精神分析引向了一个语言与结构的新方向。拉康的结构主义精神分析理论内容丰富、含义晦涩,其中包含几个重要主题。

1. 镜像阶段理论

镜像阶段理论是拉康的早期理论。拉康认为,在0—6个月时,婴儿就产生了对自身躯体与外部世界的意识。但这种意识是片断的,是对身体各部分的分裂的意识,而并没有形成一个统一整体。在6个月到18个月,幼儿开始涉及主体性的辨认现象,即“他在遇到自己镜中的形象时表现出欢天喜地的样子和寻找部位的游戏”,只有在看到镜中的自我形象后,婴儿才开始将对自己身体的意识整合为一个整体来加以认识。由此可见,他的结构主义精神分析学具有反生物学倾向的文化性特征。

但同时,这种对镜中自我形象的认识又是一种严格意义上的误认,因为婴儿并没有直接看到自己的完整形象。后来,拉康又强调,在对镜中自我的误认中,照料者的指认起着重要的作用,也就是说,从一开始,语言在婴儿对自己身体形象的整合中就发挥着不容忽视的作用。

2. 语言与结构

拉康广泛吸收索绪尔、雅各布森等人的理论,将语言学中关于能指与所指、隐喻与转喻的理论引入精神分析,使得精神分析的理论与实践获得了语言学的人文模式维度。

拉康认为,无意识有像语言一样的结构。弗洛伊德在释梦中发现的“凝缩”与“移置”是无意识的活动规律,可以等同于语言学或修辞学中的隐喻和换喻机制。梦的凝缩作用就是将原本复杂难解的无意识内容,通过分解重组的方式,组成了一个新的简单的梦境,并遮掩了原先内容所包含的主体的欲望,这相当于隐喻。而移置作用则是在梦中将对某个对象的情感转移和投身于另一个对象方面去,相当于换喻。人类主体在语言中并通过语言建构起来,获得对自身完整形象的整合或误认,又被语言阉割成为分裂的主体:言说的主体与无意识主体。

相应于无意识的改造,拉康把精神分析治疗界定为一种话语疗法,认为精神分析不是针对某种特殊症状的准医学活动,而是作用于整个主体结构的科学性学科。在精神分析实践中,分析师借助移情关系促使受分析者不断自我分析。

3. 三界理论

拉康从与弗洛伊德不同的角度对幼儿心理性欲发展进行了论述,并提出了需要、需求和欲望三个概念。与人的发展大体一致的三个阶段是实在界、想象界和象征界,即三界理论。实在界是现象的物性、物质属性或事物的层面;想象界可以理解为主体想象中的自己与他者的关系;象征界可理解为语言的世界。三界相互扭结缠绕,构成主体及其生活。三界理论贯穿了拉康理论体系的整个过程。

实在界是需要阶段,从婴儿出生一直持续到6—18个月,婴儿将自己与周围事物区分开来、从需要过渡到需求。幼儿意识到与母亲的分离,产生了“他者”。而“自我”与“他者”的对立还不存在,因为幼儿缺乏内在的自我意识。对分离的意识使其产生了忧虑和丧失感。因此希望重新回到实在界中最初的无分离状态。

想象界是儿童把“自我”投向所看到的镜像上的心理阶段,镜像阶段反映出的是他者,自我已经沦为他者的镜像。根据拉康观点,“自我”即“他者”,人们“自我”的思想建立在意向“他者”上。

当儿童形成了“他者”和“自我”概念后,开始进入象征界。象征界与想象界相互重叠,两者之间没有明显分界线。象征界是语言结构,人们进入象征界以成为说话的主体,并以“我”自称。在象征界,他者具有重要的位置,是系统的中心,人人试图消除自我与他者之间的分离。他者的位置引起并保持了永无休止的匮乏,拉康称之为欲望,即渴望成为他者。

以母亲向婴儿指认镜中婴儿形象的时刻为例,母亲向婴儿指认镜中婴儿时使用的语言将婴儿带入了象征界的维度;而婴儿则随着母亲的指认将镜中被母亲喜爱的婴儿形象误认为自己,并通过将自己想象成母亲所钟爱的对象来整合自我形象,这即是想象界;但由于语言的切割与婴儿对自我形象的投注,婴儿得到了与母亲分开的、相对独立的自我形象,这使得不分彼此的母子共同体状态落入了实在界。

(三)评价

拉康创建的结构主义精神分析理论体系,强调无意识在人格中的重要性,并通过对语言学、结构主义等的引入使得精神分析进入了更广阔的哲学世界,成为影响现代哲学思潮的重要力量。法国结构主义马克思主义哲学家阿尔都塞曾接受拉康的精神分析,现代西方马克思主义学者齐泽克也大量使用拉康的理论来论述其意识形态理论与资本主义批判等。

二、主体间性精神分析

(一) 代表人物及其观点

乔治·阿特伍德

罗伯特·斯托罗洛

乔治·阿特伍德(George Atwood,1945—)与罗伯特·斯托罗洛(Robert Stolorow,1942—)二人都是精神分析主体间性理论的重要倡导者。1973年,二人在罗格斯学院相遇,并一同工作在汤姆金斯的人格课题组中。受汤姆金斯的"必须要在具体的个体身上才能进行人格研究"的思想启发,阿特伍德指出,对人格理论的探索中必须有一个理论家的主体角色,而唯有认识理论家的主体生活经验和创伤,人们才能更理解他的心理学思想。1979年,二者合著出版了主体间性思想的基础作品《云雾中的面容:人格理论中的主体性》。

1984年,布兰德沙夫特带着丰富的英国客体关系研究与诊断经验的成果,参与到阿特伍德与斯托罗洛二人的学术阵营中。他主张应该停止使用诊断性的客观评价工具,抛弃一些外部评判与诊断指标,更重视病人内心世界;放弃客观事实,重视主观事实。只有重视病人的主观世界才能真正认识病人,从而助其痊愈。1988年,三人共同协作完成了《精神病状态的主观事实的象征》。

为进一步了解研究者自身的主观世界及其对他们思想形成的影响,阿特伍德和斯托罗洛将视线投向了四个后笛卡尔哲学家:克尔凯郭尔、尼采、海德格尔和维特根斯坦。在他眼中,这四个哲学家深远地影响着精神分析的主体间性进路。于是,阿特伍德、斯托罗洛与奥林奇展开合作，耗费十年时间对这四个思想家的生活背景展开研究，最后完成论文《后笛卡尔哲学的疯狂和天才：一面遥远的镜子》。他还总结道，这四位哲学家每个人都具有巨大的创造力，甚至一生中都在同巨大的内在矛盾做抗争。而阿特伍德则指出，他和斯托罗洛之间的友情与伙伴关系可以用一句话描述：孤独的先驱者遇见了没人愿意倾听的人。因此，主体间理论是他们共同的脑力劳动结果，也必然地带着自己的主体色彩。所以，阿特伍德还提出了设想，精神分析人格理论中孤独英雄的时代也许已经结束，未来所有的重要理论发展都可能是合作性质的。

（二）主要概念

从广义上说，主体间性是指“两人或多人分享主观看法”。主体间性概念的最基本含义就是主体之间的一致性。精神分析的主体间性指在精神分析治疗过程中，分析师和病人之间的互相影响。精神分析的主体间性理论是在建构论的影响下，重视求助者的看法和治疗关系的一种精神分析理论。

1. 主体性与主体间场

对主观体验的重视是主体间性精神分析的最主要特征，它源于哲学领域对主体性的强调以及精神分析中自体心理学的影响。现象学代表人物胡塞尔强调个体的主体性，认为人类所有的体验都是一种主观体验。同时，主体间性理论指出，只有在持续和他人交往的主体与背景中，心理现象才会产生。这就是说，传统精神分析试图揭示的各种心理现象不应该被看作产生于孤立心灵内部的事物，而是产生于患者与分析师这两种主体共同创造出来的主体间场中。这表明，在主体间性精神分析家看来，具体的身心疾病不仅是弗洛伊德主张的个人自由的心理结果，而且是在主观环境的相互作用中产生的。

2. 经验的组织原则

主体间性理论认为，构成个体主体性的主要元素是经验的组织原则，这些经验组织原则处于一种前反思潜意识状态。精神分析活动的实质是通过心理治疗前的对话，把潜意识中的前反思组织活动重新引入意识中。在斯托罗洛看来，精神分析心理系统中的自我、超我、本我等具体化的元心理学结构都应该被去掉，取而代之的是一种能够产生情绪体验的不变原理、意义、模式，即组织原理。

3. 心理发展的主体间视角

主体间性论认为，个性过程是经历的结构化过程，而情感是这种经历的组织者。个体生命早期与养育者的相互作用对个体经验组织理论的建立和完善有很大影响。如果与双亲情感不协调，个体会形成一定的发展性创伤，不利于人格的发展。早期亲子关系中最重要的要素是养育者对孩子情感经历的认识及其反馈，主要体现在接受孩子的情感，并适时予以抚慰。孩子觉得自己被人了解或不被了解的经历，正是主体性得到开发的“主体间场”。父母在接受孩子情感状态后，一旦孩子的体验遭到否认、隔离和成长阻碍，这种复杂的情感反应机制和强烈的情感压力将抑制人格结构的成长。在缺失自身情感形态统合的前提下，个体的自体情感将更加脆弱或弱化，造成身心问题爆发。与此相应，发展性创伤产生的无法忍受的情感体验，其基础是惨痛的情感经历，也将造成孩子情感统合功能的损害，进而导致身心障碍。

（三）评价

主体间性理论指出唯有在持续和他人交往的主体间背景中，改变才会发生。主体间性精神分析的意义在于使精神分析实现了从单人心理学向双人心理学的转变，同时实现了从独白自体模式向对话自体模式的转变，对于保持精神分析的开放性与生命力、与各个领域的持续对话，向 21 世纪的精神分析新形态迈进具有重要意义。

流派	代表人物	主要观点
经典精神分析	西格蒙德·弗洛伊德	全面系统研究无意识心理，提出完整的本能论、心理结构与人格结构理论、心理性欲发展阶段论、自我防御机制、梦的解释、自由联想、移情与反移情、阻抗，主张用精神分析方法开辟心理治疗新途径。
个体心理学	阿尔弗雷德·阿德勒	认为可以用克服自卑、追求优越的社会动机代替性本能，提出并强调“创造性自我”、社会兴趣与类型论，认为人格是一个统一的整体，具有自身的积极性和能动性。
分析心理学	卡尔·荣格	提出了情结理论，构造完整人格理论和人格动力学说。在个体潜意识基础上，提出集体潜意识与原型论。提出人格面具阿尼玛、阿尼姆斯、阴影和自性等基本原型。描述八种机能类型。强调中年危机。
自我心理学	安娜·弗洛伊德	更加重视自我，在其父 10 种自我防御机制基础上又补充了 5 种。提出六条自我发展线索，所有线索受先天素质变化、环境条件改变，以及内外部力量的相互作用三方面因素的影响。
	海因兹·哈特曼	建立了自我心理学，进一步阐述了自我的适应过程。哈特曼把研究本能冲突的病态心理转向了研究自我适应的正常心理，从而把精神分析的研究内容纳入普通心理学的研究范围。
	艾里克·埃里克森	提出的“自我同一性”和“自我同一性混乱”，其以自我为中心的人格发展八阶段论扩展到整个生命周期，突破了其他自我心理学家仅仅描述幼儿早期人格发展的局限性。

（续表）

流派	代表人物	主要观点
精神分析的社会文化学派	卡伦·霍妮	最先建立起了社会文化精神分析的基本框架，将着重点从本能与文化的矛盾转移到文化本身的矛盾，强调自我分析。
	哈里·斯塔克·沙利文	重视人际关系，使得精神分析的重心由个体内部转向个体之间。其精神病理学开创了精神病学研究的社会文化方向。主张将精神疾病患者看作是“正常人”，更人性化地对待患者。
	埃里克·弗洛姆	对当今资本主义社会中的思想压抑、精神奴役和异化等问题，从马克思主义视角进行了深刻批判，从而否定了其存在的合理性，并设想了解决危机的社会革命方案。从人类命运所做的思考充分体现了弗洛姆的人道主义精神和人文关怀。
客体关系理论	梅兰妮·克莱因	提出了好乳房和坏乳房、客体和客体关系、潜意识幻想、投射性认同概念。提出了偏执分裂心态与抑郁心态的儿童心理结构观和儿童人格结构观。提出了儿童的游戏治疗观点。
	唐纳德·温尼科特	强调真实的母亲，提出了从完全依赖到相对依赖、独立的心理发展过程。提出了原初母性灌注、足够好的母亲、真我和假我、过渡客体的概念。形成儿童精神分析学，治疗核心是抱持的环境。
自体心理学	海因茨·科胡特	用自体模式取代了驱力模式并通过自体客体关系建构自体，对于自恋型神经症的心理治疗有重要意义。是精神分析内部发展中又一新的理论模式。
结构主义精神分析学	雅克·拉康	引入语言学和结构主义的方法，幼儿心理发展存在实在界、想象界和象征界三个阶段，镜像阶段是人类心理发展的一个必经阶段，具有反生物学倾向的文化性特征。
主体间性精神分析	乔治·阿特伍德与罗伯特·斯托罗洛	心理病症现象是在主观世界的互动中形成的。构成主体性的主要元素是经验的组织原则，通过主体间性对话，将潜意识中的前反思组织活动带入意识中。

第七章
格式塔与信息加工心理学

【本章导言】

1912年，惠特海默发表了关于似动现象的论文《运动知觉的实验研究》，这被视为格式塔心理学产生的标志。格式塔心理学在知觉、思维等问题上强调认知加工的整体结果，为信息加工心理学的产生奠定了理论基础。信息加工认知心理学吸收了格式塔的完形和整体观的基本思想，通过计算机模拟的方法研究人类心理过程，认为人类的认知加工与计算机类似，都是进行信息加工的符号操作系统。

【学习目标】

1. 了解格式塔心理学的主要理论观点与代表人物。
2. 了解勒温的拓扑心理学的主要观点。
3. 熟悉皮亚杰学派的理论观点及其发展。
4. 熟悉信息加工心理学的主要观点和研究方法。

【关键术语】

格式塔　知觉　顿悟　学习迁移　认知结构　信息加工　模板匹配　原型匹配　感觉记忆　短期记忆　长期记忆　问题解决　完形　同型论　创造性思维　认知发展阶段　记忆结构　记忆表征　问题解决

【主要理论】

完形理论　顿悟说　勒温的场论　行为动力系统理论　认知平衡理论　认知失调理论　发生认识论　模式识别理论　过滤理论　衰减理论　记忆理论

第一节　格式塔心理学

格式塔一词源于德语“Gestalt”，意为“构型”（configuration）、“形式”（form）或“整体”（whole）。格式塔心理学强调任何心理活动都是有组织的、整体的现象，而不能分解为不同成分。我们体验的不是事物的孤立的片段，而是有意义的完整的事物。我们看到的是人、车辆、树木和云朵，而不是红黄蓝的色调，也不是不同的饱和度和明度。格式塔心理学主张，心理学应该关注有意义的、完整的意识经验。

格式塔心理学反对冯特与铁钦纳主张的构造主义心理学，主张将意识还原为元素，而不注重整体。格式塔心理学指出，冯特与铁钦纳的心理学中的还原论与元素主义思想中，将意识或行为还原成基本元素的方法是原子论的、分解的、分析的做法，不符合知觉的整体经验。

原子论通过寻找复杂现象中较简单的成分来研究复杂现象。而作为整体论的格式塔心理学则是将知觉现象作为一个整体来研究。

一、产生背景

（一）哲学背景

格式塔心理学在哲学史上最早可以追溯到柏拉图的洞穴隐喻。柏拉图的洞穴隐喻认为人通过一个洞孔来看世界，这个洞孔可以理解为人类先天具有的认知模式。理性主义哲学心理学中笛卡尔的天赋观念论和莱布尼茨“有纹路的大理石”，也都主张人拥有天生的理性力量与理性原则。

19世纪，德国哲学家格奥尔格·黑格尔呼吁建立自然、人类生活和历史的整体观，当人们不熟悉事物之间的多重关系、也不了解自己所在的环境，是无法建立对于自然和人类、现在与历史的整体观的，也无法理解整体所代表的内涵。科学家们如果只是研究现实生活中某一方面的内容，就会使他们所研究的对象从它所在的整体当中分离出来，这种分离必然会影响对全局的理解与感受。而一个人不只是身体各部分或化学成分的叠加，一个国家大于其公民的总和。20世纪，一些德国心理学家，特别是格式塔心理学家，接受了格奥尔格·黑格尔的观点，并且汲取了其中的哲学观点成为自己理论的思想素材。

德国近代哲学家伊曼努尔·康德(Immanuel Kant)提出了“先验论”，认为时间和空间等认识的形式具有先天性，本身存在于人的认知结构中，通过直觉的形式被人们认识。他认为意识经验是感觉刺激与先验的认识形式相互作用的结果，即认识的形式作为心灵官能将某些感觉经验并不具有的东西加在了意识经验上。康德哲学中，将这种天赋的理性能力称之为认识的形式，而认识的材料是后天的、经验的。格式塔心理学在此基础上，认为意识经验无法还原为感觉刺激，意识经验不是某些感觉刺激的简单或复杂的加和。知觉和感觉有一个重要区别，就是心灵官能或脑对感觉刺激进行了非简单累加式的处理，使之有意义，成为人们可以直观到的事物。

厄恩斯特·马赫(Ernst Mach)在《感觉的分析》一书中写道，空间和时间是无法由其元素来解释的特殊知觉，例如，不论一个圆大小、颜色、明暗、线段连续与否，人们经验到的都是圆形，这是空间形式。类似的，不论一段旋律音量大或小、音调高或低，人们经验到的都是同一旋律，这是时间形式。这不仅仅是我们经验的产物，而且是人类认知中的共性，是普遍的、与生俱来的。格式塔接受了这种先验论的思想。

胡塞尔的现象学强调事物本身，反对任何形式的分析。现象学观点认为我们对世界的所有知识和理解都来自我们的经验。没有所谓的客观现实，经验和对这些经验(生活经验)的看法才是我们的现实，这种思想与理性主义哲学观共同构成格式塔心理学的哲学基础。

(二) 社会背景

格式塔心理学的诞生地是德国，但其整体观的思想却与冯特在德国提出的构造心理学是对立的，这很大程度上受到了当时德国社会背景变化的影响。德国自 1871 年实现统一后，迅速崛起，20 世纪初已经逐渐赶上并超过了老牌资本主义国家，德国萌生了统治世界的想法。在这个背景下，心理学变得和整个国家的意识形态一样，强调统一，强调主观能动，加强了对整体的研究。

(三) 科学背景

在我们的经验中，物理学中物质的各种形态背后的机理究竟如何呢？不同的物质又是以什么样的形态在日常生活中发展变化的呢？20 世纪早期的物理学是格式塔学派创始人的知识和灵感的来源之一。有的心理学家把目光投向化学，寻找其中的理论支持与解释。例如，我们能够简单地想象，一切事物都是由原子组成的，它们通过各种形式组织在一起。可是我们却不能看到这些原子、分子以及这些微粒之间的联结。我们可以看到这些微粒所构成的各种事物，我们也可以清楚地知道某个整体的构成微粒，但如果仅研究微粒，却不去探究这些微粒是如何联结的，就无法真正掌握由这些微粒构成的整体。

格式塔还吸收了“场”这一物理概念和模型。在物理学中，场是指力在其中运行的空间。场可以被理解为一个动力系统，其中的某一部分改变将影响这个场的其他部分。场理论的提出让心理学家以某种类似的方式理解时间、空间及其在心理中的表征成为可能。

（四）心理学背景

在内容与意动之争出现后诞生的形质(form qualities)学派认为形质的形成依赖于意动，形质是一种可以相互分离并且由要素构成的表象的集合。形质学派代表人物克里斯蒂安·冯·厄棱费尔(Christian von Ehrenfels)在1890年发表的《论形质》中论述了与格式塔心理学非常接近的理论和概念问题。他详细阐述了马赫的空间和时间形式的观点，其中提出了形质的概念。他反对冯特的内容心理学，主张形质并非个人感觉的简单组合，而是藏匿于个体知觉之中，与感觉独立，有另一种组织形式，有着新的性质，即为整体所具有。厄棱费尔同意马赫的观点，即形质是在经验中直接给予的，当元素出现变化时，它保持不变。形质是一种从感觉中出现的东西。近代英国哲学家穆勒提出的“心理化学说”，认为在多种感觉相融合时，就会出现某种新的感觉，这种新的感觉与各构成部分单独的感觉的叠加是完全不同的。

格式塔心理学的先驱之一是形质学派。因为一方面它强调经验的整体性及整体对部分的决定作用，另一方面它侧重于知觉问题的研究。但是格式塔心理学家不愿承认形质学说对其理论的影响，他们对形质学说进行了评判和扬弃，他们认为厄棱费尔并没有背离元素主义，只不过把形质看作一种加在其他元素之上的一种新元素。

二、主要代表人物

格式塔的主要代表人物有惠特海默、考夫卡和苛勒三人。惠特海默于1912年发表了关于似动现象的论文《运动知觉的实验研究》，这被视为格式塔心理学诞生的标志，和行为主义在美国的诞生基本同时。考夫卡的主要贡献在于对知觉的研究，苛勒则是根据对黑猩猩的实验提出了有关顿悟学习的理论。

(一) 马克斯·惠特海默

马克斯·惠特海默

马克斯·惠特海默(Max Wertheimer,1880—1943)是德国心理学家,格式塔心理学创始人之一。他出生在捷克布拉格,并考入了布拉格的查尔斯大学学习法律,后来惠特海默的兴趣从法律转向哲学,他听了厄棱费尔的课,之后又来到柏林大学,听了斯顿夫的课,最后在符茨堡大学跟随屈尔佩学习,于 1904 年获博士学位。他的学位论文是有关测谎的。毕业后,惠特海默在法兰克福的一个研究所从事心理学研究,之后在柏林心理学研究所工作,后又返回法兰克福任专职教授。这期间,惠特海默对似动现象进行了研究,这一发现一直被视为格式塔心理学的开端。1910 年,他遇到了库尔特·考夫卡和沃尔夫冈·苛勒,他们都因躲避纳粹的迫害逃到了美国,也将格式塔流派的思想带到了美国。自 1933 年来到美国,惠特海默兴趣广泛,硕果累累,用英文撰写了《论述真理》(1934)、《伦理学》(1935)、《民主》(1937)和《自由》(1940)等文章,并整理出版,阿尔伯特·爱因斯坦为之作序。这一作品集未用英文出版,最终以德文出版。惠特海默只写了一本书《创造性思维》,1943 年,在其出版前惠特海默去世。1988 年 10 月,德国心理学会将其最高荣誉——威廉·冯特奖章授予惠特海默。

惠特海默的主要贡献在于似动现象、知觉的组织原则与创造性思维。1910 年,惠特海默前往莱茵兰度假,在火车上看着窗外因火车运动而"动起来"的风景,惠特海默有了一个不同于以往的知觉认知,惠特海默在度假中途购置了实验器材,一台玩具频闪仪(闪烁静止画面,使其好像移动的装置),并在房间里做起了实验。实验证实了惠特海默的想法,他在没有运动的地方观察到了运动。返回法兰克福大学后,他使用速示器,令光在设定时间间隔持续闪现。实验会设置不同的时间间隔，可以观察到通过观察不同时间间隔下两条光线呈现出的景象。其中，当时间间隔60毫秒左右，会出现一个神奇的景象，即光线实际上依次出现在不同的位置，但人眼看到的却是一条光线从前一位置移动到另一位置的动态图片。这就是似动现象，也称phi现象，从连续静止的物体中看到真实运动的现象。这一发现发表于惠特海默的《运动知觉的实验研究》中，现代生活里的动画片、电影其实就是运用了这样的原理。

惠特海默不是第一个观察到似动现象的人，但是第一个将似动现象解释清楚的人，他看到了更为深层的意义，将它与解释性原则的连贯系统联系到了一起，赋予它在心理学中的重要地位。

（二）库尔特·考夫卡

库尔特·考夫卡

库尔特·考夫卡（Kurt Koffka，1886—1941）是美籍德裔心理学家，格式塔心理学的代表人物之一。他在卡尔·斯顿夫的指导下，于柏林大学获得博士学位。在法兰克福大学与惠特海默和苛勒共事后，他来到了吉森大学。1922年，考夫卡在《心理学公报》上发表了《知觉：格式塔理论引文》，引起了一批美国读者对格式塔心理学的关注，大众对格式塔心理学的误解也由此开始，他们认为格式塔心理学只研究知觉。实际上除知觉外，格式塔心理学家们还对哲学问题、学习、思维、个体发展、生理学等感兴趣。而格式塔心理学之所以早期更关注知觉，是为了抨击冯特的心理学思想，毕竟有了对抗的对象，一个学派才好存续，这是很多学派的生存之道。

1935 年，考夫卡出版《格式塔心理学原理》，此书旨在全面、系统地说明格式塔理论，是一部集格式塔心理学大成的著作。

(三) 沃尔夫冈·苛勒

沃尔夫冈·苛勒

沃尔夫冈·苛勒(Wolfgang Kohler，1887—1967)是德裔美国心理学家，格式塔心理学派创始人之一，也是认知心理学、实验心理学、灵长类行为研究的先驱。他于 1909 年在柏林大学获得博士学位，之后在法兰克福大学和惠特海默及考夫卡共事。

苛勒不认可费希纳的测量理念，他指出，如果不理解所测的是什么就进行测量，那么心理物理学就是其后果之一。以智力测验测定智商为例，苛勒认为，测量是精确的，但所测的是什么则是模糊的。尽管测验分数和学生以后的成绩呈现出合乎要求的相关。但是这些测验并没有表明确定整个智商的具体因素的性质和强度，而这对儿童来说很重要。我们很容易因测验感到满足，因为作为数量化的程序，测验看起来很科学。

1913 年，苛勒前往特纳里夫岛研究黑猩猩的认知策略，发现了“顿悟学习”的策略，随后又撰写了《人猿的智慧》一书。但是有人认为苛勒在特纳里夫岛并非观察黑猩猩，而是在帮德国军队观察英国船只的活动，因为特纳里夫群岛并不是黑猩猩土生土长的地方。这一说法后经 87 岁的饲养员曼纽尔证实，苛勒的两个孩子也证实了这一点。这表明苛勒当时仍忠诚于德国，但纳粹上台后，苛勒的态度发生了改变。纳粹持续骚扰研究所的学生和老师们，苛勒于 1933 年 4 月 28 日发表了最后一篇公开批评纳粹的文章，苛勒虽然不是犹太人，但他对学校开除优秀的犹太人教授弗兰克这一决定提出批评。

在纳粹政府掌权时，科学创新的良好氛围遭到破坏。苛勒为此进行过多次抵抗运动。1935年，苛勒移民美国，加入斯瓦斯摩学院。苛勒也是位多产的作者，出版了《格式塔心理学》(1929)、《心理学中的动力学》(1940)等著作。

三、主要观点

(一) 整体观

格式塔心理学又叫完形心理学，格式塔心理学的基本假设是：个体知觉经验中存在有组织的"整体"，它不依赖于各个部分，是知觉中的一个完整实体，一个特征的集合体，是有组织的整体。例如：我们看到一张面孔，不需要对轮廓或五官进行深入的分析，就知道看到的是人脸；当我们见到熟悉的面孔，我们会立刻将其知觉为我们所认识的那个人，而不是单个的五官。

格式塔心理学和行为主义产生的时间接近，但却与行为主义的思想大相径庭，发展格式塔心理学的心理学家接受意识。但和同样研究意识的构造主义相比观点截然不同，构造主义者将意识分割成心理元素，格式塔在这一点上也和冯特唱反调，批判冯特的心理学是砖头、瓦砾、泥土块。格式塔学派认为，人们在欣赏风景、感受外界环境变化的时候，看到的是一个个鲜活完整的形象，而这种完整形态可以动摇构造主义的大厦。而冯特没有完全否认整体观，但不重视整体观，他所说的心理元素只是拼凑在一块，并没有强调拼凑出全新的、不同质的东西，而格式塔非常强调拼凑的结果，将其看作不可分割的整体，有整体大于部分之和的效果。例如，五官排放在特定的位置会组成一张人脸，而人脸的概念不是五官简单相加所形成的。

(二) 完形理论

完形是格式塔理论的核心概念，格式塔心理学家用完形趋向阐述了脑内力场和人的认知经验之间的关系。他们指出，人的感觉信息可能是片段的、零散的，但认知经验则是简单、完整而有组织的。格式塔组织未完成的时候，已经包含了一种完形的倾向；当格式塔组织完成时，就会成为简单而有意义的整体。

例如，如果我们失恋了，我们会努力寻找原因。如果没有原因我们会睡不着觉，老会想对方为什么会提出分手呢？我们拼命想：也许是性格不合，平时就有很多证据；甚至迷信一点的人会认为彼此星座不合。如果我们相信它，心里面也会舒坦一些。只要找到原因了，心里面就舒坦一些，没有完形，心里面会有紧张感，这是一种不均衡的状态。这股紧张就会使我们不舒服，因此会推动着去做完这东西，让它完形，这个就是格式塔心理学的核心理念。不均衡不舒服是一种未完形的状态，获得知觉的完形后就均衡并且知觉上和谐了，这种认知倾向是先天的。但具体怎样完形、通过什么材料与方式完形则受到后天经验的影响。

此外，当我们看到一些不同的面孔，我们会出现自然的反应，判断这个人是否值得信任。其实在我们的脑海里，有好人和坏人的固有印象，新的刺激材料出现时，我们会套在固有的印象里。其实不管对方是不是真的好人，我们都有这样一种先入为主的观念，这是一种认知上自上而下的加工，是一种认知上的先天倾向。

（三）知觉

知觉是格式塔理论的核心内容。知觉的过程与心智有关，而心智是一位创造性的"建筑师"，它创造了某些新东西，某些在本质上不同于仅仅由元素组合的东西。行为主义心理学家相信，如果他们不去关注知觉，而聚焦于可测量的行为变量，就能够解决主观性的问题。行为主义者创造出以刺激与反应为观测对象的实验研究方法。格式塔心理学家则改变了主要的研究方法与研究对象。他们在实验中的研究对象是经验中整体的"现象"，这与传统心理学中的心理"元素"形成了对比。

1. 似动现象

1910 年夏天，惠特海默正在从奥地利去往德国莱茵河度假的路上，从火车的车窗向外望去，他被窗外电线杆、栏杆、建筑物，甚至远处小山坡和山峦的明显运动所打动，这些静止的物体看上去在随火车一起运动。在此之前，无数人搭乘过火车并看见过这一现象，但是惠特海默却以一种崭新的眼光来看待它：为什么这些物体看上去在运动呢？他舍弃了自己的度假计划，在法兰克福下了火车，在一家玩具店买了一个简易的动景器。在旅馆的房间里，他用这个动景器放映一匹马和一个小孩的连续图像。以恰当的速率放映，马似乎在一路小跑，小孩在步行。尽管这些运动一阵阵地忽停忽动，但却非常清晰。惠特海默想寻求此类运动的潜在机制，1912 年，他发表了一篇关于"似动现象"的文章《运动知觉的实验研究》。惠特海默对这种现象的解释是当两个影像相继投射到屏幕上时，看起来像在运动。这是一种错觉，在这种错觉中，两个静止但闪烁的亮光看似是一个亮点从一个位置移动到另一个位置。惠特海默的实验表明，尽管实验中的物体并没有向被试呈现出物理运动，但他们一致地报告感觉到了某种运动。在个体经验中有一些很难用传统实验心理学进行解释的现象。格式塔的研究对象是直接经验，而且是不经过分解的直接经验，看到什么就是什么。冯特强调看到了什么颜色、什么形状，强调元素的属性，而格式塔不要分解，整体先于部分。在韦特海默看来，如果我们遵循传统心理学的方法，那我们多姿多彩和紧张有致的精神生活就会变得相当无聊。

2. 知觉的组织原则

知觉的组织原则描述了主题如何组织某些刺激，主要可以概括为以下七条：

知觉的组织原则	含义
背景	将一部分知觉为图形，一部分知觉为背景
邻近原则	将空间和时间上接近的对象知觉为整体
相似原则	将相似的对象知觉为整体
封闭原则	倾向于知觉为简单图形
共同命运原则	将朝同一方向运动的图形知觉为整体
简单性原则	倾向于知觉为简单图形
连续性	将相连接的对象知觉为整体

（1）图形与背景

我们并不是对知觉对象的各个部分都有清晰的感知，只有其中的某些部分能够明显地被我们感受到，从对象中突显出来，这一部分就形成图形，而另外一些部分则成为背景。图形与背景在知觉上的特性是不同的，图形通常是封闭得很好、有清楚的轮廓并且组织得相对紧密和完整的对象；背景则是没有清楚界线的同一性的空间和时间，看起来不是很确定而且没有结构。图形的面积通常较小，常在背景的上方和前面；而背景所包含的面积则较大，似乎在图形的后面以一种连续不断的方式在展开。图形与背景的区别越大，图形就愈有可能被我们感知；图形与背景的差别越小，图形就越不容易被我们从背景中知觉出来。军事上的伪装就正是运用了图形与背景的相关理论。在有些情况下，图形和背景可以互相转换。

（2）邻近原则

当两种对象在空间上相对接近或相邻时，则这两个对象就倾向于被认为是一个整体。同样，当我们生活中听到时间相近的响声时也认为它是个整体。

（3）相似原则

当刺激物（知觉对象）的物理特性比较相似时，容易被看成一个整体。如下图 X 和 O 容易被感知为纵向排列。

× o × o × o

× o × o × o

× o × o × o

× o × o × o

× o × o × o

（4）封闭原则

有些没有闭合的图形，会使知觉者产生使其闭合的倾向，即知觉者会自发地把不连续的地方连起来，形成一个整体。例如下图中的三角形，我们倾向于将残缺的边补全，以便被知觉为完整的封闭图形。

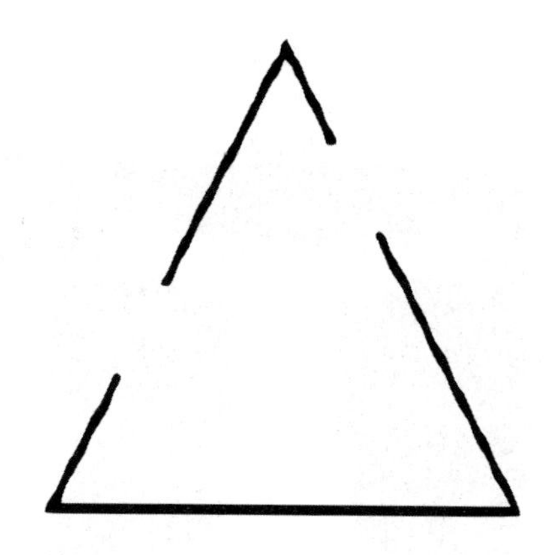

（5）共同命运原则

当知觉对象的某些部分朝着同一个方向运动，那么这些具有相同运动方向的部分共同被知觉为一个整体。

（6）简单性原则

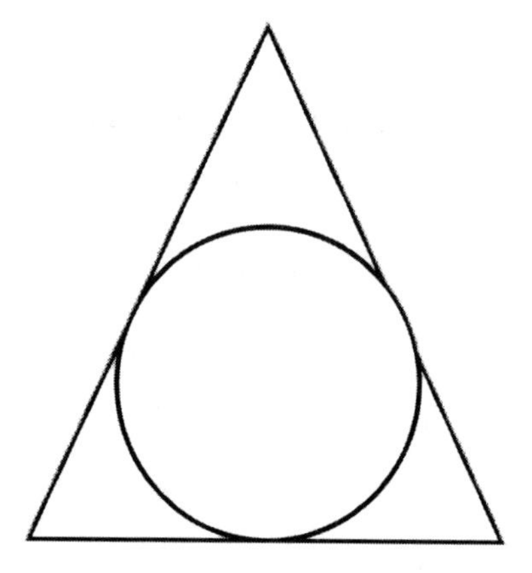

一般情况下，人们对错综复杂的对象进行知觉，往往会优先把知觉对象视为组织良好、相对简单的规则几何图形。比如我们会将这幅图理解为三角形中有一个圆，而不是圆周围有三个角。

（7）连续性原则

假如一幅图中的某些部分是连接在一起的，那么这些组成部分就更容易被知觉成一个整体。

3. 同型论

格式塔心理学在研究直接经验和行为的同时，也重视探讨心理现象的生理机制。格式塔学派在心—脑问题上的观点被称为同型论(isomorphism)。在这方面，格式塔心理学家们力图证明一个总的假设：大脑皮质区的活动是与完形原理相类似的。也就是说，在每一次知觉活动中，人脑都会产生一种与物理刺激构造精确对应的皮质"图画"，这就是同型论，经验和秩序并不是孤立存在的，而是与大脑皮层事件的秩序分布保持一致性。

同型论强调脑内部的场改变了进入脑的感觉材料，强调我们的意识经验到的是已经改变了的材料。意识经验和脑活动在结构模式上是相同的，类似地图和实际地理之间的关系。

根据同型论概念，格式塔心理学家反对恒常性假说(不同于知觉恒常性)，恒常性假说认为某些环境刺激和某些感觉之间存在一一对应关系，即个别物理事件引起个别感觉。这个假说已经被大多数经验主义者接受，它也是铁钦纳的构造主义心理学的理论基础。

格式塔心理学家完全反对恒常性假设，而是用场理论分析大脑的功能，认为大脑就是一个物理系统，而在所有的物理系统中，能量的分布都是有规律的。惠特海默阐述了这一观点：物理力在得到释放时并不会产生混乱，只会产生它们自己的由其内部决定的组织。格式塔心理学家认为脑是动态的、改变感觉信息的力的构型。进入脑的感觉刺激与脑内的场发生相互作用，引起心理活动场。心理活动场取决于进来的刺激和脑内场的相互作用。

4. 学习理论

(1) 顿悟说

苛勒通过实验对黑猩猩的顿悟学习进行了研究。第一类情境，将一个香蕉放在笼子之外，用一根绳连着香蕉，可以将香蕉拽到笼子里。黑猩猩们毫无顾忌地拉动绳子，把香蕉拽了进去。这一类情境，苛勒认为作为整体的问题很容易被感知到。在第二类情境中，几根绳子都通向香蕉，黑猩猩却不能很快分辨出拉动哪一根绳才可以获得香蕉。苛勒因此认为，黑猩猩无法立刻看到问题的整体。第三类情境中，将香蕉放到笼子外黑猩猩正好够不着的地方并将一根木棍放在笼子前方靠近香蕉的地方，黑猩猩很快就会用木棍把香蕉拖进笼子。在这里木棍和香蕉被知觉为同一情境的部分。但第四类

苛勒以黑猩猩为实验对象,设计了六类情境,观察黑猩猩解决问题的方式,发现黑猩猩会在某次失败后突然醒悟,找到解决办法。

情境中,木棍和香蕉分别放在不同的位置,使其不容易被知觉为同一问题,因此黑猩猩必须重新构建知觉体系才能解决问题。第五类情境中,香蕉被放到笼子外黑猩猩够不着的地方,笼子里放了几根空心竹竿,每根竹竿都很短,黑猩猩无法单独使用其中一根够到香蕉,唯一的方法是将竹竿串连起来。因此,黑猩猩必须在竹竿之间找到新的关联,才能解决问题。另外,苛勒设计了高空取香蕉的实验情境。在这个情境中,黑猩猩需要将箱子推到香蕉的正下方站到箱子上去取香蕉,有时甚至需要将多个箱子叠起来。

黑猩猩没有经历尝试—错误的过程,而是像“灵光乍现”一般,找到了解决办法。苛勒将这一过程命名为顿悟。这和之前流行的行为主义学习理论不同,是一种全新的学习模式。在思维里面,试误就类似一种机械学习,死记硬背,却没有找出其中关系,而顿悟说强调的是因素之前的关系,顿悟是一种完形,形成一种新的格式塔。

问题解决的重点在于情境与刺激间整体关系的深刻领悟，顿悟最重要的因素就是对情境的反思，这一过程是指整合情境中所有信息，找到完美的解决办法。苛勒认为学习过程不一定是循序渐进的，也可以是一瞬间的，是一种质变，但无需量的积累。

格式塔心理学家认为某一问题只可能存在两个阶段，没有得到解决阶段和得到了解决阶段，不存在中间阶段。桑代克等人之所以发现学习似乎是渐进的，是因为动物没有得到获得顿悟所必需的所有要素。但若将解决问题所需情境整体呈现给个体，顿悟学习通常会发生。而顿悟学习要比机械记忆或行为试误获得的学习更加有效。

（2）学习迁移

此外，顿悟学习可以迁移，这种迁移和桑代克的迁移理论也有不同。桑代克的共同要素说认为，当两种学习场景间有相同的元素时，学习才能发生迁移，而格式塔心理学家认为，在顿悟了两种学习经验之间存在关系时，就可能发生迁移。

苛勒曾做过实验来证明迁移理论，他先在地上铺上一张白色的纸和一张灰色的纸，然后在上面铺上谷子。当小鸡在白纸上啄谷子，就用嘘声把它吓走，而如果在灰纸上啄谷子，就不予干预。多次实验后，小鸡学会了只在灰纸上啄谷子。如果实验只到这里，斯金纳等人会认为强化了在灰纸上的啄食反应。于是苛勒进行了第二阶段，用黑色的纸替代白色的纸，现在小鸡的选择是灰纸或者黑纸，令人惊讶的是，大多数小鸡会在黑纸上啄谷子。苛勒认为，动物学会的不是简单的颜色刺激—反应的联结或某种特殊反应，而是习得了两者的深浅关系。

格式塔心理学家认为，有机体只要学习某种原理，就会将其应用于相类似的情境，这就是转换，也是格式塔心理学家对训练的迁移的解释。转换同桑代克关于迁移的相同要素说相对立，根据相同要素说，两个情景之间的相似关系决定它们的迁移量。

（3）创造性思维

创造性思维也是格式塔心理学颇有贡献的领域。格式塔理论家惠特海默对感知、思想、问题解决都很感兴趣。他强调要区分再生产思维和创造性思维。再生产思维与机械重复、条件反射、习惯等“熟能生巧”的知识领域有关。而创造性思维是新思想的涌现，是一种全新的突破。创造性思维是基于洞察力的推理，只有富有洞察力的推理才能真正理解概念之间的问题和联系。他鼓励逻辑训练，并且相信逻辑能够启发思考。但是，他也认为单靠逻辑并不能完成创造性的活动。同时，他认为创造力对于积极思考也至关重要。他指出盲目服从规则来解决问题会妨碍对问题的真正理解。他认为，这种盲目的服从会阻止人们发现解决方案。

惠特海默还把运用格式塔原理的学习方法与机械记忆进行了比较。运用格式塔原理学习的基础是个体理解问题的特点,而机械记忆被个体外部的强化或联想支配。问题的存在会引起个体认知失衡,问题得到解决才能恢复认知平衡,这种由问题解决到恢复认知平衡的过程会令学习者产生满足感,这就是内部强化。惠特海默认为,人们有学习和解决问题的积极性,是因为学习和问题解决本身令人感到满足,而不是外在的人或事物的强化。

惠特海默认为使用联想、死记硬背、练习和外部强化等方法的学习是非常枯燥的。而强调逻辑教学并不会比机械记忆的学习效果好多少。逻辑教学能保证得到正确结论。但是这种观念的教学,是又一种假设正确的思维方式,且每个人都应以该种方式思考。于是,逻辑教学和机械学习一样会扼杀创造性思维。而创造性思维认为,问题解决牵涉到整个人,对个人而言,问题都是独特的。惠特海默的创造性思维理念在现代生产生活中仍有深远的影响。

四、格式塔心理学的评价

(一) 理论贡献

格式塔运动诞生于德国,根植于德国大学的文化和教育传统深处。这一传统鼓励科学家们接纳理论统一的原理和普遍的假设,并通过研究经验事实来证明或者反驳这些理论。传统的实验心理学及其理论装备无法满足年轻一代心理学家的学术好奇心。韦特海默、苛勒和考夫卡身边形成了一个由大量学生、同事和支持者紧密结合而成的团体。他们拥有勇气、决心和创造性的思维。许多心理学家将格式塔理论比作一颗闪耀在"知觉理论暗淡天空"中的明亮流星。其他人比如波林认为格式塔心理学非常成功,因为它后来成为心理学的一个自然部分。

1933 年纳粹夺取德国政权后,许多学者离开德国。格式塔心理学的重要人才去往美国,格式塔思想在美国心理学界流传广泛。考夫卡和苛勒的一些著作从德文翻译成英文,美国心理学杂志也对这些著作进行评论。美国心理学家哈里·赫尔森(Harry Helson)在《美国心理学杂志》上刊登过一些文章介绍格式塔心理学,推动了格式塔心理学在美国的传播。考夫卡和苛勒多次访问美国,在大学和各种会议上发表演讲。三年间,考夫卡在美国做了 30 场报告。1929 年,苛勒成为在耶鲁大学召开的第九届国际心理学大会的主题发言者，另一个主题发言者是巴甫洛夫。

尽管格式塔心理学在美国传播范围广泛，但是由于以下几个因素导致格式塔心理学作为一个流派传播的速度相对迟缓。第一，行为主义在当时正处于发展的顶峰。第二，语言方面的障碍，格式塔心理学主要用德文撰写，翻译的过程导致它在美国的传播缓慢。第三，许多心理学家误认为格式塔心理学只是研究知觉，这大大减少了格式塔心理学被人们认识的范围。第四，惠特海默、考夫卡和苛勒都在美国的一些小学院担任教职，因为这些学院没有培养研究生的博士点，所以很难吸引门徒来传承他们的思想。第五，最关键的是，美国心理学已经远超格式塔心理学直接反对的东西——冯特和铁钦纳的观念，行为主义开始成为美国心理学的第一目标。即美国心理学比德国心理学更远离冯特的元素主义观点。美国心理学家认为，格式塔心理学战斗的对象是他们早已经打败的敌人。格式塔心理学家似乎在从事美国心理学家们早已不再关心的事情。

这样的处境对格式塔心理学的生存是致命的，存活需要有赖以生存的土壤，而对于正在蓬勃发展的领域来说，这个土壤无疑是找到革命的对象，在对抗中立足。而格式塔心理学传播到美国以后，似乎已经找不到对抗的对象了。

当然，为了生存总会找到存活下去的方式，格式塔心理学意识到了美国心理学的发展现状。他们认为行为主义和冯特的元素主义类似，都是一种原子论，从部分去研究，而非整体的方法。格式塔心理学也反对行为主义对意识的否认。考夫卡指出，建立一种没有意识的心理学是没有任何意义的。格式塔心理学对知觉和学习等方面的研究做出了重要贡献，其完形和整体观的思想也很有意义。

格式塔心理学对后来的认知心理学有非常重要的影响，特别是 20 世纪 60 年代产生的信息加工认知心理学，它把完形的思想用到认知的领域里面来，强调认知的整体性。

在第二次世界大战爆发之前的那些年，格式塔学派的人掌控了德国一流大学中心理学领域的重要职位，格式塔心理学建立在斯顿夫、缪勒、屈尔佩、胡塞尔的研究基础之上，同时也巩固了他们的研究，格式塔心理学成了当时盛行的流派，因此，许多其他的德国心理学家也乐意接受这样一个称号。例如，一些著名的知觉理论家，如埃里克・冯・霍恩博斯特尔（Erik von Hornbostel，声音定位）、埃里克・杨施（Erich Jscensch，遗觉像）、大卫・卡茨（David Katz，色觉）；早期的认知心理学家，如卡尔・彪勒（Karl Bahler，认知发展）和卡尔・邓克尔（Karl Dunker，创造性）；以及临床神经科学的先驱库尔特・戈尔德斯坦(Kurt Goldstein)。

战争将这些研究驱散到了美国、英国、俄国、斯堪的纳维亚,使得这个流派失去了维持一种成功的科学范式所需的社会支持——如对期刊的控制、对研究生的训练、与志趣相投者共事,等等。许多研究者在他们的新家发展得很好,有些则不然(邓克尔36岁便自杀了)。因此,卡特赖特戏称:“具有讽刺意味的是,阿道夫・希特勒对心理学史产生了重要的影响。”

一些曾到德国学习的美国人(如奥格登、托尔曼)已对格式塔心理学较为认可。传播到美国后,格式塔心理学甚至在盛行的行为主义范式中,也产生了影响。许多重要的美国直觉理论家——如J.J.吉布森(J.J. Gibson)、哈里・赫尔森(Harry Helson)、汉斯・瓦拉赫(Hans Wallach)、鲁道夫・阿恩海姆(Rudolph Arnheim)——都对格式塔观点进行了反思。莫莉・哈罗尔(Molly Harrower,1906—1999)曾与考夫卡和戈尔德斯坦一起工作,后来成了国际上有名的临床心理学家,以及神经心理学的首批女性之一;玛丽・亨利(Mary Henle,1913—2007)一直给自己贴着格式塔心理学家的标签,作为一位心理学史家,她有着精彩的职业生涯。

然而格式塔心理学有较大影响的研究领域是社会心理学。除了勒温之外,还有他在美国的学生,如塔玛拉・登博(Tarnara Dembo)和利昂・费斯汀格(Leon Festinger,1919—1989)所作出的贡献。事实上,整个社会认知领域都是建立在“美国格式塔心理学家”的研究基础之上的,如弗里茨・海德(Friz Heider)的归因理论,所罗门・阿什(Solomon Ash)对从众和知觉的研究。

总而言之,格式塔心理学有以下四点理论贡献。第一,格式塔心理学反对元素主义,倡导了整体论方法论观点,对人本主义心理学家产生了重要影响。第二,格式塔心理学是第一个通过实证研究并记录了许多关于感知的理论——包括运动知觉、轮廓知觉、知觉恒常性和错觉等。第三,格式塔心理学还创建了一套崭新的区别于传统研究的理论和方法论原则,与将研究对象划分组块、单独分析的传统方法形成鲜明对比,试图重新定义心理学研究。第四,方法论上以问题为中心、持开放态度在一定程度上体现了人本主义的观点。

(二)应用贡献

格式塔心理学在包括心理咨询与治疗、教育、商业和社会工作等许多领域都有广泛应用。在心理咨询与治疗领域,心理治疗师可以利用格式塔理论来帮助患者理解和改变他们的思维和行为模式。格式塔疗法是一种基于格式塔心理学的重要心理疗法。格式塔疗法关注来访者此时此刻的体验，帮助来访者探索和觉察自己是如何感知世界的，而不是对来访者的行为做出解释。格式塔疗法在临床实践中，关注三类场。第一类是体验场或现象场，通常指来访者独特的现象场。第二类是咨询师与来访者之间的关系场。第三类是咨询师和来访者存在的大背景，即宏观场。在教育领域，格式塔心理学被广泛应用于教学和学习，可以利用格式塔理论来设计课程和教学材料，以帮助学生达成更好的理解效果。在商业领域被广泛应用于市场营销和广告，可以利用格式塔理论来设计产品和广告。在社会工作领域，社会工作者可以利用格式塔理论来帮助客户理解和改变他们的思维和行为模式。

（三）局限

格式塔的哲学基础是先验论，具有明显的唯心主义色彩。格式塔学派关于客观世界的划分、组织原则的论述及其场论和同型论带有明显的唯心主义倾向和强烈的先验论色彩。人和动物在神经发展水平上有质的不同，如果将讨论动物的学习生搬硬套到人类学习上是不妥的，但格式塔在研究学习领域的问题时，没有考虑到人与其他动物的生理基础和意识能动性等方面的差异。

大众接受格式塔心理学时经常会因它含糊不清的术语和模糊的理论观点避而远之。主要原因可能是，它使用的一些物理和数理术语往往是生搬硬套而没有经过缜密严谨定义和区别，因此给人最直观的感受是晦涩难懂。尽管格式塔心理学在知觉方面为心理学发展做出了很多贡献，但格式塔心理学的知觉实验的严谨性遭到了不少质疑和非议。

格式塔心理学的代表人物及主要观点

代表人物	事件	观点
惠特海默	1. 1912年，惠特海默发表了关于似动现象的论文《运动知觉的实验研究》，这被当作格式塔心理学形成的一个标志。 2. 惠特海默只写了一本书《创造性思维》，在其出版前惠特海默就去世了。	1. 惠特海默通过对似动现象的知觉研究，提出了完形主义的观点。 2. 将格式塔心理学的原理应用于人类的创造性思维，并主张在教育中培养学生的创造性思维。

（续表）

代表人物	事件	观点
考夫卡	1. 1922年，考夫卡在《心理学公报》上发表了《知觉：格式塔理论引文》，把格式塔心理学介绍给广大美国读者。 2. 1935年，考夫卡出版《格式塔心理学原理》，此书意在全面、系统地阐述格式塔理论。	1. 认为格式塔心理学只是研究知觉。 2. 考夫卡在格式塔心理学中提出了行为环境的理论，认为行为是心理学的研究对象，心理学要研究行为与物理场的因果关系。
苛勒	1. 1913年，苛勒去往特纳里夫岛研究黑猩猩，发现了"顿悟学习"的策略，后出版了《人猿的智慧》一书。 2. 1935年，苛勒移民美国，任教于斯瓦斯摩学院。	苛勒通过对黑猩猩的实验，在学习理论上提出了顿悟说。

第二节　拓扑心理学

一、勒温的生平

库尔特・勒温

库尔特・勒温(Kurt Lewin，1890—1947)，德裔美国心理学家，被称为"社会心理学之父"，也是最早研究团体动力学和组织发展的人之一。他的职业生涯始终围绕着场论心理学及其应用研究、行动研究和团体沟通这三个主题。

勒温出生于普鲁士(现在的波兰)一个中产阶级犹太家庭。1905 年全家搬到柏林,以便他和他的兄弟们都能接受更好的教育。1909 年他在弗莱堡大学攻读医学,后来又转入慕尼黑大学攻读生物学。1910 年 4 月,他转到柏林皇家弗里特里希—威廉斯大学(后称柏林大学),当时他还是一名医科生。1911 年开始,他的兴趣转向哲学。到 1911 年夏天,他的大部分课程都是心理学。第一次世界大战中服兵役后,因战伤回到柏林大学继续完成博士学业,还参加了苛勒领导的格式塔小组。1945 年,他在麻省理工学院建立了团体动力学研究中心,勒温希望团体动力学研究能够满足科研和实践两方面的需求,他提出社会科学的研究需要将心理学、社会学、人类学整合起来成为探索群体生活的实用工具。当代生活中的群体问题需要社会科学家们更加深入、有效、不带偏见地理解与分析。

在美国工作时,勒温希望创造一种新的人类行为理论,他求助于几何学和拓扑学,他相信一个数学方程可以概括描述引起人们行为的心理场。他从格式塔心理学的视角出发,认为心理场是决定个体行为的主要原因。拓扑学是按照连通性、连续性和方向性对几何形体与空间特性的复杂研究。勒温认为,拓扑学有助于描述个人的行动、意向、产生的冲突和令人迷惑的困境。圆圈、线条、正方形和向量都被用来塑造、解释甚至预测行为。由于吸收了拓扑学的观点,他把自己的场论心理学称为拓扑心理学。认为任何行为都是个体和环境的函数;特别重视由具有现实基础的准事实构成心理环境,心理环境所构成的心理生活空间对个体有重要影响。个体的心理生活空间虽无法准确度量,但由一定的维度构成,有其自身结构、边界和区域。由于接受格式塔心理学的教育背景,勒温在其理论中也融入了“整体大于部分之和”等概念,他也承认动机的存在。勒温把格式塔的观点拓展运用到需求、人格等研究领域中来。同时,也采用格式塔的观点来解释团体行为,并创立了团体动力学。

勒温著有《个性的动力理论》(1935)、《拓扑心理学原理》(1936)、《解决社会冲突》(1948)、《社会科学中的场论》(1951)等著作。

二、勒温的场论

(一) 场论

勒温用场理论将格式塔心理学的主要原则与拓扑学联系在一起,心理场就是一个人过去、现在和未来的心理总和,并且这三者是不断变化的。为了理解或者预测某人的行为(B),研究者必须理解一个人的心理状态(P)以及心理环境(E)。在这个体系中,P和E是独立变量。行为是个体的人格特征和特定环境或环境条件的函数:

$$B-f(P,E)$$

从公式可以看出,一个人的行为受到其个性特征和环境特征的共同影响,不同于通过个体过去经历来理解个体当前的行为,这个公式为我们以当下的情景为背景来对理解个体行为提供了新的角度与思考。

个体的目标和过去经历都可以纳入所在场的特征。这一公式代表了一个人的生活空间,生活空间是决定个人或群体行为的因素的总和,由区域、客体、目标和其他影响人类行为的因素组成。为阐述这些概念,勒温借鉴了拓扑学,一种以非计量性为表征的几何学。他的目标是建立一种拓扑心理学。为了表明个体与其余世界的分离,勒温将生活空间画成封闭于约当曲线或者说是蛋形之中。在这幅图中,P和E构成个体的生活空间,曲线将生活空间与其余世界隔开。勒温的论文充满这样的图形。他在柏林的学生将其称为勒温的鸡,在爱荷华大学,其稍晚一代的学生又称其为勒温的土豆。它们象征勒温探索人类行为动力学的努力。

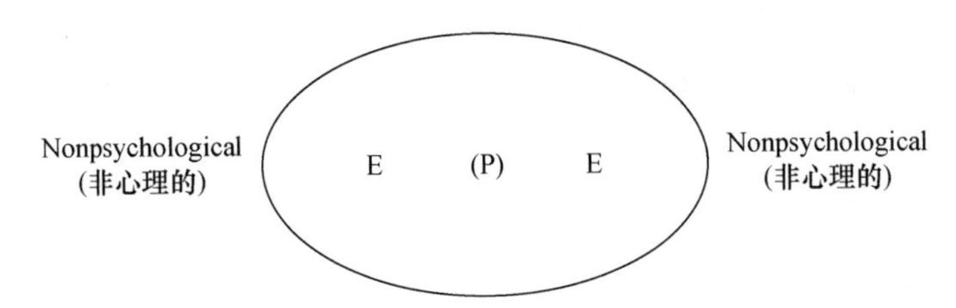

根据勒温的行为动力系统理论,我们可以借由方向和距离对环境进行客观测量。为了从A点到B点,一个人需要克服各种各样的障碍。每一个障碍都有不同的力度,克服更强的障碍就需要更大的力。这种力是指一个人能量的表现形式,从A到B的变化是一种位移,任何心理现象或行为都可以用特定的位移代表。每种行为都可以被视为力之间的相互作用,无论是促使个体朝向目标前进的动力,还是阻碍朝目标前进的阻力。

拓扑学是高等数学中处理空间变换的一个分支,勒温首先借用拓扑学衍生出来的概念来表示生活空间的结构,定义个体可能感知和行动的范围,帮助了解在特定生活空间之内可能或不可能发生的某些事件。勒温又借助矢量这一数理概念来描述心理事件的移动方向,进一步分析个体特定生活空间内可能完成哪些事件。由此勒温提出了用以具体描述心理场的行为动力系统理论,该理论的主要概念是:

(1) 需要:行为动力源,它主要指个体由于某种由生理条件缺失而引起的一种动机、欲望、实现目标的意向。

(2) 紧张:紧张与需要密不可分,是描述心理需要引起的一种内部状态。只有当个体满足自己的需要或重新构建一种生活空间时,这种紧张才有可能被减弱或消除。

(3) 效价:原本是化学术语,勒温用它来表示个体喜欢或厌恶某个对象的程度,当个体被物体吸引,便称其具有正效价,反之,则物体具有负效价。人们倾向于趋近带正效价的生活空间区域,而远离带负效价的生活空间区域。生活空间可能包含同时活跃的不同价态的区域,当对立的力量大致平衡时可能会引起不同区域之间的冲突。

(4) 矢量:勒温用矢量(或称向量)来表示对象吸引个体趋近或远离的力的方向和强度,如果只有一个矢量(力),则个体会在矢量的方向上运动。但是,如果有两个或多个矢量同时作用在不同的方向上,则个体心理事件的移动会在合力的方向上发生。

(5) 障碍:勒温动机体系中的一个重要概念。想要达成目标满足需求,个体必须跨越障碍。障碍可能是身心方面的,也可能是社会关系、宏观制度方面的,障碍也会不断发生重构。人们可以通过探索行为避过障碍实现目标需求。

(6) 平衡:是需要被满足后不平衡感消除的一种状态。

勒温曾经在咖啡店和他的学生们聊天时,要求一个服务员告诉他,坐在角落里的几位顾客点了什么。服务员根据记忆准确回答了。然后勒温问这位服务员,刚刚付款离店的几位顾客几分钟前点了什么。这位服务员想不起来了。勒温由此推测服务员可能有一种选择性记忆:他们的兴趣在于记住那些还没有付款的人们的点单。那意味着当商业交易未完成时,记忆处于激活状态。在顾客付款并完成交易之后,服务员就失去了记忆的动机。勒温的学生蔡加尼克在柏林大学做了实验解释这一现象。

蔡加尼克分派给她的被试 18—22 个简单的问题,如完成拼图、演算数学题和制作泥土模型等。当一项任务完成到一半时,其中的一半被试被有意打断,接着去进行另一项工作,而另一半被试直到完成了任务后才去做另一项工作,这样的有意打断在不同的被试身上轮流出现。当所有的课题任务或者已经完成或者在实验过程中被打断以后(这时所有的被试都已做过一些已完成任务的工作,同时也已做过一些未完成任务的工作),蔡加尼克要求被试回想自己所有做过的任务,结果被试对未完成任务的回想率达到 68%,对已完成任务的回想率只有 43%。这一实验证明,半途被中止的任务要比已被完成的任务在回忆时占有优势。蔡加尼克的解释是当个体朝向某一目标移动而被打断时,存在一种张力状态。这种张力在个体内部延续并维持了记忆,目标完成才获得满足。

相比于已经完成的事情,对没有完成的事情的记忆效果更好,这就是由上述实验得出的蔡加尼克效应。

(二) 领导风格

在研究群体行为时,勒温引入了领导风格(leadership style)概念,即由群体领导者所确立的沟通方式的主要类型。一开始,他对儿童游戏群体进行了系列观察。他发现在这些群体内部的互动有两种截然不同的气氛,他分别称之为民主型和独裁型。心理学家们想要测量如果在这样两种老师领导下或根本不进行领导的管理下的群体的敌意、群体张力和群体合作的水平。

独裁风格的群体中,领导控制、指导、下达命令,很少向群体成员解释。成员不被允许选择他们自己的行事方式。他们将任务明确地分配给成员,偏离规范就会受到惩罚。通常消极制裁比积极制裁更多。而民主风格的领导者会在群体协商之后做出决定。领导者通常会让群体成员选择他们自己的策略。民主的领导者尽可能与群体成员共享更多的信息。积极制裁和消极制裁均等的第三种风格被称为放任型,领导者根本不控制群体,只对群体成员提出基本指令和建议。然后群体成员就依靠他们自己,选择他们自己的行动方案和策略。勒温认为,民主的风格是最好、最有效的。

1939 年,希特勒这一疯狂的独裁主义领导者让欧洲卷入可怕的战争中。勒温等的研究结果坚定了勒温的深刻信念——独裁主义领导人的危险性和民主政权体制的优越性。勒温后来说道:"对我来说,没有什么经历像我看到孩子们在一位专制领导者统治下的第一天里脸上的表情那样印象深刻。先前友好、开放、合作、充满生活气息的小组,在短短半小时内变成了一个没有主动性的相当面无表情的集会。从专制向民主的改变似乎要比从民主过渡到专制耗费更多时间。专制是被强加于个体的。民主则是他不得不进行学习的。"

(三) 团体动力学

勒温认为团体是一个整体,整体并不仅仅是简单的部分叠加,而有着"牵一发而动全身"的性质。勒温用"团体动力"来描述团体中出现的复杂多变的社会过程。个体的行为是其生活空间不同性质的领域相互作用动态平衡的结果,而团体的行为亦是如此:也要由团体所在的社会场中各区域之间的相互作用决定。相互依存的团体成员决定了团体的特征,值得注意的是,团体成员并不一定具有相似的特点或同质性。

勒温提出了改变社会的三阶段模型:

第一阶段为"解冻",就像制作一顿饭的过程,第一个步骤就是"解冻"食物,为接下来的菜品加工做好准备。勒温认为社会团体变化也遵循类似的理念，需要先“解冻”现状，即可能减少与团体以往标准的联系；第二阶段就是“变化”阶段，完成“解冻”后，便可以开始策划建立新的标准，不断尝试、检验，力求长期有效的变革；第三阶段是“再冻结”，团体的活动规范、流程、决策都围绕新标准重新构建，以维持上一阶段做出的改变。团体中的个体会参与以上每一个阶段，相比于被单独要求改变，这种参与过程更加有效。积极地参与整个决定过程，让团体成员都欣然接受新的规范和标准。

另外，勒温非常重视实际的社会问题。1944 年左右，在麻省理工学院担任教授时勒温首次提出“行动研究”一词，他将行动研究描述为“对各种社会行动的条件和效果以及导致社会行动发生的原因进行的比较研究”，该研究采用了螺旋阶梯法，每个阶梯都包含一个关于行动结果的计划、执行和事实调查的循环。在行动研究方面，勒温提出了几个关键问题并就这些问题做出了自己的分析和阐述。他所提出的关键问题主要有：(1) 关于提高那些力图改善团体内部关系的领导者的工作效率的条件问题；(2) 使来自不同团体的个人与个人之间发生接触的条件及效果问题；(3) 对小团体成员最有效的影响作用的问题，这种影响要能增强个体的归属感并能很好协调同一团体内其他成员的关系。

种族冲突和社会偏见也是勒温较为关心的问题，他曾亲自指导服务机会均等、儿童偏见的产生、发展和预防等研究。

三、勒温理论的主要影响

(一) 理论贡献

勒温对 20 世纪的心理学尤其是社会心理学的发展作出了不可磨灭的贡献。他汲取物理学和数学理论来构建他的学术思想，物理中的“场”概念和数学中的几何拓扑学为其“生命空间”场论提供了丰富的素材和思想资源。虽然他的理论强调个体的需求(从生理心理层面来理解人类行为)、个性特征和动机驱力，但是他仍把心理学视为社会性的而非个体生理层面的学科。

其团队的许多实验仍然被奉为经典研究。勒温还培养了一大批心理学人才，他的学生海德、费斯汀格都在他的影响下建立了社会认知心理学。

(二) 应用贡献

勒温重视理论与应用、研究与实践相结合。完形治疗理论就是建立在场论基础之上。根据勒温的理论，当我们谈论“场”或者“生命空间”的时候，实际是在关注自身以外的由自己构建但超出自己知觉范围的空间环境，“场”中的事物是自己知觉的一部分，因此更准确的是“我的场”或“我的生命空间”，因此心理治疗就是帮助来访者可以专注于有关“我的”人、环境的觉察和领悟。缺少这个主体，场和生命空间也就没有存在的意义。

（三）局限

勒温的理论混淆了主观世界和客观世界的界限，并且滥用了自然科学的概念。勒温也忽视了个体的历史，其理论缺乏精确性，统一性差，定义不够明确，一些假设难以证明。

四、社会心理学的发展

海德与费斯汀格在社会心理学中继承了勒温的拓扑心理学，将场论的观点运用于研究人际关系、认知失调等，对社会心理学有重要影响。仔细研究费斯汀格的认知失调理论及其背后思想，会发现他的理论受到格式塔心理学和勒温场论的深远影响。格式塔中的完形和同型论以及勒温场论中关于动机、需要和意志的阐述与费斯汀格提出的相关理论有着潜在的联系。

（一）海德的认知平衡理论

弗里茨・海德

弗里茨・海德（Fritz Heider，1896—1988）是奥地利裔美国心理学家，杰出的社会心理学家。他也是勒温最亲密的同事。1945 年，海德首次提出关于认知平衡理论的设想，并于之后出版的《人际关系心理学》一书中，对其做了全面的介绍。认知平衡理论的主要观点是:在日常生活中,人们总是倾向于使自己的认知保持平衡与协调的状态,出现不平衡或不协调时,就会产生使其恢复平衡的力量。

“P-O-X”模型是这种理论在人际关系方面的体现,其中P是认知主体,O是认知对象,X是P与O之间的客体,如情景、观念或第三人等。“P-O-X”模型中两两之间存在着单元关系和情感关系:单元关系中的正向表示接近、所有、类似等含义,负向表示分离、没有、相异等含义;情感关系表示评价与态度,其中的正向表示赞成、认可等积极情感,负向表示反对、排斥等消极情感。情感关系是否一致,以及情感关系和单元关系之间是否一致,决定了认知结构是否平衡。以下情况表示三者处于平衡状态:

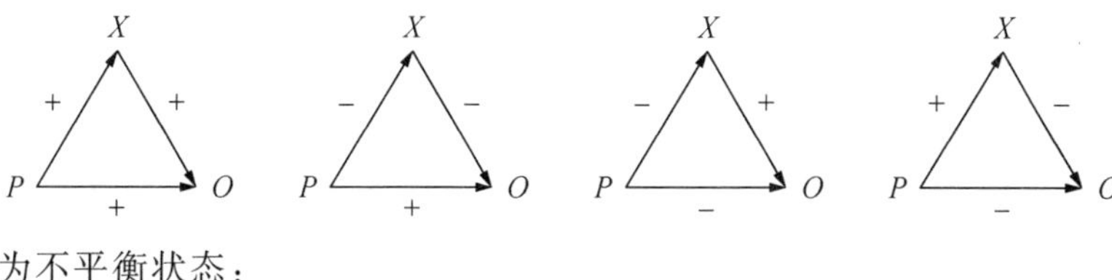

以下为不平衡状态:

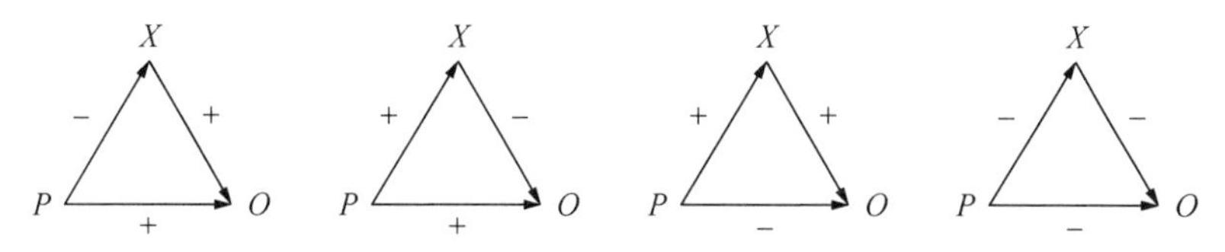

(二)费斯汀格的认知失调理论

利昂·费斯汀格

利昂·费斯汀格1919年5月8日出生于美国纽约布鲁克林，1989年2月11日在纽约去世，美国认知心理学家，他最著名的理论就是认知失调理论，他认为信念与行动之间的不一致会导致不适(认知失调)。费斯汀格在研究群体行为、自我评价、态度改变等方面也做出了重要贡献。和海德的认知平衡理论相比，费斯汀格的认知失调理论更加强调认知要素引起的矛盾冲突。

1955年，费斯汀格离开明尼苏达大学前往斯坦福大学，他和他的学生在那里展开了一系列实验以检验认知失调理论。其中最著名的是强迫顺从范式，主试令被试执行一系列重复而枯燥的简单任务，并要求对下一位被试(该被试由主试扮演)说谎称所做的实验非常有趣。其中一部分被试得到1美元的被试费，另一部分被试得到20美元的被试费。根据认知失调理论，费斯汀格的假设得到了验证：说谎后得到1美元的被试比说谎后得到20美元的被试体验到更多的愉悦情绪，表现出更少的认知失调。

费斯汀格的“认知”概念比较宽泛，指个体对环境、他人、自身信念态度等看法的总和。在整个认知系统中，各元素之间会呈现协调、不相关、不协调等不同的关系状态。如“吸烟能导致肺癌”和“我不吸烟”；不相干指两种认知的涵义彼此没有联系，如“吸烟能导致肺癌”和“巧克力很甜”；不协调指的是当两种认知彼此矛盾或涵义不一致，这是费斯汀格所着重研究的，例如“吸烟能导致肺癌”和“我吸烟”就是一种不协调关系。

认知失调是普遍的，但由于其带来的体验会造成心理上的失调，个体会产生减小失调的动力，促使认知系统达到平衡状态。费斯汀格认为人们会通过改变行为本身、改变态度或引入新的认知元素这三种方式减少认知失调，改变行为指使行为符合态度，如对于“吸烟能导致肺癌”和“我吸烟”之间的不协调，个体会通过戒烟来消除不协调；改变态度来减少认知失调是指通过变化自己的态度信念让其与行为本身符合，例如把信念改为吸烟可以让自己更加专注，提高工作效率，从而与“我吸烟”这一行为相符；引入新的认知元素是增加新的解释角度、新的符合行为的证据来减少不协调感，比如有人吸烟身体也很好。

勒温的场论心理学及其发展

代表人物	事件	观点
勒温	1. 1916年获得博士学位。 2. 1917年，发表《战争形式》一文，其中就包含了场论的雏形。 3. 1942年，创办社会问题心理学研究会。	1. 勒温用场论将格式塔心理学的主要原则与拓扑学联系在一起。 2. 在研究群体行为时，勒温引入了领导风格(leadership-style)概念：由群体领导者所确立的沟通方式的主要类型。 3. 提出团体动力学说，这一学说以研究团体生活动力为目的，研究团体的气氛、成员间的关系、团体领导作风等。

（续表）

代表人物	事件	观点
海德	1945年，海德首次提出关于认知平衡理论的设想，并于之后出版的《人际关系心理学》一书中，又对其做了全面的介绍。	认知平衡理论的主要观点是：在日常生活中，人们总是倾向于使自己的认知保持平衡与协调的状态，出现不平衡或不协调时，就会产生使其恢复平衡的力量。
费斯汀格	1. 1939年毕业于纽约市立学院，进入爱荷华州立大学，在勒温指导下，从事心理学研究。 2. 1957年在《认知失调论》一书中提出认知失调理论（cognitive dissonance theory）。	和海德的认知平衡理论相比，费斯汀格的认知失调理论更强调认知要素引起的矛盾冲突。费斯汀格是在较为宽泛的意义上使用“认知”概念的，按照他的看法，认知或认知系统是个体对环境、他人及自身行为的看法、信念、知识和态度的总和，每一认知系统都是由基本的认知元素构成的，而认知系统的状态也就自然取决于这些基本的认知元素相互之间的关系。

第三节　皮亚杰学派

一、皮亚杰生平

让·皮亚杰

让·皮亚杰（Jean Piaget，1986—1980）是瑞士儿童心理学家，涉足过很多研究领域，生物学、哲学、数理逻辑、控制论都曾经成为他建构自己理论大厦的基石。博士期间，拥有生物学和哲学学习背景的皮亚杰，思考如何填补有机体与环境、主体与客体的相互作用发展过程之间的空白，由此便形成了关于儿童认知发展的理论，之后便开始了对心理学的研究。皮亚杰的“临床法”是一种以观察法为基础，同时利用实验法和测试法获得儿童心理发展规律的方法。他对自己三个孩子的研究，提供了他创立儿童发展理论的基础。从20世纪50年代起，皮亚杰越来越关注理论和跨学科研究，他希望能够运用心理学来融合生物学和认识论。皮亚杰先后出版著作近50种，他的学术经历很驳杂，虽然以儿童心理学闻名于世，但皮亚杰却更愿意成为一名“发生认识论者”。正如一位传记作家所言：“他首先是一个生物学家和哲学家，其次才是一个发展心理学家。”

他的主要著作包括《儿童的判断和推理》(1928)、《儿童智力的起源》(1953)、《童年时期的玩耍、梦想和模仿》(1951)、《儿童现实的建构》(1954)、《逻辑思维的成长》(1958)、《对维果茨基批评的评论》(1963)、《认知结构的平衡》(1985)、《社会学研究》(1995)等。

二、皮亚杰的理论

(一) 发生认识论

发生认识论的目标是将知识的有效性与知识的构建模型联系起来，即获取知识内容的环境会影响其知识的感知、质量和保留程度。

发生认识论的基石是生物学，皮亚杰认为认识结构的起源不仅应该在主体的活动中去找，而且还要在主体的机体结构中去找。在这一点上皮亚杰受到康德“先验论”影响。皮亚杰以认识论为出发点，采用遗传学的方法，认为孩子的所有知识都是通过与环境的相互作用而产生的。该理论反对传统的认识论，将建构主义和结构主义结合起来。他还指出，知识由结构组成，并通过这些结构与环境的适应而产生。他论述的结构特指心理认知结构，这种结构的根源是运算，皮亚杰重视主体及其活动在结构中的作用。皮亚杰的发生认识论介于形式逻辑和辩证逻辑之间，而其认识论介于客观唯心主义和唯物主义之间。

(二) 发展心理学思想

皮亚杰20世纪20年代在比奈研究所工作，他的工作是开发法文版智力测验项目。他对孩子们有关逻辑思维问题的错误回答感到好奇。他认为，这些错误的回答揭示了成人与儿童思维的重要差异。他独辟蹊径地提出了一套关于儿童智力的新假设：

儿童的智力与成人的智力有质的区别，而不是量的区别。这意味着儿童的推理（思考）与成人不同，以不同的方式看待世界。儿童主动建构关于世界的知识。他们不是被动地等待别人用知识填满头脑的生物。理解儿童推理的最好方式是从他们的角度看待事物。儿童在与外界的互动中，形成自己理解世界的方法和行动原则。同化和顺应是其观点的核心内容。同化，就如同生物进食后将食物中的营养成分纳入自己的身体中，成为自己身体的一部分，得到生理方面的成长。儿童获取知识也是类似的过程，他们把知觉到的外界刺激融合到自己原有的经验世界里，从而获得智慧精神方面的成长，对外界事物产生更多的理解；而顺应则是在不能同化的时候，使原有知识结构改变的过程，属于质变。两者相互对立又相互依存，当两个过程取得均衡时，才能有效地适应世界，因此适应可以说是同化和顺应之间的平衡。

（三）儿童认知发展阶段

皮亚杰儿童认知发展阶段论所指出的儿童认知发展的四个阶段如下：

a）感知运算阶段（0—2 岁）：由于身体发育不完全，这个阶段的儿童主要通过感官和动作来认识世界。不同于成人的人际交往中总是强调要站在对方的角度看问题，这个阶段的儿童还没有这种运用他人视角理解问题的能力。他们还在为探索接触新世界作准备。

b）前运算阶段（2—7 岁）：在这个阶段儿童还不能理解具体的逻辑，不能操纵心理信息，仍然难以从不同的角度看待事物。前运算阶段分为两个子阶段——符号功能子阶段和直觉思维子阶段：在符号功能阶段，即使事物不出现在眼前，儿童也能够理解、表示、记住和想象他们；在直觉思维阶段，儿童有了较原始的推理能力，孩子们意识到他们拥有大量知识，但他们不知道自己是如何获得这些知识的。

c）具体运算阶段（7—11 岁）：儿童开始出现逻辑思维，但仍停留在抽象水平和理论水平。他们的运算思维还受到实际操作物品的限制。

d）形式运算阶段（从 11 岁开始持续到成年）：最后一个发展阶段，儿童发展出更高的抽象思维和演绎推理能力。

阶段	年龄	特点
感知运算阶段	0—2岁	依靠动作去适应环境
前运算阶段	2—7岁	可凭借心理符号进行思维
具体运算阶段	7—11岁	守恒性、去自我中心性和可逆性
形式运算阶段	从11岁开始一直发展	抽象逻辑推理水平

(四) 影响认知发展的因素

皮亚杰认为,需要满足一定的条件才能完成上述认知发展的几个过程,第一是成熟,这与基因表达的生物属性有关,后天养育者对其影响不大。第二是实际经验,即后天实践过程中获得的经验内容。第三是社会环境的作用,能够对环境采取行动并从中学习的能力被称为活动。第四,也是发展的真正因素,就是平衡化。皮亚杰认为,人们根据环境采取行动,不断向他人学习,从中获得社会经验,逐渐发展认知思维,最后达到平衡。这些因素共同影响着儿童认知思维的发生、发展、变化。

皮亚杰的理论解释了儿童如何构建关于世界的心理模型,心理既不是来源于生物成熟,也不是源于后天环境,而是起源于个体对客体施加的动作,这种动作才是认知发展的来源、中介。刚出生的婴儿对外界刺激的反应还是以无条件反射为主。随着各种心理能力的发展、认知结构的同化和顺应,孩子的认知被推向更高的水平。低层次平衡被冲破,继而在高层次上得以恢复。

三、皮亚杰学派的发展

皮亚杰理论风行之时,对皮亚杰的责难也没有停止过,特别是进入20世纪50年代中期以来,皮亚杰理论受到了空前的挑战。人们批评皮亚杰的理论太注重发展的质变,而忽视了发展的量变;以逻辑结构描述认知发展,过于抽象化和形式化。无法触及行为的本质。特别是认知科学中信息加工理论的出现,更是对皮亚杰理论产生了直接的冲击。皮亚杰逝世以后,"新皮亚杰学派"在认知发展领域渐成气候,它在保留皮亚杰基本思想的前提下,在方法上、理论上对传统皮亚杰理论进行了突破和创新。可以将新皮亚杰学派的发展分为两个阶段:20世纪70年代末80年代初以前,以帕斯卡—莱昂内为代表的早期新皮亚杰理论;20世纪90年代前后,以凯斯等为代表的近期新皮亚杰理论。

四、对皮亚杰理论的评价

皮亚杰将自己在心理学领域的研究成果注入认识论中，富有创造性地提出认知发展是主体和客体相互作用、以活动为中介的理论，为人类了解认知的形成规律提供了新思路，也促进了认识论的科学发展。他创立的“日内瓦学派”强调儿童发展的内外因素，是对历史中一些“形而上”发展观的批判与反驳，极大地丰富和深化了儿童心理学的研究，成为发展心理学史上一个重要的里程碑。

（一）理论贡献

1. 独具特色的“发生认识论”

以皮亚杰为核心的皮亚杰学派创立了独具特色的“发生认识论”，对认识的发生、发展机制旁征博引，给予了科学的阐明。他提出活动论以反对传统的经验论和唯理论，摒弃了以往认识论问题上的机械论和唯心论的色彩，更接近实践论的正确道路。发生认识论不单独属于心理学，它还渗透于当代哲学认识论、教育学、逻辑学，甚至数学、物理学等学科领域。可以说，当今没有一个关于认知发展的研究不是以其理论为基础或作参考的。在西方，皮亚杰被视为与马克思、弗洛伊德、爱因斯坦等并列的思想巨人。

2. 开辟了心理学研究的新领域和新方法

在皮亚杰的早期和中期，他主要的心理学同代人都是行为主义者、格式塔主义者和弗洛伊德主义者。人们后来才认识到皮亚杰所提出的问题以及给出的答案比起行为主义者的学习理论更为深刻、更加卓有成效。皮亚杰关于心理结构的观点，关于心理运算和认知转换的观点，关于婴儿从其经验中建构和学习的先天认知原则的观点，都是非常重要的。这些理论与行为主义者的理论基本上是对立的。格式塔论者和弗洛伊德主义者都与皮亚杰同样关注心理结构，他们赞同皮亚杰的观点，即心理学理论必须说明不可内省的心理过程。但是格式塔论者忽视了认知发展问题，而弗洛伊德学者更为注意情绪和动机现象，却很少注意认知问题。

皮亚杰学派的儿童心理学研究服从于发生认识论的大前提，因而被皮亚杰本人看成是他的事业的“副产品”，但即使作为一种“副产品”，它的独创性也毫不逊色。它借助数理逻辑描述儿童的思维，将思维过程“公式化”，在儿童心理学的研究中是独此一家的。

3. 开创了多学科研究的风气

皮亚杰领导的“国际发生认识论研究中心”集合了数学、物理学、生物学、语言学、逻辑学、心理学等多学科的研究力量，整合了各方的研究成果，开创了多学科联合攻关的风气，避免了因囿于单学科的视野而造成的孤陋寡闻。这应归功于皮亚杰本人的博学多才和远见卓识。

（二）应用贡献

皮亚杰学派的研究引发了家长和学校对儿童创造性、个体选择和非顺从态度的关注。除了帮助孩子变得有创造性之外，学校和家长可以利用皮亚杰的理论帮助儿童去学习克服困难和控制冲动。根据皮亚杰理论制定的教学计划能够既促进想象力又助于维护教学秩序。

（三）局限

皮亚杰学派的不足之处，主要包括以下几个方面：

1. 发生认识论的生物学化倾向

皮亚杰发生认识论的基本方法是一种生物学类比。他将生物学意义上的“适应”扩展至人类社会，将“平衡化”概念也作了相应的延伸，忽略了作为社会人的根本特性，实际上有可能导致将高级心理活动还原为低级心理活动。

2. 关于儿童认知发展的结构问题

在皮亚杰理论中，结构本身是不可观察的东西，可观察的是结构的功能。这导致有人批评他的“结构”概念纯属虚构，而皮亚杰的回应也是基于将机能结构与物质结构相类比。这是皮亚杰理论带有很强的思辨色彩的关键。

3. 关于认知发展阶段

首先，如皮亚杰所说，儿童的思维发展存在四个独立阶段，使得发展阶段之间缺少了连贯性和一致性。一些重要的认知能力可能在儿童年幼时就已经萌芽，经过量变而产生质变，每个发展阶段可能比我们想象中的更为连续。第二，有人提出认知发展的最高阶段并非形式运演，还有第五阶段即辩证思维是成年人思维特点。第三，对认知发展阶段的描述过于抽象，应构建一个更为具体、准确的模式。第四，皮亚杰的实验操作难度高，对一些年幼的儿童来说要求过高，因此无法充分有效地表现出孩子原本具备的能力。很多学者建议研究中应该设计难度适当的任务，或者实验前对儿童进行一些训练，提高孩子在实验中的表现，使实验能够观察到更多儿童可能已经具备的认知能力。第五，社会环境这一影响因素的解释比较单薄。

4. 对心理动机和社会因素的忽略

在对皮亚杰的评价中经常提及的是皮亚杰忽视了社会和动机因素。皮亚杰在他的整个理论体系中确实为动机和情感留下了一片空白。这是皮亚杰学派作为一个庞大的理论体系所留下的缺憾。

皮亚杰心理学

代表人物	事件	观点
皮亚杰学派（皮亚杰）	1. 从20世纪20年代开始，皮亚杰着手研究认知的发生及其发展问题。 2. 从20世纪50年代起，皮亚杰越来越关注理论和跨学科的研究，他希望能够运用心理学来融合生物学和认识论。 3. 1955年，皮亚杰在日内瓦创办了“发生认识论国际中心”，主要研究作为知识形成基础的心理结构并探讨知识发展过程中新知识形成的机制。 4. 20世纪50年代起，他对儿童智力发展进行了规模庞大的研究。	1. 皮亚杰提出了发生认识论。它要解决人的智慧是通过怎样的机制、经历怎样的过程，从低级水平过渡到高级水平的。 2. 皮亚杰认为，儿童智力发展的根本动力存在于儿童自身，他不同意行为主义过于强调环境在儿童心理发展中具有重要作用的观点。 3. 皮亚杰把儿童的认知发展分成以下四个阶段：感知运算阶段、前运算阶段、具体运算阶段、形式运算阶段。 4. 皮亚杰认为，发展有四个条件，即成熟、实际经验、社会环境的作用和平衡化，前三者是发展的三个经典性因素，而第四个条件才是真正的原因。
早期新皮亚杰学派（帕斯卡—莱昂内、费舍尔）	20世纪70年代末80年代初以前，以帕斯卡—莱昂内为代表的早期新皮亚杰理论。	1. 早期新皮亚杰理论有两个核心观点：一是发展是一个“局部过程”，二是发展受到“一般约束”的限制。 2. 早期新皮亚杰主义者的一项研究提出了不同的阶段模式。新皮亚杰主义者的另一项研究结果，是在皮亚杰原来提出的四阶段之外又提出了一个或更多的阶段。支持这些阶段的理论家基本上都认为可能存在后形式思维（postformal thinking），也就是以超越形式运算的方式进行的思维。后形式思维理论认为，认知发展并未在12岁时停止，许多认知发展都是在青少年或成人期进行的。

（续表）

代表人物	事件	观点
近期新皮亚杰学派（凯斯）	20世纪90年代前后，以凯斯等为代表的近期新皮亚杰理论。	1. 近期新皮亚杰学派的发展出现了将认知理论的经验论与理性论向“中间立场”推进的趋势。 2. 他们企图跨越各种认识论的界限，然而多数理论家仍然强烈依赖不是经验论的就是理性论的方向。把他们统一起来的主要因素是他们偏爱这样的概念：发展中的任务和领域特殊因素必须严格和精确地被建模，尽管有其特殊性，发展仍然强烈地被一般成熟性质的因素所影响；这些因素的动力性相互作用，通过一系列不能简单地归结为累积学习的强有力重组来推进发展。

第四节　信息加工认知心理学

一、历史背景

20世纪40年代，在美国的行为主义风潮之下，信息加工认知心理学悄然出现。1956年，美国心理学界发表了一系列以信息加工观点为基础的心理学学术研究成果，这些研究成果对于信息加工认知心理学的形成有巨大作用。

米勒的认知加工容量有限性理论，斯蒂文森发现的主观感知觉与物理刺激强度之间的非线性关系，费斯汀格的认知失调理论，乔姆斯基的语言学理论，以及西蒙和纽厄尔的人工智能逻辑，都促成了信息加工认知心理学的诞生。1967年，奈瑟尔(Ulric Neisser，1928—2012)出版的《认知心理学》一书被认为是信息加工认知心理学诞生的标志，标志着它正式作为一个学派而存在。奈瑟尔是出生于德国的美国心理学家，以信息加工理论为基础的现代认知心理学的先驱，是信息加工认知心理学的创始人。

信息加工认知心理学用实验的方法研究人类内部心理过程。信息加工认知心理学继承并且发展了行为主义的研究方法和原则，使心理学实验的变量更加可操控、指标更为客观。从理论研究方面来看，新行为主义的代表托尔曼所推崇的整体行为观和目的行为主义对信息加工心理学的兴起具有一定的影响。信息加工认知心理学对行为主义不是简单地反对和拒绝，而是在否定层次上的扬弃和继承。

格式塔对直觉、思维等一些问题开展了许多研究，为信息加工认知心理学的产生打下了基础。格式塔心理学派专注于研究知觉、思维和学习问题。信息加工认知心理学主要是对信息的接受、编码、存储等过程展开研究，包含了对表征、注意、记忆、问题解决和创造性思维等认知过程的研究。信息加工认知心理学吸收了格式塔的一些如完形和整体观的基本思想，同时也结合了计算机的信息处理模式，它既强调认知系统的完整性，也重视对过程进行拆分。

二、与邻近学科的联系

（一）与计算机学科

计算机科学假设计算机和人类用相同的方式处理信息，这对认知心理学的形成和发展起到了决定性的作用。在某种程度上计算机科学代表了心理学的一种算法。计算机科学家图灵的成果是现代计算科学和人工智能理论与实践的基础。

在历史长河中，人类对智能本质的研究一直在进行中，计算机的出现使人们对智能的理解进入了新阶段。如果我们相信计算机具有智能的话，那么智能就可以理解为对符号的处理和计算，图灵的工作从两个方面——图灵机和图灵检验支持了这一观点。图灵机和图灵检验被西蒙和纽厄尔实现，并就此迅速推动了人工智能的研究。人工智能研究过程中有一个最起码的条件，那就是要尽可能地了解人的智能结构和作用方式，因此他们在进行人工智能程序的开发过程中，对人如何解决问题的过程进行了详尽的研究。他们使用“口语报告分析法”记录和分析了国际象棋大师的口语报告材料，据此提出了产生式问题解决理论，并发展和使用了信息加工语言。大量计算机学科术语随着该学科的蓬勃发展进入了心理学研究领域。信息加工认知心理学逐渐成为心理学研究主流。

人脑处理信息的模式，可以通过一个外化的机器来进行模拟，甚至可以比人脑处理信息的技能要强很多倍。人工智能是外化了人脑认知里面的某个技能，但是它比人脑的技能强很多。如2016年诞生的阿尔法系列人工智能围棋手，可以通过和自己下棋来学习，甚至不需要通过人类的基本经验。可以说人工智能是信息加工认知心理学，包括现在的认知神经科学所衍生出来的领域。人脑和计算机共通的都是符号操作系统，而人的心理活动和电脑类似的地方，即它们都是一个主动寻找、接收、处理、输出信息的过程。

(二)与心理语言学

乔姆斯基根据句子结构分成表层结构和深层结构。词、短语、句等按照一定词法、句法组合而成的联系即表层结构,而深层结构,即句子所表达的内在含义,可以用不同的表层结构的句子来表示。这一理论是对当时行为主义语言学的一大挑战,行为主义认为学习语言本质上是一种习惯,人们记住词语,再机械地将词语填入有一定语法规则的句子里。但乔姆斯基的转换—生成语法不仅仅描写人的语言行为,而且要研究所有语言背后的普遍语法原则,为探索人脑的奥秘做出贡献。

三、基本观点

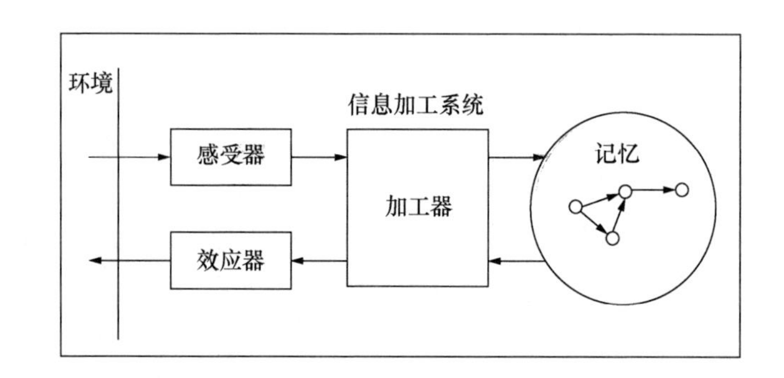

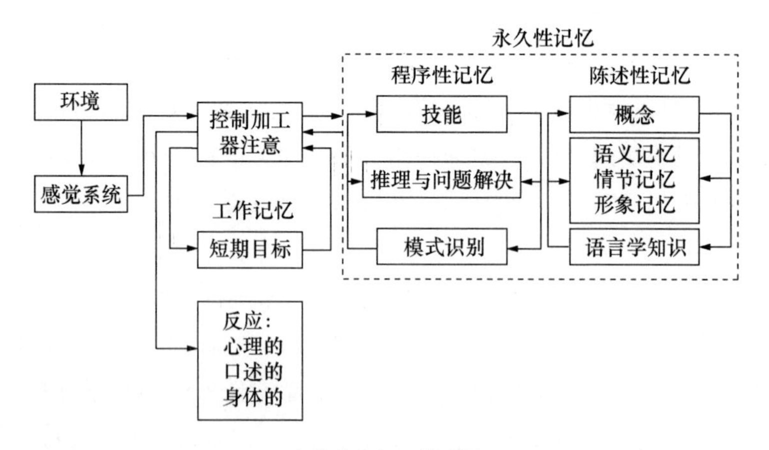

人类信息加工模式图

信息加工首先是一个整体，每个环节都缺一不可，如同大家所熟知的计算机的工作原理：对输入的信息进行编码、储存、解码、提取等，信息加工心理学把人脑对外界刺激或环境信息的加工（例如信息输入、编码、记忆、提取、输出）也看成是和计算机类似的过程。人脑在执行这些过程时会使用不同的认知结构。这些结构相互区别又相互联系。低级的生理过程，类似于计算机的硬件；较低的水平的活动，类似于计算机的语言；而较高的水平的活动，类似于计算机的程序。

在1972年的《人类问题解决》一书中，纽厄尔和西蒙对信息加工系统（IPS）的结构和功能进行了系统说明。外界环境信息依次经系统的感受器、加工器、记忆（永久性记忆）、加工器、效应器完成信息输入输出的过程。其中加工器包括处理器以及工作记忆，而永久性的记忆装置则用来储存大量语义符号结构。处理器参与最基本的信息过程如产生新的符号、复制、删除，改变已有的符号结构等，而短时记忆就用来暂时保持这些符号结构。

四、研究方法

（一）实验法

根据实验目的设立对照组、探究研究变量之间的因果关系。研究者可以对照实验程序重复实验，对研究结果加以验证。实验法对于收集第一手资料、验证因果假设具有重要意义，具有良好的信度和效度。实验法也是信息加工领域的认知心理学家们采用的主要手段。

（二）口述报告法

口述报告法要求被试大声地报告自己在任务过程中的想法，且内容要求真实而详细，研究者通过报告的内容对涉及的心理过程顺序进行分析。口述报告的方法可被看作是对内省法的批判与继承。

（三）计算机模拟方法

通过编制计算机程序来模拟并验证人脑加工处理信息的机制，就是计算机模拟。计算机模拟在研究人类如何理解与分析句子等方面（例如克拉克、达柯等人的研究）都取得了一定的成就。

五、主要理论与研究

（一）模式识别

模式识别理论是认知加工方面的重要内容，系统说明了个体识别外界信息并将其与原有知识结合的过程。

1. 模板匹配模型

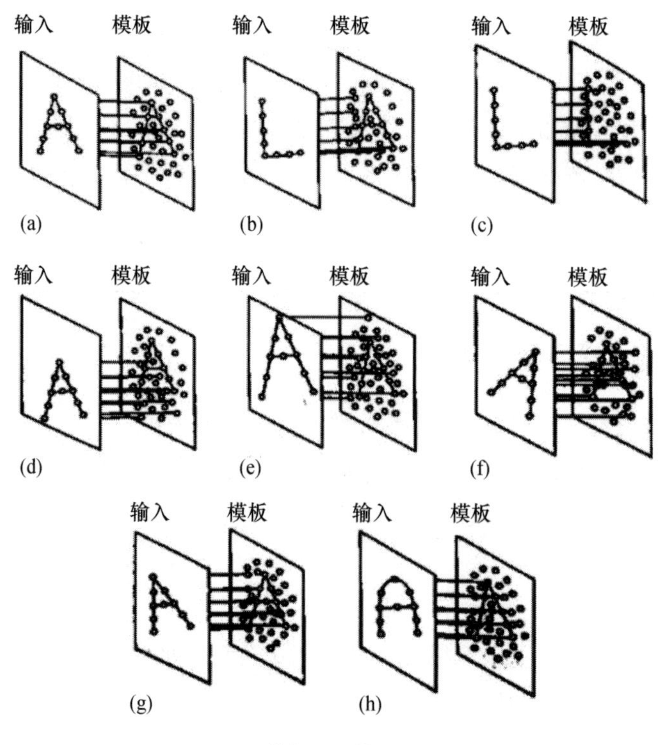

模板匹配模型

模板匹配，顾名思义，就是在人的脑中“雕刻”一个与外界环境中一模一样的模板，人们在接受信息的时候便可以用对照着这些按原样“雕刻”好的模板去识别事物，如果外界事物的物理特征能够和脑中储存的模板特征全部对应上，那么这个外界事物（或称外界刺激）就得到了识别。这种识别模式已经得到了一些实验的验证，并被认为是人类实际识别过程中的一部分或某个环节。但是要用这种机械地低级匹配的模型来解释具有高度灵活性的人类心理过程显然并不充分，而且这种一一匹配的过程会消耗大量的认知资源，从效率角度看并不符合实际。

2. 原型匹配模型

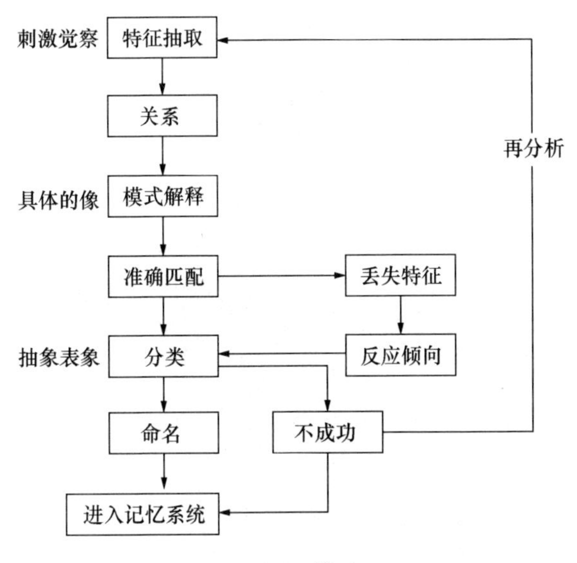

原型匹配模型

正如前所述，模板匹配的认知过程“费时费力”，而原型匹配模型则在此基础上进行了调整，这种模型理论认为，人们在记忆中储存着大量相似的、具有共同特征的事物，比如不同种类的狗、不同型号的电脑、不同功能的笔等，而这些事物并不是用与真实事物完全相同的模板储存于记忆中，而是以这些事物的共同特征的概括性表征储存。当个体感知来自外界的环境信息，便能从脑中选择最能概括这种信息的表征来与其匹配，这种概括性的表征就是原型。原型匹配模型比模板匹配更为灵活、高效。原型匹配模型已得到许多实验支持，并且也更容易解释日常经验。

3. 特征分析模型(鬼域模型)

塞尔弗里奇 1959 年提出的特征分析模型也叫“鬼域模型”，以特征分析为基础。有从低级到高级四种不同功能的层次，这些层次按照顺序进行工作：第一层映象鬼负责对外部刺激进行编码，形成映象。第二层特征鬼分解映象的特征，负责其中一种特征。第三层认知鬼监视各种特征鬼的反应，找到自己负责的有关特征时就开始喊叫。发现的特征越多，喊声越大。第四层次决策鬼选择喊声最大者负责的模式作为识别的结果。鬼域模型强调自下而上的加工过程及局部并行、整体串行的信息加工方式。鬼蜮模型是前两种假说（模板和原型理论）的进一步发展。

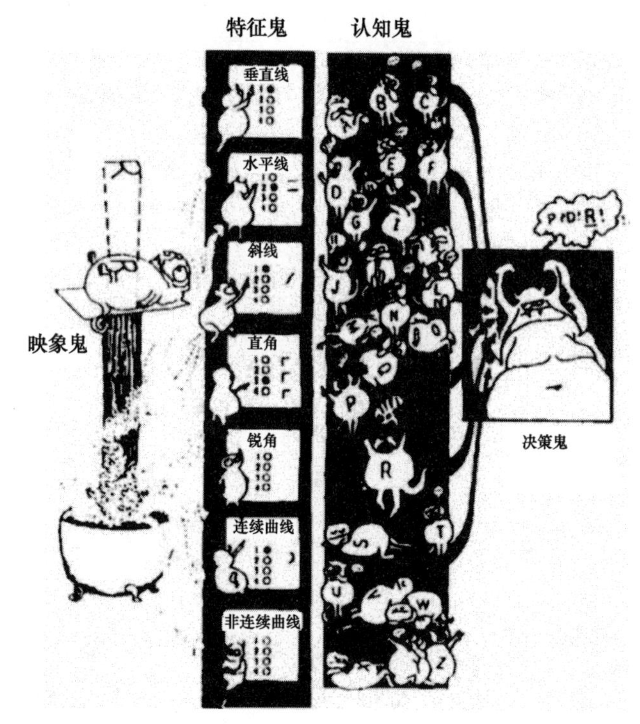

鬼域模型

（二）注意

1. 过滤理论

注意的心理机制是现代认知心理学最早开展研究的实验课题之一，其目的主要在于探明注意的选择机制，实验采用的方法主要是双耳分听技术，就是通过双声道放音设备或两个不同的放声设备同时分别给两只耳朵播放不同的听觉材料，并附加相应的指示语如要求被试追随某一耳的听觉内容，以探明不同条件下被试分别对两耳信息的检测及加工特征。

英国心理学家布鲁德本特（D. E. Broadbent）提出了注意的过滤器理论，该理论认为，过滤器限制了大量可利用的信息，仅有部分信息能够通过探测器，遵循一种“全或无”的原则，信息能否通过，取决于其特定的物理属性，比如说话的速度或演讲者的音高。

2. 衰减理论

特瑞斯曼提出选择性注意发生在两个阶段,并用衰减器替换了过滤器,衰减器从物理特征、语言意义等方面进行分析,追随耳的信息完全被接收,非追随耳的信息只是被减弱了,在衰减器后还有字典单元,每个词语都激活阈限,如果一个词的激活阈限较低,即使在呈现中比较微弱,也可以被探测到,比如个体的名字就是阈限较低的词语,这很好解释了“鸡尾酒会效应”(即使是在嘈杂的鸡尾酒会中,当有人提到自己的名字,人们也会注意到)。

3. 晚期选择模型

晚期选择模型最初由多伊奇在1963年提出,后由诺曼加以修订。信息加工时期的早晚区分了晚期选择模型和前两种模型,晚期选择模型认为所有的信息都可以进入感觉通道,信息的筛选与过滤发生在知觉之后,知觉强度的大小以及知觉对个体的意义会影响注意选择。储存在长时记忆中的信息激活阈值不同,阈值较低的更容易被注意,阈值高的不容易引起注意,相应的不同程度地引起注意(这种注意发生在加工晚期)。当信息对个体的意义比较大时,比如有关自己或熟人的信息更能引起人的注意。

(三) 记忆理论

记忆是单一机制,还是由多个不同的认知结构所构成,一直是认知心理学界关注的话题。记忆结构、信息表征和容量是当前研究热点。

1. 记忆结构

阿特金森(Atkinson)和希夫瑞(Shiffrin)总结的多重记忆模型(MSM)在今天仍然适用。该模型是20世纪50—60年代认知心理学革命的产物,继行为主义之后引发了新一轮的记忆实验研究。MSM模型试图解释记忆是如何形成的,关注记忆结构和控制过程。包含感觉、短期、长期三个记忆存储结构:

感觉记忆:记忆大量气味、声音、视觉等感受,但只保持几秒。

短期记忆:也称工作记忆,当前正在处理的活跃信息,容量有限,保持时间1分钟左右。

长期记忆:保存长期、永久记忆的系统,有无限容量。目前认为长时记忆形成的生理基础是神经突触的新联结。记忆系统还包括控制加工,记忆过程是通过一系列主动控制完成的，这种加工控制始终处于活跃状态，如同计算机的硬件和软件，不同的记忆储存结构是硬件，而控制过程就是软件。复述就是其中一种，通过复述可以使短期记忆的内容进入长时记忆中。此外搜索、编码、提取、注意也是控制过程的一部分。

2. 记忆表征

记忆信息的表征主要是长时记忆的信息表征(或个人知识)，分为陈述性知识和程序性知识。陈述性知识是一种相对静态的知识，即随时间的变化性较小，有关一般性的事件或概念描述的知识。而后者常是指有关技能和解决问题过程方面的知识，如体操运动的知识、骑自行车的知识等，它们是动态的，随时间变化较快，这种知识往往不能像陈述性知识那样被很清楚地讲给别人听。

陈述性知识的表征既有情境也有语义的。有关鱼和鲤鱼的特征知识，就是典型的语义陈述性知识。那么它们是如何在大脑中表征的呢，主要有两种理论模型——网络模型和特征分析模型。网络模型认为，鱼和鲤鱼作为逻辑上不同层次的概念(鱼的语义层次高于鲤鱼)是按照分层的方式储存的。鱼和鲤鱼这两种不同层次的概念用线段联系，与鲤鱼并列还可以有其他不同品种的鱼类(例如关于草鱼、鲫鱼等语义知识)，如此构成一个层次分明的网络，概念的特点位于网络节点上，比如鱼类共有的特点位于鱼这个节点上，而草鱼或鲤鱼各自的特征便位于鱼这个层次下级的节点上。特征分析模型认为一个事物的特征集合(包含定义特征和描述特征)形成了它的概念，如果两个特征集合有更多的重叠，则说明事物之间的关系就越密切。

(四) 问题解决

经验丰富的专家和初出茅庐的新手对于如何解决问题的想法和思维必然是不同的，研究者们便由此入手，寻找专家和新手在问题解决方法的差异，以求深入理解人类解决问题时的思维表征。每一次的实践、分析和长年累月、潜移默化的训练赋予了专家更为复杂的问题表征方式，提供了解决问题的更多有效思路，这是新手们所不具备的条件。专家的问题表征包含了千变万化的子图式和图式之间的关联。这些图式不是问题肤浅的反映，而是基于基本定律，采用正向推理的策略逐步向目标推进。但是新手则是提出许多可能的解决方案，逐个进行检验假设，使得效率更低。策略的应用与实践使专家在推理过程中获得了更多可以自动执行的认知过程，原本在工作记忆中使用的认知资源转移到了长时记忆中，对工作记忆的解放，减少了认知负担，使得他们能够把控问题解决的进度精确性，大大提高了问题解决的速度和准确度。

六、贡献与局限

（一）理论贡献

从研究对象上说，信息加工认知心理学恢复了对高级心理过程的研究，在冯特宣布心理学独立以后，心理学在一段时间以来把意识作为研究对象。尽管新行为主义者对意识的态度有所松动，承认了中介变量的作用，但他们对内部的心理过程并没有做实质性的研究。而信息加工认知心理学家则打破了只研究行为的禁锢，随着现代科技的发展，运用计算机等科技新手段来研究心理内部问题成为可能，也把我们的视线从外在的行为表现再次转向“深不可测”的内部心理状态和心理过程，记忆、思维、推理、决策、问题解决等这些高级人脑功能在日新月异的信息变革和技术发展中又成为“合法”的研究对象。信息加工认知心理学实现了方法上的突破，真正地研究了心理活动。

（二）应用贡献

信息加工认知心理学对记忆、决策和思维领域的进一步研究创造了许多不同的理论与实际应用，它们被广泛地应用在学校、商业培训、心理咨询和康复治疗等领域。应用认知心理学是当今全球心理学中发展最快的领域之一。

（三）局限

信息加工认知心理学中的模拟研究有局限性，且缩小了心理学研究范围，也缺乏系统完整性。

信息加工认知心理学代表人物及观点

代表人物	事件	观点
西蒙 纽厄尔	在1972年的《人类问题解决》一书中，纽厄尔和西蒙对信息加工的原理进行了系统说明。	他们认为，信息加工系统由四个部分组成：感受器、加工器、记忆和效应器。
奈瑟尔	1. 1967年，奈瑟尔出版《认知心理学》，梳理前人研究，被认为是认知心理学形成的标志，标志着它正式作为一个学派而诞生。 2. 1976年，奈瑟尔出版了《认知与现实》一书。	1. 奈瑟尔重视实验的生态效度，认为研究范围应该扩展到实验室以外的真实世界。 2. 研究视知觉和注意的关系时，发现注意受到刺激属性、语义特征、个人经验的影响。 3. 研究人类智力测量及其阶层种族差异。

（续表）

代表人物	事件	观点
布鲁德本特	英国心理学家布鲁德本特提出了注意的过滤器理论	该理论认为，过滤器限制了大量可利用的信息，仅仅有部分信息能够通过探测器，遵循一种“全或无”的原则，信息能否通过，取决于其特定的物理属性，比如说话的速度或演讲者的音高。
特瑞斯曼	特瑞斯曼提出选择性注意发生在两个阶段，并用衰减器替换了过滤器	衰减器从物理特征、语言意义等方面进行分析，追随耳的信息完全被接收，非追随耳的信息只是被减弱了，在衰减器后还有字典单元，每个词语都要激活阈限，如果一个词的激活阈限较低，即使在呈现中比较微弱，也可以被探测到。
多伊奇和诺曼	晚期选择模型首先由多伊奇于1963年提出，后来由诺曼加以修订。	该模型认为，所有的选择注意都发生在信息加工的晚期，过滤器位于知觉和工作记忆之间。注意的选择以知觉的强度和意义为转移。事实上，该模型假定信息到达了长时记忆，并激活其中的项目，然后竞争工作记忆的加工。
阿特金森和希夫瑞	1968年，阿特金森和希夫瑞提出记忆的多重记忆模型。	该模型认为，记忆由感觉记忆、短时记忆和长时记忆三个存储系统组成。在信息加工过程中，外部信息首先通过感觉器官进入感觉记忆，这里的信息保持时间非常短，只有几秒或几分之一秒，然后受到注意的信息获得识别进入短时记忆。

第八章 人本主义心理学与存在主义心理学

【本章导言】

本章节梳理了心理学第三势力——人本主义心理学与存在主义心理学的产生与发展脉络，介绍了代表人物及其经典理论，并从理论与应用的角度进行了评价。

【学习目标】

1. 掌握人本主义心理学与存在主义心理学的发展历史、主要概念、理论观点与评价。

2. 了解人本主义心理学与存在主义心理学理论的主要应用。

【关键术语】

第三势力　人本主义心理学　存在主义心理学　现象学心理学　来访者中心疗法　意义疗法　团体心理治疗　还原　悬搁　缺失性动机　存在性动机　机体评估　价值条件化　真诚　接纳　共情　无条件积极关注　Q分类技术

【主要理论】

人本主义心理学范式　马斯洛需要层次理论　自我实现理论　高峰体验理论　罗杰斯的自我理论　存在主义心理治疗观

行为主义与精神分析分别被称为20世纪心理学的第一、第二势力，在心理学内部有非常重要的影响。行为主义对人的假设是“人是机器”“人是老鼠”，基于机械论、拟兽论的立场，认为人本质上是机械、动物；精神分析对人的假设是“人是病人”，认为每个人都存在心理问题，从病态心理的角度来看待人；而信息加工认知心理学对人的假设是“人是电脑”，认为人脑加工信息的方式与计算机类似，都是编码、储存、加工和输出符号的信息加工系统。

20世纪五六十年代的美国，以马斯洛、罗杰斯等为首的人本主义心理学家对当时盛行的行为主义和精神分析所秉持的人性观、理论观点和方法论感到难以接受，他们反对行为主义、精神分析、信息加工心理学对人的假设，开始正视人的特性，对潜能、尊严、价值、爱等这些只有人类才具有的特点与品质进行深入研究和探讨，逐步汇集成了一股新的研究风潮，即20世纪心理学的"第三势力"——人本主义心理学（Humanistic Psychology）。

第一节 人本主义心理学

一、人本主义心理学的思想源泉与主要观点

人本主义心理学的思想起源主要受到20世纪五六十年代西方流行的存在主义哲学、现象学这些关注人的本真存在状况的哲学思潮的影响。同时，也受到心理学内部思潮发展的影响，一方面是对行为主义、精神分析、信息加工心理学过分将人片面化的反动，另一方面从已有的关注人类存在的本真状况和潜能的心理学思想中吸取营养。

1. 现象学与人本主义心理学

胡塞尔

现象学（phenomenology）是20世纪西方哲学发展中的主要思潮之一，提倡反理性主义，其主要创始人是布伦塔诺（Franz Clemens Brentano，意动心理学创始人）的学生

胡塞尔(Edmund Gustav Albrecht Husserl,1859—1938)。胡塞尔认为,意识具有意向性,不存在没有意识对象的意识。哲学应该通过现象把握本质,把外部世界搁置,毫无偏颇地分析意识中出现的现象。强调要“回到事物本身”,不是简单地把复杂高级的事物化为简单低级元素,也不是认为现象是唯一存在,而是回归到意识的意指作用和意识中显现的事物,这个过程中要排除一切前见、理论、预设,这被称为胡塞尔的超越论转向。现象学哲学就是关于内在意识内容纯粹描述性的本质理论。那么,何为“现象”?现象(phenomenon)最初来自希腊文 phainomenon,原意为“在自身中显现自己”,在启蒙运动前还是一个神学词汇,指“上帝的显示”。胡塞尔的现象学是在古希腊义上使用“现象”一词的,认为一切能在意识中呈现的事物皆为现象,现象学的根本方法是仅观察个体的当前经验并试图尽可能不带偏见或不加解释地进行描述,在此基础上对意向结构进行先验还原分析,不断反思意向对象和其对应的“诸自我”之间复杂交缠的关系。

现象学方法的具体研究方法如下:

第一阶段　描述

描述是所有科学的一个基本元素,但是现象学中的描述具有独特特征,被称为现象学描述(phenomenological description):它旨在反映和表达参与者的意识体验。

第二阶段　还原

是对描述内容的批判性反思,主要包括以下内容:

① 悬搁

通过保持描述的原始格式,把外在对象的存在加上括号,存而不论,把对象中立化后,相应主体就可以被显现和被认识,而这些悬搁后靠自身就显现出来的东西就进入现象学研究领域。悬搁主要包括对观念的悬搁和对判断的悬搁,前者指漫长发展的历史遗留和传承下来的人们对世界的看法和观念,判断悬搁指所有关于外部事物的存在判断。悬搁就是要从对自然科学的认识还原到思维的直接认识,从超越认识还原到内在认识。

② 先验还原

悬搁是还原的第一步,是排除外部事物和我们对外部世界的信念,从而退回到了意识之中,接下来要在意识中排除掉心理因素,需要更深层次的还原。

先验还原基于普遍的悬搁,但是更为彻底,从根本上切断世界与意识对象的联系,存而不论。还原后剩下纯粹意识,这是独立于自然界和经验的人的绝对存在领域,且具有构造性，即“我所认识（构建）的现象才是我的对象”。

③ 本质直观

本质直观是胡塞尔方法论的重要基石，胡塞尔指出直观是现象学“一切原则之原则”或“第一方法原则”。通过还原确定了现象学研究的对象后，还需要通过本质直观来达到对事物的本质认识。

直观（德语 Anschauung，英语用 intuition 表达），即在精神目光中的直接把握。胡塞尔现象学意义上的直观包括感性直观和本质直观，本质直观以感性直观为出发点，又可以超出感性领域提供本质性的认识。

对本质直观的运用大致可以在以下四个方向进行：反身地指向横向的意向行为或意识主体（内直观）；直向地指向横向的意向对象或意识客体（外直观）；反身地指向纵向的精神历史（理解历史性）；直向地指向纵向的自然历史。

本质直观的操作方法是变更法，即首先从一个具体的事物或想象出发，然后对实例加以变更，观察变更后事物是否发生变化，不断重复，进而获得不变的必要的常项，即本质。如我们在观看一张红纸时，任意地自由地对其进行想象变更，如一本红书、一面红旗等，如果我们忽视变项的差异而将目光集中到贯穿其中的统一性上，即通过观念化的抽象去关注红色本身，那么我们就可以获得红色本身，也就是所要把握的本质。

20 世纪上半叶，许多有人本主义思想倾向的心理学者都受到了现象学哲学的影响。如奥尔波特认为需要用现象学的方法对人格等复杂问题进行研究，而不能只依赖于实验方法和统计方法。在马斯洛看来，现象学方法应成为心理学使用的主要方法，因为它强调自我的内在感受。罗杰斯以人为中心的治疗理论也是以现象学为基础的。

2. 存在主义与人本主义心理学

存在主义（Existentialism）产生于第一次世界大战之后，是现代西方哲学中的时代精神和主要思潮。它突出“以人为中心”的研究主题，强调人具有主体性和主观性，强调直接经验的描述性和意向性，反对客观主义和极端决定论，在自由、自我、价值、选择、责任诸方面的研究上，存在主义和现象学给人本主义心理学提供了理论支柱。

一般认为现代存在主义哲学的创始人为克尔凯郭尔（Soren Aabye Kierkegaard，1813—1855），他是一位丹麦宗教哲学心理学家、诗人，后现代主义的先驱，也是现代人本心理学的先驱。但第一位采用“存在主义”这个称呼的哲学家是萨特，实际上“存在主义”一词可以追溯到很多过往的哲学家，也常常会被认为是一个历史性的简明名称。

哲学家史蒂文·克劳威尔(Steven Crowell)认为给存在主义下定义会非常烦琐,因为与其说存在主义是一个完整的哲学体系,倒不如说是一种会拒绝其他系统性哲学的方式。在1945年的演讲中,萨特(Jean-Paul Sartre,1905—1980)将存在主义阐述为“从忠实无神论的位置来描绘所有后果的企图”。萨特还总结:“所有存在主义者的共同基本原则是存在先于本质。”

让-保罗·萨特

马丁·海德格尔

存在主义哲学强调人类有选择自己命运的自由,并且注重人生的意义。克尔凯郭尔主张“成为真正的自己”,认为人生最主要的是要具体把握住个人的存在。强调主观性就是真理,即一个人的信念指引他的生活并决定他存在的性质,真理不是外在的、通过逻辑思维来获得的,而是内在的、由人所创造的。海德格尔(Martin Heidegger,1889—1976)主张“在世”(Dasein),即人和世界是不可分割的。但这种存在是一个动态的过程,人可以选择自己存在的本质。同时,人的存在是有限的,这种认识可以使人产生紧迫感,运用自己的自由创造更有意义的存在。但这种认识也会带来内疚和焦虑。雅思贝斯(Karl Theodor Jaspers,1883—1969)强调每个人存在的独特性和自由性。萨特发展了无神论的存在主义,强调存在先于本质,人的自我决定自己的本质,有对抗世界、做出决定、选择行动的自由。

存在主义是人本主义心理学的主要哲学来源和重要组成部分,两者存在着共通之处：都强调研究人类真实的内在自我；都强调意向性在人格与行为研究中的重要意义；都强调人生意义及其价值的研究；都注重心理学研究与人类生活实际相结合。

3. 来自心理学内部思想的影响

人本主义心理学是心理学内部矛盾酝酿、发展变化的产物。20 世纪 50 年代，只有行为主义和精神分析被认为是具有影响力的、完整的心理学派别，而这两大流派所提供的关于人类的心理知识，相对而言较为片面，不足以在新的时代里承担起解决问题的重担。人本主义心理学认为，行为主义、精神分析、格式塔心理学与信息加工认知心理学忽视了人的许多重要特性。

行为主义学派一直追求自然科学化这一学科建设最高目标，认为心理学要成为一门真正的自然科学就不能以意识、精神为研究对象，只能以可观察的外部行为为研究对象。行为主义心理学试图通过抛弃对人内部心理活动过程的研究来保证心理学的科学性，这提高了心理学研究的客观性，在研究技术方法上做出了历史性的贡献，但同时行为主义采取的机械论、拟兽论的立场造成对人性理解的简单化、绝对化和片面化。人本主义心理学则强调不能单纯依靠外在的观察测量，而应该重视人的主观感受。

精神分析学派认为，性本能是人一切行为的根本动力，即使是战争、科学、艺术等人类重大活动也不过是由性本能驱动而产生。人本主义心理学家肯定了精神分析学派在发现无意识、动机和自我概念等方面的贡献，但同时也对其泛性论、病态人格观提出了批评，认为精神分析的无意识决定论、泛性论、病态人格观等贬低了人的价值，只注意到了人性中黑暗的、病态的、欲望的方面，对于人性中积极美好的东西态度过于悲观。

以惠特海默等为代表的格式塔学派强调完形与整体性，采用现象学与整体的研究方法。格式塔学派非常重视对人的主观经验的实验研究，从整体经验中理解人的意识经验现象，其对知识、记忆、思维等高级心理现象进行了富有成效的探索，同时也对人本主义心理学产生了深远的影响。人本主义心理学从格式塔学派中吸收了整体论与现象学的立场。

现代个性心理学创始人之一、人格特质论的倡导者、美国人格心理学家奥尔波特(Gordon Willard Allport，1897—1967)也是人本主义的重要先驱人物之一。他提出了人格特质、统我和健康人格等理论，开创了人格心理学，还参与创建了人本心理学。他指出人必须是心理学研究的出发点，极力推崇人的尊严与价值，倡导专门探讨健康人自我形成与发展的人本主义自我论，参与发起并资助人本心理学组织的建立，为人本主义心理学的诞生作出了突出的贡献。

奥尔波特

总之，人本主义心理学对行为主义的观点持反对态度，人本主义心理学家曾将人的行为和动物做完全的类比，认为人有独特的部分，比如感觉、痛苦、死亡，这些是无法通过动物实验进行研究的。人本主义心理学也反对精神分析只研究病态人格的做法，认为心理学应该更多关注健康的人，关注人的潜能。人本主义心理学认同格式塔心理学的整体论与现象学把人看成高度统一的整体进行研究，并且认为还应把人和周围环境相联系进行研究，不能割裂开来。同时应关注人的主观感受与主观实在。

4. 人本主义心理学的主要观点

人本主义心理学恢复了意识经验在心理学中的地位，并且持有一种积极的人性观。其主要观点是，人是"天性善"的，并且拥有"持续不断成长"的显著特点，是自主的、可以进行自我选择的。人本主义心理学的价值观认为人处在一个自主的、有意向的、趋向健康成长的价值体系中，并且基本倾向是保持真实性，是自我选择和自我决定的。

二、马斯洛的人本主义心理学

（一）马斯洛生平简介

亚伯拉罕・哈罗德・马斯洛(Abraham Harold Maslow，1908—1970)，美国心理学

家，人本主义心理学的主要创始人之一，被誉为“人本主义心理学之父”。

亚伯拉罕·哈罗德·马斯洛

1908年4月1日，马斯洛出生于纽约布鲁克林的一个俄裔犹太家庭中，是七个孩子中的老大。1926年9月，马斯洛被纽约市立大学录取，攻读法律专业，但他对法律学习没有热情，也迟迟未能发现感兴趣的学术课程。在心理学方面，马斯洛最早接触的是冯特和铁钦纳的构造主义心理学，但这没有激起他的兴趣，甚至让他对心理学也失去了信心。直到1928年夏天，马斯洛读到《1925年的心理学》一书，其中行为主义创始人华生的三篇论文对马斯洛产生了转折性的影响，成为促使他走向心理学的关键一步，他陶醉于华生所描述的世界中，为自己找到了愿意毕生从事的事业而欣喜若狂。1928年9月，马斯洛转学到位于美国中西部的威斯康星州立大学，并在此接受了严格的行为主义训练，也做了大量古典行为主义的研究。在学习行为主义的同时，马斯洛也逐渐认识到科学主义的心理学并不能产生真正对人类自身有用的知识。1930年，马斯洛开始给以研究灵长目动物而闻名的哈洛博士当助手，后来成为哈洛的第一个博士生。1935年，爱德华·桑代克对马斯洛的博士学位论文《支配冲动在类人猿灵长目动物社会行为中的决定作用》给予高度评价，并吸收马斯洛做了他的博士后。博士后研究期满后，马斯洛来到布鲁克林学院任教，开始接触到惠特海默的格式塔心理学、霍妮的社会文化精神分析理论和弗洛姆的人本主义精神分析等。这些理论对马斯洛产生了很大的影响，促使其彻底放弃了行为主义的机械论观点，开始创立新的心理学范式。

马斯洛在其后学术生涯中开始担任要职，并积极著书，为人本主义心理学的开创和发展作出了巨大贡献。1951 年，马斯洛担任布兰迪大学心理学系主任，并在此期间出版了《动机与人格》(1954)、《存在心理学探索》(1962)，这两本著作奠定了人本主义心理学的理论基础。1963 年，马斯洛等人又积极倡导并建立了美国人本主义心理学会。1967 年 7 月 8 日，美国心理学会任命马斯洛为主席。在晚年，马斯洛提出了超个人主义心理学的设想，后续大批优秀的心理学家追随了他的足迹，使得超个人主义心理学登上了“心理学第四势力”这座高峰。1970 年 6 月 8 日，马斯洛在晨跑中突然去世，享年 62 岁。

(二) 人本主义心理学的范式

人本主义心理学范式有以下几点：

1. 心理学的目标应该是完整地阐述“成为一个人意味着什么”。这个阐述包括语言的重要性、评价过程、人的所有情感及人们寻求并获得生活意义的方式。

2. 研究非人的动物对研究人没有什么价值。

3. “主观实在”才是人类行为的主要指引。

4. 相较于研究群体，研究个体更有意义。

5. 心理学的主要精力应该用于发现那些能扩展人类知识经验的事情。

6. 应致力于帮助人解决问题。

(三) 人本主义心理学的研究原则

1. 以健康人为研究对象

人本主义心理学认为不能只研究存在心理障碍的人群，还需要了解健康的人，甚至杰出的人，去了解他们如何挖掘潜能。

2. 整体动力学原则

人本主义心理学把有机体看作是一个高度统一的整体，具有自己独特的风格；并且有机体是一个和周围环境相联系的系统；应用整体分析的方法对有机体进行研究，任何试图把人分割或者还原成某一部分的做法都可能导致对人性的曲解。

3. 以问题为研究中心

人本主义认为应研究能促进个人和人类进步的问题，反对以前心理学研究中无价值的烦琐倾向，认为传统科学哲学观存在着道德价值中立和回避等问题，也对方法中心论进行了批判，认为它过分强调技术设备和数量关系以使问题适合于技术，并且将科学分成等级，产生科学的正统观念，限制了科学的自由发展。

（四）需要层次理论

1. 概述

需要层次理论是马斯洛人本主义心理学理论中最受关注的内容之一，也是最基本、最核心的问题之一，是其整个理论体系的基础。马斯洛认为，人类具有一些先天需要，这些需要按照从高到低的层次排列。同时，他将人类的需要划分为两大类：一是基本需要，又称缺失性需要，包括生理需要、安全需要、爱与归属的需要、尊重的需要；二是发展性需要，也称成长需要，主要指自我实现的需要。

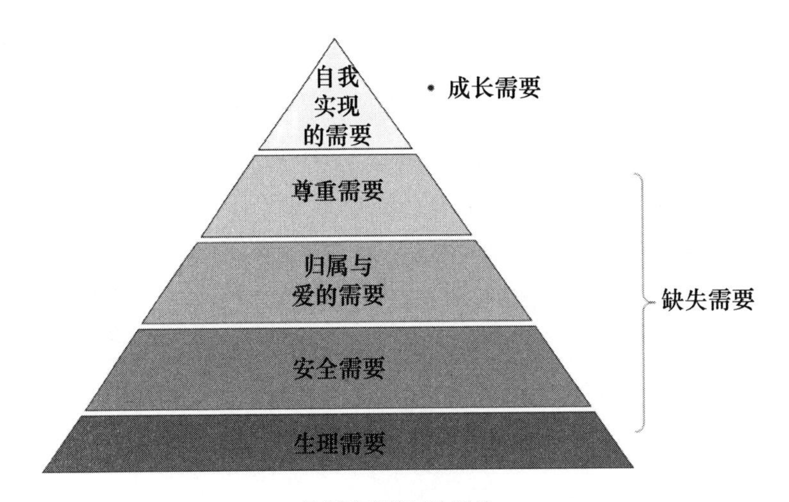

马斯洛需要层次理论

在上述需要中，越是低级的需要就越基本，与动物的需要越相似；越是高级的需要就越是为人类所独有的需要。

（1）生理需要

生理需要是指维持个体生存的需要，是最基本、最重要的一种需要，包括对生存所需的基本资源如空气、食物、水、睡眠等方面的需要。如果生理需要得不到满足，那么其他任何需要都会处于等待状态或者被压抑的状态。在当代生活条件下，对于多数人来讲，生理需要一般都能基本满足，因此生理需要在人们的生活中只起了一小部分作用。

（2）安全需要

安全需要包括两个层面，一个是个人层面的，如对焦虑、混乱的避免和对安全、稳定的需求，还有社会层面的，如对法律、秩序、和平等方面的需求。如果安全需要得不到满足，个人便会产生被威胁感和恐惧感，如果持续时间长、情况严重，则寻求安全将成为压倒一切的行为目标。

(3) 爱与归属的需要

爱与归属的需要是指个体希望与他人产生情感联结或归属于某一群体的需要，如人们在生活中对家庭、朋友、同事之间亲密关系的渴望，希望在家庭或团体中有一个位置。如果个体这方面的需要得不到满足，将会产生孤独感和被遗弃感。

(4) 尊重的需要

尊重的需要是低层次需要中的最后一种，每个人都有一种获得较高评价的欲望，这种需要可分为两类：一是自尊的需要，如对于自身成就、能力的期望；二是受到别人尊重的需要，如对于地位、名誉、声望的欲望。一旦人的自尊心受挫，便会感到自卑，变得软弱，最后失去基本的信心。

(5) 自我实现的需要

马斯洛在他认识的人中访谈了认为自己得到了自我实现的人，并且查阅了历史上看来拥有了自我实现生活的人物的资料，如杰斐逊、爱因斯坦、罗斯福等。

根据考察，心理健康的人相比于一般人更少受到文化规范和习俗的约束，他们不顾社会的眼光，选取自己想要的适合的方式来表达思想和愿望；他们大多数人也表达出了自我实现的创造性，以开放包容的眼光看待世界；他们的朋友不多，友谊却深厚而有益；有强烈的独处需要。

马斯洛在后来的研究中丰富了自己的需要层次理论，由五层变为七层，即增加了认知的需要和审美的需要。

以上需要是按照从低级到高级出现的，一个人只有较低级的需要被满足时，才出现较高级的需要。例如一个人的安全需要会在他满足了生理需要之后出现，这就是所谓的需要层次。但值得注意的是，并非是在上一个需要得到完全满足后下一个需要才会出现，需要的出现不是一个突然的现象，而是一个缓慢的、逐渐出现的过程，当上一个需要得到部分满足后，下一个就可能已经出现了。另外，各种需要的出现一般是按照上述顺序，但也有一些例外，比如有的人可能更优先尊重需要而不是爱；而历史上也出现过许多英雄人物会为了理想信念而不顾基本需要满足的例子。

2. 缺失性动机与存在性动机

马斯洛认为一个人会追求他的存在的意义感，追求真善美，这些被称作存在性的东西。我们也能感受到，人们总是希望自己活得充实，有意义和价值，没有人希望自己过得一塌糊涂。

存在性认知与存在性动机紧密相联，是对事物的本质的一种认识，是个体全身心地投入以后所产生的这样一种清晰的认知，尤其指超越性及顿悟性的认知。并且在这样一种认知里面，你能够找到并发现存在的价值。存在性认知的体验，被看作是超越利益和目的的高尚体验。存在的价值和超越性的需要相联系，自我实现者全身心地投入某一个事业里面去，并且在其中充分挖掘出自己的潜能，寻求自己存在的价值。这种存在价值，包括自主真理、直率公正、圆满独特等，都是一种超越性的需要。马斯洛的价值观认为人性是善的，人的心理潜能是高于动物、高于生命的潜能。

（五）自我实现

从需要层次理论的角度来看，当生理需要到自尊的需要得到基本满足之后，自我实现的需要就开始出现了。马斯洛认为，能够达到自我实现的人并不多，其数量不到人口的1%，并且从年龄上来看多是一些中年或老年的人。

马斯洛对爱因斯坦、林肯等名人以及身边那些在他看来已经自我实现或可能自我实现的人进行了深入研究，总结了自我实现者的一些如下特征：(1) 能够对现实做出准确的判断；(2) 极大地接纳和包容自己和他人；(3) 表现出自发性和自然性；(4) 有独处的需要；(5) 较少受到文化和环境的限制和束缚；(6) 对事物保持好奇；(7) 经常产生高峰体验；(8) 关心人类社会，不仅限于亲人、朋友；(9) 仅有少数关系密切的朋友；(10) 道德感强烈但不受制于传统的道德标准；(11) 具有良好的幽默感；(12) 富有创造力等。

自我实现者具有令人羡慕的人格特征，但马斯洛也认为自我实现者也存在缺陷，具有很多普通人也具有的缺点，比如多疑、固执、自我怀疑等。

马斯洛还指出了一些通向自我实现的途径：(1) 全力以赴地献身于一些事情；(2) 做出发展的选择而不是防御、畏缩的选择；(3) 在环境中显露出自我；(4) 要勇于承担责任；(5) 要认真对待自己的兴趣和爱好；(6) 在自己所做的事情上努力实现自己的潜能；(7) 在生活中经常产生高峰体验。

（六）高峰体验理论

在对自我实现的人的研究中，马斯洛发现，他们经常报告敬畏、强烈的幸福、完美或解脱的感觉，他把这种感觉称为高峰体验或神秘体验。高峰体验是马斯洛在心理健康者身上发现的最引人注意的特征。产生高峰体验时，会感受到一种超越感，似乎突破了时空的限制，和宇宙万物融合统一，自身的恐惧、焦虑等情绪消失，取而代之的是瞬间的力量感，是一种奇特的体验。高峰体验是马斯洛人本主义心理学中的一个重要概念，不仅是自我实现者的重要人格特征，也是自我实现的重要途径。高峰体验可以通过许多方式实现，如听古典音乐，在赛道上获得好成绩，有一个良好的郊游，有完美的性，等等。马斯洛举了一些有趣的例子：一个年轻的母亲早上起床后就在厨房忙着为她的丈夫和孩子准备早餐。阳光透过窗子照射进来，孩子们已经打扮好了，在餐桌旁一边吃饭一边自在地聊天，丈夫也轻松地陪着孩子们。当她看着他们的时候，她突然强烈地感受到一种生活的美，对丈夫和孩子充满了爱，强烈地感受到自己的幸福。这就是她的高峰体验。

高峰体验是一个多层次系统，其强度可以描述为从弱到强的连续统一体。弱高峰体验可能发生在绝大多数人身上。当人们的需求和欲望得到满足时所产生的极端情绪就是这种高峰体验，也称普通高峰体验。然而，强烈的高峰体验一般发生在自我实现者身上，也称为自我实现高峰体验，是指健康或超然的自我实现者所拥有的一种宁静、冥想的快乐状态。马斯洛认为，高峰体验有五个特点：(1) 突发性；(2) 程度的强烈性；(3) 情感的完美；(4) 保存的简洁；(5) 存在的普遍性。高峰体验远比人们想象的普遍，它不仅能改善个人的心理健康，还能改善生活满意度和社会发展。

（七）对马斯洛人本主义心理学的评价

1. 贡献

马斯洛的人本主义心理学在丰富心理学以人为本的“范式”上做出了重要贡献，具体体现在五点。

第一，在健康人的心理探讨方面做出杰出贡献。与行为主义、精神分析等心理学流派不同，人本主义心理学强调的是对健康甚至是超常个体的研究，开启了人本主义研究的先河，也对罗杰斯的来访中心疗法、塞利格曼的积极心理学有着重要的影响。

第二，作为心理学的第三势力，其强调人的高层次需要和个体内在价值的人格学说在心理学史上有重大意义和独特价值。

第三，需要层次理论在现代行为科学中占有重要地位，成为行为科学、管理科学中的重要理论指引。

第四，人类的潜能及发挥研究，有重要的理论和应用价值。马斯洛指出，人是生成性存在，自我实现是个体潜能的充分发挥。给人类潜能发挥的最高境界指明了方向。

第五，在扩大心理学的研究范围上做出了开拓性工作，人本主义心理学在心理学领域有其独特的价值与地位，也对临床心理学、咨询心理学、行为科学、积极心理学的形成起到了极为重要的作用。

2. 局限

但马斯洛的人本主义心理学也有以下几点局限性。第一,人本主义心理学的自我实现观脱离了社会现实和社会关系,把自我实现置于乌托邦中。第二,人本主义心理学将人类的潜能归结为个体先天具有的倾向与趋势,过分强调生物因素在人的发展中的决定作用。第三,人本主义者是个人中心论者,强调个人的主观感受是高于一切的存在。第四,自我实现理论不具有普遍性。按照马斯洛的观点,只有极少数人能成为充分发挥其潜能的自我实现者。

三、罗杰斯的人本主义心理学

(一) 罗杰斯生平简介

卡尔·罗杰斯(Carl Ransom Rogers,1902—1987),美国心理学家,人本主义心理学的代表人物之一,因"以当事人为中心"的心理治疗方法而闻名。1947 年当选为美国心理学会主席,1956 年获美国心理学会颁发的杰出科学贡献奖。

卡尔·罗杰斯

1902 年 1 月 8 日,罗杰斯出生在美国芝加哥,在家中六个孩子中排行老四,且受到了信教父母的深刻影响。罗杰斯 17 岁高中毕业时考取了威斯康星大学农学院,在大学期间,他积极参加宗教活动,在 1922 年作为学生代表之一参加了在中国北京举办的"世界学生基督教同盟会"(World's Student Christian Federation),并在北京生活了半年之久。在这期间,其思想发生了重要的转变。回到威斯康星大学后,罗杰斯从农业转到了历史专业。1924 年大学毕业后,罗杰斯进入纽约联合神学院学习,并选修了与神学院只有一街之隔的心理学与教育学的课程。他在利塔·霍林沃斯(Leta Hollingworth)的指导下开始了儿童临床实践,并发现这个领域对其有很强烈的吸引力,至此罗杰斯找到了愿意为之奉献一生的事业——心理学。1926年,他正式转入哥伦比亚大学攻读临床心理学与教育心理学,并于两年后获得临床心理学硕士学位,还开始在罗彻斯特的防止虐待儿童协会的儿童社会问题研究部工作,两年后担任该部主任。1931年罗杰斯以关于儿童人格适应的测验为题获得博士学位。1940年,罗杰斯结束了罗彻斯特的工作。这12年的儿童工作经历,促使罗杰斯发展出了非指导的或以人为中心的心理治疗方法。在此期间,罗杰斯出了他的第一本著作《问题儿童的临床治疗》(1939),这使罗杰斯获得了俄亥俄州立大学的一个教职。自1940年开始,罗杰斯先后在俄亥俄州立大学、芝加哥大学、威斯康星大学等校担任教职。晚年,罗杰斯将以人为中心的心理学理论运用到教育、婚姻、管理、政治、国际冲突等领域中,对教育改革和维护世界和平表现出极大的热情。

罗杰斯在学术界享有很高的声誉,曾担任美国应用心理学协会主席、美国临床和异常心理学协会主席、美国心理协会主席。罗杰斯共出版16本书,发表了200多篇学术论文,如《问题儿童的临床治疗》(1939)、《来访者中心治疗》(1951)、《心理治疗和人格改变》(1954)、《个人形成论》(1961)、《学习的自由》(1969)、《择偶:婚姻及其选择》(1973)、《卡尔·罗杰斯论个人力量》(1977)、《一种存在的方式》(1980),等等。

(二)罗杰斯的人性观

罗杰斯的人性观是乐观的、富有积极性的。他认为人性是积极乐观的,而且是具有建设性的。人性基本可以信赖,鼓励顺从人的本性去生存,认为人行恶不是本性所致,而是主要受到文化的影响。

在罗杰斯看来,人先天具有一种自我实现的倾向。他把人看成是一个动态的过程,包含不断变化的巨大潜能。在成长过程中,造成个体变化的原因一方面来自机体中先天驱力的支配,即一切生物共有的成长、成熟的趋势;另一方面则是由于社会和文化的影响,个体的自我实现是朝广义的社会化方向发展的。

罗杰斯认为,人的认识活动的基础是主观经验,人的变化过程也是由主观经验造成的。主观经验指个体在某一时刻所具有的主观精神世界,包括意识中的全部现象。主观经验对个体自我意识的形成与发展,以及个体心理适应皆具有重要的影响。

(三)自我理论

自我理论是罗杰斯人格理论的核心,也是他关于心理失调的理论基础。罗杰斯认为人在发展中逐步分化出自我和自我概念。自我(self)指真实的自我,自我概念是自我知觉与自我评价的统一体,包括个人对自己、对自己与他人关系、对自己与环境关系的知觉和评价。罗杰斯认为,自我是从个人的现象场中分化出来的一部分,在一个人的现象场中具有核心意义,自我概念是个体在与环境和他人的交互作用中逐步发展出来的。同时他提出自我具有四个方面的特点:一是自我概念是高度个体化的,由对自己的和与自己有关的人或事的认知组成。二是自我概念是被吸收到意识的自我知觉的组织化构造,是整合的、流动的但坚固的。三是认为自我只是对自己经验的表征,而不是行动的驱力,区别于精神分析中的自我概念。四是认为自我是一种经验的整体模型,这种模型主要是有意识的或可以进入意识的东西,通常能够被人所知觉。

个体存在两种评价过程,一种是机体评估过程,即对体验做出直接的机体评判,可以真实地反映个体的感受,如婴儿可能会有一种模糊的判断"我被抱着很舒服""我很饿,我不喜欢",感觉好的体验被划为正性的,感觉不好的、有威胁的则被划为负性的。另一种则是价值的条件化,建立在对他人评价内化的基础上。来自父母或其他人的社会评价进入了孩子的知觉域,如"你是个好孩子""你这样做是不可爱的",这些评价背后隐含着他人或社会的价值观,而孩子可能会为了继续得到父母的爱和关怀,将这种价值观内化,并且以一种歪曲的态度内化,即把事实上的"我感觉到父母对这种行为的体验是不满的"内化为"我感觉到我对这种行为的体验是不满的",进入自我结构中。于是婴儿变得脱离了自己的机体评价过程而根据来源于父母态度或社会价值观——即条件化了的价值观来评判,两者可能是冲突的,而这种异化可能会进一步带来"心理失调"。

(四)罗杰斯的心理治疗观

罗杰斯提出的"以当事人为中心"疗法在心理咨询与心理治疗领域有非常重要的影响,成为后来心理咨询与治疗的主要方法之一。在罗杰斯看来,当价值的条件化取代机体评估来指导行为时,就会出现"失调",这便是心理问题产生的原因。而心理咨询与治疗的目的,是帮助人们克服价值的条件化,再次按照机体经验来生活。在心理咨询与治疗中,共情、真诚、无条件的积极关注是核心要素。其心理治疗观主要有以下几点:

1. 真诚。在治疗关系中,治疗师越是真诚和透明,当事人的人格就越是能发生改变。如果治疗师能够更多地倾听并接纳他内心正在发生的一切,越能够无所恐惧地体验自己的复杂情感,他的真诚透明的程度也就越高。

2. 接纳。治疗师对当事人的内在经验表现出一种积极关注和接纳,会促进当事人的变化。这需要治疗师真正愿意体验当事人此刻的任何一种情感。这意味着，治疗师怀着敬畏的心情注视着当事人的自我，对当事人的一切想法和行为保持尊重，不做判断，让自己积极的包容的情感涌流出来，专业术语为“无条件接纳”。治疗中咨询师越多地表现出这种接纳，治疗的效果越好。

3. 共情式理解。治疗师需要不断地去试图理解当事人当下所体验到的情感和表达的个人意义，达到共情，好像进入了当事人的内心世界，并且需要让当事人感觉到这种理解，那么就成功地达成了共情理解。

咨询师需要尽力让自己退出来达到一种完全的理解，甚至感觉几乎成为当事人的另一个自我。已经有研究证明，如果治疗师能敏锐地察觉并抓住当事人瞬间的体验，就如同当事人看到和感受的那样，而且在这个共情过程中，又不失他自己人格的独立性，那么对方就有可能发生变化。

4. 只要治疗师具备真诚、积极关注、共情这三个条件，并且能够传达给当事人，就会到达“治疗时刻”，当事人可能会有痛苦的感觉，但却明确地发现自己正在学习和成长，并且他自己和治疗师都认为结果是成功的。

5. 变化的动力学。在这样的治疗过程中，来访者会受到治疗师态度的影响而逐渐变化。首先，当他感觉到别人能够接纳性地倾听自己的情感，也会变得更容易倾听自己内心的声音，认识到自己内心的情感体验。当他对正在他内心发生的经验变得更加开放，他就能够倾听以前他总是拒绝和压抑的、自己从来不承认的情感。

当他学着倾听自己时，他也会变得更加接纳自己。当他表达出曾认为是难以启齿的深埋的东西时会发现咨询师对他所展示出的情感有一种无条件的积极关注和接纳，自己也就会慢慢学习这种态度，逐渐变得能够接受自己的真实存在，而这也有利于进一步推进变化。

最终，当他能够学会倾听、接纳自己内心的情感，就会变得更加“真诚透明”。会突然发现原来可以抛下人格面具，直面真实自我，从而会变得更加开放、更加自主、更加悦纳，按照有机体本身的倾向去发展。

6. 变化的过程。变化始于无法正确感知和表达情感、疏远经验的状态。后来逐渐变得能够摆脱僵化的自我观念，开放地去直面体验，形成流动的解释方式，在变化的经验中形成变化的自我，成为一个复杂的人，一个对自身经验开放、友好、能够不断用新鲜体验来补充自我的人，一个自我信任同时能接纳他人的人。

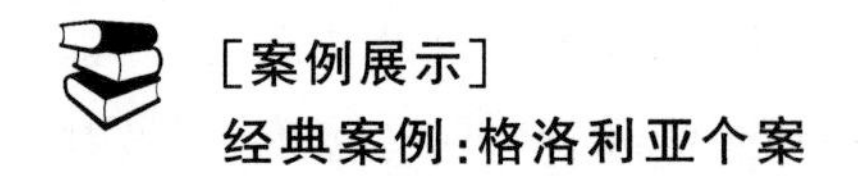

[案例展示]

经典案例:格洛利亚个案

格洛利亚是一位刚刚离婚的女性,她十分担心自己的性生活可能会对孩子造成影响。她有自己的性需要但又怕影响孩子,不知道如何来解决其间的冲突,因此希望能够得到一些建议。罗杰斯和她谈了半个小时,使她澄清了自己的思想和感受。但是,罗杰斯始终使用回应的方式对待格洛利亚。在这次面询中,罗杰斯并没有处处遵循“罗杰斯疗法”,例如,有许多次他没有对格洛利亚的情感表达做出回应,没有重述格洛利亚所说的内容,有时还随意讲讲自己的一些想法、价值观和情感。

格洛利亚进屋的时候,声音发颤,身体发抖,明显处于十分紧张的状态,害怕罗杰斯会对她很严厉。一开始,她说想从治疗师那里得到“答案”,告诉自己该做些什么。她的反应并不奇怪,因为罗杰斯此时是以“医生”的身份进行自我介绍,是作为专家出现的。在这次简短的治疗过程中,格洛利亚一直在表达自己的愿望,希望得到罗杰斯指导,一共提出了10次。

尽管罗杰斯作为“医生”出现,但他总是坚持着人本主义的思想和人人平等的观念,相信来访者具有自我发现、自我指导的潜能。治疗时他并不给出具体建议,而是帮助来访者,让她自己去寻找解决问题的方法。而格洛利亚希望得到专家的意见,那么,怎样才能既满足她的这种需要,同时又让她能够有机会“自我成长”呢?下面就是罗杰斯在这次治疗中运用的一些方法:

罗杰斯态度温和,全身心投入与格洛利亚的谈话中,通过体态、注视、声音、微笑或不断地“嗯”等方式来表达自己。这些反应方法的综合运用使格洛利亚不再感到紧张。

罗杰斯通过提问(如“是这样吗?”“你是这个意思吗?”)验证自己是否准确地理解了对方的意思。如果不准确,就马上接受来访者的更正(谈话中共有5次接受更正)。例如,格洛利亚说:“实际上我并没有那种感觉。”罗杰斯回答道:“你没有那种感觉,好的,好的。”通过这种共情方式,罗杰斯促进了来访者对她自己的理解,并使她能够更清晰地把自己的理念表达出来。

罗杰斯给出了一些解释,例如:“你厌恶自己做了那些你认为不对的事,但你更恨自己对孩子撒谎。”再如,他说:“我能感觉到,每当你置身于‘乌托邦’,你能体会到一个完整的自我,你觉得自己所有的部分都整合在一起了。”罗杰斯的这一解释深深触动了格洛利亚。

罗杰斯坚定而温和地给自己可以做什么、不可以做什么设定了界限:“从我内心来说,我不想看着你深陷在情感的困惑中。但从另一方面讲,我觉得这是你个人必须面对的问题,我不可能替你回答。但我会尽力帮助你,我相信你自己能找到问题的答案。”罗杰斯采用的这种方式为格洛利亚提供了支持,而没有使她感到可以依赖别人去解决自己的问题。

格洛利亚坚持要从罗杰斯那里得到答案。罗杰斯使用了问话的方式,要她自己把答案说出来。他问道:“你希望我对你说什么?”一旦她真的说出了答案,他就马上强化,例如,他对她说:“听起来,你知道自己该怎么做。”罗杰斯通过自我表露,说出自己对格洛利亚担心的事情的一些看法和感受。例如,他说:“我一直有种强烈的感觉,生活实在不是件令人愉快的事,生活就是冒险。”再如,他说:“假如一个人还没有真正做出选择就开始做一件事,是不会有好结果的。”通过这样的话,罗杰斯让格洛利亚产生一种“他都这么想,那么,我的那些感觉很自然”的体验,从而弱化她认为自己“不成熟”的自责心理。

(五)罗杰斯的研究方法:Q 分类技术

罗杰斯的另一项技术是 Q 分类法,Q 分类法最早是史蒂文森在 1953 年的著作《行为研究》中提到的。为了研究个人自我概念,罗杰斯设计了一种将理想自我和现实自我区分开来的方法,称为 Q 排序法,作为诊断和评估心理健康水平的指标。使用 80—150 张卡片,每张卡片上写着“冥想”“焦虑”“压力大”和其他性格描述。受试者在治疗前被要求把这些牌归到 11 个类目里,与自己最不符合的归到类目 0,最符合的归到类目 10,并且给每个类目一个固定数值,如 4,5,9,13,19,25,19,13,9,5,4,以形成一种固定的正态分布。之后来访者被要求按照“理想自我”将这些图片再一次归类。治疗结束后,来访者再次重复对自我和理想自我的卡片归类。

当事人分别描述现实自我和理想自我时的卡片得分的分布是不同的,也就是这两者间存在着差距,计算出的两组数据的相关系数就代表被试者的心理健康水平,有助于治疗师了解患者自我概念的轮廓。相关越低说明来访者的现实自我和理想自我之间的差距越大,心理健康水平也就差。许多研究已经证实,治疗效果明显的来访者,治疗结束后再次测得的现实自我和理想自我卡片的相关系数显著增高,可见 Q 分类技术确实具有评估疗效的作用，且适用于自我结构以及人格适应等研究。

（六）对罗杰斯的人本主义心理学的评价

1. 贡献

罗杰斯的贡献主要有两点。首先，“来访者中心疗法”是当代最有代表性的心理治疗理论之一，是现代心理咨询与治疗的核心理论之一，是心理咨询治疗中应用最广的疗法之一。其次，其人性论、自我观对咨询心理学有重大影响。其强调自我现象场、有价值的条件或条件价值化、非本真的人的观点在咨询心理学中对于揭示心理困扰的形成有重要意义。

2. 局限

罗杰斯的人本主义心理学也具有两点局限性。首先，他更多是在“哲学”层次上对人进行探讨，缺乏心理学的实证研究的充分证据。其次，他忽视了人的心理和行为的社会制约性与环境的影响，“以人为中心”的心理治疗过分强调来访者的主观感受。

四、对人本主义心理学的评价

人本主义心理学的出现扩大了心理学流派的领域，提供了从人自身视角出发的独特的理论方法以及观点，这些对于心理学而言具有深刻而重要的意义。但学界对人本主义心理学的看法并不统一。一种看法认为人本主义心理学是西方心理学史上的一次重大突破与变革，另一种看法则认为人本主义心理学不过是哲学心理学思潮的一种代表，还未成熟便出现了衰落。尽管存在争论和分歧，人本主义心理学也有一定的局限性，具有理论的乌托邦的成分而没有看到或很少关注人性恶的一面。但无法否认人本主义心理学对西方心理学产生的重大影响。

1. 人本主义心理学的贡献

以马斯洛、罗杰斯为代表的人本主义心理学对心理学有以下四点贡献。

第一，拓宽了心理学研究的领域。它把人的本性与价值提到心理学研究对象的首位，强调心理学研究要考虑人的心理特点，要探讨与人类生活息息相关的高级心理问题，开拓了心理学研究人类高级精神生活的新领域。并且它的积极人性观也使得许多研究者的注意力从过去研究病态心理，转向了健康人格、创造性、快乐、身心健康等问题上，奠定了积极心理学发展的基础。

第二，人本主义恢复了意识经验的研究，并且是在更高的层次上，开创了意识经验研究的新方法，扩大了心理学的研究空间，对心理学的学科建设有着积极的贡献。

第三，科学心理学诞生以后，一直强调以客观化和数量化的实验研究方法研究人的心理和意识现象，导致心理学家常常在研究方法上遭遇困难。人本主义心理学反对以方法为中心，而是坚持问题导向，相应地发展出综合化、整体化、多元的研究方法论体系，还发展出了一些新的技术和手段，如整体分析方法、Q分类方法、内省的生物学方法等，还创立了研究健康人格和自我实现状态的方法。其研究范式既是人本主义的，又是科学的，人本主义心理学在方法论上具有积极的意义。

第四，人本主义心理学的观点与方法在组织管理、心理咨询与治疗等方面具有重要应用价值。马斯洛的需要层次理论和以人为本的思想为现代组织管理科学提供了重要的理论支柱，是管理心理学重要的理论之一。而罗杰斯的来访者中心疗法作为西方心理治疗的三大流派之一，既反对生物医学模式，又反对行为主义和精神分析的治疗观，强调无条件积极关注、共情的来访者中心疗法成为当代心理咨询与治疗的最重要的基础理论与方法之一。

2. 人本主义心理学的局限

人本主义心理学也存在着两点局限。第一，人本主义心理学的观点与社会现实环境存在一定的脱节。其对人类需要问题的理解，脱离了社会环境和满足人的需要的手段而显得过于抽象，而离开社会环境和人们的生活条件来研究人的高级需要的满足和自我实现便失去了现实意义。人本主义心理学者所说的自我实现、健全人格等大多是相对稳定和富足的社会条件下人们所关心和思考的，一旦脱离这种社会条件，个人的自我实现和潜能发展也就失去了根基。当人的自我实现与社会客观环境相一致时，强调个人潜能与价值是有意义的；而离开了社会客观条件约束的自我实现，则会走向意识决定论和个人决定论的覆辙。

第二，人本主义心理学的理论与方法主要来自现象学哲学。而现象学研究方法较为模糊，难以为大多数人接受，且具有神秘主义色彩，一些主流心理学家认为其不过是一种哲学研究而已。人本主义心理学的研究范式在一定程度上影响了其学术地位。

人本主义心理学的基本主张

<table>
<tr><td colspan="2">人本主义心理学的基本主张
(1) 心理学的科学观:人文科学观;(2) 心理学的对象论:意识经验。</td></tr>
<tr><td>马斯洛主要理论:
1. 需求层次理论 生理需要—安全需要—归属与爱的需要—自尊需要—自我实现需要
2. 自我实现论
3. 高峰体验论
4. 两种认知论
(1) 缺失性认知
(2) 存在性认知</td><td>罗杰斯主要理论:
1. 自我论
2. 自我实现倾向
3. 无条件的积极关注
4. 理想人格
5. 来访者中心疗法
6. 以学生为中心的非指导性教学</td></tr>
<tr><td>研究方法:整体分析法</td><td>研究方法:现象学方法</td></tr>
</table>

第二节 存在主义心理学

存在主义心理学(existential psychology)、现象学心理学和人本主义心理学一起被称为20世纪西方第三大心理学势力。存在主义哲学是存在主义心理学的理论基础。存在主义心理学是研究人的主观性与如何找寻存在意义的人文科学,以人的存在和生命意义为主题,强调了对人存在价值的探寻。存在主义心理学兴起于20世纪三四十年代的欧洲,代表人物有弗兰克尔、鲍斯和宾斯万格等,五六十年代在美英开始发展,代表人物有罗洛·梅、欧文·亚隆等。存在主义心理学探讨了人的本真、焦虑、意义等诸多主题,在心理咨询与治疗等领域有重要影响。

一、罗洛·梅的存在主义心理学思想

(一) 罗洛·梅的生平简介

罗洛·梅

罗洛·梅(Rollo May,1909—1994),美国心理学家,存在主义心理学的代表人物之一,被称作美国存在主义心理学之父。他出生于美国俄亥俄州。他于1930年在奥柏林学院获得文学学士学位,并在1938年获得了联合神学院的神学学士学位。1939年罗洛梅出版了《咨询的艺术:如何给予和获得心理健康》。1946年成为一名开业心理治疗师。1949年获得哥伦比亚大学授予的第一个临床心理学博士学位。1958年成为怀特研究院院长,直到1974年退休。

罗洛·梅促进了人本主义心理学的发展。人本主义心理学的诞生也是在他1963年出席了美国人本主义心理学会的成立大会之后。罗洛·梅在心理治疗实践中有着自己独特的观念。存在主义心理治疗以帮助患者加强自我意识、体验和重新理解自己的存在为目的,帮助患者发展自我,实现自己的责任。罗洛·梅后来与施奈德和布根塔尔一起努力,让存在主义心理治疗成为人本主义心理治疗的重要部分。现在看来,人本主义心理治疗中最重要的三种方法就是存在主义心理治疗、来访者中心治疗和格式塔治疗。

罗洛·梅的主要著作有《焦虑的意义》(1949)、《人的自我寻求》(1953)、《心理学与人类困境》(1967)、《爱与意志》(1969)、《祈望神话》(1991)等。

(二)存在与存在主题观

1. *存在观*

罗洛·梅关于人存在最为核心的观点是对存在感的强调。他认为人之所以跟动物不一样的根本原因是人有自我存在意识、能够意识到自己的存在。人在世界上的存在意味着人和世界是不可分割的整体,人的存在总是现实的、个体的、变化的,人的存在有自己挑选的能力。

他进一步指出人存在于世界的三种方式,即存在于周围世界、人际世界、自我世界中。这三种存在的方式可以同时并存,比如人在旅行的时候(周围的世界)、和朋友在一起(人际世界)、感觉身心舒畅(自我世界)。

他认为人的存在具有六个基本特征,分别是自我核心、自我肯定、参与、意识、自我意识和焦虑,这些构成了各种存在的形式。

2. *存在的主题观*

罗洛·梅认为人的存在有爱、焦虑、勇气、神话四个主题。爱是一种独特的原始生命力,它驱使人们与所爱的人或事物产生联系并合而为一。原始生命力是人类经验中的基本功能,它是促使生命肯定、确认、维持、发展自我的内在动力。罗洛·梅认为爱情有善恶两面。它既可以创造和谐，也可以创造仇恨。他进一步区分了性爱、厄洛斯(Eros)、菲利亚(Philia)和博爱。性爱指肉体上的爱；厄洛斯指心灵与对象相结合的爱，在其中可繁殖和创造；菲利亚指兄弟或者朋友之间的情感；博爱指尊重、关心他人幸福。

他认为，焦虑是个体作为人最根本的价值和自身安全受到威胁时产生的担忧。焦虑和恐惧与价值观有着紧密联系。恐惧是对自我一部分受到威胁时的反应，具有特定对象，但焦虑则没有特定对象。罗洛·梅进一步区分了正常焦虑和神经性焦虑两种焦虑。

他认为勇气不是一种面对外在威胁的应对而是一种内在的品质，是一种对自我与可能性链接的方式和渠道。勇气与人的生存息息相关，在存在的六个特征里自我肯定是一个人坚持自我核心的勇气。

他认为神话是一种赋予人们存在意义，并且能够在无意义的世界中赋予人们意义的叙事方式。神话通过故事和图像为人们提供一种看待世界的方式，使人们能够表达对自己和世界的体验，体验到自己的存在。其功能是提供一种认同感、一种社区感，支持人们的道德价值观，并提供一种看待创造奥秘的方法。因此，神话是传达人生意义的主要媒介。

（三）人格与人格发展观

按照罗洛·梅的观点，人格是指人的整体存在、血肉、思维和意志。自由是人格存在的基本条件和基础。他认为人的存在有四个因素，即自由、个性、社会整合和宗教张力，这些因素构成了人格结构的基本成分。

罗洛·梅以个体的自我意识发展为线索，通过人摆脱依赖的程度和逐渐分化的过程，勾勒出人格发展的四个阶段。第一阶段是天真无邪阶段，是在两三岁之前的婴儿时期。这个阶段个体没有自我意识，对环境形成了依赖关系，为其未来发展奠定了基础。第二阶段是反抗阶段，从两三岁到青春期。这个阶段人主要通过对抗世界发展自我和自我意识。第三阶段是正常阶段，是青少年之后的时期。现实社会中大部分人都处于这个阶段，很多心理困扰都发生在这个阶段。第四阶段是创作阶段，即成人阶段。这个阶段个体的自我意识具有创造性，达到了人类发展的最高阶段和人类存在中最完美的阶段。

（四）存在主义的心理治疗观

罗洛·梅的存在主义心理治疗观认为，心理治疗不要先考虑消除症状，而是让患者重新发现和认识自己的存在。心理治疗师要帮助病人了解其症状和他们所处的世界，并认识到自我的存在。

罗洛·梅从存在主义心理治疗观出发，认为心理治疗有理解、体验、在场、行动四个基本原则。理解原则指治疗师共情、理解患者的世界，是治疗基础；体验原则指治疗师的作用在于促进患者对自身存在的体验；在场原则指治疗师需要进入与患者的关系场域，而不是患者的局外人；行动原则指在患者做出选择后，要帮助其投入实际行动中。他认为存在主义心理治疗技术是灵活多变的，随着患者和治疗阶段的不同而变化。特定技术的使用取决于对患者在给定时刻的存在状况的揭示和阐明是否有效。

罗洛·梅将心理治疗分为三个阶段。首先是欲望阶段，发生在患者的觉知层面。治疗师帮助患者获得情感活力和真诚的能力。其次是意志阶段，发生在自我意识层面。心理治疗师帮助患者在觉知后产生自我意识的意图。例如，如果他在觉知层面体验到焦虑，他就会意识到自己是生活在焦虑世界中的人。最后是决心和责任感阶段。心理治疗师从前两个层面鼓励患者创造行动和生存模式，且要承担责任，以求达到自我实现的整合和成熟。

（五）评价

罗洛·梅将存在主义哲学吸收进心理学，形成了存在主义心理学，对人文科学取向的心理学做出了重要的贡献。

1. 贡献

罗洛·梅的贡献主要有四点。首先，他将以克尔凯郭尔、海德格尔等为代表的存在主义思想运用于心理学，并提出独特的焦虑理论。在理解人类的存在境况方面有独特的理论贡献。其次，不少来访者心理困扰的核心在于“存在”意义的缺失，他将存在主义的观点应用于心理治疗领域，发展出存在主义心理治疗体系，在丰富心理治疗方法上有重要贡献。再次，他强调了人的主体性、人的存在、主观体验和价值感的重要意义。最后，他对于人存在于世的三种存在方式的阐述，补充了行为主义、精神分析、人本主义与认知心理学的人性观的不足，在人性观与人格理论上因强调了人的存在而具有独特意义。

2. 局限

局限性主要有两点。首先，罗洛·梅认为人类科学研究应以现象学的描述法为主，他更多的是在哲学的层面阐述其存在主义心理学的理论构想和概念。其次，罗洛·梅的存在主义心理治疗过于强调人的主观感受,而这种主观感受因受到存在主义的影响,总体而言是比较消极的。

二、弗兰克尔的存在主义心理学

(一) 弗兰克尔的生平简介

维克多·埃米尔·弗兰克尔

维克多·埃米尔·弗兰克尔(Viktor Emil Frankl, 1905—1997),奥地利心理学家、精神病学家。1905年出生于奥地利,1930年在维也纳大学获得医学博士学位,1949年获得哲学博士学位。他在心理学界成就斐然,却在第二次世界大战中作为犹太人遭遇了非人的不幸。他和家人被关进纳粹集中营,他的家人都在纳粹集中营中死去,唯有他因为医生身份才幸免于难。这悲惨的经历让弗兰克尔悟出了生命的意义与价值,他将自己的经验与学术结合,开创了意义疗法,是维也纳第三心理治疗学派意义治疗与存在主义分析的创始人,为心理学的发展做出了重要贡献。

弗兰克尔的主要著作有《追寻生命的意义》(1946)、《医 生 和 心 灵》(1946)、《意义的意志》(1967)、《心理治疗中的意义问题》(1985)、《实用心理治疗学》(1986)、《意义治疗和存在分析》(1987)等。

(二) 弗兰克尔的存在主义心理学

弗兰克尔的存在主义心理学包含人性观、自由观、责任观、自我超越观四个部分。他的人性观认为不能忽视人类存在特性的任何方面,无论是生物的还是精神的。他把人的存在分成三个层次,即身体、心灵和精神,其中精神层次是最高的。

他的自由观认为人会受其心理、生理或社会条件的限制,但可以在这些条件之间自由选择，服从它们或抵制它们。在这一点上他强调了个体的自由选择与自由意志。

他的责任观认为，个体需要对自己生活的各个方面负责。除了对人性、社会等其他事情负责外，还有责任去实现他自己生命当中的独特意义，对他自己负责。

他的自我超越观认为，人的存在特征是自我超越而不是自我实现，在这一点上与人本主义心理学有显著区别。生活的真正意义必须在世界中寻找，在寻找意义本身的过程中，个体需要“追求意义”而不是“追求自我”。他从对人类行为经验的现象分析中指出，生命的意义会改变，但永远不会消失。

（三）意义疗法

意义疗法是弗兰克尔从自身在纳粹集中营的苦难经历中提出的心理治疗的方法，他称之为“集中营心理学”。在他的著作《追寻生命的意义》中，他讲述了自己在集中营的一段经历：当时，他和一群俘虏被迫到一个地方铺设铁路。其中一名俘虏表达出对自己妻子的命运很担忧，这让他想起了自己刚刚结婚不久的妻子。那一刻，他意识到，虽然他不知道妻子的状况，但她一直在他的心中“存在”。他写道：“人可以通过爱被拯救。我了解到，一个在世界上一无所有的人，在沉思他所爱的人时，也可以体验到幸福，哪怕是极为短暂的片刻。”他认为人们可以从苦难中寻找、发现人生的意义。

意义疗法本质上是一种存在主义分析方法，与治疗对象从更广阔的人性视野，深入探讨生命、人性、自由、责任、意义等问题，寻找、获得生命的意义。目的在于帮助患者从存在的更深层面理解自己关于个人生命的意义的各种观点，从而改变自己的人生观，面对现实、有意义地生活。意义疗法认为绝大部分的问题根源都与人生意义感有关，像精神分析这样一味地寻找问题根源并不是解决问题的最好方法。

意义疗法的基本理论观点与假设主要有三点。首先，人具有意志的自由。弗兰克尔认为由于外部环境的限制，人在生理、心理和社会世界中无法获得很大程度的自由。但在精神层面则可以超越这些限制获得精神上的自由。只有两种人的意志是不自由的，精神病人和相信决定论的哲学家。其次，人具有追求意义的意志。人类具有追求意义的意志这一基本动力。可以找到一个理由让人忍受任何情况，并保持希望，承认他的存在是有意义和有价值的。最后，人的生命具有意义。不同的人、同一个人在不同时刻可能具有不同的生命意义。生命意义是会变化的，不是固定的。心理咨询与治疗是要了解一个人在一个特定的时间中特定的意义定位。

这三个基本假设组成了意义治疗的理论基础。人是意志的自由。如果没有意志的自由，人们将没有机会选择生活，只能被动地生活。但是寻求意义的意志是生命意义的动力，这使得人们无论在什么样的生存环境中都在努力探索，寻找生命意义。

（四）评价

弗兰克尔的意义治疗是由他自己奥斯维辛集中营生活现实的严峻考验与对生命意义的寻找中发展起来的，他对人性的理解、对生命的意义与价值的看法对心理学具有重要的启发作用。

1. 贡献

（1）理论贡献

他对心理学的贡献主要有四点。第一，他的意义感学说为认识现代人的心理问题提供了一个新的视角。现代人面临的心理问题的重要来源是人的生存意义问题，他对生命的意义和价值的理解启发或缓解了现代人的心理困惑。

第二，他重视人的生活意义问题，强调人性中意义的重要性。这对于今天的强调环境的影响作用忽视人自身的主动性具有重要的启发。他指出人的本性就在于探明、实现其生命的意义，认为人虽然没有决定是否存在的自由，但却可选择自己存在的方式或样式的自由。

第三，他对待痛苦的态度值得提倡。人生会遇到不利情景、险境与挫折，痛苦、罪过、死亡对每个人都是不可避免的。但正是死亡的威胁赋予生命最积极的现实意义，生命的短暂性又使得人的存在的意义更有生机和更具现实性。承认痛苦、敢于直面痛苦并承担痛苦是一种积极的人生观。

（2）应用价值

主要有两点应用价值。首先，他倡导的意义疗法在心理治疗中具有独特意义。与以前的心理治疗不同，重视人类对自身意义的追求和对痛苦的态度。旨在改变对痛苦的态度，追求生活的意义对现实生活中空虚无聊的神经病是至关重要的，意义疗法正是针对这种时代病的。

其次，他发现意义的途径和方法是具体的，也是可实施操作的。人只有通过自己的行动和活动去实现和体现自己存在的价值，才能让自己的生活变得有价值。即使在苦难来临时，人也可以通过改变对苦难的看法接受苦难，在苦难中找到自己生命的意义。

2. 局限

他的存在主义理论有两点局限性。首先，完全忽视了遗传和环境的作用，过分强调人的选择作用，是一种极端的个人主义与主观决定论。认为心灵的作用是决定性的，个人发展的状态和采取的行动是主观选择的结果。其次，他没有指出目标意义上的社会价值问题。人追求的目标可能是崇高的个人理想,但也可能是残忍或邪恶的,不一定具有积极的社会价值。

三、欧文·亚隆的存在主义心理学

(一) 欧文·亚隆的生平简介

欧文·亚隆

欧文·亚隆(Irvin D. Yalom,1931—),美国心理学家、精神病学家。1931年6月13日出生于美国华盛顿特区。父母是俄罗斯人,第一次世界大战后移民到美国。如今,他是斯坦福大学精神病学名誉终身教授,也是美国团体心理治疗领域的权威。1980年,欧文·亚隆发表了他最具学术性的文章《存在主义精神疗法》。欧文·亚隆一生著作丰富,写了很多关于临床心理咨询与治疗方面的书,其中也包括关于心理咨询与治疗的小说。其代表著作有《存在主义心理治疗》(1980)、《团体心理治疗:理论与实践》(2005)等。

(二) 欧文·亚隆的存在主义心理学思想

欧文·亚隆的存在主义心理学关心人的存在性的境遇,这些境遇即是死亡、孤独、意义、自由这四个终极问题。

死亡焦虑是最底层的焦虑。他认为人都很害怕死亡,死亡常常困扰人们,并且常常通过伪装的方式出现在人的生活中,给人们带来痛苦,比如人们害怕衰老、疾病、重要他人的死亡等,由于人们觉得死亡太痛苦了,让人们无法直视死亡,所以有了各种各样的方式去防御死亡。他认为有两种比较常见的防御方式,第一种就是通过信仰宗教认为自己死后还有轮回或者天堂,这样子自己就还是会活着;第二种就是认为自己很特殊,自己是与众不同的，因此，别人会死亡，而自己是不会死亡的。

欧文·亚隆认为每个人都在追求活着的意义，但是人活着并没有一个明确的意义，并没有一个所谓的意义从外部指导我们的人生，也没有一个未来的意义在远方等着我们去追求，相反，每个人都必须去追求自己生活中的独特意义，人们生活的意义是由自己去创造的，自己才是自己生活的意义的发现者、创造者、实现者。人是寻求意义的生物，意义对于人生是不可或缺的，如果人们找寻不到对于自己生活的独特意义，人们将会感受到人生和生活无意义的痛苦，这种痛苦是非常深刻的，同时也会陷入虚无主义的生活中，所以意义对于心理咨询和疗愈人生是一个非常重要的部分。

欧文·亚隆也非常关注人的孤独，他认为孤独是每个人都面临的问题。人们都要面临孤独，都害怕孤独。孤独又分为两种，一种是社会性的孤独，另一种是存在性的孤独。关于社会性的孤独，人们可以通过与其他人的联系来缓解和消除，比如朋友家人之间的聊天、聚会、一起吃喝玩乐等。关于存在性的孤独，这是一种深深存在于每个人内心深处的孤独，这种孤独之所以被称为存在性的，是因为这种孤独是每个人都存在的，是不可能通过社会性的联系来缓解和消除的，这种存在性的孤独对于个体意识到自己人生的独特性是很有帮助的，这种孤独也是深刻的，同样也能让人痛苦和焦虑，这种孤独就是存在性的，也是人的生活中非常重要的一个部分。

欧文·亚隆还非常关注自由，自由也是每个人都在追求的。人们都希望获得更多的自由，都希望有自由的生活、自由的行动，如果人们在生活中不自由，就会痛苦，也会反抗。但是人们也可能逃避自由，因为人们害怕自由所带来的无依无靠的感觉，还因为自由的反面是责任，自由越多，意味着对应的责任也越多，绝对的自由也意味着绝对的责任，而让人们意识到每个人都是要对自己的生活负责可能会让人痛苦，因为人们可能希望逃避自己的责任。欧文·亚隆认为逃避自由、逃避责任的方法有以下常见几种：第一就是“外化”，即将自己生活中的问题和痛苦归结为他人造成的；第二就是“不知不觉地成为生活中的受害者和无辜者”；第三就是“人的命运是注定了，无法改变的”等。

他认为虽然从表面看，人们因为文化、宗教、民族、语言、国籍等十分不同，但是人们都面临共同的存在性的终极问题，人们的内心是相通的，是可以相互理解的。无论是心理咨询和治疗还是现实的生活中，人们都会面对这些存在性的境遇。而当人们开始关注和面对以及处理这些境遇时，将会更多更好地意识到自己和自己的生活，从而有可能获得一种更加真实的人生。

（三）团体心理治疗

欧文·亚隆认为，心理治疗主要是改变患者和别人的关系，团体治疗的方式在这方面效果较好,团体治疗中可以看到自己与他人的关系。他认为精神分析式的长程治疗已经不能适应当今时代的需要,而团体治疗在时效方面非常有力量,并且经济上优势大,患者也能在治疗过程中,看到自己是如何与他人建立关系以及为何不能建立关系。

基于存在主义取向的心理学,欧文·亚隆发展出一种无结构团体成长心理治疗模式,目标是帮助组员提升人际关系的质量,减少心理困扰等。在这种团体模式中,对参与者不加任何限制,让参与者互动,参与者可以觉察、学习、体验、分享自己的人际关系模式并做出调整与改变,学会与别人建立关系,进而解决在现实中遇到的情绪等问题。

(四)评价

1. 贡献

他的贡献主要有两点。首先,他关心人的存在性境遇,即死亡、孤独、意义、自由等四个终极问题。他对人类存在境况的分析是非常真实的,在揭示人类存在本质上具有重要意义。其次,他的团体心理治疗在心理治疗领域具有独特的意义。与个体心理治疗不同,他强调团队是探讨、解决人类面临的重要存在性境遇中比较好的解决方案。

2. 局限

欧文·亚隆的存在主义心理学有两点局限性。首先,与别的存在主义心理学家的观点类似,他的理论完全忽视了遗传、环境与社会文化的作用,过分强调人的存在性境遇的主观性。其次,他的团体心理治疗过于强调团体的方式去解决来访者的心理困扰。同时,团体心理治疗在个人问题探讨的深度方面也具有一定的局限性。

四、存在主义心理学评价

1. 存在主义心理学的贡献

存在主义心理学受存在主义哲学观的影响,探讨人类的危机、人类的生存方式以及其他重要的生命主题(如孤独、自由、死亡与无意义这四种终极关怀)。存在主义心理学中一些重要的概念如自由、责任及无意义等对人们加深自身生命意义感的认识与理解有很大的帮助。

现阶段,作为对人类真实的存在境遇的关注在心理学中的体现,存在主义心理学代表着心理学的最新发展趋势之一,也是心理学必须拓展的新领域。其发展势头明显,特别是如弗兰克尔的意义疗法与欧文·亚隆的无结构团体成长小组,在世界范围内,无论是在学术培训、心理治疗临床实践,还是在组织结构、专业期刊和出版物的质量和数量等方面都有较大的发展。

2. 局限

存在主义心理学也有一些明显的局限。首先,在过去相当长一段时期,存在主义心理学都没有被视为一个心理学"流派",究其原因还是它没有精神分析与人本主义那样的相对比较成熟的理论体系,更没有形成一个行为主义与认知心理学那样致力于将假设证明或证伪的研究方法。

其次,存在主义哲学,也就是存在主义心理学的母体,从其诞生之日起就有着极强的内部张力甚至是争斗。例如海德格尔从来都不认同萨特的"存在主义"和"主观主义"标签,因为哪怕是海德格尔本人,其哲学思想在20世纪30年代也发生过重要的转向。所以其理论基础不能使人完全信服。同样,由于缺乏足够的证据以证明其合理性,存在主义心理学也需为其主张的正当性不断辩护。

最后,在存在主义心理学的应用方面,存在主义心理学特别在心理咨询与治疗领域有较大的影响,但存在主义疗法的治疗效果不如精神分析、认知行为疗法、人本主义疗法那么显著。

第九章
西方心理学的发展脉络、现状与趋势

【本章导言】

西方心理学的发展可以追溯到古希腊时期，但正式成为一门学科始于19世纪末。现今，西方心理学呈现出多样性和交叉学科性质。心理学的发展也出现了诸多分支和统合的尝试，跨学科研究的兴起为心理学带来了新的视角和方法。当前，西方心理学的前沿研究领域包括认知神经科学、积极心理学、神经管理学与神经营销学等。这些前沿研究将不断从理论、实证、应用三方面推动心理学的发展。通过本章的探讨，我们将深入了解西方心理学的发展脉络、现状以及当前的前沿与趋势。

【学习目标】

1. 了解西方心理学的发展脉络与框架。
2. 了解西方心理学现状以及发展特点。
3. 了解当前西方心理学的前沿方向和发展趋势。

【关键术语】

八大永恒问题　认知神经科学　计算神经科学　行为遗传学　积极心理学　现象学心理学　神经管理学与神经营销学　教育神经科学　语言认知神经科学　意识的神经机制研究　人格神经科学　大数据　人工智能与心理学　发展神经科学　脑机接口研究　社会神经科学　（文化与）社会认知神经科学　主体间精神分析　神经现象学　临床神经科学　神经精神分析学　语言神经科学　神经存在主义　情感神经科学

第一节　西方心理学的发展脉络

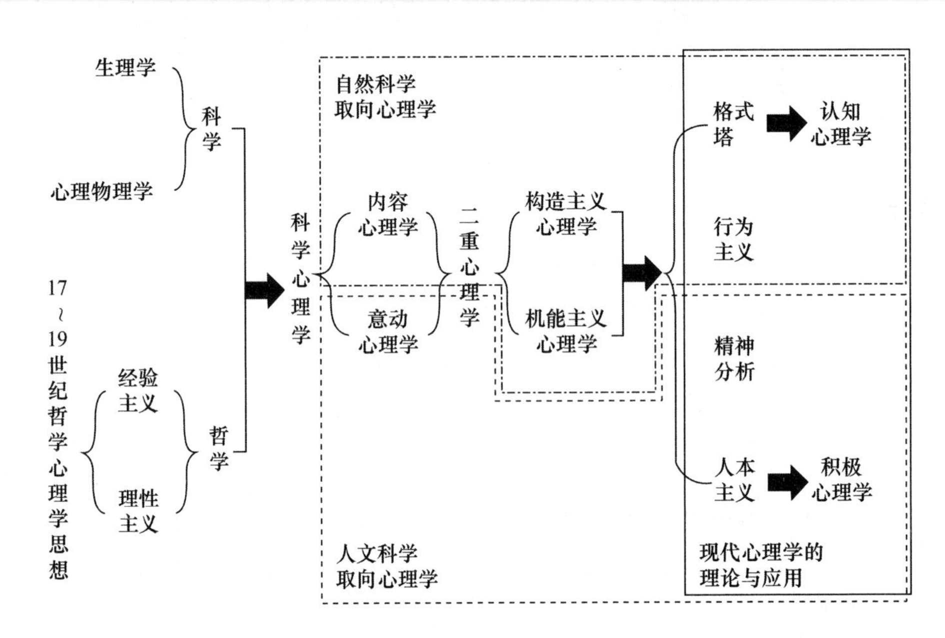

一、西方心理学的发展脉络与框架

(一) 科学心理学诞生前哲学心理学的发展路线

从古至今,西方哲学漫长的发展历程中涌现了心理学史上重要的哲学心理学代表人物:柏拉图、亚里士多德、笛卡尔、洛克、哈特莱、莱布尼茨、康德、赫尔巴特,等等。

科学心理学诞生以前,心理学在哲学中的发展是从官能心理学开始的。官能心理学认为,人类的心灵由许多种官能所组成,如意识、感情、知觉、想象、记忆、推理、意志、注意等,其代表人物有柏拉图、亚里士多德等。柏拉图的思想包含一些非常重要的心理学元素,比如他把灵魂分成三个部分,即情欲、意气和理性,这一思想在后来被弗洛伊德的三个"我"人格结构理论所改造并继承,分别与本我、自我和超我相对应。按照柏拉图的理论,理性和情绪是有冲突的,而意气就是它们冲突的战场,这和弗洛伊德的自我监控、调节本我与超我之间的冲突有异曲同工之处。亚里士多德是欧洲历史上对心理现象做过全面、系统描述的第一人,他的《论灵魂》是西方第一部关于心理学的专门著作。书中主张把灵魂功能分为认识功能和动求功能,这是西方心理学史上最早的知与意二分法。而亚里士多德论述的四因论、五官等，和现在的感知觉以及认知心理学有着紧密的联系。

西方近代哲学之父笛卡尔提出的反射弧思想，是西方生理学和心理学史上第一次提出的按照严格的决定论所描述的反射论模式。笛卡尔还提出了“我思故我在”，并在经验论与先验论的问题上选择了后者，其主张的天赋观念论最早可以追溯到柏拉图的理念论、洞穴的隐喻等，而后来格式塔心理学的知觉组织原则在某种程度上来说是天赋观念论的实现和发扬。英国启蒙思想家洛克则提出了与笛卡尔天赋观念论相对立的白板说，他提出的“联想”概念则在后来被内容心理学、联结主义心理学、行为主义等继承。德国心理学家、教育家赫尔巴特则第一次明确宣传心理学是一门科学，并提出了“意识阈”和“统觉团”的概念，“统觉团”的概念为冯特的内容心理学体系所继承与采用。拉美特利等法国的感觉主义哲学心理学思想则强调知识经验来源于感觉。英国的联想主义哲学心理学与法国的感觉主义哲学心理学合称为经验主义哲学心理学思想。

德国理性主义哲学心理学的先驱莱布尼茨提出了微觉与统觉学说、前定和谐说、“有纹路的大理石”等思想。微觉与统觉学说认为微觉是最没有意识性的感觉，统觉是最有意识性的感觉。而莱布尼茨的有纹路的大理石隐喻继承了笛卡尔的天赋观念论，主张心灵既不是一块空白的白板，也不是上面已经完全刻好的像，而是“一块有纹路的大理石”。就像某种天赋，它本就在这块石头里，但必须经过后天的加工才能使这些纹路显现出来。这种“有纹路的大理石”的观念也被莱布尼茨之后的德国哲学家康德所继承，他认为认识的形式是先验的、认识的材料是经验的。康德还提出了西方心理学史上最早的“知、情、意”心理现象三分法，由此我们可以看出，许多近现代心理学的概念都是有其历史与哲学根源的。

到了欧洲近代哲学阶段，在欧洲的经验主义哲学心理学中，法国的感觉主义哲学心理学认为心理活动的材料来自感官，但从英国联想主义哲学心理学的角度来看，感官获得的原始材料需要经过联想从而组织成更高级的心理活动。德国理性主义哲学心理学则认为高级心理活动并不是通过简单的联想就能形成的，还需通过如统觉等人类固有的理性统合能力才建构成较高级的心理活动。这就是科学心理学诞生之前，作为科学心理学之父的哲学的发展路线。

（二）科学心理学诞生前自然科学（生理学）的发展路线

科学心理学之前，作为科学心理学之母的生理学的发展路线可以追溯到古希腊罗马的体液说、近代的人差方程式、加尔的颅相学、脑的整体机能说以及反射弧的提出等，到了近代则出现了对实验心理学的诞生有直接影响的心理物理学等。

古罗马名医盖伦继承和发展了古希腊名医希波克拉底的体液说，提出了“气质学说”，认为人类有四种气质。多血质者血液最多，表现为热心、活泼；痰液多的粘液质心理表现为冷静、善于思考和计算；黑胆汁多的神经质者，有毅力但悲观；胆汁质者黄胆汁多，易发怒、动作激烈。由于其对气质类型的特征描述接近事实，其中部分观点为现代气质学说所沿用。

德国生理学家缪勒提出了“神经特殊能说”，主张每一种感官都有一种特殊的能量或性质，其感知到的是感官的内部状态而非外部刺激。他认为感觉的性质并不取决于刺激的性质，而取决于神经能的性质。各种感觉神经的质互不相同，均具有特殊的能量，只能产生某种特定的感觉，而不能产生别的感觉。缪勒阐述的理论是对感觉研究的一大进步。

赫尔姆霍兹是缪勒的学生，他在缪勒的神经特殊能说基础上进一步提出了色觉的三色说和听觉的共鸣说，五种特殊的能被具体化为不同的感官状态。赫尔姆霍兹还在1850年第一次对神经传导的速率进行了测量，打破了心理不能测量的说法。

另外，韦伯是心理物理学的先驱，而费希纳是心理物理学的创始人。物理刺激和感官感觉之间的关系一直是心理物理学所关注的对象。韦伯对此提出了韦伯定律这一心理学史上第一个数量法则。在此基础上，费希纳提出了韦伯-费希纳定律，运用最小可觉差法、正误法、均差法这三种测量方法得出了感觉强度与物理刺激量强度的关系定律。这个定律说明人的一切感觉都与对应物理刺激量的强度的常用对数成正比。心理物理学仍在不断发展，直至产生了现代信号检测理论等理论。

（三）科学心理学的诞生、内容与意动之争

过往哲学对于心理的探究更多停留在思辨的、反思的层面，而冯特认为人类的心理活动是可以在内省的基础上加以实验控制的，由此他提出了实验心理学研究的基本方法之一“实验内省法”。其心理学思想对现代实验心理学也有着重要的影响。与此同时，人类的心理活动可以不加以任何控制，让它自由地呈现，这一思想成为布伦塔诺的反省或“内部知觉”、胡塞尔的现象学方法、弗洛伊德的自由联想等人文取向心理学方法的原点，也成为今日人文取向心理学的共同方法。

冯特既做过生理学家，也当过哲学家，最后成为心理学家。这也意味着他的心理学思想中本身就兼有哲学元素以及自然科学、生理学元素。作为科学心理学的创始人，冯特一生非常高产，创造了西方心理学史上的许多第一。如1879年建立的世界上第一个心理学实验室，标志着科学心理学的正式独立。

冯特确立了实验内省法这一科学心理学最基本的研究方法，并对经验或意识元素进行分析。他开创了包含个体心理学（即实验心理学）与民族心理学的内容心理学体系。个体心理学采用实验内省法，对意识经验运用分析、分解、还原的方法进行探究。但他同样认为需要通过联想、创造性综合在统觉中对意识经验内容进行统合。关于情绪，他提出了“情感三维说”（愉快—不愉快，紧张—松弛，兴奋—沉静）。冯特的弟子铁钦纳基本沿袭了冯特心理学中的自然科学路线，并创立了构造主义心理学派，由此将冯特心理学中的自然科学路线贯彻到底。

内容心理学的对立面是布伦塔诺确立的意动心理学。布伦塔诺所主张的是通过反省或内部知觉觉察那些自由呈现出来的心理活动或过程，并不提倡对意识的内容加以严格的实验控制。布伦塔诺提出了两个重要的概念，第一个概念是意动，第二个概念是内在的对象性。意动心理学认为，心理学应该研究意识的活动与过程而非内容，但意识的活动、过程比较难通过严格的实验进行研究，因此心理学研究方法不是实验而是反省，或称为内部知觉。当你看到一朵花时，应该反省看到花的心理活动或过程是怎样的，而不是看到的结果是怎样的。后来布伦塔诺的思想被他的两个学生继承，其中一位是现象学创始人胡塞尔，另一位是精神分析创始人弗洛伊德。

（四）构造与机能之争

构造主义心理学的对立面是机能主义心理学。威廉·詹姆斯作为机能主义心理学派创始人之一，是一位心理学历史上极具代表性的历史人物，他也被称作“美国心理学之父”。他本科、研究生、博士均毕业于哈佛大学，最初作为一名神经科学家，于1875年建立了美国第一个心理学实验室（该实验室只用于配合教学，不曾从事严谨的心理学术研究，因而未能引起世人注意）。博士毕业前后，詹姆斯饱受抑郁症的困扰，所以他强调心理学必须讲究效用，即能否解决问题才是最重要的。以詹姆斯为首的美国心理学家强调的重点显然与冯特、铁钦纳等人的心理学思想有所不同。冯特心理学关注的焦点是心理学的科学性、分析性，而詹姆斯关注的焦点则是心理学的效果、功能。詹姆斯还提出了关于自我的学说、意识流学说、詹姆斯-兰格情绪理论等十分有影响力的学说，他提倡的实用主义和机能主义心理学对后续应用心理学的发展产生了非常大的影响。

最初科学心理学在德国诞生时，走的是实验内省的自然科学路线，但到了美国，经历了构造与机能之争后，便走向了实用主义的路线。从社会文化与时代大背景来看，美国传统力量稍弱的大环境确实并非一定要像德国那般忠于科学传统。杜威、安吉尔、桑代克、伍德沃斯是美国机能主义心理学的代表人物。杜威、安吉尔为代表的芝加哥机能主义旗帜鲜明地反对构造主义心理学，阐明了机能主义的总体思想与观点，即人类心理的功能是为了更好地适应环境。桑代克、伍德沃斯则是哥伦比亚机能主义的代表人物。桑代克发明了桑代克迷笼这一动物实验装置，以猫等动物作为被试做了很多动物实验研究。他提出了尝试-错误说、联结说和三条学习率，认为通过神经系统中的短暂连结，刺激与反应便联系在了一起。伍德沃斯则将驱力的概念引入心理学，提出了动力心理学，他认为在刺激和反应之间还存在有机体的作用，即 S-O-R 模式。

（五）行为主义

1900 年左右，作为 20 世纪心理学第一势力的行为主义成为机能主义胜利后最直接的产物。在美国进步主义运动的大环境下，早期行为主义者华生吸收了 20 世纪初神经生理学中最先进的研究成果——巴甫洛夫的条件反射学说，并将其用来对心理学进行客观主义改造。刺激-反应理论、外周说、联结说、环境决定论，这些都是华生行为主义心理学的主要观点。但是当时有人批判华生的行为主义是没有头脑、没有心理的心理学，并认为他的理论里找不到心理的位置。

后来的行为主义者就在华生“刺激-反应”基础上增添了一些中间变量或其他变量，以此强调心理的体现。新行为主义者托尔曼反对把行为仅仅看作是对刺激的反应，他认为介于环境刺激和行为反应之间的心理过程在其中有重要作用，由此提出了中介变量的概念，认为认知、期望、目的、假设和嗜好等都是其具体表现形式。新行为主义者赫尔则给出了科学心理学研究的逻辑实证线路，并称之为假设演绎体系。他主张尽可能少地预设公理，然后从中合乎逻辑地推导出假设，并通过实验去证明。这就是科学心理学所应遵循的方法，一直到今天的科学心理学都是按照这个模式来进行研究的。斯金纳提出了操作条件反射，其核心是强调强化在操作性行为反应中的重要性。他认为加了中介变量就会使行为主义变得不够客观与科学，因而斯金纳不主张加入中介变量，提出可以把刺激与反应之外的变量叫作第三变量。

但是新行为主义对早期行为主义的改造依然受到了批评，批评主要集中于新行为主义将个体的心理等同于中介变量，强化的做法依然是在将心理活动低级化、拟兽化。

于是在接受这些批评的基础之上，新行为主义更多地吸收了认知的元素，其代表人物班杜拉将人类的高级行为看作是更为复杂的社会学习，并由此提出了包含“模仿”元素在内的社会学习理论。此外，班杜拉还提出了自我效能感这一概念。行为主义到20世纪八九十年代后开始没落，时至今日的行为主义结合了更多神经科学的视角，例如行为奖赏的神经机制成为近些年的热点研究问题。

（六）精神分析

20世纪心理学的第二势力是精神分析，其创始人弗洛伊德本身是精神科医生。即使是现在的职业精神分析师也有不少是精神科医生，这正是沿袭弗洛伊德的老路。作为临床精神科医生，弗洛伊德强调治疗的效果，故精神分析是非学院派的实践派心理学。实际上，弗洛伊德也有一些类似于焦虑神经症的症状，或许可以说他就是一名焦虑神经症患者。由于他的症状到了中年相对较严重，于是弗洛伊德便开始了自我治愈的探索，即他从1896年至1899年进行了4年之久的自我分析。在这个过程中，弗洛伊德基本治愈了自身的焦虑症，并同时发现和提出了经典精神分析的核心理论与概念，包括自由联想、意识结构、人格结构、心理性欲发展阶段论、俄狄浦斯期与杀父恋母情结、心理防御机制、梦论等。

继弗洛伊德的经典精神分析之后，精神分析学家们在一些基本问题上存在分歧，故逐渐形成了众多派别。早期的精神分析学派包括以阿德勒为代表的强调克服自卑追求优越的个体心理学以及以荣格为代表的强调集体潜意识与原型的分析心理学。二战后的精神分析中出现了以埃里克森等为代表的自我心理学、以克莱因等为代表的客体关系心理学以及以科胡特为代表的自体心理学。非正统派则出现了以霍妮等为代表的社会文化学派等。

自我心理学、客体关系心理学、自体心理学等属于正统精神分析流派，坚持在经典精神分析框架下对其基本理论与技术进行轻微补充、调整与修正。其中，自我心理学更重视自我的作用，客体关系心理学更强调生命早期的母婴关系，自体心理学则强调自恋人格及其发展。虽然正统精神分析流派理论侧重不同，但其技术共通，都包含自由联想、梦的解释和移情与阻抗分析等技术。其他流派则对经典精神分析理论做了较大的修正，如阿德勒的个体心理学认为克服自卑、追求优越是人类行为的动力；荣格的分析心理学则提出了集体无意识理论；霍妮等人的社会文化学派则主张社会文化对个体心理问题的形成有十分重要影响，等等。

（七）人本主义心理学与存在主义心理学

以马斯洛、罗杰斯为代表的人本主义心理学既强调关注个体内心的主观体验，又认为最终决定个体能否实现自我价值的还是个体本身。他们强调个体独特的特点、价值，强调主观体验的重要性以及人的潜能。

人本取向的心理咨询与治疗着眼于个体自我潜能的发挥，肯定个体的主观能动性，相信能通过发掘来访者自身的力量来解决其自身的问题、实现自我价值。罗杰斯认为人与生俱来就有自我完善和自我实现的要求，他创立的来访者中心疗法认为心理咨询就是将潜能充分释放的过程。该疗法十分重视咨访关系，强调真诚、无条件积极关注、共情是心理咨询与治疗中必不可少的因素，治疗者只有在咨询过程中对来访者进行充分的共情，去除来访者成长过程中的“价值条件化”，才能协助来访者更好地实现自我完善和成长。

存在主义心理学家弗兰克尔从自身在纳粹集中营中的苦难经历出发，指出了探索生命意义的重要性，他的意义治疗为心理学的发展做出了巨大贡献。而罗洛·梅、欧文·亚隆等存在主义心理学家深受存在主义哲学观的影响，思考人类的生存方式以及其他重要的生命主题。他们强调的自由、责任及无意义等关于存在的重要主题对人们加深自身生命意义感的认识与理解有较大帮助。存在主义心理学在心理咨询与治疗领域也有重要影响，存在主义疗法强调与来访者探索存在方式的重要性，认为这是解开来访者无意义感的重要方式。

（八）格式塔心理学与认知心理学

格式塔心理学的创始人惠特海默、考夫卡与苛勒反对冯特与铁钦纳的元素主义。惠特海默在发现“似动现象”的基础上关注整体而非部分，其核心观点“整体大于部分之和”在心理学上有着重要的意义。考夫卡在此基础上进一步形成了同型论以及图形组织的格式塔等的核心观点，这些原则均对认知心理学、神经科学有着重要的影响。苛勒则将格式塔的完形运用于如人猿等高级动物的学习中，并发现顿悟现象的存在，顿悟是一种新的完形。

勒温提出的拓扑心理学体系将物理学中场论的思想应用于个体的心理场，并使用向量、紧张等术语构成行为动力系统来描述个体独特的心理场。与此同时，勒温将场论的观点运用于团体和社会，提出了社会场的概念，并开创了团体动力学。他的学生海德、费斯汀格则将场论的观点运用于社会认知研究，从而建立了社会认知心理学。

皮亚杰将认知结构整体引进发生认识论之中，创立了“日内瓦学派”，指出了儿童心理发展中同化和顺应机能的重要性，概括并划分了心理发展的四大阶段，揭示了感知运动、前运算、具体运算以及形式运算的一般规律。

奈瑟尔继承了格式塔心理学对感知觉、记忆、思维等心理过程的研究，同时吸纳了计算机的信息加工观点，创立了信息加工认知心理学。他主张把人脑比作电脑，两者相似之处为都是信息加工系统，包括信息的输入、编码、储存、提取和输出等。较低水平的活动类似于计算机的硬件和语言，而较高水平的活动则类似于计算机的程序。

20 世纪 50 年代前心理学流派主要有：构造主义、机能主义、格式塔心理学、精神分析、行为主义等。构造主义以冯特、铁钦纳为代表，强调的是以实验内省法为主要方法的自然科学心理学方向；机能主义的代表人物是詹姆斯、安吉尔、杜威等，强调的是对心理的机能与应用的实用主义心理学方向；精神分析的代表人物是弗洛伊德、荣格等，强调的是心理治疗的效果；格式塔心理学的代表人物是惠特海默、考夫卡、苛勒等，强调的是心理过程的整体性；行为主义的代表人物是华生、斯金纳、班杜拉等，研究对象是行为，因为他们认为只有行为是客观的、可观察的、可以反复验证的东西，而头脑里面的意识、潜意识是黑箱中不可直接观察的东西，所以对此进行研究并不科学。行为主义和精神分析在 50 年代前平分秋色。

50 年代后涌现的心理学流派主要有：人本主义、信息加工认知心理学。人本主义的代表人物是马斯洛、罗杰斯。该流派强调人就是人，人有其独特的地方，人生而向上具有自我发展的潜能。认知心理学的代表人物是皮亚杰，他的研究对象是儿童的认知结构。后来奈瑟尔在 1967 年正式把它当作一门学科提出来，并强调我们的头脑是一个对信息进行接收处理、加工输出的系统。接收、处理、加工、输出是人的大脑先天具有的信息加工模式，只不过需要我们把它开发出来，当个体受到某方面的教育越多，就越能够把这方面的潜在模式开发出来。

行为主义、精神分析、人本主义都是机能主义取胜后发展出的流派。机能主义虽然在构造与机能之争中胜出并扩大了心理学的地盘，强调了心理学的应用性，但与此同时构造主义仍强有力地坚守了实验心理学的地盘。在 20 世纪下半叶的计算机时代，构造主义在融合了格式塔整体观的基础上，进一步吸收了计算机模拟的观点与方法，信息加工认知心理学由此发展壮大。同时在生物心理学、脑科学与神经科学大发展的 21 世纪，认知心理学与神经科学相结合并发展出认知神经科学。如此看来，构造主义借助认知神经科学的发展又有了新的突破。但同时，20 世纪 90 年代后，人本主义又发展出积极心理学。

行为主义、精神分析、格式塔等心理学体系，在20世纪的某个时代都曾极为盛行，这与20世纪的时代背景有关。时代精神说认为，伟人的特点是存在于其生活的时代之中。例如，为什么强调实用主义心理学观的威廉·詹姆斯能在美国成为美国心理学之父？这与美国较短的历史文化传统有关，在这种环境下实用主义心理学便可在学科历史传统中受到较小的阻力，并得到相对自由的发展。

科学心理学诞生后出现过的主要流派与观点

心理学流派	代表人物	研究方法	主要观点	主要局限
内容心理学	冯特	个体心理学：实验内省法；民族心理学：分析群体的宗教、习俗、语言等	心理学由个体心理学与民族心理学构成，元素分析、联想、统觉、创造性综合。	庞杂笼统，内在矛盾，不注重应用。
意动心理学	布伦塔诺	内部知觉、反省	心理学应该研究意动、意向性。	强调意动，忽视意识的内容。
构造主义	铁钦纳	实验内省法	主张研究人的直接经验；把经验分为感觉、意象、情感三种元素。	忽视个体差异；不考虑应用，严重脱离社会生活；研究范围狭窄。
机能主义	詹姆斯 杜威 安吉尔	内省法 实验法 比较法	主张研究意识；提出“意识流”；不赞成分析心理结构，强调意识作用和功能。	过度应用达尔文进化论的结果，抹杀了人的心理的社会制约性。
行为主义	华生 赫尔 托尔曼 斯金纳 班杜拉	观察法 条件反射法 言语报告法 测验法	反对研究意识，主张研究行为；行为是对刺激的反应，采用实验方法，有早期的、新的、新新的三代。	抹杀了人与动物的本质区别；以行为取代意识，否定主观；把人描绘成一种消极被动的机械结构。
格式塔	惠特海默 苛勒 考夫卡	整体观察法 实验现象学法	主张研究直接经验(即意识)和行为；强调心理作为一个整体的意义；整体大于部分之和。	用先验模式和主体内在规律解释心理形成的完整性，只重视质的分析而忽视量的分析。
精神分析	弗洛伊德 阿德勒 荣格等	自由联想 梦的解析 移情、阻抗、领悟、修通	力比多、俄狄浦斯情结、婴儿性欲、潜意识心理结构论、人格结构论。	泛性论；理论主观色彩浓厚；漠视和贬低意识，过分夸大潜意识；忽视心理活动的社会根源。

（续表）

心理学流派	代表人物	研究方法	主要观点	主要局限
人本主义	马斯洛 罗杰斯	折中融合、整体研究的方法论；具体方法的兼收并蓄。	人性本善，人有自由意志，有自我实现的需要，强调人的价值与主观体验。	过分强调自我实现和自我选择；忽视社会环境和后天教育对人成长的影响和制约。
信息加工认知心理学	奈瑟尔	反应时研究法、计算机模拟和类比、口语记录。	知识和知识结构对行为和认识活动有决定作用；认知过程的整体性；把心理活动看做信息加工系统。	把直接经验看作唯一确实而可知的世界；把全部心理学问题简化为数理问题。

二、西方心理学发展的两条脉络

哲学与自然科学（生理学）分别是心理学的父体与母体。1879 年冯特创立了实验心理学之后，心理学经历了诸多发展变化，而这变化有其内在线索。作为交叉学科，心理学依然从哲学与科学中吸取养分并作为发展的动力，分别促进西方自然科学（科学主义）与人文科学（人文主义）取向心理学的发展。西方心理学的发展沿着自然科学取向的心理学与人文科学取向的心理学的线索各自发展，同时也出现了相互对立，亦被称为心理学中的“两种科学”“两种文化”“两条路线”等。

在科学心理学诞生后，内容与意动之争是西方心理学史上的第一次学派对立。分别代表心理学中的科学主义与人文主义，也可理解为自然科学取向心理学与人文科学取向心理学的第一次对立。随后的构造与机能之争是内容与意动之争的自然延续。构造主义心理学是自然科学取向的心理学，但机能主义心理学则不是人文科学取向的心理学，而应该说是应用心理学取向的心理学更为贴切。机能主义作为构造与机能之争的赢家诞生的行为主义心理学，与格式塔心理学、皮亚杰学派、认知心理学等均代表了自然科学取向心理学的发展道路。而精神分析心理学、现象学心理学、存在心理学、人本主义心理学等则代表了人文科学心理学的发展道路。从时代精神说的视角来看，两种取向的心理学都受其时代背景的深刻影响而诞生与发展。虽然这两种取向也有着融合的尝试，但如二重心理学并不成功的融合尝试那般，西方心理学发展脉络中的这两条线索依然清晰可见。

(一)自然科学取向心理学的发展脉络

1. 以自然科学观、元素论、实证主义哲学为背景的内容心理学与构造心理学

内容心理学与构造心理学,不管是冯特还是铁钦纳,都以自然科学为模板,都将人和物等同,力求将心理学打造为自然科学的分支。尤其是铁钦纳,在继承冯特心理学的基础上将自然科学观推向了极致。科学主义心理学有利于掌握人的心理机制和规律,却也忽视了人自身的主观感受与独特性。

在方法论上,科学主义心理学以实证主义哲学为基础,使用实验法、量化研究等的自然科学研究方法,主张采用严谨的实验设计与变量控制,目标是发现共同规律。实证主义采取客观与实证立场,强调研究对象的可观察性与可重复性,提倡通过经验的验证,来发现心理现象的规律和机制。科学主义心理学同样将研究对象视作具有物理特征的自然物,它也尤其强调研究对象的可观察性与可重复性。例如冯特把生理学和心理物理学的实验方法引入心理学,并把传统的内省法改造为实验性内省。铁钦纳的构造心理学在坚持冯特心理学的自然科学性的基础上,采用更为严格的内省实验法。

内容心理学与构造心理学均采用元素论的立场,认为对心理现象的元素分析是心理学的首要任务。同时均继承了英国联想主义哲学心理学传统,认为联想是元素结合形成更高级心理活动的重要形式。冯特首先对心理现象进行元素分析,将其分析还原为感觉与感情两种元素。铁钦纳在坚持元素论、还原论立场的同时,分析、还原得更为精细,认为感觉、意象和情感是三种最基本的元素。他们进行了严格的实验室研究,是典型的机械论和元素论的研究思路。

2. 以进化论、实用主义为背景的机能主义心理学

19 世纪末,达尔文的进化论在自然科学领域开始发挥重要影响。而 20 世纪美国流行的以皮尔斯为代表的实用主义哲学,因其重视理论解决问题的实用价值,也对美国科学界产生了重要影响。在美国这一传统学术势力影响相对较小的新大陆上,他们更看重心理学在优胜劣汰、自然选择的社会背景下的作用。随着达尔文的进化论和实用主义思想在自然科学与哲学中日益占据主导地位,其对心理学的影响体现在重视心理机能,因此冯特的学院派心理学在经过美国心理学之父威廉·詹姆斯的改造后便形成了机能主义心理学。科学心理学从重研究轻应用转变为研究与应用并重,而机能主义心理学也在美国的心理学界与铁钦纳为代表的构造主义心理学展开了针锋相对的斗争。如以杜威和安吉尔为代表的芝加哥机能主义旗帜鲜明地反对构造主义,而以桑代

克和伍德沃斯为代表的哥伦比亚机能主义则做了许多关于心理机能的研究。总体而言，在进化论与实用主义的影响下，机能主义心理学把人的心理整体视为一种有机体有效适应环境的活动过程，使心理学的研究重心转移到有机体对客观环境的适应中来。

3. 以反射学说、客观论、决定论、机械论为背景的行为主义

行为主义者华生将20世纪初在自然科学界有重要影响的巴甫洛夫条件反射学说吸收进心理学，并对冯特与铁钦纳的意识构造心理学进行了彻底的改造而形成了行为主义。华生认为通过实验探索刺激与反应之间的关系可以发现行为的一般规律，并据此对人类的行为进行预测和控制，提出心理学的任务就是帮助和指导人作为机器更快地适应新环境。斯金纳更是认为运用操作强化的一般原理就能进行社会控制，建立理想的社会。

行为主义心理学是客观心理学的典型代表。行为主义心理学认为，心理学必须采用曾经使自然科学获得巨大成功的研究方法和范式。华生反对把心理封闭在主体之中，主张以客观可观察的行为作为心理学的研究对象，要求遵循实验范式，并以严格的客观法代替主观内省法。他宣称行为主义的目的在于方法论的革命，并将意识和心理研究踢出心理学的研究范围，因为它们缺乏客观而科学的研究方法。

行为主义把人的心理现象看作是自然现象，认为人的心理与行为都遵循因果决定论。强调行为分析的目的是发现行为的原因，从各种环境刺激中确定反应的决定因素，以便预测和控制行为。即使新行为主义中包含中介变量和认知地图的概念与理论，但它们也未能背离因果解释的决定论观点。早在欧洲近代哲学中，法国感觉主义哲学的代表拉美特利就有“人是钢琴”的机械论观点。行为主义心理学固守机械论观点，主张以机械论观点解释一切心理事件和心理现象，简化了人类那些复杂、高级的心理活动，具有一定的局限性。

4. 以整体论、三论、计算机科学为背景的格式塔心理学与信息加工认知心理学

以惠特海默、考夫卡、苛勒为创始人的格式塔心理学继承了古希腊哲学家柏拉图的理念论与“洞穴隐喻”、笛卡尔的“天赋观念论”、莱布尼茨的“有纹路的大理石”、康德的“认识的先验的形式”等哲学观点，将人类的统觉看作其先天就具有的认识世界的机能，并体现在人类的知觉活动中，提出了包含图形背景关系、相似性、接近性、闭合性等知觉组织的格式塔原则。

20世纪60年代以后，以系统论、信息论、控制论为代表的“三论”对科学界产生了

很大影响，同时作为自然科学领域划时代的创新——计算机诞生了，心理学特别是认知心理学受到了极大的影响。信息加工认知心理学把人脑比作高低层次不同的计算机部件，并将人类的认知过程比喻为类似计算机的信息处理过程，其主要特点为符号加工。另外，现代认知心理学虽然是作为行为主义的反动而出现的，但是在信奉客观主义方面两者是一致的，均强调在严格控制的实验条件下观察认知过程中的自变量与因变量之间的关系。

（二）人文科学取向心理学的发展脉络

在科学心理学诞生后，内容与意动之争是西方心理学史上科学主义与人文主义的第一次对立。虽然其后的构造与机能之争不能完全理解为科学主义与人文主义斗争的延续，但人文主义对心理学的影响依然普遍存在且影响深远。精神分析心理学、现象学心理学、存在主义心理学、人本主义心理学等则代表了人文科学取向心理学的发展道路。

人文科学取向心理学自布伦塔诺起，就致力于建立一门人文科学的心理学。精神分析心理学力图通过自由联想、释梦等技术，来考察人内心中种种潜意识现象。存在主义心理学与现象学心理学则从人的存在与现象出发，来展现具体情境中人的丰富面貌。人本主义心理学也明确自己人文科学的立场，坚持整体论、现象学的原则，通过研究人的存在、潜能、意义、价值等主题，来彰显心理现象的整体性与独特性。人文科学取向心理学采用人文科学模式，与自然科学取向心理学不同，重视人理解、感受世界的主观性、整体性与独特性。它力图在忠于心理现象原本面目的前提下，通过描述和理解来阐发其中所蕴含的意义与价值。

人文科学取向心理学重视对心理体验的解释，强调心理体验的主观性、意义性、整体性以及情境性。布伦塔诺的意向性强调了心理现象与对象的独特联系。现象学心理学力求忠实于人所体验到的主观经验。人本主义心理学关注人的内在体验，研究如选择性、价值观和自我实现等心理的独特方面。

1. 以自由意志论与主观论为背景的意动心理学

布伦塔诺的意动心理学以德国浪漫主义哲学为传统，以主体内在的意动为研究对象，开启了西方的人文科学取向心理学。人文科学取向心理学强调人的自由意志和自由选择，认为人可以独立自主地做出决定而不受外在环境的干扰。正是由于人的心理具有自由选择性和意向性的特点，人文主义心理学采用了一些主观方法来研究人的心理现象及其意义。

意动心理学没有庞大的理论体系，主要指出了心理活动的意动与意向性的主观性侧面，并批评了冯特内容心理学对心理本质的忽视，从而对后来的机能主义、精神分析、现象学心理学、人本主义心理学与存在主义心理学均产生了深远影响。机能主义心理学强调心理的机能是通过意动来实现的，而精神分析的自由联想可理解为意动的自由呈现，现象学心理学将意动的呈现作为现象来捕捉，人本主义心理学强调将意动与个体意识中积极向上的主观能动性相联系，存在主义心理学则关注意动中所呈现出来的主观实在的基本感受，如焦虑、虚无等。

2. 以精神病理学、解释学为背景的精神分析

从精神科治疗，特别是神经症治疗的原点出发，弗洛伊德的精神分析学派采用自由联想法研究人的潜意识，对日常生活中的梦、口误、笔误、遗忘和疏忽等现象进行分析。精神分析注重日常生活的现场研究，可以将精神分析理解为在现象学—解释学的哲学影响下，采用访谈和自然观察等现场研究方法，让患者的主观世界自由呈现，而分析师对其加以理解与解释。这使得心理学研究不再拘囿于严格控制的实验室情境，而是走进了日常生活，从而可以在自然状态下揭示人的心理特点和本质。精神分析的最终目的是患者心理治愈与心理自由的重获。精神分析侧重从人的生活史角度考察人的内心世界，强调过去经验的独特意义，由此来发掘潜意识的世界。

3. 以现象学与个案研究为背景的存在主义心理学与人本主义心理学

现象学强调忠实于心理现象本来的面貌，不主张采用还原论、分析论的立场。现象学心理学、存在主义心理学与人本主义心理学都积极提倡现象学方法，力求对心理事实进行解释和领悟，发掘经验的意义。故此，人文科学取向心理学均强调要忠实于心理现象本身，认为现象学的方法是研究心理现象的适合的研究手段。

人文科学取向心理学主张以问题为中心，可采用定性、主观的方法来研究人的心理现象及其意义，并主张质性研究与个案论，认为心理学研究不应离开特定的个体和具体的情境，而应重在发现适合个体的特殊规律。如人本主义心理学也指出，心理学应以对个人或社会有意义的问题，如潜能、价值和自我实现为中心，以个案研究为工具与手段。马斯洛的“自我实现人”与罗杰斯的来访者中心疗法，均以个案法为主要研究方法。

（三）两种取向心理学的竞争与融合

在西方心理学发展的过程中，自然科学取向心理学与人文科学取向心理学相对独立发展。其间所涌现出来的心理学各流派，受其所处的时代背景的重要影响。其间表现出两种路线各自蕴含的多个范式长期并存和对立的局面。两者之间的对立与斗争在促进心理学发展的同时，也使心理学陷入了难以融合的困境。尽管当代心理学出现了不少两个取向的心理学相互融合的迹象，但可以预测，两者的分歧在未来相当长的时间内仍会持续存在。

这两种取向的心理学最终走向统合是心理学未来发展的必然趋势，但这种统合之路漫长而艰巨，绝非简单地将两种主义叠加或消解另一种主义。历史已经表明，企图将两种主义合二为一的做法是不成功的。例如屈尔佩等的二重心理学对内容心理学和意动心理学的调和，正像波林所指出的只是一种“懒汉的做法”，只是比较简单地对有分歧的心理学进行融合。但其既要研究内容又要研究意动的观点后来并没有被主流心理学界所接受。

除了像二重心理学这种在心理学的宏观层面对心理学各学派进行融合的尝试外，也出现了一些将心理学的具体研究领域进行融合的现象，如 20 世纪下半叶比较流行的文化与社会认知的研究。这类微观领域的融合力求在较小的研究领域中引入人文社会与自然科学的观点。像这类较为微观研究领域的融合，由于做了很多扎实的研究，在进入 21 世纪后反而愈发焕发出生命力，涌现了如社会认知神经科学、教育神经科学等微观领域的融合研究，这类研究也有勃发的趋势。

三、20 世纪心理学四大主流派对八大永恒问题的观点

20 世纪西方心理学的四个主流派，都或多或少、有所侧重地回答了心理学的八大永恒问题。

(一) 人性的本质

心理学的不同理论流派首先对善恶的“人性”本质做出回答。在 20 世纪西方心理学界，对于人性本质的解释有四种典型代表。

第一，以弗洛伊德为代表的精神分析诸学派主张“性恶”论，他们主张人性是人的本能，人像动物一样非理性，其行为受潜意识动机、生物本能驱力等控制。人类旨在根据个人快乐原则寻求生理需要的满足，尤其是生物学的性本能冲动决定了人的所有行为活动。满足这些本能需求，人体现出性欲、攻击、残忍、破坏等行为。

第二，早期的、新的、新新的行为主义虽然在对学习的观点、心理与认知的中介作用

的观点上稍有差异，但均主张人性不分善恶，强调行为是刺激—反应的联结及其系统化的结果，主张人的所有行为方式和本性均由后天习得，即主张反本能论或环境决定论。

第三，格式塔心理学与发生认识论、信息加工等的认知学派心理学强调每个人都具有一定的认知结构，强调认知加工的整合性、先天性、系统性。从这个角度出发，善恶判断依存于人头脑中固有的认知结构与观点中。

第四，马斯洛、罗杰斯等的人本主义心理学持“性善”论，重视人的主观经验，在人性论问题上主张人类本性固存的善良、自我实现等积极方面，强调人的成长性。

（二）心身关系问题

解释心（意识）身（物质）关系问题的学说大致可以分为两大类：一元论和二元论。一元论认为心与身之间存在因果关系，二元论则认为两者间并无因果关系。

当代心理学流派中，行为主义与神经科学对心身关系问题的回答比较接近于唯物主义的立场，抱有比较典型的机械唯物论的一元论观点。比如神经科学与人工智能的目标是可以去超市买一个机器人，按下某个开关，它就拥有了意识；关闭开关，它就没有意识了。精神分析强调人的心理的本能冲动与欲望这些生物性的东西，从人的生物性发展出自我与超我，从这个角度而言接近于唯物论的观点。

人本主义与存在主义心理学比较注重个人的主观感受、主观能动性，均认为人的主观感受比人的客观属性重要，是第一位的，是一切的出发点。从这个角度而言它们比较接近唯心论。

（三）先天与后天关系问题

决定人的属性的是先天的遗传抑或后天的经验？先天论认为是由与生俱来的认知结构或遗传物质决定的，经验论则认为主要来自经验。

现代的心理学也从不同角度给予这个问题一定的答案。如行为主义主张的环境决定论可以大致等同于后天的经验论。华生、斯金纳等为代表的行为主义均是比较极端的经验论者，完全否认心灵的存在，主张环境决定论，这显然是典型的经验论立场。

格式塔心理学的核心观点是完形，该理论认为完形的心理机能、闭合性等知觉经验的格式塔原则是先天具有的，然而具体的完形方式则取决于后天的经验。发生认识论、信息加工心理学等的认知学派均强调认知结构与认知加工的整体性，这些先天具有的因素对后天认知加工的影响，因此都比较接近于先天论的立场。

精神分析与人本主义均主张人固有的欲望、潜能等先天属性对人的后天心理发展的影响，因而也是比较接近于先天论的立场。

（四）机械论与生机论

机械论的观点认为人类等有机体的行为都能够用机械定律来解释，而生机论主张生命无法用无生命过程来解释，生命存在必然就伴随着独特的“生命活力”的存在。

行为主义假设人是机器、人是动物，可以用刺激反应的公式解释人的行为，是典型的机械论立场。发生认识论强调人的认知结构对心理的影响，信息加工认知心理学强调人脑的信息加工是符号处理的过程，与电脑类似，包含信息的输入、储存、加工、输出等过程与程序，因而也比较接近机械论立场。而人本主义心理学强调人类具有的主观经验、潜能、自由意志与选择是人与动物的本质区别，该理论反对机械论、还原论与拟兽论，比较接近生机论立场。

21 世纪伊始兴起的神经科学认为人脑是一堆机能各异的神经物质的组合，只需要研究出大脑神经的结构、机能及组合方式，理论上就能够拼凑出一个人的意识，该观点比较接近机械论立场。所以，如同在科幻片里按下机器人的开关，它就拥有了意识。神经科学与人工智能认为使机器人拥有意识是可能实现的，只是目前的技术还未能达成此目标。虽然目前人工智能较好地模拟了人类智能，但并不具备意识性，它仅仅是通过一些机器学习的算法对人类的智能进行了深度学习。比如在与人下围棋的模式中，人工智能取胜仅仅因为它存储的算法比人类更多且更优。

（五）理性与非理性问题

理性论强调可以用理性的方式解释人类的一切行为、认知；非理性论认为行为的决定因素不受理性支配，情绪或无意识机制的作用尤其被重视。

理性论的心理学代表流派为行为主义、格式塔与认知心理学。行为主义强调人类的行为可以通过刺激与反应的公式进行学习与控制，是典型的理性论立场。格式塔认为统觉、理性的心理机能是先天具备的，认知心理学的研究更侧重人的认知过程，人在活动中的主体地位不可忽视。而格式塔心理学派作为现代认知心理学的早期形式，正是站在了德国理性主义这一“巨人”的肩膀上。因此格式塔与认知心理学均符合理性论立场。

非理性论在心理学中的代表流派是精神分析、人本主义。精神分析强调无意识的本能欲望作为非理性的因素，是引发人类行为的重要动因。20 世纪哲学的人本主义、存在主义、现象学等非理性主义哲学思潮，也在心理学内部产生了重要影响。20 世纪以来，非理性主义哲学开始在西方广泛流传，存在主义心理学与人本主义心理学均重视人的主观体验与潜能这些非理性因素的作用。

（六）人与动物的关系

人与动物的关系是怎样的？非连续论的观点认为人与其他动物有着本质上的区别，而连续论观点认为两者只有量上的差异。

人本主义心理学和存在主义的观点倾向于认为人与动物间有本质的区别，是一种非连续论。他们认为，人与动物的本质区别主要在于人有独特的主观性与感受。人类作为自然界独特的存在，其意识必然更多地感受到孤独、崇高、意义与使命感等。同时，格式塔与认知心理学认为人类感知世界的方式也受制于人类先天具有的认知视角，这也是一种非连续论的观点。人类出生时并不是一张白纸，而是生来就具备感知世界的能力和方法，只能用先天的、有限的、主观的方式去感知世界，正如柏拉图的“洞穴的隐喻”、井底之蛙、坐井观天等形象比喻。人类的境况就好像青蛙，把从井口看到的东西当作了世界的全部，但是往往只看到了世界的很小一部分。

行为主义的观点则继承了达尔文的进化论与巴甫洛夫条件反射的观点，强调人是从动物进化发展而来的，人与动物在结构、机能、模式上都具有连续性，仅有量的区别。同样，精神分析的性欲论、生物论认为人的本能欲望和动物是共通的，这也是一种连续论的观点。

（七）知识的起源问题

关于知识的起源问题属于哲学上的认识论范畴。认识论探讨知识是怎样产生的，其中代表性的观点有“被动心灵”与“主动心灵”。

经验论者提出，知识来源于经验，主张“被动心灵”。他们认为，心灵只能被动地反映外部世界正在发生或已经发生的事情，这种观点见于经验论、巴甫洛夫学说、行为主义。后天论者认为人出生的时候是“白板”，上面什么都没有，给它刻上什么就是什么。

先天论与理性论则认为重要观念都是人类生而有之的，主张“主动心灵”。比如格式塔提出完形是人类精神世界生而有之的一种整合能力与方式。主动心灵论认为，心灵通过其生而有之的整合方式转换、解释、理解或评价来自客观世界的经验信息，这种观点见于唯理论、格式塔学派、认知心理学。

（八）关于自我的问题

关于自我的问题是心理学、哲学的核心问题。20 世纪心理学的四大流派分别提出了自己的观点。

精神分析学派提出本我、自我、超我的人格三部曲，主张自我是过去经验和现在经验的综合体，三个我之间的冲突是心理冲突与困扰的来源。行为主义者基本抱有环境决定论的立场，如班杜拉认为自我是个体与环境作用的产物。认知学派则认为自我存在于个体的认知结构中。人本主义心理学、存在主义心理学从现象学的角度提出自我是现象场的产物。

以上的八个问题之所以被称为"永恒问题"，是因为心理学试图从实证（自然科学取向的心理学）或经验（人文科学取向的心理学）的角度对这些问题提出某种答案。而这些问题本身涉及哲学的范畴，无法完全通过实证或经验进行解决，在心理学界一直未能得到最终解答。但20世纪心理学的各个流派都从自己流派的角度出发对这些永恒问题给出了符合该流派特点与时代特色的回答。

当今科技飞速发展，核磁共振、脑电等技术也广泛应用于心理学研究，但正如一句话所说："新瓶装旧酒"，尽管研究工具变得更加先进了，心理学研究的核心问题却依然没有改变。过去只能通过问卷或稍微复杂的实验等方法来证明心理学问题；现在则可以利用脑电等神经科学的前沿技术来证明这些结论。仅仅是研究问题的方法与手段获得改进，但是问题依然延续，这便是心理学的独特之处。因此，科学更多只是充当一种工具本身，而人类可以利用这种工具探索这些古老问题的答案。

20世纪心理学四大流派对于"八大永恒问题"的观点

永恒问题	问题核心	精神分析	行为主义	格式塔与认知学派	人本主义
人性的本质	人性是善还是恶？	"性恶"论	人性本无善恶，均为后天习得	善恶的认识依存于人的认知结构	"性善"论
心身关系	先有身体，还是先有心理？还是两者都有？	—	机械论、唯物主义	—	存在主义、唯心主义
先天与后天关系	由遗传因素还是由经验决定？	先天论	经验论、环境决定论	先天论	先天论
机械论与生机论	机器组合能否拼凑出意识？	—	机械论	机械论	生机论

（续表）

永恒问题	问题核心	精神分析	行为主义	格式塔与认知学派	人本主义
理性与非理性	人类的行为是否由理性控制？	非理性论	理性论	理性论	非理性论
人与动物的关系	人与动物有本质区别？	连续论	连续论	非连续论	非连续论
知识的起源	知识是主动构建还是被动形成？	—	被动论	主动论	主动论
关于自我	如何解释自我经验的一致性、连续性？	自我是过去经验和现在经验的综合体	—	自我存在于认知结构中	现象场的产物

第二节　西方心理学的现状与特点

西方心理学在经过了一百多年的发展后，与冯特建立的早期心理学时相比展现出较为不同的面貌。具体而言，现在的心理学里存在理论与应用、两种文化、诸多分支与统合的尝试、全球化与本土化等现状与特点。

一、理论与应用

理论心理学与应用心理学均为当今心理学的重要分支。从西方心理学史来看，在科学心理学成立之初的内容与意动之争中，冯特强调心理学是一门纯科学，不重视心理学的应用。此后在构造心理学与机能心理学的对立上，铁钦纳同样坚持心理学是纯粹自然科学的立场而不重视心理学的应用；机能心理学家则坚持将心理学应用到社会生活中去。而重视心理学的理论还是应用，也与心理学家的个人特点密不可分。如冯特、铁钦纳属于科学家类型，致力于对心理进行精细的区分，导致他们更关注心理学的实证与基础理论。而美国心理学之父威廉·詹姆斯患有抑郁症，精神分析的创始人弗洛伊德患有神经症，他们首先关心的是如何解决自身的心理困扰，因而强调心理学的效果与应用。从中也可以窥见心理学与心理学家的个人特质之间具有的紧密联系，对于我们理解心理学史中的重要人物及其观点有重要意义。

因构造与机能之争中构造的落败，使 20 世纪中一直居于领先地位的美国心理学界开始普遍重视应用的问题。随着临床应用的影响不断扩大,应用心理学的一些分支(如临床心理学)也开始迈向独立的道路。1917年,美国临床心理学家协会(AACP)建立,该组织独立于美国心理学会(APA)。该协会的成立迫使美国心理学会开始提供职业资格认证,重新将临床心理学吸纳进来,以其下属的临床心理学分支取代美国临床心理学家协会,消解了部分应用心理学团体的不满。1938年,应用心理学家再次独立并建立了美国应用心理学会(AAAP)。1945年,在各方面作用力的推动下,美国心理学会的目标从“推进作为科学的心理学”变成了“推进作为科学的心理学、作为职业的心理学和作为增进人类福利的途径的心理学”。二战也推动了心理学的应用。士兵心理创伤的治疗等方面的需求给应用心理学带来了发展空间,应用心理学家们逐渐成为美国心理学会的主导力量。1988年,一群科学心理学家从美国心理学会中分离出去建立了美国心理学协会(APS),该组织更强调心理学的基础与理论研究。但当前其三万多的成员还远少于十一万多成员的美国心理学会。在其他发达国家也有类似情况,如在2010年左右,日本的心理临床学会会员超过两万人,多于一万人的日本心理学会的会员人数。

今天,不管是自然科学还是人文科学取向的心理学,其理论与应用都有了充分的发展。如行为主义经过了一个完整的早期、新的、新新的行为主义的理论发展过程,其应用不管是在管理心理学领域还是在临床心理学领域,都有了长足的发展;同样,精神分析在经历了早期弗洛伊德的精神分析、阿德勒的个体心理学、荣格的分析心理学,以及其后的自我心理学、客体关系理论、自体心理学、社会文化学派等发展历程后,在临床的心理咨询与治疗领域的实际应用中一直处于重要的地位;存在主义心理学与人本主义心理学也在经历存在主义心理学、人本主义心理学、现象学心理学等的理论体系的形成与发展后,在心理咨询与治疗领域有了较多的应用,分别形成了弗兰克尔等的存在主义疗法与罗杰斯的来访者中心疗法。特别是罗杰斯的来访者中心疗法,已成为心理咨询与治疗领域的核心方法之一。

心理学发展至今,研产学的结合与转化越来越紧密,这是和心理学诞生早期的内容与意动、构造与机能之争所处时代的不同之处,也是机能心理学赢下与构造心理学之争的必然产物。机能心理学是涵盖范围更广的心理学,是包含基础与应用的心理学(尽管它更为强调应用)。但是没有理论基础的应用是无源之水、无本之木,经由经验或实验所检验的理论也为应用心理学提供了根基。

二、两种文化

心理学是一门科学吗？是自然科学还是人文科学？心理学一直面临着这样的灵魂拷问。

自1879年科学心理学诞生开始，心理学便存在着自然科学取向与人文科学取向两种文化。从波普尔的可证伪性原理来看，心理学中的行为主义与认知心理学等自然科学取向流派的研究具备可证伪性，因此可以迈入自然科学的门槛。而精神分析与人本主义则不具备可证伪性，不符合自然科学的标准。而从库恩的范式观来看，心理学也许本身就同时存在至少有行为主义、精神分析、人本主义以及认知心理学四个类似范式的理论流派。但心理学将来会成为库恩所谓的具有统一范式的科学吗？答案则可能并不乐观。心理学是一门复杂的学科，它所研究的对象——人类，既具有自然属性，也具有人文属性。

一个普遍的观点认为心理学本身既是自然科学又是人文科学，并且这是由心理学的学科性质决定的。由于其父体是哲学，而母体是科学，心理学内含的学科性质里同时就包含自然科学与人文科学的属性，因此本身就有两种不同的研究取向，即自然科学取向与人文科学取向。例如实验心理学明显倾向自然科学价值观，而心理治疗和人本主义则明显倾向人文科学价值观。二者在学术价值观，知识的基本来源，观察与直觉，实验室研究、现场研究与个案史研究，一般规律与特殊规律，元素论与整体论等维度上存在相互对立的倾向。到目前为止、难以整合出类似于物理学的统一范式。将来也可能如此。除非将来能产生一种涵盖、统合人文与自然双重属性的理论范式。

心理学中的两种文化是心理学两种不同路线的具体体现。自然科学取向的心理学阵营主要有内容心理学、构造心理学、格式塔心理学、机能主义心理学、行为主义和认知心理学等学派；而人文科学取向的心理学阵营则主要有意动心理学、精神分析心理学、现象学心理学、存在主义心理学和人本主义心理学等学派。

三、诸多分支与统合的尝试

心理学的诸多分支最初表现在学派林立上，更表现在科学主义研究取向与人文主义研究取向的不同、以及理论与应用视角的不同等方面。除此之外，由于心理学是交叉学科，因此其他学科也都会对其相关联的心理学领域产生重要影响，如巴甫洛夫条件反射学说对行为主义，精神医学与药物治疗对心理咨询与治疗领域，哲学上的存在主义与现象学对存在主义心理学、现象学心理学，等等。另外，在心理学内部，学派之间的隔阂也在逐渐弱化，出现诸多围绕具体问题提出的微观理论模型，如费斯汀格的社会比较过程理论、海德的常识心理学等。整个心理学中这些微观理论模型星罗棋布。

从西方心理学的历史进程来看，学派林立与统合趋势并存。每个学派都有其适用的地盘，但都力图从自身的视角出发，扩展至研究心理学的所有问题，对心理学进行统合。例如行为主义者华生与斯金纳都试图将行为主义观点的适用范围扩充至心理学所有领域，并描述按照行为主义的方式所建构的世界蓝图；格式塔心理学最初从把完形的观点应用于知觉研究，逐步扩展至学习心理、发展心理、人格心理、社会心理等研究领域；弗洛伊德的精神分析最初只是探讨心理病理学领域的心理治疗理论，后来也成为了探讨正常人心理的心理学理论，最后发展为对社会心理、人格心理、文学与艺术、哲学都具有重要影响的理论。但这些统合都只是基于某一视角的尝试，在心理学内部仍未形成大一统的理论模型。

四、全球化与本土化

随着 20 世纪世界经济、科学文化交流、网络信息技术飞速发展，心理学也日益走向全球化。西方心理学具有普适性，在全球传播推广、致力于全球化的同时，与西方心理学的碰撞，也推动了心理学的本土化。

科学心理学诞生的最初，心理学的中心是德国。冯特培养了一支心理学的国际化队伍，将心理学推广至美国、英国、俄国、中国等国家，科学心理学由此传播至世界各地。进入 20 世纪后，心理学的中心逐渐从德国转到美国。美国心理学开始在世界范围内产生最为重要的影响。美国拥有最庞大的心理学家队伍、学术研究中心以及研究资源，是心理学理论与应用知识的主要产出地。其他发达国家、发展中国家则处于相对落后地位。在心理学理论与应用知识传播中，美国主要输出心理学的知识，其他国家则输入知识。

但是由于美国心理学是在美国的文化背景下产生的，输出到其他地区的同时也会受到其他国家社会文化背景的考验。如以美国为代表的个人主义文化的普适性在世界范围内受到了检验。东亚国家存在与之不同的集体主义文化，以美国文化背景为基础的个人主义文化受到了挑战。由此衍生出心理学在各个不同文化扎根而产生的本土化问题。

心理学的本土化是将外来的心理学知识吸收到自身心理学发展中的过程。心理学的本土化与全球化共存。冯特的心理学思想可以说是在德国的文化土壤上诞生的德国本土心理学思想，在传播到世界各地的同时，世界各国的心理学家也在各自国家的文化基础上改造了冯特的心理学。同样，美国的心理学思想也可以看作是美国的文化土壤上诞生的美国本土心理学思想，输出到世界各地的过程中需要受到各地文化背景下的检验。心理学的本土化是建立适合自己国家国情的心理学的必要环节。只有在借鉴吸收已有发达国家心理学知识的基础上，才能够更好地发展自己国家与文化的心理学研究，如东亚文化圈的心理学在质疑西方个人主义文化的同时，提出合乎东亚文化圈特点的集体主义文化背景的本土心理学理论。而不管是西方的个人主义文化还是东亚的集体主义文化，从文化心理学视角来看都有其不同的历史文化渊源，有其存在合理性。这就是心理学本土化很好的例证。

第三节　当前西方心理学的前沿与趋势

2020年以来，世界心理学在神经科学、大数据与人工智能、积极心理学与现象学心理学的影响下，自然科学与人文科学取向的心理学都产生了较大的发展。同时，作为其交叉的研究领域与方向也有了进一步的发展。当前主要有以下一些较为前沿的研究领域与分支。

一、当前西方心理学前沿

（一）积极心理学

20世纪末，美国心理学家马丁·塞利格曼(Martin E. P. Seligman)提出并建立了“积极心理学”。在研究对象上，积极心理学力求摆脱人本主义心理学中马斯洛对自我实现以及罗杰斯对有心理困扰的来访者这些少数群体的过分关注，而将注意力转移到关注普通人群体的潜能发掘。近年来，全球范围内对积极心理学的研究呈现出蓬勃发展的趋势。

1. 积极心理学的产生

积极心理学的研究起始于1930年，美国心理学家刘易斯·推孟(L. M. Terman)研究了幸福感和天才之间的关联性，以及荣格对生活意义欠缺的相关研究。以第二次世界大战为背景，人们的身心受到了巨大的创伤，而战争及战后心理工作者一直侧重于治疗心理创伤与精神隐患等方面，虽然在这方面的研究取得了一定的进展，但人们对积极心理学的研究似乎被遗忘了，使得积极心理学的研究中断了。1950年前后，以罗杰斯、马斯洛为首的人本主义心理学家开始对人的内在潜能和发展开展探究。这一举措为积极心理学的崛起打下了坚实的基础。除此之外，社会建构主义认为，任何建构都必须通过人与社会（环境、他人）的互动才能实现，而积极心理学把积极组织系统的构建作为一个重要研究方面。

1990年，心理学家开始着手研究心理疾病的预防问题。研究发现，人类身上所具备的部分积极品质如希望、坚韧、乐观、勇气等，可以有效预防心理疾病的出现。直到20世纪末，美国心理学家塞利格曼在任美国心理学会主席时提出建立“积极心理学”，明确了积极心理学具体的研究范畴。随后，全世界范围内的研究者们开始研究积极心理学，推动了积极心理学的多元化发展。

2. 积极心理的具体表现

(1) 积极的情感体验

以积极的情感体验为基础，弗雷德里克森(B. L. Fredrickson)提出了“拓展—构建(broaden-and-build)”理论。该理论认为个体在愉快的情境之下体验到积极情绪，会对人的思想和行为起到延展或构建的效用，并从中生成资源，如在思维上能够产生更为积极活跃、更为精确的反应，提出更多新奇的想法；在行动上涌现出尝试新方法、采取独创性的冲动。积极情绪不仅对直接资源可以起到拓展作用，而且还可以把对可持续发展有利的长期资源提供给个体，比如个体的兴趣。在兴趣的支撑下，工作感到干劲十足，并鼓励个体充分应用现有资源，对生活中的新信息积极探索，使个体在未来的发展中积极向上，将这种内心体验转变为对未来的美好向往与对各种事物的正确认知。而“爱”则是一种积极情感。获得爱的人往往会表现出令人愉悦的行为，这些思想与行为可以使个体在生活中的各方面充满着正能量。

(2) 积极的人格特征

积极的人格特征，即在生活、工作或是学习中，个体可以遵从自身意愿对一切美好的事物和幸福大胆追求，进而使个体不断完善自我，发展进步的人格品质。玛丽(Marie)和希尔森(Hillson)细致区分了消极和积极的人格特征。他们提出，积极的人格特征中涵盖两个维度，这两个维度以各自独立的形式存在。一个是正性的利己特征，也就是个体肯定自我，重视生活，可以直面环境对其的一切考验；另一个是与他人的积极关系，也就是自己可以与他人构建良好的人际关系，并愿意向他人伸出援助之手，对与他人形成的关系和帮助效果感到认可。在个体选择应对策略时，积极的人格能够提高其选择的正确性，使生活中的各种难题妥善处理。

就积极的种种个性特征来说，引起较多关注的是乐观。因为乐观会把人带向积极的方面；可以使得人在逆境之下保持良好的心态，成功适应所处环境并平安渡过；使人产生更多的积极情绪，感觉生活充满乐趣、富有意义。

(3) 积极的社会组织关系

积极心理学认为，身边环境会对人的价值和潜力潜移默化地产生作用，它集中映射在学校、社会和家庭等组织系统中。因此，社会文化环境，如家庭、学校、公司等组织系统对心理健康、个体情绪起着重要影响。积极的组织系统由宏观、中观和微观三个层面构成。其中，宏观层面特指社会的组织系统，其涉及国家政策方针、公民的责任感、集体荣誉感等；中观层面涉及人际交往圈与生活圈，包括友善的社区生活、良好的校园环境、和谐的单位工作环境等；微观层面主要指的是家庭各部分的组织关系。这些都有利于增强人的幸福感并有利于人的创新能力的培养和潜能开发。因此，构建一个融洽的社会组织体系是必不可少的。

3. 积极心理学的基本特征

(1) 对传统心理咨询与治疗流派的批判与继承

精神分析、来访者中心疗法等传统心理咨询与治疗流派关注人的消极层面，致力于将存在心理问题的人成功治愈恢复成正常人，侧重于对心理问题的治疗。因此，对人的消极层面研究与应用上有了显著收获。然而，这也造成了对正常群体关注的匮乏。实际上，心理正常的人并不完全是健康快乐的。研究心理问题无法从根本上把幸福带给大众。科学心理学应对人的积极方面提高重视，为人的幸福生活创造一切有利条件。

积极心理学把自我决定论作为起点，提出人是自我决定的主体，具有与生俱来心理自我发展和自我成长的能力。同时，人有提升自我能力、自主、人际关系等方面的心理需要。塞利格曼表示，力量、美德等“积极品质”不光在经验中存在，而且具有内在力量，为“正性”的培植和创建预留出空间。佩塞施基安(N. Peseschkian)表示人最基本的能力是爱和认识，它们以心理素质的方式存在，也正是因为有了它们的存在，个体的发展才充满积极的可能性。

（2）从消极面到积极面的跨越

消极心理学在研究中针对病态的人的客观外显行为和无意识领域进行探索。以压抑、焦虑、冲突和非适应等方式体现人的消极面。缺少对普通人群体的幸福、潜能发掘等积极方面的关注。而积极心理学的目标就是要实现从消极面到积极面的关注的跨越。

（3）向积极"预防"思想的转变

传统心理学把心理异常的群体作为研究对象，其研究范畴有所局限。在心理健康问题的认知上，第一定义为心理疾病的是非；第二把显露较轻的症状看作对本能与过去心理创伤的压抑。在干预方式上，传统心理治疗的任务是由心理治疗师通过精神分析寻找心理疾病的根源，治疗患者，使其恢复正常状态。治疗师作为心理领域专业的从业者，掌握主动权，而患者只能被动接受治疗，二者间呈现出一种控制和被控制的关联性；而积极心理学重视个人的心理"预防"，提倡把主动权向个体回归，试图调动个体身上存在的各种能力和潜能，并采取积极干预行为，以此维护家庭、个人和社会的和谐共处。

积极心理学这种积极的转向与负面界定心理健康的行为背道而驰，它以积极视角为起点对心理健康进行了界定，也明确了治疗者在其中的主导地位，强调治疗过程中个体内心能量所发挥的效用性，比起传统心理学更加注重个体对心理问题的"预防"思想，将自身的积极潜能视为一种解决心理问题的方法。积极心理学的提出填充了心理学在健康个体研究领域的空白，其研究成果也在生活中全面渗透，为个体的发展和社会的进步做出了重要贡献。

自 20 世纪 30 年代推孟和荣格的研究开始，经过五六十年代马斯洛、罗杰斯等人倡导的人本主义思潮，以及其所激发的人类潜能运动。1997 年，"积极心理学"这一概念由塞利格曼正式提出。随着国际积极心理学研究成果不断增加，积极心理学已升级为一门世界性的专业学科。积极心理学是致力于研究人的发展潜力和美德的科学。

在学科发展方面，积极心理学在基础知识层面发展了积极的神经科学，致力于研究积极心理的神经机制，揭示快乐、健康、幸福的神经机制；同时将文化这一变量引入积极心理学，也探讨了其他心理学与积极心理学的关系。而在应用层面，积极教育将积极心理学用于教育实践；同时积极心理学大量运用于改善社会环境、提高人类幸福感；此外，与本土文化相结合也是发展积极心理学的一个重要方向。

（二）现象学心理学

从西方心理学史角度看，现象学心理学是一种将现象学哲学落实到心理学中的思潮。它上承意动心理学，以胡塞尔的现象学心理学与哥廷根的实验现象学为开端，是广义的“第三势力”心理学有机组成部分。继承发展胡塞尔心理学，并将其发展成心理学的一个分支的是美国现象学心理学的代表人物阿米多·乔治(Giorgi)。

现象学心理学有三个基本观点。首先，个体的一切观念及外在行动都与所处的世界相互作用影响。其次，意识是个体有意义的经验的呈现，经验是通过意识确定的。最后，现象学心理学的根本目的是通过了解一个现象当中的一般结构，帮助人们更好地了解现象的意义和价值，进而帮助人们全面了解现象的意义和价值。

现象学心理学理论具有六个特征：一是严格的现象学哲学观，二是激进的人文科学观，三是鲜明的生活面向观，四是独特的意向性心理本质观，五是坚实的质性研究观，六是批判的价值负载观。

现象学心理学研究方法的一般过程首先是收集个体对某种经验的真实描述，通过阅读个体的描述以获得对现象的整体性把握与了解。然后是通过对这些描述的分析以求把握构成这一经验的普遍因素，即获得某一现象的一般结构。对资料加以分析的过程包括确定各个部分、建立意义单元，将意义单元转换成为心理学的表达，确定总体的意义结构。第三是通过心理的、结构性的描述发现基本的意义结构相互关联、构建经验的方式。

由于现象心理学的理论与具体应用较为晦涩难懂，其发展仍有一段漫长的道路需要探索。

(三) 大数据、人工智能与心理学

大数据与人工智能均是21世纪以来世界发展的热点。大数据是指规模大至在获取、存储、管理、分析方面远超出传统数据库软件工具能力范围的数据集合。其四大特征是具有海量的数据规模、快速的数据流转、多样的数据类型和价值密度低。大数据对21世纪的心理学有着深远的影响，特别是在临床心理学与社会心理学领域。

临床心理学是处理心身疾病中心问题的应用心理学分支学科。临床心理学与大数据结合，演变出大数据临床心理学。目前，大数据与临床心理学的合作主要是“互联网＋心理平台”和统计学习在临床心理学上的应用。简单来说，“互联网＋心理平台”就是网络大数据与临床心理学的融合，利用信息和互联网平台，使得大数据得以在临床心理学发挥作用，为之提供数据红利，从而创造新的发展机会。例如自杀风险预测和分析便是现有的一个主要方向。统计学习则可以用于越来越多的大规模病例对照研究，它可

以有效地处理不同种类的信息源，在高维数据集中寻找有意义的精神病学结果预测因子，使精神病学研究中的大数据问题变得容易处理。未来，心理测量、心理咨询和心理治疗这三个方面将会成为大数据临床心理学主要的发展方向。

大数据带来的研究范式革命——数据密集型科研，给社会心理学带来了大量帮助。主要体现在样本容量、变量数量及研究数据三个方面。首先，在互联网上进行数据抓取可以获得大量用户数据，这为研究提供了更大的样本容量；其次，可穿戴设备的大量精细数据、网络平台上丰富的可交互功能提供了更多变量，拓宽了研究方向；再次，大数据对实验室环境的突破使得数据更连续，且深入个体。应用大数据的社会心理学未来将会在可操作性、大数据与传统研究的结合以及人工智能等方面实现较大的发展。

在人工智能的学习能力方面，是最能体现心理学影响的。研究者从人类的学习模式上取得了灵感，模仿人类的学习能力，从心理学与神经科学提出的学习模型入手，帮助人工智能摆脱了传统的“if-then”模型，从而真正地使其获得了学习的能力。人工智能与心理学之间的关系是有相互影响的两个方面。一方面是心理学对人工智能的影响，另一方面也有人工智能对心理学的反哺。

心理学对人工智能的影响，主要体现在人工智能三种代表性的方法论中符号主义和行为主义各自代表了一种最基本的心理学理论：逻辑推理心智研究与行为主义心理学。在应用方面，心理学也对人工智能的应用存在影响。例如，情景认知理论对交互式人工智能的未来应用具有启发作用。

而人工智能对心理学的反哺，则体现在信息加工认知心理学吸收了计算机科学对信息处理的基本过程。具体而言，认知心理学为了对心理活动进行实证性的或客观化的研究，采纳了计算机信息加工的观点，把人的内在心理机制看作是信息的获取、储存、复制、改变、提取、运用和传递等加工过程，并通过计算机类比或计算机模拟来推论或说明无法直接观察到的内在认知过程。

目前人工智能与心理学的结合可应用于生态化识别，即利用生态化的行为数据，结合人工智能技术，实现对个体情绪、人格等心理特征的自动识别；还可用于人工智能心理咨询助手，即识别并标记患者的痛苦表情、减轻患者压力与孤独感、帮助患者识别自身情绪与思维模式并提供建议；甚至可以通过创造身临其境的虚拟现实情境，进行各种逼真的行为与场景模拟训练。

但由于该领域存在作为跨学科的复杂性与伦理等问题，人工智能心理学的发展道阻且长。

(四) 神经科学相关的前沿领域

1. 认知神经科学与计算神经科学

20 世纪的最后十年，是认知神经科学(Cognitive Neuroscience)快速发展的十年。认知神经科学是由认知心理学与神经科学交叉结合而成的 21 世纪心理学的新兴学科，融合了心理学、认知科学、神经科学以及计算机科学等多个学科多个领域的研究，以人类作为研究对象，旨在研究心—脑的工作原理，探索人类认知活动的脑机制。认知神经心理学在认知心理学和神经科学实验方法的结合下，在已有的关于脑机制和功能研究结果的基础上，提出了该学科的四个假设：功能模块化、解剖模块化、功能结构无个体差异、缩减性。早在冯特、铁钦纳时代，就对心理的神经机制有一定探讨，但限于当时神经科学的发展水平，对心理过程的认知神经机制的揭示受到较大的制约。

大脑是一个高度复杂的系统，具备极其复杂的功能，因此难以通过心理学研究常用的行为指标进行研究。而在 21 世纪伊始，认知神经科学广泛采用神经科学的先进方法和工具，使用更为客观的如脑电、脑成像等技术作为研究依据，因而可以对大脑展开多层次、以探索认知功能对应的神经生理机制为目标的研究。

在过去的三十余年间，认知神经科学飞速发展，心理学基础研究的主流。但在其引领认知研究发展的同时，有研究者也指出了其中的问题。比如某些模型并不适用于所有的群体，又比如脑成像与复杂行为的关联研究的样本量通常较小，因而难以保证这些研究结果的可靠性。问题的暴露并不一定是件坏事，相信认知神经科学研究的未来会展现出更令人欣喜的发展和贡献。

计算神经科学是在现代神经科学快速发展的背景下，汇集融合神经科学和计算机科学等学科领域而产生的一门交叉边缘学科，于 1988 年作为一个新兴领域被正式提出。计算神经科学强调采用定量化的方法来研究和解决神经科学中的实际问题，其早期关注人类感觉处理的早期阶段，研究目标在于阐明神经计算的基本原理，解释信息是如何在大脑中通过电信号和化学信号加以呈现与加工的，其唯一宗旨就是研究人类大脑是如何工作的。

随着科学技术飞速发展，在过去的三十余年里，计算神经科学也在多个方面取得长足的进步。近年来，这一领域的研究越来越重要，成为联系人脑神经科学以及类脑人工智能的桥梁，为越来越多的前沿研究领域贡献出举足轻重的力量。放眼未来，神经科学领域充满着机遇和挑战。有学者指出，计算神经科学的未来在于方法、理论、模型和实验数据等方面的进一步跨学科融合。相信计算神经科学必将有着更加光明的未来。

2. 行为遗传学

行为遗传学(Behavioral Genetics)是一门兴起于20世纪60年代的行为科学与生物遗传学的交叉学科。该学科运用心理学和遗传学理论，研究生物基因型对有机体行为的影响，探讨行为的起源、基因对人类行为发展的影响，以及在行为形成过程中，遗传和环境之间的交互作用的学科。

达尔文的堂兄弟弗朗西斯·高尔顿作为第一位系统地研究人类行为特征遗传性的科学家，堪称行为遗传学的奠基人。1960年，美国学者汤普森出版《行为遗传》，标志着行为遗传学作为新学科的诞生。

行为遗传学主要应用于探究疾病的遗传性，如精神分裂症、儿童期疾病(注意缺陷多动障碍、孤独症等)、阿尔茨海默症等，这对于疾病的防控意义重大；此外，行为遗传学还关注人的智力以及人格特质等因素，对于基因如何影响行为的研究也有重要作用，因此可将该领域理论应用于学校中的“精确教育”(即根据学生的基因构成来确定教育干预措施)及社会中的政策改革之中。

3. 教育神经科学

随着各种影像学技术手段的应用与研究方法的不断发展和完善，教育神经科学诞生于21世纪初始。教育神经科学是将神经科学、心理学、教育学整合起来，研究人类教育现象及其一般规律的、横跨文理的新兴交叉学科。教育神经科学的目的就是将神经科学、认知心理学、认知神经科学的研究应用在教育情景中。目前教育神经科学的研究与应用主要体现在通过神经活动与神经机制解释、还原心理现象，通过神经机制印证教育领域的理论假设三个方面。教育神经科学的生理基础包括大脑可塑性。大脑可塑性是指学习、训练、经验都会使大脑皮层的结构发生变化及其功能的重新组织。这种变化不限于儿童时期，人的一生都可能存在一定程度的大脑可塑性，这为终身学习提供了神经生理基础。

国际上近年来神经教育学方面的研究逐渐增多，并得到了体制化的发展。不少国家和地区组织纷纷出台了相关的学科研究计划并成立相关研究机构。促进教育神经科学发展，需加强教育学、心理学、神经科学等多领域之间知识的沟通与交流，营造学科跨领域的学术研究氛围，培养与发掘更多具有开拓精神的跨学科研究人才。未来教育神经科学的发展可以从逐步健全研究机构、大力培养人才队伍、明确学科发展方向三个方面入手。

4. 文化与社会认知神经科学

21 世纪伊始诞生的文化与社会认知神经科学可以分为社会认知神经科学和文化神经科学两部分。其中，社会认知神经科学是一门结合社会心理学与神经科学的交叉学科，主要采用认知神经科学技术研究社会认知现象。随着脑成像技术日趋完善成熟，而文化神经科学是在第二代认知神经科学的引领和推动下诞生的，其研究主要使用如脑电、功能核磁共振技术来观察不同文化背景下脑区及脑区间的功能连接与特定认知加工的差异。有足够证据表明，特定文化背景会给人的认知行为和神经系统带来影响。

文化与社会认知神经学能加强对知觉、记忆、情绪及其社会认知等心理学研究领域的理解，对促进“自然科学”与“人文科学”两种取向心理学的融合有着独特意义，同时也有利于促进不同文化族群之间的交流和理解。

5. 神经精神分析

随着人文科学不断受到神经科学的影响，并且正逐步重视与神经科学研究相融合，神经精神分析也应运而生。神经精神分析是一个将神经科学与精神分析学的理论和方法相结合以实现精神分析科学化的新兴跨学科领域。2000 年，国际神经精神分析学会在伦敦创立，标志着神经精神分析学的正式创建。神经精神分析学运用神经科学的方法与成果，可检验、修正、扩展、完善弗洛伊德精神分析学，以实现对人类深层心理的动态研究；亦可用脑成像等神经科学技术评估精神分析治疗的过程和效果。目前，神经精神分析聚焦于对防御机制、心身关系、梦的研究以及针对癔症、失语症等问题的临床研究。未来，该理论可用于验证精神分析已有理论并辅助心理咨询。

在防御机制的神经精神分析学研究领域，2004 年安德森（M. C. Anderson）在 *Science* 发表的一篇文章中提出，“压抑”这种防御机制具有神经科学依据。他首先通过想/不想（think/no think）实验范式来创设使被试启动压抑的情境；然后通过核磁共振技术扫描大脑，揭示出压抑这一防御机制在神经科学层面的证据。但除压抑之外，其他的防御机制从目前的研究成果来看，依然缺乏足够的神经科学证据。过往许多对梦的研究就是通过脑电仪器展开的，以对梦的阶段的研究为例，脑电仪器可以扫描出与睡眠相关联的具有某些特征的波幅，如快速眼动睡眠阶段主要体现为去同步化的低幅脑电波。

除此之外，其他不少精神分析概念难以被直接研究，比如移情与阻抗等。从这点来看，神经精神分析学研究仍在起步阶段。尽管神经精神分析发展时间不长，但未来的研究道路应是充满希望的。

6. 临床神经科学

1891 年，苏格兰精神病医师克劳斯顿提出，神经科学与精神病学的结合具有巨大发展前景。第二次世界大战后，相关技术逐渐成熟，该领域的研究被继续发展了起来。1950 年，巴黎召开第一届国际精神病大会，"临床神经科学"这一术语在会议上正式诞生。20 世纪七八十年代，X 射线计算机断成像技术（Xray CT）和正电子发射断层扫描技术（PET）得到发展，这使得许多精神疾病的神经科学基础被发现。

临床神经科学是专注精神和神经系统疾病、研究诊治人脑疾患和脑损伤的临床学科。主要关注包括婴幼儿时期脑发育障碍所引起的癫痫、自闭症等脑疾病，也包括如抑郁症、精神分裂症等精神病学和临床心理学研究的精神性疾病，同时还关注如阿尔茨海默氏病（AD）和帕金森氏综合征（PD）等神经退行性疾病。临床神经科学研究的一个主要目的就是要为改进了解、预防、诊断和治疗这些疾病的方法作出贡献。

目前，神经科学的成像技术已经可以用于辅助精神疾病的诊断。精神疾病的发病过程中，一些脑区的结构和功能上的改变是这些技术得以使用的生物学基础。其中，通过神经影像学技术对精神疾病患者——特别是精神病性障碍和心境障碍患者——的大脑结构及功能进行探索，是近几年来精神疾病领域研究最重要的突破之一。

7. 神经管理学与神经营销学

神经管理学（Neuromanagement）以人的组织行为的神经科学研究为核心，研究被管理对象的行为演变背后的神经机制以及达到最佳管理效果的方法。其研究领域包括神经决策学、神经营销学、行为神经科学、神经工业工程、神经人才管理学等。其中神经营销学方面的研究成果较为丰富。

神经营销学（Neuromarketing）运用神经科学的方法来探寻消费者选择与决策背后的神经机制，从神经活动层面解读消费决策与行为，从而提出恰当的营销策略。神经营销是建立在注意、潜意识、感知觉、记忆等基本心理学概念之上的学科，其原理是在理解大脑工作原理的基础上，运用脑成像技术来观测大脑的反应（如潜意识的反应、大脑的脑区激活等），以此来了解消费者的偏好。其基本假设是"神经元假说"，即每个人所有的心理活动与心理体质，都是由神经元连接起来的神经网络生成的。2004年，蒙塔古(Read Montague)等对长期争论的经典品牌认知问题做了百事可乐和可口可乐的品尝比较实验。该研究采用了核磁共振(MRI)技术来监测记录被试品尝百事可乐和可口可乐时大脑的活动状况。结果表明，消费者对两种可乐品牌的认知并非只是与味蕾相关的低级认知功能区域的活动结果，还结合了高级认知功能区域活动的活动结果。神经营销学由此诞生。

目前包含神经营销学的神经管理学还处于快速发展阶段，实际应用比较局限于三个特定领域。首先是市场营销领域的应用。由于神经营销学具有很强的商业价值，很多大型商业公司也着力于品牌传播、商业定价、广告促销、市场预测、客户忠诚度、客户关系管理等方面的神经营销学研究与应用。其次是管理决策领域的应用。从神经科学层面揭示管理决策行为背后的神经机制，为制定管理政策提供更多的理论与实证依据。最后是集中在毒品、酒精、烟草、网络等病态成瘾问题等行为科学领域的应用。研究者从脑神经科学层面解读各类预防或挽救措施的效果，从而给出有针对性的、效果最佳的管理方案。

8. 发展神经科学

发展神经科学(Developmental Neuroscience)主要关注脑发育水平与个体心理发展水平之间的关系。如大脑内的发展变化与儿童行为、认知能力发展变化之间的关系等。发展神经科学把情境、心理和脑机制三者结合起来，揭示随着年龄增长心理的发生发展背后的神经机制。

发展神经科学研究可以追溯到20世纪80年代，尼尔森(Nelson)和约翰森(Johnson)在探讨个体认知发展规律时，率先引入了神经科学技术。发展神经科学中最重要的一个分支是发展认知神经科学，2000年由尼尔森主编的第一部《发展认知神经科学手册》被看作发展认知神经科学诞生的标志。发展认知神经科学不仅加深了对传统认知发展相关问题的认识，而且拓展了传统的发展心理学研究领域，还可以帮助更好地评估、诊断和治疗各种发展异常状况。因而具有很高应用价值。

9. 人格神经科学

人格神经科学是整合人格心理学、神经科学等多个领域的研究理论和方法而成的新兴领域，旨在研究人类人格差异的神经生物学基础。

过去的人格心理学更多地侧重于对个体差异进行描述和归类，而非探讨这些差异产生的原因。随着神经科学的快速发展,人们发现人类的行为和体验主要是通过大脑中的生物过程产生的。在此基础上,研究者们提出假设,人类行为和体验的规律性与大脑生物功能的规律性有关。因此,科学家开始采用神经科学的理论和方法来研究与心理有关的个体差异,人格神经科学研究便应运而生并得到迅速发展。

10. 情感神经科学

情感神经科学(Affective Neuroscience)是一门研究情绪的神经机制的学科。其实它并非一个高度专门化的学科,而是一系列关于各种情绪、情感的神经机制研究的总和。

早在20世纪中叶,神经科学家就开始对"愉悦感"的神经生物机制展开探索,并发现了与愉悦感相关的脑区"外侧下丘脑",也被称为"愉悦中心"。在这之后的几十年研究与探索中,情绪的基本神经通路"杏仁核—腹内侧前额叶"以及杏仁核的功能得到广泛且深入的探讨。但对不同情绪产生背后的神经网络模型的揭示还较为欠缺,目前的研究趋势是通过整合最新神经科学技术和心理学实验,在多个层面探讨情绪背后的心理机制与神经机制。

11. 语言神经科学

语言神经科学是一个交叉学科,汇集神经科学、心理学以及语言学等多项领域为一体,主要从生物学的角度研究同语言相关的神经基础以及加工机制,从而探讨人类大脑和语言的关系。1861年,法国外科医生、神经病理学家布洛卡对"布洛卡区"的发现被视为神经语言学的起点。1941年后,在乔姆斯基的转换生成理论和新型神经语言学等研究方法的推动下,神经语言学进入成熟阶段。神经语言学已成为当代学术研究的前沿,具有广阔的前景和充满活力的未来。

语言神经科学的重要研究主题是多语言切换的神经机制。多语言切换与神经语言学有着密不可分的关系,指多语者由一种语言转向使用另一种语言的过程。语言转换包括四种认知模型,分别为抑制控制模型、任务设置惯性模型、语言特异性选择模型和序列难度效应模型。近年来,对于多语言切换的心理加工机制以及神经机制的研究一直是相关领域的热点话题,研究者们已从行为层面提出了大量的假说和模型,而神经机制层面的研究起步较晚,仍存在空缺。了解多语言切换的神经机制能够弥补行为层面研究的缺陷,提供对语言切换时大脑内部变化的描述以及解释,能够帮助开展语言学习和训练,同时也可辅助治疗失语症患者以及对多语言切换存在障碍的患者。

12. 脑机接口研究

1924年,德国神经生理学家伯格(Hans Berger, 1873—1941)发现脑电图,人们开始认识到人的意识可以表现为电子信号被读取。直至1973年雅克·维达尔(Jacques J. Vidal)正式提出“脑机接口”这一概念。脑机接口(brain computer interface, BCI),是指在人或动物大脑与外部设备之间创建的直接连接的技术,以此实现脑与设备的信息交换。如将大脑活动产生的脑电信号转化为控制信号,并利用这些信号对外部输出设备进行控制的新型人机交互技术,其核心就是将用户输入的脑电信号转化成输出的控制信号。对于意识与大脑关系的好奇与探索最早可以追溯到哲学主义心理学时期。而后随着心理学的发展,来到机能与构造之争的时期。机能主义心理学则继续延续了心理学的生理学倾向。再往后,早期行为主义之中机械论的主张也推进着生理学“分析”人体的进程。而看向近代,神经科学应运而生,脑机接口的产生可以说是技术与理论结合的必然。

脑机接口的蓬勃发展正是因为这种技术可以与其他多项技术相结合,目前其应用领域主要集中在医疗、研究方面。但由于它存在着安全性等问题,实际应用相对狭窄。有理由相信,在将来技术水平不断提高至某种程度的基础上,脑机接口可用于神经康复、智能机器人等领域。

13. *意识的神经科学研究*

冯特创建科学心理学也意味着意识从哲学思考进入心理学研究之中。在1994年“走向意识科学”的国际会议上,意识正式成为一个明确的研究主题,这标志着意识研究的科学共同体形成。

古往今来对于意识问题的研究存在着不少争议。构造心理学派认为应研究人的直接经验,即意识;机能主义心理学派则认为应研究意识流;而行为主义心理学则反对研究意识;现代认知学派强调意识的能动性和人的主观能动性,主张以信息加工观点为核心。在神经科学领域,克拉克(Francis Crick)和科赫(Christof Koch)于20世纪90年代开始就意识研究进行方法上的转变,即从语言分析和现象学等传统方法转向运用神经生物学研究意识,提出寻找意识的神经关联物对意识进行研究的神经生物学理论。发展到今天,出现了如巴斯(B. J. Baars)的全局工作空间理论、德阿纳(S. Dehaene)的全局神经元工作空间假说、托诺尼(G. Tononi)的整合信息理论等关于意识的理论,将脑神经科学实证研究和意识的现象学研究结合起来,也被称为结合了“第一人称”与“第三人称”的心理学研究,这些理论已经形成了比较成熟的体系。将来意识问题研究可用于探索与意识状态对应的脑活动,开发操纵各种不同意识状态的实验。

14. 神经现象学

神经现象学(Neurophenomenology)将神经科学与现象学结合起来,在强调人类意识经验现象的基础上对其背后的神经机制进行研究。在神经科学开始发展之后,现象学心理学学派内部逐渐兴起了一条旨在将现象学与神经科学结合来探索意识问题的道路。

神经现象学于1990年由劳格林(C. Laughlin)、麦克马纳斯(J. McManus)和阿奎利(E. d'Aquili)提出。在20世纪90年代中期,认知神经科学家弗朗西斯科·瓦雷拉(Francisco Varela)提出意识经验是脑内大尺度神经集合活动的涌现结果,这一神经现象学的新观点。他还提出了关于第一人称与第三人称的观点,即认为作为第一人称体验的意识经验不可能完全由纯客观的第三人称方法来描述和还原,论证了第一人称描述的必要性。虽然神经现象学的观点与假设模型仍然缺乏足够的实证证据,但拉近了意识经验与大脑活动之间的认识论与方法论距离,具有一定的理论意义。

15. 神经存在主义

神经存在主义是存在主义的第三次浪潮,由人文学科的科学权威的崛起,以及由此产生的人们的科学形象与人文形象之间的冲突引起。

随着科学技术的飞速发展,科学家们逐渐证明人们所体验到的存在只是神经过程的结果,人类只是由基因和环境共同决定的"有机的、生物的机器",由此,"上帝""神明"的神威不复,灵魂、自由意志、"非物质的精神"也不存在。这无疑造成了一种焦虑,导致人们开始对存在产生担忧,丧失意义感,对人性不抱希望。神经存在主义正是在这样的背景下诞生,汇集大量学者,从认知神经科学的角度理解人的存在问题,以跨学科的视角探索道德、自由意志等观点以及人生的意义和目的。

二、当前西方心理学的发展趋势

(一) 自然科学取向心理学的迅猛发展起核心带动作用

21世纪以来,在自然科学领域,神经科学、大数据与人工智能、遗传生物学等方向的发展非常迅猛,新技术、新研究成果层出不穷。神经科学领域中脑电EEG技术、核磁共振fMRI技术、近红外fNIRs技术也越来越成熟。这些技术手段的发展对心理学有直接的推动作用,认知神经科学、计算神经科学、行为遗传学等的自然科学取向心理学领域的发展也达到了日新月异的程度。同时心理学中文理交叉学科也深受其影响,有了非常迅速的发展。

从心理学史的时代精神说视角来看，不管处于各个时代，自然科学的各式研究手段和技术都容易被吸收到心理学里来，如20世纪初期巴甫洛夫的条件反射原理被心理学的行为主义吸收，形成当时在心理学里占主导地位的行为主义心理学；20世纪60年代，计算机科学被信息加工认知心理学所吸收，形成当时在心理学里占主导地位的信息加工认知心理学。心理学将所处时代占主导地位的理论与技术都容易被心理学吸收进来，可以说心理学的发展体现了时代特点。

自科学心理学诞生以来，科学与应用的心理学经历了内容与意动之争、构造与机能之争，机能心理学成为赢家。而后在20世纪，心理学孕育出了具有重要影响的行为主义、精神分析、人本主义心理学三股势力，及主流心理学内部与构造主义心理学相对立的格式塔心理学、在此基础上发展而来的信息加工认知心理学。到了2000年之后，神经科学手段逐渐发展成熟，认知神经科学、计算神经科学随之诞生，现代心理学在一百多年后似乎又回到了深受神经生理学影响的冯特时期。近年来神经科学和大数据人工智能快速发展，对心理学的应用也产生了非常大的影响。在可预见的未来三五十年内，结合大数据与人工智能，以神经科学为基础的自然科学取向的心理学研究定会产生质的飞跃。

（二）人文科学取向心理学的发展相对平稳

相对于自然科学取向心理学和交叉领域心理学的迅猛发展，受制于研究手段的发展限制，人文科学取向心理学的发展相对平缓。人文科学取向心理学主要运用质性研究、案例分析法与现象学，在积极心理学、现象学心理学、存在主义心理学与人本主义心理学、主体间精神分析等领域均有了一定的发展。

（三）心理学在应用方面发展迅猛

人文科学取向心理学强调个体的主观感受，因而与心理学的应用效果联系紧密。在自然科学取向心理学的带动下，结合了重视体验的人文科学取向心理学，心理学的应用方面有了很大的发展，比如在积极心理学、心理咨询与治疗、现象学心理学、人本主义心理学与存在主义心理学、神经营销与神经管理学、脑机接口研究、大数据与人工智能心理学研究等领域的应用有了迅速的发展。

应用心理学的发展首先体现在，世界范围内几乎所有的心理学专业都开设了应用心理学方向，应用心理学获得与基础心理学两足鼎立的地位。这表明心理学的应用备受社会关注，与学院派主要关注心理学的基础研究不同，普通民众更关心心理学的实际应用效果。

（四）交叉学科心理学蓬勃发展

交叉学科的心理学正在蓬勃发展，特别是自然科学和人文科学的融合取向，涌现出众多新研究领域，并取得了丰硕的研究成果。这些跨学科领域包括但不限于教育神经科学、文化与社会认知神经科学、神经精神分析、临床神经科学、神经管理学与神经营销学、发展神经科学、人格神经科学、神经现象学、神经存在主义、脑机接口研究以及意识问题的神经科学研究等。这些交叉学科心理学领域正在快速地不断发展壮大。

按照目前国际心理学的发展趋势，在未来二三十年里这些研究领域在自然科学取向心理学的带动下依然会发展迅速，并将带动心理学的应用。

2020年世界心理学的前沿与发展趋势

偏自然科学取向心理学前沿：		
认知神经科学	计算神经科学	行为遗传学
偏人文科学取向心理学前沿：		
积极心理学	现象学心理学	
作为交叉学科的心理学前沿：		
神经管理学与神经营销学	教育神经科学	语言认知神经科学
意识的神经机制研究	人格神经科学	大数据、人工智能与心理学
发展神经科学	脑机接口研究	社会神经科学
（文化与）社会认知神经科学	主体间精神分析	神经现象学
临床神经科学	神经精神分析学	语言神经科学
神经存在主义	情感神经科学	

参考文献

Alanen, L. (2008). Cartesian Scientia and the human soul. *Vivarium*, 46(3), 418-442. https://doi.org/10.1163/156853408x360984

Axelrod, R. (2015). In Robert Axelrod (Ed.), *Structure of Decision - the Cognitive Maps of Political Elites*. Princeton University Press. Princeton: Princeton University Press.

Baum, W. M. (2017). *Understanding behaviorism: Behavior, culture, and evolution* (3rd ed.). Hoboken: Wiley.

Bayne, T., Cleeremans, A., & Wilken, P. (Eds.). (2014). *The Oxford companion to consciousness*. Oxford: OUP Oxford.

Billig, M. (2006). Lacan's misuse of psychology: Evidence, rhetoric and the mirror stage. *Theory, Culture & Society*, *23*(4), 1-26. https://doi.org/10.1177/0263276406066367

Breslauer, S. D. (1976). Abraham Maslow's category of peak-experience and the theological critique of religion. *Review of Religious Research*, *18*(1), 53. https://doi.org/10.2307/3510580

Broadie, S. (1991). *Ethics with aristotle*. Oxford: Oxford University Press.

Caruso, G., & Flanagan, O. (2018). *Neuroexistentialism: Meaning, morals and purpose in the age of neuroscience*. Cambridge: Harvard University Press.

Castell, J. (1890). Mental test and measurements. *Mind*, (15), 373-80.

Clower, W. T. (1998). The transition from animal spirits to animal electricity: A neuroscience paradigm shift. *Journal of the History of the Neurosciences*, *7*(3), 201-218. https://doi.org/10.1076/jhin.7.3.201.1852

Corr, P. J., & Matthews, G. E. (2020). *The Cambridge handbook of personality psychology*. Cambridge: Cambridge University Press.

Dewey, J. (1896). The reflex arc concept in psychology. *Psychological Review*, *3*(4), 357-

370. https://doi.org/10.1037/h0070405

Dewsbury, D. A. (2009). Karl Spencer Lashley (1890-1958). *Annals of Neurosciences*, *16*(4), 168-169. https://doi.org/10.5214/ans.0972.7531.2009.160408

Deyoung, C. G., & Gray, J. R. (2009). Personality neuroscience: Explaining individual differences in affect, behaviour and cognition. *The Cambridge Handbook of Personality Psychology*, 323-346. https://doi.org/10.1017/cbo9780511596544.023

Ferretti, P. (1998). An intellectual biography. *A Russian Advocate of Peace: Vasilii Malinovskii (1765-1814)*, 11-91. https://doi.org/10.1007/978-94-007-0799-3_2

Flanagan, O. (2008). *The problem of the soul: Two visions of the mind and how to reconcile them*. New York: Basic Books.

Fraser, A. C. (1959). *An essay concerning human understanding*. New York: Dover Publications.

Gill, C., & J Bremmer. (1985). The early greek concept of the soul. *The Journal of Hellenic Studies*.

Greene, A. S., Shen, X., Noble, S., Horien, C., Hahn, C. A., Arora, J., ... & Constable, R. T. (2022). Brain-phenotype models fail for individuals who defy sample stereotypes. *Nature*, *609*(7925), 109-118.

Joseph, A. S. (1934). *The Theory of Economy is Development*. Oxford: Oxford University.

Konopka, C. L., Adaime, M. B., Cunha, C., & Dias, A. (2015). The Influence of Carl Rogers-Humanism on the Development of Positive Attitudes in Medical Students. *Creative Education*, *6*(20), 2141.

Maddi, S. R., & Costa, P. T. (2017). *Humanism in personology: Allport, Maslow, and Murray*. London: Routledge.

Maggs, J. L., & Schulenberg, J. (1998). Reasons to drink and not to drink: Altering trajectories of drinking through an alcohol misuse prevention program. *Applied Developmental Science*, *2*(1), 48-60.

Malone, J. C. (2014). Did John B. Watson really "found" behaviorism?. *The Behavior Analyst*, *37*(1), 1-12.

Marek, S, Tervo-Clemmens, B, Calabro Finnegan J, Montez David F, Kay Benjamin P, Hatoum Alexander S. & Dosenbach Nico U F. (2022). Reproducible brain-wide association studies require thousands of individuals. *Nature*, *603*(7902), 654-660. doi:10.1038/S41586-022-04492-9.

Mary, & Horton. (1973). In defence of Francis Bacon: a criticism of the critics of the inductive method-sciencedirect. *Studies In History and Philosophy of Science Part A*, *4*(3), 241-278.

McBride, W. L. (2012). The challenge of existentialism, then and now. *The Journal of Speculative Philosophy*, *26*(2), 255-260.

Mcclure, S. M. (2004). Neural correlates of behavioral preference for culturally familiar drinks. *Neuron*, *44*(2), 379-387.

Metcalfe, J., & Mischel, W. (1999). A Hot/Cool-system analysis of delay of gratification: Dynamics of willpower. *Psychological Review*, *106*(1), 3-19.

Munakata, Y., Casey, B. J., & Diamond, A. (2004). Developmental cognitive neuroscience: progress and potential. *Trends in Cognitive Sciences*, *8*(3), 122-128.

Nelson, C. A., & Bloom, F. E. (1997). *Child development and neuroscience. Child Development*, *68*(5), 970-987.

Nowotny, T., van Albada, S. J., Fellous, J. M., Haas, J. S., Jolivet, R. B., Metzner, C., & Sharpee, T. (2021). Advances in Computational Neuroscience. *Frontiers in Computational Neuroscience*, 125.

Sadala, M. L. A., & Adorno, R. D. C. F. (2002). Phenomenology as a method to investigate the experience lived: a perspective from Husserl and Merleau Ponty's thought. *Journal of advanced nursing*, *37*(3), 282-293.

Saunders, J. L. (Ed.). (1994). *Greek and Roman philosophy after Aristotle*. New York: Simon and Schuster.

Schmidgen, H. (2002). Of frogs and men: the origins of psychophysiological time experiments, 1850-1865. *Endeavour*, *26*(4), 142-148.

Schuurman, P. (2007). Continuity and change in the empiricism of john locke and gerardus de vries (1648-1705). *History of European Ideas*, *33*(3), 292-304.

Schwartz, E. L. (Ed.). (1993). *Computational neuroscience*. Cambridge: Mit Press.

Sejnowski, T. J., Koch, C., & Churchland, P. S. (1988). *Computational neuroscience. Science*, *241*(4871), 1299-1306.

Standage, D., & Trappenberg, T. (2000). *Cognitive neuroscience. Current Opinion in Neurobiology*, *10*(5), 612-624.

Stewart, R. A. C., & Krivan, S. L. (2021). Albert Bandura: December 4, 1925-July 26, 2021. Social Behavior & Personality: *An International Journal*, *49*(9), 1-2.

Toledo, S., Shohami, D., Schiffner, I., Lourie, E., Orchan, Y., Bartan, Y., & Nathan, R. (2020). Cognitive map-based navigation in wild bats revealed by a new high-throughput tracking system. *Science (American Association for the Advancement of Science)*, *369*(6500), 188-193.

Tripathi, N., & Moakumla. (2018). A valuation of Abraham maslow's theory of self-actualization for the enhancement of quality of life. *Indian Journal of Health and Wellbeing*, *9*(3), 499-504.

Vahle, N. (1990). Brain, symbol and experience: toward a neurophenomenology of human consciousness. *Phenomenology and the Cognitive Sciences*, *36*(1), 113.

Varela, F. J. (1996). Neurophenomenology: a methodological remedy for the hard problem. *Journal of Consciousness Studies*, *3*(4), 330-349.

Vernon, M. D. (1965). A short history of British psychology, 1840-1940. Methuen's manuals of modern psychology. *The Eugenics Review*, *56*(4), 212.

Wang, X. J., Hu, H., Huang, C., Kennedy, H., Li, C. T., Logothetis, N., ... & Zhou, D. (2020). Computational neuroscience: a frontier of the 21st century. *National science review*, *7*(9), 1418-1422.

Weidman, N. M., Ash, M. G., & Woodward, W. R. (2009). *Constructing scientific psychology: Karl lashley's mind-brain debate*. Cambridge:Cambridge University Press.

Wertheimer, M., & Puente, A. E. (2020). *A brief history of psychology*. London: Routledge.

安安.(2008).从康德到皮亚杰——简论康德对近现代人格心理学的启蒙.皖西学院学报,24(4),27—29.

A. R. 吉尔根.(1992).当代美国心理学.北京:社会科学文献出版社.

北京大学哲学系外国哲学史教研室.(1963).十八世纪法国哲学.北京:商务印书馆.

北京大学哲学系外国哲学史教研室.(1981).西方哲学原著选读.北京:商务印书馆.

B. R. 赫根汉.(2006).心理学史导论.上海:华东师范大学出版社.

陈然然.(2012).人本主义哲学反思:非理性主义之辩证思考.通化师范学院学报,33(11),18—20.

陈巍,郭本禹.(2010).重新发现屈尔佩:二重心理学思想的演进轨迹与启示.心理学探新,(6).8-11.

陈巍,郭本禹.(2012).具身—生成的意识经验:神经现象学的透视.华东师范大学学报(教育科学版),(3),60—66.

车文博.(2010).弗洛伊德文集6:自我与本我.长春:长春出版社.

车文博,郭本禹.(2016).弗洛伊德主义新论.上海:上海教育出版社.

车文博.(2010).人本主义心理学大师论评.北京:首都师范大学出版社.

车文博. (2007). 透视西方心理学. 北京:北京师范大学出版社.

车文博. (1998). 西方心理学史. 杭州:浙江教育出版社.

车文博，许波，伍麟. (2001). 西方心理学思想史发展规律的探析. 社会科学战线，24(03)，41—52.

戴维·霍瑟萨尔，郭本禹. (2011). 西方心理学史. 北京:人民邮电出版社.

邓宇，廖小根. (2020). 神经语言学国际热点与趋势的科学知识图谱分析. 语言学研究，(2)，51—65.

狄德罗. (2009). 狄德罗哲学选集. 北京:商务印书馆.

段碧花. (2012). 意动心理学与内容心理学争论之始末. 西昌学院学报(社会科学版)，24(1)，77—79.

D. P. 舒尔茨，S. E. 舒尔茨. (2020). 现代心理学史. 北京:中国轻工业出版社.

杜. 舒尔茨. (1981). 现代心理学史. 北京:人民教育出版社.

E. G. 波林. (1981). 实验心理学史. 北京:商务印书馆.

E. 希雷 (2018). 心理学史. 北京:机械工业出版社.

方方，王佐仁，王立平，张洪亮，罗文波，孟庆峰，殷文璇，杜生明. (2017). 我国认知神经科学的研究现状及发展建议. 中国科学基金，31(3)，9.

冯川，陈刚. (1996). 罗洛·梅文集. 北京:中国言实出版社.

弗兰克尔. (1991). 活出意义来. 北京:生活·读书·新知三联书店.

高觉敷. (1982). 西方近代心理学史. 北京:人民教育出版社.

高觉敷. (1987). 西方心理学的新发展. 北京:人民教育出版社.

高申春. (1996). 论美国心理学的机能主义精神. 吉林大学社会科学学报，42(03).

高申春. (2001). 十九世纪下半叶德国心理学的理论性质. 长春市委党校学报，(5)，10—14.

郭爱克. (1993). 计算神经科学. 科学，(4)，39—42.

郭本禹. (1998). 布伦塔诺的意动心理学述评. 心理学报，30(1)，106—112.

郭本禹. (2002). 重评斯顿夫的机能心理学. 南京师大学报：社会科学版，(4)，110—116.

郭本禹. (1997). 法兰克尔的意义治疗. 中国临床心理学杂志，5(4)：249—251.

郭本禹. (2010). 经验的描述：意动心理学. 济南:山东教育出版社.

郭本禹. (2017). 沙利文人际精神分析理论的新解读. 南京师大学报：社会科学版，(3)，86—96.

郭本禹. (2007). 西方心理学史. 北京:人民卫生出版社.

郭本禹. (2011). 心理学史. 北京：人民邮电出版社.

郭本禹. (2005). 意大利格式塔心理学源流考. 南京师大学报(社会科学版)，(6)，6.

郭宾.(2008).康德的心理学观点与詹姆斯心理学研究.贵州师范大学学报：社会科学版，(1)，34—39.

郭雪梅.(2018).班杜拉观察学习理论在青少年德育中的应用.高考，(14)，2.

郭永玉.(1996).霍妮的社会文化神经症理论及其历史地位.医学与哲学，17(5)，259—261.

韩真，埃弗拉特·立芙妮.(2019).神经存在主义的哲学时代.世界科学，(5)，62—63.

郝敬习，李林森.(2002).精神分析理论的非理性主义.湖州师范学院学报，24(1)，72—75.

郝美萍，郭本禹.(2019).精神疾病的理解与治疗——主体间性精神分析新视角.南京晓庄学院学报.35(1)，98-103.

洪谦.(2005).论逻辑经验主义.北京：商务印书馆.

戴维·霍瑟萨尔.(2011).心理学史.北京：人民邮电出版社.

黄颂杰.(2009).古希腊哲学.北京：人民出版社.

黄振定.(1997).通往人学途中：休谟人性论研究.长沙：湖南教育出版社.

胡万年.(2005).康德与冯特的科学心理学.巢湖学院学报，7(2)，20—25.

詹姆斯·布伦南.(2011).心理学的历史与体系.上海：上海教育出版社.

贾金宁，彭翠.(2007).论康德哲学对心理学的影响.学术园地，25.

姜永志.(2014).布伦塔诺意动心理学对理论心理学的贡献.心理研究，7(3)，9—13.

杰伊·R·格林伯格，斯蒂芬·A·米歇尔.(2019).精神分析之客体关系理论.上海：华东师范大学出版社.

康德.(2008).判断力批判.北京：北京出版社.

康德.(1982).纯粹理性批判.北京：商务印书馆.

坎默.(1993).基督教伦理学.北京：中国社会科学出版社.

莱布尼茨.(1982).人类理智新论.北京：商务印书馆.

勒温.(2011).拓扑心理学原理.北京：北京大学出版社.

李春仁.(1993).论德国哲学从理性意志到非理性意志的转向.山西师大学报：社会科学版，(3)，23—27.

廖全明.(2002).认知研究的回归——从行为主义到认知心理学.涪陵师范学院学报，18(5)，57—59.

林崇德，杨治良，黄希庭.(2003).心理学大辞典.上海：上海教育出版社.

林玉瑾.(2018).行为主义心理学对大学生抑郁症的启示.才智，(20)，64+66.

刘超.(2007).赖尔的行为主义心身关系论辩分析.心智与计算，(2)，180—187.

刘冠民，彭凯平.(2019).美好生活的社会情感神经科学探索.清华社会科学，(1)，184—201.

刘俊升，桑标.(2007).发展认知神经科学研究述评.心理科学，(1)，123—127.

刘冉析.(2015).罗洛·梅存在主义心理治疗理论.语文学刊,(11):76—77.

刘时新.(2002).弗洛姆人本主义精神分析学探微.武汉科技大学学报:社会科学版,4(2),20—23.

刘翔平.(1991).哈特曼自我心理学述评.心理科学,(5):39—44+67.

罗国杰.(1985).西方伦理思想史.北京:中国人民大学出版社.

罗杰斯.(2013).当事人中心治疗:实践,运用和理论.北京:中国人民大学出版社.

洛克.(1962).人类理解论.北京:商务印书馆.

罗倩雯.(2017).詹姆斯实用主义对当代心理学的影响.科教导刊,9(21),176—177.

马庆国,王小毅.(2006).认知神经科学、神经经济学与神经管理学.管理世界,(10),139—149.

马晓辉.(2006).胡塞尔从主体性到主体间性的哲学路径.聊城大学学报(社会科学版),(2),60—61+44.

马晓羽.(2019).走向多元化的积极心理学:问题与超越.吉林大学博士学位论文.

梅兰妮·克莱因.(2017).爱,罪疚与修复.北京:九州出版社.

倪梁康.(2020).何谓本质直观——意识现象学方法谈之一.学术研究,(07),7—14.

彭聃龄.(2001).普通心理学(修订版).北京:北京师范大学出版社.

彭媛.(2014).简述自体心理学的研究进展.科技视界,(23),148—148.

彭运石.(2009).人的消解与重构:西方心理学方法论研究.长沙:湖南教育出版社.

秦金亮.(2005).发展认知神经科学——儿童发展研究的新领域.幼儿教育,(Z2),12—13.

祁志强,丁国盛,彭聃龄.(2006).双语者代码切换的认知与神经机制——从行为研究到脑成像研究.应用心理学,(3),280—284.

权朝鲁,权欣.(2010).精神分析的主体间性理论.大众心理学,(6),15—16.

荣格,卫礼贤.(2016).金花的秘密:中国的生命之书.北京:商务印书馆.

舒跃育.(2017).作为意志论的冯特心理学体系.西南民族大学学报:人文社会科学版,38(11),211—217.

孙平,郭本禹.(2015).存在主义心理学最新发展——英国学派心理治疗观解析.安徽师范大学学报:人文社会科学版,43(4),492—498.

宋婧杰,张伯华,李颖,齐斯文.(2011).精神分析心理治疗中的心身关系理论辨析.医学信息,24(4),620—621.

唐红光.(2021).论康德对理性心理学的批判——以《纯粹理性批判》A版谬误推理为中心.湘潭大学学报,45(2),174—178.

梯利.(1975).西方哲学史.北京:商务印书馆.

童俊杰. (2011). 再论构造主义心理学与机能主义心理学之争. 社会心理科学，26(C2)，1303—1304.

托马斯· H. 黎黑. (1998). 心理学史:心理学思想的主要趋势. 杭州:浙江教育出版社.

王国芳，吕英军. (2011). 客体关系理论的创建与发展:克莱因和拜昂研究. 福州:福建教育出版社.

汪凯. (2003). 认知神经科学历史与发展. “安徽公共卫生体系建设”——首届安徽博士科技论坛论文集，136—142.

王申连，郭本禹. (2014). 描述心理学的历史演变. 教育研究与实验，(2)，79—84.

韦鹂. (2009). 托尔曼认知行为理论对成人学习的启示. 湖北大学成人教育学院学报，(06)，11—13.

吴佳男，刘晶晶. (2006). 内容或抑或意动. 济宁师范专科学校学报，27(1)，94—96.

熊强，黄诗雪. (2010). 浅析赫尔的行为理论. 科教文汇，(10)，156—158.

休谟. (2011). 人性论. 北京:商务印书馆.

徐芬，董奇. (2002). 发展的认知神经科学——神经科学与认知发展研究的融合点. 应用心理学，(4)，51—55.

徐县中. (2008). 胡塞尔现象学方法研究. 湘潭大学硕士学位论文.

杨慧芳，王礼军. (2016). 安娜· 弗洛伊德对自我心理学的贡献与局限. 心理研究，9(6)，27—32.

杨亦鸣. (2012). 神经语言学与当代语言学的学术创新. 中国语文，(6)，549—560+576.

叶浩生. (1998). 西方心理学的历史与体系. 北京:人民教育出版社.

叶浩生. (2007). 心理学史. 北京:高等教育出版社.

曾德琪. (2003). 罗杰斯的人本主义教育思想探索. 四川师范大学学报(社会科学版)，(1)，43—48.

曾红. (2001). 生物本体论在西方心理学中的发展. 心理科学，38(04)，507—506.

张春兴. (2002). 心理学思想的流变:心理学名人传. 上海:上海教育出版社.

张海育. (2009). 詹姆斯的实用主义心理学述评. 青海师专学报，29(06)，76—78.

张厚粲. (2003). 行为主义心理学. 杭州：浙江教育出版社.

张铭. (2020). 亥姆霍兹与神经冲动传导速度的测量. 中国教育技术装备，(17)，22—23.

张楠. (2020). 主体间性精神分析对话沙盘游戏治疗. 南京师范大学硕士学位论文.

张婷婷，范晓玲. (2007). 试论心理学史上构造主义与机能主义之争. 今日湖北(理论版)，19(01)，64—65.

张巍. (2022). 澄清对主体间精神分析的误解. 中国社会科学报，007.

张巍，郭本禹，张磊.（2022）. 精神分析的主体间转向：理论特征与分歧. 心理学探新，42（1），3—12.

张志伟.（2010）. 西方哲学史（第2版）. 北京：中国人民大学出版社.

詹姆斯.（1979）. 实用主义：一些旧思想方法的新名称. 北京：商务印书馆.

赵继宗.（2017）. 临床神经科学是脑疾病研究的源泉与归宿. 科技导报，35（4），1.

赵占锋，吴正慧.（2015）. 当代大学生生命意义感探析——基于存在主义心理学视角. 太原师范学院学报（社会科学版），14（3）：105—107.

郑钢.（2006）. 罗杰斯心理治疗：经典个案及专家点评. 北京：中国轻工业出版社.

周栋焯.（2021）. 计算神经科学. 计算数学，43（2），133—161.

周婧悦.（2018）. 基于脑成像技术的语码切换神经机制研究. 海外英语，（9），196—197.

周晓宏，马庆国，陈明亮.（2009）. 神经管理学及其相关研究. 中国科技论坛，（7），100—104＋112.

朱琪，陈乐优.（2007）. 神经经济学和神经管理学的前沿. 经济学家，（4），26—30.

朱滢.（2000）. 实验心理学. 北京：北京大学出版社.

人物关键词

阿德勒，Alfred Adler，1870—1937

阿奎利，Eugene G. d'Aquili，1940—1998

阿奎那，Thomas Aquinas，1225—1274

埃德蒙德·古斯塔夫·阿尔布雷希特·胡塞尔，Edmund Gustav Albrecht Husserl，1859—1938

奥尔波特，Gordon Willard Allport，1897—1967

奥古斯丁，Aurelius Augustinus Hipponensis，354—430

巴甫洛夫，Ivan Petrovich Pavlov，1849—1936

巴鲁赫·德·斯宾诺莎，Baruch de Spinoza，1632—1677

柏拉图，Plato，公元前 427 年 — 公元前 347 年

班杜拉，Albert Bandura，1925—1925

保尔·昂利·霍尔巴赫，Paul Heinich Dietrich Holbach，1723—1789

贝尔，C. Bell，1774—1842

毕达哥拉斯，Pythagorus，约公元前 580—公元前 490

大卫·休谟，David Hume，1711—1776

丹玛·西沃，Antonio Damasio，1940—

德谟克利特，Democritus，约公元前 460—公元前 370

德尼·狄德罗，Denis Diderot，1713 —1784

杜威，John Dewey，1859—1952

恩内斯特·海因里奇·韦伯，Ernst Heinrich Weber，1795—1878

法拉第，Michael Faraday，1791—1867

费希纳，Gustav Theodor Fechner，1801—1887

冯特，Wilhelm Wundt，1832—1920

弗朗西斯·培根，Francis Bacon，1561—1626

弗朗兹·布伦塔诺，Franz Clemens Brentano，1838—1917

弗朗兹·约瑟夫·加尔，Franz Joseph Gall，1792

弗卢龙，Pierre Jean Marie Flourens，1794—1867

弗洛伊德，Sigmund Freud，1856—1939

戈特弗里德·威廉·莱布尼茨，Gottfried Wilhelm Leibniz，1646—1716

古希塔维·弗里奇，Gustav Fritsch，1838—1927

哈里·赫尔森，Harry Helson，1882—1977

赫尔，Clark Leonard Hull，1880—1964

赫尔曼·艾宾浩斯，Hermann Ebbinghaus，1859—1935

赫尔姆霍兹，Helmholtz，1821—1894

赫拉克利特，Heraclitus，约公元前 544—公元

前 483
华生,John B. Watson,1878—1958
惠特海默,Max Wertheimer,1880—1943
伽伐尼,Luigi Galvani,1737—1798
卡尔・波普尔,Karl Popper,1902—1994
康德,Immanuel Kant,1724—1804
考夫卡,Kurt Koffka,1886—1941
柯勒,Wolfgang Köhler,1887—1967
克里斯恩・冯・厄棱费尔,Christian Von Ehrenfels,1859—1932
劳格林,C. Laughlin,无
勒内・笛卡尔,René Descartes,1596—1650
勒瑞,Daniel E. Leary,1927
勒温,Kurt Lewin,1890—1947
黎黑,Theophile H. Leahey,无
刘易斯・推孟,L. M. Terman,1877—1956
罗伯特・阿萨鸠里,Roberto Assagioli,1901—1974
罗伯特・斯托罗洛,Robert Stolorow,1942—
罗杰斯,Carl Rogers,1902—1987
罗洛・梅 Rollo May,1909—1994
马丁・海德格尔,Martin Heidegger,1889—1976
马丁・塞里格曼,Martin E. P. Seligman,1942—
马斯洛,Abraham Maslow,1908—1970
麦克马纳斯,J. McManus,无
奈瑟尔,Ulric Neisser,1928
欧文・亚隆,Irvin D. Yalom,1930—2020
皮埃尔・保尔・布洛卡,Pierre Paul Broca,1824—1880
皮亚杰,Jean Piaget,1896—1980
乔治・阿特伍德,George Atwood,1945—
乔治・贝克莱,George Berkeley,1685—1753
让-保罗・萨特,Jean Paul Sartre,1905—1980
荣格,Carl Jung,1875—1961
叔本华,Arthur Schopenhauer,1788—1860
尼采,Friedrich Nietzsche,1844—1900
弗雷德里赫・麦克斯・缪勒,Friedrich Max Müller,1823—1900
卡尔・斯图姆夫,Carl Stumpf,1848—1936
奥斯瓦尔德・屈尔佩,Oswald Külpe,1862—1915
卡尔・马尔比,Karl Marbe,1869—1953
詹姆斯・瓦特,James Watson,1736—1819
彪勒,Charlotte Bertha Bühler,(无)
约翰・穆勒,John Stuart Mill,1806—1873
恩斯特・马赫,Ernst Mach,1838—1916
奥古斯特・孔德,Isidore Marie Auguste Franois Xavier Comte,1798—1857
理查德・海因里希・阿芬那留斯,Avenarius,Richard Heinrich,1843—1896
查尔斯・罗伯特・达尔文,Charles Robert Darwin,809—1882
阿尔弗雷德・拉塞尔・华莱士,Alfred Russel Wallace,1858—1932
弗朗西斯・高尔顿,Francis Galton,1822—1911
阿尔弗雷德・比纳,Alfred Binet,1857—1911
格兰维尔・斯坦利・霍尔,Granville Stanley Hall,1844—1924
詹姆斯・罗兰・安吉尔,James Rowland Angell,1869—1949
哈维・卡尔,Harvey A. Carr,1873—1954
詹姆斯・麦基恩・卡特尔,James McKeen Cattell,1860—1944
爱德华・李・桑代克,Edward Lee Thorndike,1874—1949

罗伯特·塞钦斯·伍德沃思,R. S. Woodworth,1869—1962
伊万·米哈洛维奇·谢切诺夫,Sechenov Ivan Mikhaillovich,1829—1905
弗拉迪米尔·别赫切列夫,Vladimir Bekhterev,1857—1927
马克斯·弗雷德里克·梅耶,Max Frederick Meyer, 1873—1967
埃德温·比塞尔·霍尔特,Edwin Bissel Holt,1873—1946
艾伯特·保罗·魏斯, Albert Paul Weiss,1879—1931
瓦尔特·塞缪尔·亨特,Walter Samuel Hunter,1889—1953
卡尔·拉什里,Karl Lashley, 1890—1958
肯尼依·斯彭斯,Kenneth Wartinbee Spence,1907—1967
尼尔·米勒,Neal Elgar Miller, 1909—2002
霍巴特·莫勒, Orval Hobart Mowrer,1907—1982
朱利安·伯纳德·罗特,Julian Bernard Rotter,1916—2014
沃尔特·米歇尔,Walter Mischel, 1930—
艾里克·埃里克森,Erik H Erikson,1902—1994
梅兰妮·克莱因,Melanie Klein,1882—1960
唐纳德·温尼科特,Donald. W. Winnicott,1896—1971
卡伦·霍妮,Karen Danielsen Horney,1885—1952
哈里·斯塔克·沙利文,Harry Stack Sullivan,1892—1949
海因兹·科胡特,Heinz Kohut,1913—1981
舒尔茨,Theodor Schultz,无
斯金纳,Burrhus Frederic Skinner,1904—1990
斯坦尼斯拉夫·格罗夫, Stanislav Grof,1925—2020
苏格拉底,Socrates,公元前469—公元前399
唐德斯,Franciscus Cornelis Donders,1818—1889
铁钦纳,Edward Bradford Titchener,1867—1927
托尔曼, Edward Chace Tolman,1886—1959
托马斯·塞缪尔·库恩,Thomas Sammual Kuhn,1922—1996
托马斯·杨,Young,1773—1829
威廉·詹姆斯,William James,1842—1910
维克多·E. 弗兰克尔,Viktor E. Frankl M. D,1905—1997
沃尔夫冈·苛勒,Wolfgang Kohler, 1887—1967
希波克拉底, Hippocrates, 公元前460—公元前370
雅克·拉康,Jacques Lacan,1901—1981
亚里士多德,Aristotle,公元前384—公元前322
雨果·闵斯特伯格, Hugo Münsterberg,1863—1916
约翰·弗里德里希·赫尔巴特,Johann Friedrich Herbart,1776—1841
约翰·洛克,John Locke,1632—1704
朱利安·奥夫鲁瓦·德·拉美特利,Julien Offroy De La Mettrie,1709—1751

专业名词

阿尔茨海默氏病　(AD)Alzheimer's disease
阿尼玛和阿尼姆斯　anima and animus
白板说　theory of tabula rasa
贝尔—马戎第定律　Bell-majondi law
本能　instinct
本我　id
辨别反应时　discriminative reaction time
表象　representation
冰山理论　iceberg theory
布洛卡区　Broca's area
蔡格尼克记忆效应　Zeigarnik effect
操作条件反射　operant conditioning
操作行为主义　operational behaviorism
操作主义　operationalism
测谎仪　polygraph
测验法　testing method
超我　superego
《超越自由与尊严》　*Beyond Freedom and Dignity*
惩罚　punishment
冲突　conflict
初级强化　primary reinforcement
创造性思维　creative thinking
创造性综合　creative synthesis
次级强化　secondary enhancement
刺激—反应　stimulus-response
刺激　stimulation
刺激错误　the stimulus error
从属经验　dependent experience
催眠　hypnosis
存在　being
存在主义　existentialism
存在主义心理学　existential psychology
大脑统一机能说　brain unity theory
大数据　big data
单子论　monadism
道德性焦虑　moral anxiety
德行　virtue
等量原理和熵原理　the equal quantity principle and the entropy principle
第二势力　the second force

第三势力 the third force
第一势力 the first force
动力心理学 dynamic psychology
《动物的教育》 *animal education*
独立经验 independent experience
顿悟说 insight theory
俄狄浦斯情结 oedipus complex
发生认识论 genetic epistemology
发展认知神经科学 developmental cognitive neuroscience
反射 reflex
反射弧 reflex arcs
反应 response
反应实验 reaction experiment
泛神论 pantheism
范式 paradigm
费希纳定律 Fechner's law
分析 analysis
负强化 negative reinforcement
复合实验 complication experiment
复演论 recapitulation theory
复杂观念 complex ideas
盖伦气质学说 galens doctrine of temperament
感觉 sensation
感觉元素 sensational element
感觉主义哲学心理学 sensationalist philosophical psychology
高峰体验 peak experience
哥伦比亚学派 columbia school
格式塔心理学 gestalt psychology
个别差异 individual difference
个体潜意识 individual psychology
个体心理学 individual psychology
工业心理学 industrial psychology
共鸣说 resonance theory
构造心理学 structural psychology
构造主义 structuralism
关联 relating
观察 observation
观察法 observational method
观察学习 observational learning
观念 ideas
官能心理学 faculty psychology
过滤器理论 filter theory
还原论 reductionism
还原主义 reductionism
赫尔行为体系中的假设 postulates in Hull's behavioral system
厚古说 historicism
厚今说 presentism
环境 context
环境决定论 environmental determinism
回忆说 anamnesis
机能心理学 functional psychology
机能主义 functionalism
机制 mechanism
积极的人格特征 positive personality

积极心理学　positive psychology
基素与基体　element and matrix
集体潜意识　collective subconsciousness
记忆保持与遗忘的规律　laws of memory retention and forgetting
记忆理论　theory of memory
价值观　values
间接经验　mediate experience
简单反应时　simple reaction time
简单观念　simple ideas
建构主义　constructivism
交互决定论　interactive determinism
焦虑　anxiety
接近律　law of contiguity
进化论　evolutionism
经典条件反射　classical conditioning
经验批判主义　empirical criticism
经验主义　empiricism
精神分析　psychoanalysis
精神实体　spiritual entity
康德的心理知情意三分法　kant's trilogy of psychological informed intention
客观观察法　objective observation
客体　object
客体关系理论　object relation theory
科学心理学　scientific psychology
控制点　locus of control
控制联想　controlled association
口头报告法　oral report method
来访者中心疗法　client-centered therapy
勒温的动力场　Lewin's field theory
理念论　theory of ideas
理性主义　rationalism
力比多　libido
联结主义　connectionism
联想律　association law
联想率　association rate
联想主义　associationism
联想主义哲学心理学　associationist philosophical psychology
练习律　law of exercise
临床神经科学　clinical neuroscience
灵魂的性质　the nature of the soul
灵魂的循环　cycle of the soul
灵魂轮回说　transmigration of souls
领导风格　leadership style
颅相学　phrenology
逻各斯　logos
逻辑实证主义　logical positivism
逻辑行为主义　logical behaviorism
麦斯麦术　mesmerism
满足延宕　delay of gratification
美国临床心理学会(AACP)　american association of clinical psychology
美国心理学会(APA)　the american psychological association
美国心理学协会(APS)　association for psychological science

美国应用心理学会(AAAP) american association of applied psychology
梦的解释 dream interpretation
模板匹配模型 template matching model
《脑的机制与智力》 *Brain Mechanisms and Intelligence*
脑机接口(BCI) brain computer interface
内倾和外倾 introversion and extroversion
内驱力 drive
内省法 introspective method
内在说 intrinsic theory
能量守恒和转换定律 law of conservation and conversion of energy
帕金森氏综合征(PD) Parkinson's syndrome
平衡理论 balance theory
普遍必然性 universal inevitability
期待 expectancy
器官缺陷与补偿 organ defects and compensation
迁移学习 transfer learning
前意识 former consciousness
潜伏学习 latent learning
潜意识 subconsciousness
强化 reinforcement
强化值 reinforcement value
强化作用的模式 schedules of reinforcement
情感三维说 three-dimensional theory of emotions
情感神经科学 affective neuroscience
情绪 emotion
群体心理观 collective psychology
人本主义心理学 humanistic psychology
人格 personality
人格面具 the personality mask
人格神经科学 neuroscience of personality
人工智能 artificial intelligence
人际关系理论 interpersonal theory
人际信任 interpersonal trust
人文科学 human science
人一机相互作用理论 man machine interaction theory
认知地图 cognitive maps
认知发展阶段论 theory of cognitive development stages
认知情感单元 cognitive-affective units
认知情感人格系统 cognitive affective personality system
认知社会学习理论 cognitive social learning theory
认知失调理论 theory of cognitive dissonance
认知心理学 cognitive psychology
认知原型理论 cognitive prototype theo-

ry
三色说　trichromatic theory
善良意志　good will
社会实验法　social experiment method
社会行为学习理论　social behavior learning theory
社会学习理论　social learning theory
社会自我　social self
深度知觉　depth perception
神经传导速度的测量
神经存在主义　neural existentialism
神经管理学　neuromanagement
神经精神分析　neuropsychoanalysis
神经科学　neuroscience
神经特殊能说　nerve special ability theory
神经现象学　neurophenomenology
神经性焦虑　neurotic anxiety
神经营销学　neuromarketing
神经症　neurosis
生理心理学　physiological psychology
生气　spirit
生物社会行为主义　biosocial behaviorism
生物主义　biologism
实验内省法　method of experimental introspection
实验心理学　experimental psychology
实用主义　pragmatism
实证主义　positivism
似动知觉　apparent motion perception
视觉中枢　visual center
试误说　trial-and-error theory
适应　adaptation
衰减理论　attenuation theory
双重系统结构　two-system framework
顺应　accommodation
思维　thinking
思想　thought
斯多葛禁欲主义　Stoic stoicism
斯金纳的空气育儿箱　Skinner's air incubator
斯金纳箱　Skinner box
四色说　Herring's theory of vision
四因说　the four causes
拓扑心理学(场论)　topological psychology
拓延——构建理论　broaden-and-build theory
《态度测验》　*Attitude Testing*
特征分析模型　feature analysis model
天赋　innate
条件反射　conditioning
《条件反射的函数解析》　*A Functional Interpretation of the Conditioned Reflex*
条件反射法　conditional reflection method

条件行为可能事件 condition-behavior contingency
听觉中枢 auditory center
同型论 isomorphism
统计学习 statistical learning (SL)
统觉 synesthesia
统觉团 apperceptive mass
投射性认同 projective identification
团体动力学 group dynamics
外部观察 external observation
外显反应 overt response
外在说 extrinsic theory
完形 gestalt
晚期选择模型 late-selective model
危机 crisis
韦伯定律 Weber's law
位置学习 place learning
问卷法 questionnaire method
问题解决 problem solving
无意识 non-consciousness
物质性 materiality
西方心理学史 the history of western psychology
现实性焦虑 realistic anxiety
现象场 phenomenal field
现象学 phenomenology
现象学心理学 phenomenological psychology
相关定律 law of relativity
想象 imagination
小阿尔波特实验 little Albert experiment
效果律 law of effect
《心理、机制与适应行为》 *Mind, Mechanism, and Adaptive Behavior*
心理病理学 psychopathology
心理测量 psychological measurement
心理测验 mental test
心理场 psychological filed
心理发展 mental development
心理复合的规律 laws of psychological composition
心理观 view of the mind
心理活动 mental activity
心理情境 psychological situation
心理元素 psychical element
心灵 mind
心身关系 mind-body relationship
心身平行论 psychophysical parallelism
新的新行为主义 new neo-behaviorism
新行为主义 neo-behaviorism
信息加工的认知模型 inheritance (see genetics and heredity)
信息加工认知心理学 information-processing cognitive psychology
《行为：比较心理学导论》 *Behavior: An Introduction to Comparative Psychology*

行为动力理论　behavioral dynamic theory
《行为纲要》　*Principles of Behavior*
行为潜能　behavior potential
行为遗传学　behavioral genetics
行为预测公式　behavior prediction formula
《行为原理》　*Principles of Behavior*
《行为主义》　*Behaviorism*
行为主义　behaviorism
行为主义心理学　behavioristic psychology
形质　form qualities
需要层次理论　hierarchy of needs theory
宣泄法　cathartic method
选择反应时　choice reaction time
学习机器　learning machine
学习迁移　learning transfer
延迟反应　delayed reaction
遗传与环境　heredity and environment
意动心理学　act psychology
意识　consciousness
意识层次理论　hierarchy theory of consciousness
意识流　stream of consciousness
意识阈　threshold of consciousness
意识状态　state of consciousness
意义疗法　logotherapy
意志自律　self-discipline
癔症　hysteria
因果定律　law of cause and effect
因果律　law of cause and effect
印象　impression
应用科学　applied science
应用心理学　applied psychology
影像,意象　image
宇宙的循环　cycle of the universe
语言神经科学　neuroscience of language
预定的和谐　pre-established harmony
原型　prototype
原型匹配模型　prototype matching model
原子说　atomism
运动知觉的实验研究》　the experimentalists
詹姆斯—兰格情绪理论　James-Lange theory of emotion
《战争的驱力》　*Drives toward War*
正电子发射断层扫描技术(PET)　positron emission tomography
正强化　positive reinforcement
芝加哥学派　chicago school
知觉的组织原则　principles of perceptual organization
直接经验　immediate experience
中介变量　intervening variable
中性要素说　theory of neural element
主动性　initiative

主观感受 subjective sensation
主体间性理论 theory of intersubjectivity
注意过程 attention process
准备律 law of readiness
自卑感 sense of inferiority
自我 ego
自我调节论 self-regulation theory
自我防御机制 defense mechanism
自我理论 self-theory
自我实现 self-actualization
自我同一性 self identity
自我效能 self-efficacy
自我心理学 ego psychology
自由联想 free association
宗教观 religious beliefs
综合 synthesis